전기산업기사 합격수기 보러가기

이제 합격은 **당신** 차례입니다.
한솔과 함께라면 빠르게 합격할 수 있습니다!

한솔아카데미와 함께 합격의 주인공이 되어보세요!

비전공자
이*일

 # 어떤 분야든 2년만 열심히 공부하면 전문가가 될 수 있다

공기업 정년퇴직 후 아파트 시설관리업무를 시작하였습니다. 공부를 한 계기는 매주 전기안전점검 오시는 기사분이 전기산업기사 공부를 권유하여 무작정 공부를 시작하였는데 제가 문과라서 벡터 스칼라 또는 공학용 계산기 자체와 접근성이 매우 떨어졌습니다. 그렇게 포기를 하고 약 2년이 지나서 우연히 고교절친을 만났는데 전기산업기사 자격증을 가지고 있었습니다. 친구의 조언을 받아 한솔아카데미에 등록하여 진도를 따라가니 혼자 할 때는 진도가 안 나갔는데 내용은 잘 몰라도 진도는 나갔습니다. 아무 생각 없이 일회독을 하니 자신감이 붙기 시작하였고 두 번 세 번 반복하니 첫 시험에서 과락점수가 나온 과목도 조금씩 올라가기 시작하였습니다. 2024년 2회 차에 필기시험에 합격을 했습니다. 한솔아카데미 인강 시작 후 6개월 만에 이룬 쾌거였습니다. 1차 필기시험은 회로이론과 전기자기학이 힘들었습니다. 인강을 듣고 반복하여 외우고 난이도가 있는 공식은 벽과 화장실에 붙여두고 반복하여 외웠습니다. 2차 실기시험도 한솔아카데미 인터넷 강의로 공부했습니다. 10년치 문제를 8번 정도 반복하여 풀었습니다. 2차 실기는 반복해서 문제풀이에 집중하였고 특히 난이도가 있는 문제를 하루 1문제씩 외우는 방식으로 문제를 해결해 나갔습니다. 여러분의 건투를 빕니다.

직장인
오*국

 # 너무나 바쁜 투잡러의 전기산업기사 합격 후기!!!!

두 가지 일을 하는 49세 투잡러입니다. 대학 전공은 약간 관련 있는 이점이 있긴 하였지만, 20년 넘는 세월 동안 다 잊어버리고, 직업은 전기 비슷한 일을 하였지만 자격증과는 별 관련 없는 일을 하며 살았습니다. 더 나이가 들기 전에 자격증을 꼭 취득해야겠다는 다짐을 하고 한솔아카데미를 만나게 되었습니다. 하지만 두 가지 일을 하며 공부를 한다는 것은 쉽지 않았습니다. 저는 한솔아카데미의 필기와 실기 인강을 잘 활용했습니다. 몸이 피곤할 때는 졸더라도 인강을 재생시켜 반복해서 들었습니다. 그냥 한두 번 들은 것이 아니라 필기는 4회, 실기는 6회 정도 들었습니다. 직접 볼펜을 들고 공책에 풀어보지 못한 문제도 많았습니다. 하지만 교수님들의 강의를 듣고 또 들으니 시험장에서 어느 정도 생각이 났습니다. 인강을 들은 시간은 많았지만, 막상 문제를 직접 푸는 제대로 된 공부 시간은 절대적으로 부족한 상황에서 전기기사는 아쉽게 불합격이지만, 전기산업기사는 극적으로 합격을 하였습니다. 일단 저에게는 한솔아카데미 강의가 너무 잘 맞습니다. 또한 중요한 개념은 반복하여 설명을 해주시니 잊을래야 잊을 수도 없습니다. 지난 시험 후 계속 강의를 들으니 이제 전기기사도 합격할 수 있을 것 같습니다. 인강을 들으면 들을수록 이전에 몰랐던 것도 하나씩 하나씩 알게 되고 직접 문제풀이한 문제는 쉽게 이해가 되었습니다. 이제는 11월의 기사 시험이 기다려집니다. 자신 있습니다.

2026년 대비 학습플랜
전기산업기사 5주완성
도서를 구매하신 분께 드리는 혜택

기초전기
초보 수험생을 위한 기초전기
본 이론을 들어가기 전 기초 다지기

공학용 계산기 사용법
[계산기 f_x-570 ES PLUS]를 활용하여 복소수 계산 사용법 등을 영상 제공

기출문제 동영상 제공
최근 2021년~2025년까지 상세한 해설 제공

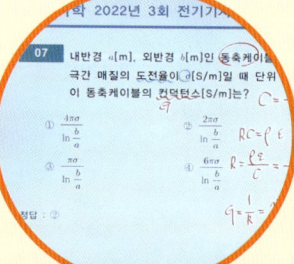

1 기초전기   **2** 출제경향   **3** 기출문제 I   **4** 기출문제 II

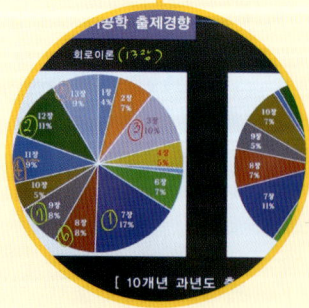

출제경향분석
출제경향, 출제빈도, 과목별 학습전략
및 공부계획표 방향 제시

기출문제 추가제공
2014년~2020년 기출문제
홈페이지에서 PDF 파일 제공

한솔아카데미에서 제공하는
8단계 학습플랜 길잡이

200% 학습법

핵심 포켓북 및 동영상
각 과목별 출제빈도에 따른
핵심정리 및 예제문제풀이

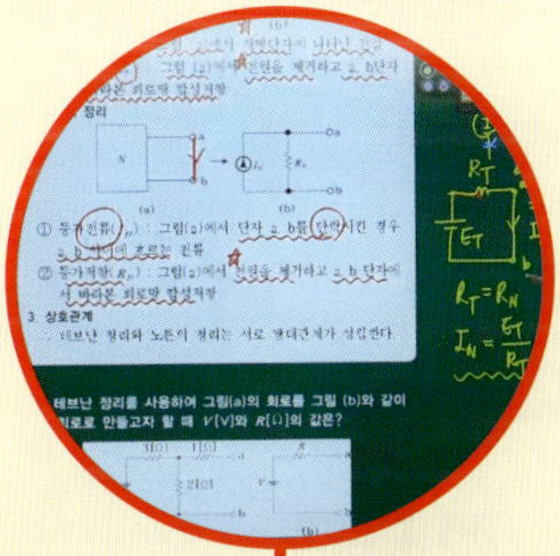

전국모의고사
시험 2주전 최종점검
전국모의고사 실시

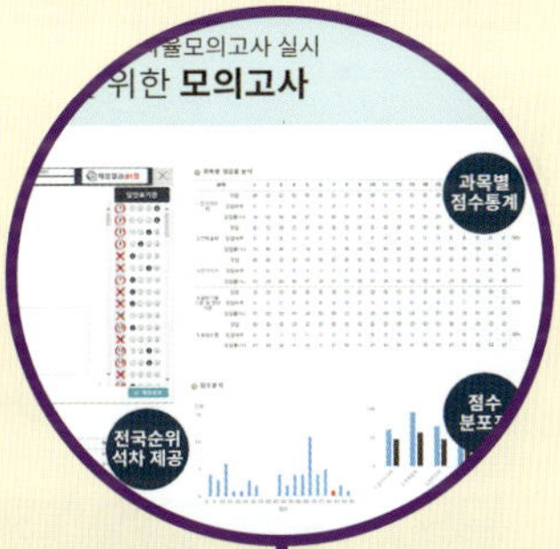

5 포켓북 — **6** CBT모의고사 — **7** 전국모의고사 — **8** 질의응답

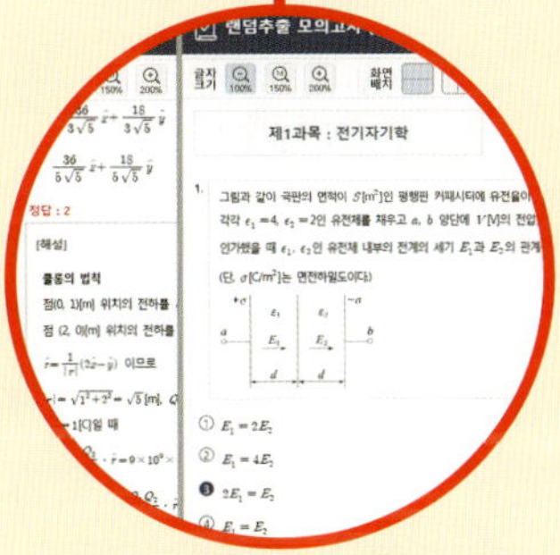

CBT모의고사
최근 기출문제를 홈페이지에서
실제시험처럼 자가진단 모의고사로 실시

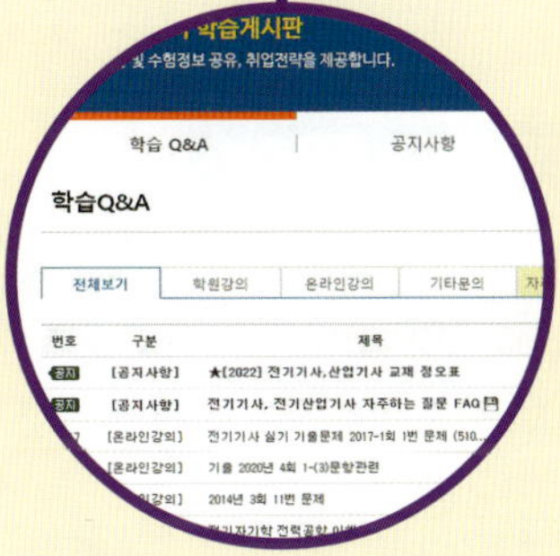

학습 Q&A
전용 홈페이지를 통한
365일 학습관리 시스템

전용 홈페이지를 통한
2026/365일 학습질의응답 관리

http://www.inup.co.kr

홈페이지 주요메뉴

수강신청
- 필기+실기 패키지
- 필기과정
- 실기과정
- 교수진

무료제공 동영상강의 한솔TV
- 전기입문특강
- 필기대비 무료강의
- 실기대비 무료강의
- 한솔TV 특강

기출문제 · 학습자료
- 전기기사 필기
- 전기산업기사 필기
- 전기기사 실기
- 전기산업기사 실기
- 전기공사기사 필기
- 전기공사산업기사 필기

수험정보 · EVENT
- 이벤트
- 전기(산업)기사란?
- 수험정보
- 전기기사 수험자료
- 학습정보/특강
- 전기기사 합격가이드

학원강의
- 학원강의 개강안내
- 수강신청(내일배움카드)
- 교수진

교재안내
- 전기 필기
- 전기 실기

학습게시판 · 합격수기
- 학습 Q&A
- 공지사항
- 합격수기/커뮤니티

나의 강의실

한솔아카데미가 답이다!
전기산업기사 5주완성 인터넷 강좌

한솔과 함께라면 빠르게 합격 할 수 있습니다.

강의수강 중 학습관련 문의사항, 성심성의껏 답변드리겠습니다.

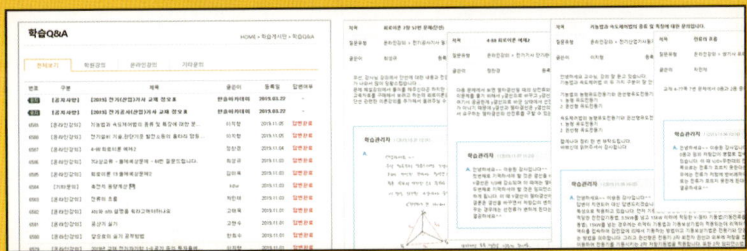

전기산업기사 5주완성 유료 동영상 강의

구 분	과 목	담당강사	강의시간	동영상	교 재
필 기	전기자기학	윤종식	약 31시간		
	전력공학	김민혁	약 17시간		
	전기기기	이승원	약 28시간		
	회로이론	이승원	약 33시간		
	전기설비기술기준	윤홍준	약 25시간		
	산업기사 과년도	과목별 교수님	약 44시간		

• 유료 동영상강의 수강방법 : http://www.inup.co.kr

 **교재 인증번호 등록을 통한 학습관리 시스템**

❶ 기초전기　❷ 출제경향 분석　❸ 기출 동영상 제공　❹ 기출 추가 제공
❺ 핵심 포켓북　❻ CBT모의고사　❼ 전국모의고사　❽ 학습 Q&A

01 사이트 접속
인터넷 주소창에 https://www.inup.co.kr 을 입력하여 한솔아카데미 홈페이지에 접속합니다.

02 회원가입 로그인
홈페이지 우측 상단에 있는 **회원가입** 또는 아이디로 **로그인**을 한 후, **전기기사** 사이트로 접속을 합니다.

03 나의 강의실
나의강의실로 접속하여 왼쪽 메뉴에 있는 [쿠폰/포인트관리]-[쿠폰등록/내역]을 클릭합니다.

04 쿠폰 등록
도서에 기입된 **인증번호 12자리** 입력(-표시 제외)이 완료되면 [**나의강의실**]에서 학습가이드 관련 응시가 가능합니다.

■ **모바일 동영상 수강방법 안내**

❶ QR코드 이미지를 모바일로 촬영합니다.
❷ 회원가입 및 로그인 후, 쿠폰 인증번호를 입력합니다.
❸ 인증번호 입력이 완료되면 [나의강의실]에서 강의 수강이 가능합니다.

※ 인증번호는 ①권 표지 뒷면에서 확인하시길 바랍니다.
※ QR코드를 찍을 수 있는 앱을 다운받으신 후 진행하시길 바랍니다.

2026 대비 전기산업기사 5주완성
5주 스터디 · SELF 학습플랜

스터디 5주 완성 플랜

과목	장	페이지	주차	일	부족	완료
1 전기자기학	1장~2장	P.2~P.29	1주	1일	☐	☐
	2장~3장	P.30~P.61		2일	☐	☐
	4장~5장	P.62~P.88		3일	☐	☐
	5장~6장	P.89~P.117		4일	☐	☐
	6장~7장	P.118~P.143		5일	☐	☐
	7장~8장	P.144~P.168		6일	☐	☐
	8장~9장	P.169~P.195		7일	☐	☐
2 전력공학	1장~2장	P.2~P.29	2주	8일	☐	☐
	2장~3장	P.30~P.55		9일	☐	☐
	4장~5장	P.56~P.85		10일	☐	☐
	6장~8장	P.86~P.116		11일	☐	☐
	9장	P.118~P.148		12일	☐	☐
	10장	P.150~P.177		13일	☐	☐
	11장~12장	P.178~P.202		14일	☐	☐
3 전기기기	1장	P.2~P.30	3주	15일	☐	☐
	1장~2장	P.31~P.63		16일	☐	☐
	2장~3장	P.64~P.88		17일	☐	☐
	3장	P.89~P.119		18일	☐	☐
	4장	P.120~P.144		19일	☐	☐
	4장~5장	P.145~P.165		20일	☐	☐
	6장	P.166~P.184		21일	☐	☐
4 회로이론	1장~3장	P.2~P.32	4주	22일	☐	☐
	3장~5장	P.33~P.60		23일	☐	☐
	5장~7장	P.61~P.86		24일	☐	☐
	7장~9장	P.87~P.118		25일	☐	☐
	9장~11장	P.119~P.140		26일	☐	☐
	11장~13장	P.141~P.177		27일	☐	☐
	14장~16장	P.178~P.216		28일	☐	☐
5 전기설비기술기준	1장	P.2~P.49	5주	29일	☐	☐
	1장~2장	P.50~P.106		30일	☐	☐
	2장	P.107~P.129		31일	☐	☐
	3장	P.130~P.147		32일	☐	☐
	4장	P.148~P.199		33일	☐	☐
	4장	P.200~P.255		34일	☐	☐
	5장~6장	P.256~P.341		35일	☐	☐

SELF 5수 완성 플랜

과목	장	페이지	주차	일	부족	완료
1 전기자기학					☐	☐
					☐	☐
					☐	☐
					☐	☐
					☐	☐
					☐	☐
					☐	☐
2 전력공학					☐	☐
					☐	☐
					☐	☐
					☐	☐
					☐	☐
					☐	☐
					☐	☐
3 전기기기					☐	☐
					☐	☐
					☐	☐
					☐	☐
					☐	☐
					☐	☐
					☐	☐
4 회로이론					☐	☐
					☐	☐
					☐	☐
					☐	☐
					☐	☐
					☐	☐
					☐	☐
5 전기설비기술기준					☐	☐
					☐	☐
					☐	☐
					☐	☐
					☐	☐
					☐	☐
					☐	☐

2026 대비 전기산업기사 5주완성
7주 스터디 · SELF 학습플랜

스터디 7주 완성 플랜

과목	장	페이지	주차	일	부족	완료
1 전기 자기학	1장~2장	P.2~P.29	1주	1일	☐	☐
	2장~3장	P.30~P.61		2일	☐	☐
	4장~5장	P.62~P.88		3일	☐	☐
	5장~6장	P.89~P.117		4일	☐	☐
	6장~7장	P.118~P.143		5일	☐	☐
	7장~8장	P.144~P.168		6일	☐	☐
	8장~9장	P.169~P.195		7일	☐	☐
2 전력 공학	1장~2장	P.2~P.29	2주	8일	☐	☐
	2장~3장	P.30~P.55		9일	☐	☐
	4장~5장	P.56~P.85		10일	☐	☐
	6장~8장	P.86~P.116		11일	☐	☐
	9장	P.118~P.148		12일	☐	☐
	10장	P.150~P.177		13일	☐	☐
	11장~12장	P.178~P.202		14일	☐	☐
3 전기 기기	1장	P.2~P.30	3주	15일	☐	☐
	1장 &2장	P.31~P.63		16일	☐	☐
	2장~3장	P.64~P.88		17일	☐	☐
	3장	P.89~P.119		18일	☐	☐
	4장	P.120~P.144		19일	☐	☐
	4장~5장	P.145~P.165		20일	☐	☐
	6장	P.166~P.184		21일	☐	☐
4 회로 이론	1장~3장	P.2~P.32	4주	22일	☐	☐
	3장~5장	P.33~P.60		23일	☐	☐
	5장~7장	P.61~P.86		24일	☐	☐
	7장~9장	P.87~P.118		25일	☐	☐
	9장~11장	P.119~P.140		26일	☐	☐
	11장~13장	P.141~P.177		27일	☐	☐
	14장~16장	P.178~P.216		28일	☐	☐
5 전기 설비 기술 기준	1장	P.2~P.49	5주	29일	☐	☐
	1장~2장	P.50~P.106		30일	☐	☐
	2장	P.107~P.129		31일	☐	☐
	3장	P.130~P.147		32일	☐	☐
	4장	P.148~P.199		33일	☐	☐
	4장	P.200~P.255		34일	☐	☐
	5장~6장	P.256~P.341		35일	☐	☐
기출 문제	2021년도	1회,2회	6주	36일	☐	☐
	2021년도	3회/21년 복습		37일	☐	☐
	2022년도	1회,2회		38일	☐	☐
	2022년도	3회/22년 복습		39일	☐	☐
	2023년도	1회,2회		40일	☐	☐
	2023년도	3회/23년 복습		41일	☐	☐
	2024년도	1회,2회		42일	☐	☐
	2024년도	3회/24년 복습		43일	☐	☐
	2025년도	1회,2회		44일	☐	☐
	2025년도	3회/25년 복습		45일	☐	☐
핵심 포켓북	전기자기학+전력공학 +전기설비기술기준		7주	46일	☐	☐
				47일	☐	☐
	전기기기+회로이론			48일	☐	☐
				49일	☐	☐

SELF 7주 완성 플랜

과목	장	페이지	주차	일	부족	완료
1 전기 자기학					☐	☐
					☐	☐
					☐	☐
					☐	☐
					☐	☐
					☐	☐
					☐	☐
2 전력 공학					☐	☐
					☐	☐
					☐	☐
					☐	☐
					☐	☐
					☐	☐
					☐	☐
3 전기 기기					☐	☐
					☐	☐
					☐	☐
					☐	☐
					☐	☐
					☐	☐
					☐	☐
4 회로 이론					☐	☐
					☐	☐
					☐	☐
					☐	☐
					☐	☐
					☐	☐
					☐	☐
5 전기 설비 기술 기준					☐	☐
					☐	☐
					☐	☐
					☐	☐
					☐	☐
					☐	☐
					☐	☐
기출 문제					☐	☐
					☐	☐
					☐	☐
					☐	☐
					☐	☐
					☐	☐
					☐	☐
					☐	☐
					☐	☐
					☐	☐
핵심 포켓북					☐	☐
					☐	☐
					☐	☐
					☐	☐

2026 완벽대비

별책부록

전기산업기사
핵심포켓북
동영상강의 제공

INUP
2026 대비

전용 홈페이지 학습게시판을 통한
담당교수님의 1:1 질의응답 학습관리

29년간 기출문제 분석
적중핵심
적중문제

www.inup.co.kr

한솔아카데미

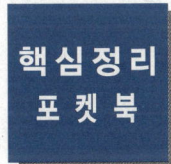

목 차

제1과목
전기자기학 ·· 1

제2과목
전력공학 ·· 67

제3과목
전기기기 ·· 145

제4과목
회로이론 ·· 223

제5과목
전기설비기술기준(한국전기설비규정[KEC]) ··············· 299

핵심포켓북(동영상강의 제공)

제1과목
전기자기학

■ 출제빈도에 따른 핵심정리 · 예제문제
　핵심 1 ~ 핵심 60

제1과목 전기자기학

NO	출제경향	관련페이지	출제빈도
핵심1	전자파	184, 189, 190, 191, 192, 193, 194, 195	★★★★★
핵심2	직선도체에 의한 자계의 세기(H)	102, 103, 109, 110, 112, 113, 114, 115, 116, 117, 122, 123	★★★★★
핵심3	자기회로 내의 옴의 법칙	140, 142, 151, 152, 153, 154, 155, 159	★★★★★
핵심4	유전체 내의 정전계	63, 66, 67, 68, 69, 70, 71, 72	★★★★★
핵심5	점전하와 구도체에 의한 전위(V)	15, 20, 21, 34, 35, 36, 37, 38, 39	★★★★★
핵심6	정전에너지(W) 및 정전에너지 밀도(w)	45, 57, 58, 80, 81, 82, 83	★★★★★
핵심7	자기인덕턴스의 여러 가지 표현	164, 165, 167, 172, 173, 174, 175, 176, 177, 178, 179	★★★★★
핵심8	맥스웰 방정식	182, 185, 186	★★★★★
핵심9	변위전류밀도(i_d)와 변위전류(I_d)	183, 187, 188	★★★★★
핵심10	플레밍의 법칙	107, 131, 132, 133, 134, 135	★★★★★
핵심11	점전하와 구도체에 의한 전계의 세기(E)	10, 19, 23, 24, 25	★★★★★
핵심12	원형코일에 의한 자계의 세기(H)	104, 108, 119, 120, 121, 122	★★★★★
핵심13	자기에너지(W) 및 자기에너지 밀도(w)	140, 143, 156, 157, 158, 159, 168, 175, 179, 180	★★★★★
핵심14	유전체 내에서의 경계조건	65, 76, 77, 78, 79, 80	★★★★★
핵심15	자기인덕턴스(L)	164, 167, 172, 173, 174, 175	★★★★★
핵심16	솔레노이드에 의한 자계의 세기(H)	117, 118, 119	★★★★★
핵심17	선전하와 원통도체(원주형도체)에 의한 전계의 세기(E)	10, 11, 12, 19, 26, 27, 28	★★★★★
핵심18	면전하에 의한 전계의 세기(E)	11, 12, 28, 29	★★★★★
핵심19	평행도선의 작용력(F)	107, 129, 130, 131	★★★★★

NO	출제경향	관련페이지	출제빈도
핵심20	상호인덕턴스(M)	166, 179, 180, 181	★★★★
핵심21	도체의 저항(R)	87, 93, 94, 95, 96, 97, 98	★★★★
핵심22	접지구도체와 점전하	85, 91, 92, 93	★★★★
핵심23	전기력선의 성질	14, 30, 31, 34	★★★★
핵심24	도체의 성질	31, 32	★★★★
핵심25	분극의 세기(P)	64, 74, 75, 76	★★★★
핵심26	자화의 세기(J)	138, 147, 148, 149	★★★★
핵심27	선전하와 원통도체(원주형도체)에 의한 전위(V)	16, 37	★★★★
핵심28	전자유도법칙	160, 169, 170	★★★★
핵심29	유기기전력(e)	161, 170, 171	★★★★
핵심30	콘덴서의 직·병렬 접속	44, 48, 49, 50, 55, 56, 61	★★★★
핵심31	막대자석의 회전력(T)과 에너지(W)	106, 127, 128	★★★★
핵심32	자성체	136, 137, 144, 145	★★★★
핵심33	히스테리시스 곡선(자기이력곡선=B-H곡선)	138, 145, 146, 147	★★★
핵심34	정전계의 쿨롱의 법칙	8, 18, 22	★★★
핵심35	포아송 방정식과 라플라스 방정식	17, 40, 41	★★★
핵심36	구도체에서의 정전용량(C)	43, 50, 51	★★★
핵심37	원통도체의 정전용량(C)	43, 51, 52	★★★
핵심38	평행판 전극 사이의 정전용량(C)	52, 53, 54	★★★
핵심39	접지무한평면과 점전하	84, 89, 90	★★★
핵심40	접지무한평면과 선전하	85, 90	★★★

NO	출제경향	관련페이지	출제빈도
핵심41	전위계수, 용량계수, 유도계수	46, 58, 59, 60	★★★
핵심42	자위(U)	124, 125, 126	★★★
핵심43	전기쌍극자에 의한 전계의 세기(E)	30	★★★
핵심44	자성체 내에서의 경계조건	139, 149, 150	★★
핵심45	유전체 내의 전기력선(N) 수와 전속선 수(Ψ)	64, 73, 74	★★
핵심46	온도저항	86, 93	★★
핵심47	비유전율(ϵ_s)	62, 66, 68	★★
핵심48	자속밀도(B)	114, 123, 124	★★
핵심49	표피효과와 와전류	162, 172	★★
핵심50	면전하와 전기쌍극자에 의한 전위(V)	16, 39, 40	★★
핵심51	자기력선의 성질	106, 126, 127	★★
핵심52	로렌쯔의 힘(F)	135	★★
핵심53	정자계의 쿨롱의 법칙	102, 111	★★
핵심54	전기효과	98, 99	★
핵심55	정전용량과 엘라스턴스	42, 50, 70	★
핵심56	자계의 세기 및 전기·자기회로	111, 139, 150	★
핵심57	전계의 세기(E) 및 발산·스토크스정리	6, 9	★
핵심58	벡터의 내적("도트"곱)	3, 5	★
핵심59	벡터의 외적	3, 5	★
핵심60	벡터의 발산	6	★

01 전자파

| 참고 |
자유공간에서 전계(E)와 자계(H)는 같은 위상으로 동시에 존재하게 되며 모두 진행방향에 대하여 수직으로 나타나게 되는데 이때 전계와 자계가 만드는 파를 전자파라 한다.

출제빈도
★★★★★

1. **진행방향** : $\dot{E} \times \dot{H}$의 방향

2. **포인팅 벡터(P)** : $P = \dot{E} \times \dot{H} = EH = \eta H^2 = \dfrac{E^2}{\eta}$ [W/m²]

3. **고유임피던스(η)** : $\eta = \dfrac{E}{H} = \sqrt{\dfrac{\mu}{\epsilon}} = \sqrt{\dfrac{\mu_0}{\epsilon_0}} \cdot \sqrt{\dfrac{\mu_s}{\epsilon_s}} = 120\pi \sqrt{\dfrac{\mu_s}{\epsilon_s}} = 377 \sqrt{\dfrac{\mu_s}{\epsilon_s}}$ [Ω]

4. **속도(v)** : $v = \lambda \cdot f = \dfrac{\omega}{\beta} = \dfrac{1}{\sqrt{LC}} = \dfrac{1}{\sqrt{\epsilon\mu}} = \dfrac{1}{\sqrt{\epsilon_0 \mu_0}} \cdot \dfrac{1}{\sqrt{\epsilon_s \mu_s}} = \dfrac{3 \times 10^8}{\sqrt{\epsilon_s \mu_s}}$ [m/sec]

5. **전송선로의 특성임피던스(Z_0)와 전파정수(γ) - 무손실선로인 경우($R = 0$, $G = 0$)**

   ① 특성임피던스(Z_0) : $Z_0 = \sqrt{\dfrac{Z}{Y}} = \sqrt{\dfrac{R + j\omega L}{G + j\omega C}} = \sqrt{\dfrac{L}{C}}$ [Ω]

   ② 전파정수(γ) ; $\gamma = \sqrt{ZY} = \sqrt{(R + j\omega L)(G + j\omega C)} = j\omega\sqrt{LC} = j\beta$

여기서, E : 전계의 세기[V/m], H : 자계의 세기[AT/m], P : 포인팅 벡터[W/m²]
η : 고유임피던스[Ω], μ : 매질의 투자율[H/m], ϵ : 매질의 유전율[F/m]
μ_0 : 공기(진공) 중의 투자율[H/m], ϵ_0 : 공기(진공) 중의 유전율[F/m],
μ_s : 비투자율, ϵ_s : 비유전율, v : 속도[m/sec], λ : 파장[m], f : 주파수[Hz]
ω : 각속도[rad/sec], β : 위상정수, L : 인덕턴스[H], C : 정전용량[F]
Z_0 : 특성임피던스[Ω], Z : 직렬임피던스[Ω], Y : 병렬어드미턴스[S]
R : 저항[Ω], G : 콘덕턴스[S], γ : 전파정수

보충학습 문제 관련페이지
184, 189, 190, 191, 192, 193, 194, 195

예제1 전계와 자계의 위상 관계는?

① 위상이 서로 같다.
② 전계가 자계보다 90° 빠르다.
③ 전계가 자계보다 90° 늦다.
④ 전계가 자계보다 45° 빠르다.

· **정답** : ①
자유공간에서 전계(E)와 자계(H)가 같은 위상으로 동시에 존재하게 되며 모두 진행방향에 대하여 수직으로 나타나게 되는데 이때 전계와 자계가 만드는 파를 전자파라 한다.

예제2 비유전율 $\epsilon_s = 80$, 비투자율 $\mu_s = 1$인 전자파의 고유임피던스(intrinsic impedance)[Ω]는?

① 0.1 ② 80
③ 8.7 ④ 42

· **정답** : ④
고유임피던스(η)
$\epsilon_s = 80$, $\mu_s = 1$일 때
$\therefore \eta = 377\sqrt{\dfrac{\mu_s}{\epsilon_s}} = 377 \times \sqrt{\dfrac{1}{80}} = 42$ [Ω]

02 직선도체에 의한 자계의 세기(H)

1. 무한장 직선도체에 의한 자계의 세기

$$H = \frac{NI}{l} = \frac{NI}{2\pi r} \text{ [AT/m]}$$

여기서, H : 자계의 세기[AT/m], N : 도체수, l : 자계의 길이[m]
  r : 직선도체에서 떨어진 임의의 거리[m]

※ 암페어의 오른나사 법칙 : 무한장 직선도체에 흐르는 전류에 의한 자계의 방향은 암페어의 오른나사 법칙에 의해서 알 수 있으며 암페어의 주회적분 법칙으로 자계의 세기를 계산할 수 있다.

2. 유한장 직선도체에 의한 자계의 세기(H)

$$H = \frac{I}{4\pi r}(\cos\theta_1 + \cos\theta_2)$$
$$= \frac{I}{4\pi r}(\sin\beta_1 + \sin\beta_2) \text{ [AT/m]}$$

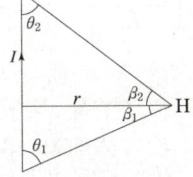

〈유한장 직선도체〉

3. 원통 도체(원주형 도체)에 의한 자계의 세기(H)

① 원통 도체 표면에만 전류가 흐르는 경우
  내부 자계의 세기 H_{in}, 외부 자계의 세기 H_{out}은

$$H_{in} = 0 \text{ [AT/m]}, \quad H_{out} = \frac{I}{2\pi r} \text{ [AT/m]}$$

② 원통 도체 내부에 균일하게 전류가 흐르는 경우

$$H_{in} = \frac{Ir}{2\pi a^2} \text{ [AT/m]}, \quad H_{out} = \frac{I}{2\pi r} \text{ [AT/m]}$$

여기서, H : 자계의 세기[AT/m], N : 도체수, I : 전류[A], l : 자계의 길이[m],
  r : 직선도체에서부터의 거리[m], a : 원통 도체의 반지름[m]

출제빈도
★★★★★

보충학습 문제 관련페이지
102, 103, 109, 110, 112, 113, 114, 115, 116, 117, 122, 123

[예제1] 전류 분포가 균일한 반지름 a[m]인 무한장 원주형 도선에 1[A]의 전류를 흘렸더니 도선 중심에서 $a/2$[m] 되는 점에서의 자계 세기가 $\frac{1}{2\pi}$ [AT/m]였다. 이 도선의 반지름은 몇 [m]인가?
① 4   ② 2
③ 1/2   ④ 1/4

・ 정답 : ③

원통도체(원주형 도체)에 의한 자계의 세기(H)
원통도체 내부에 균일하게 전류가 흐르는 경우
$$H_{in} = \frac{Ir}{2\pi a^2} \text{ [AT/m]}, H_{out} = \frac{I}{2\pi r} \text{ [AT/m]}$$
$I = 1$ [A], $r = \frac{a}{2}$ [m]
$H_{in} = \frac{1}{2\pi}$ [AT/m]이므로
$H_{in} = \frac{Ir}{2\pi a^2}$ [AT/m] 식에 의해서
$$\frac{1}{2\pi} = \frac{1 \times \frac{a}{2}}{2\pi \times a^2} = \frac{1}{4\pi a}$$
$$\therefore a = \frac{2\pi}{4\pi} = \frac{1}{2} \text{ [m]}$$

03 자기회로 내의 옴의 법칙

출제빈도
★★★★★

보충학습 문제
관련페이지
140, 142, 151,
152, 153, 154,
155, 159

1. 자기저항(R_m)

$$R_m = \frac{l}{\mu S} = \frac{l}{\mu_0 \mu_s S} \text{ [AT/Wb]}$$

2. 기자력(F)

$$F = NI = R_m \phi = Hl \text{ [AT]}$$

3. 자속(ϕ)

$$\phi = \frac{F}{R_m} = \frac{NI}{R_m} = \frac{\mu SNI}{l} = \frac{\mu_0 \mu_s SNI}{l} \text{ [Wb]}$$

여기서, R_m : 자기저항[AT/Wb], l : 자로의 길이[m], μ : 매질의 투자율[H/m]
S : 단면적[m²], μ_0 : 공기(진공) 중의 투자율[H/m], μ_s : 비투자율
F : 기자력[AT], N : 코일 권수, I : 전류[A], ϕ : 자속[Wb],
H : 자계의 세기[AT/m]

예제1 그림과 같이 비투자율 μ_s가 800, 원형 단면적 S가 10[cm²], 평균 자로의 길이 l이 30[cm]인 환상철심에 감긴 수 N이 600회인 코일을 감은 무단 솔레노이드가 있다. 코일에 1[A]의 전류를 유통시킬 때, 코일의 내부 자속[Wb]을 구하면?

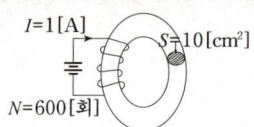

① 1.51×10^{-1}
② 2.01×10^{-1}
③ 1.51×10^{-2}
④ 2.01×10^{-3}

・정답 : ④
자기회로 내의 옴의 법칙
$S = 10\,[\text{cm}^2]$, $l = 30\,[\text{cm}]$, $N = 600$,
$I = 1\,[\text{A}]$, $\mu_s = 800$일 때

$$\therefore \phi = \frac{\mu_0 \mu_s SNI}{l}$$

$$= \frac{4\pi \times 10^{-7} \times 800 \times 10 \times 10^{-4} \times 600 \times 1}{30 \times 10^{-2}}$$

$$= 2.01 \times 10^{-3}\,[\text{Wb}]$$

예제2 길이 1[m]의 철심($\mu_s = 1,000$) 자기회로에 1[mm]의 공극이 생겼을 때, 전체의 자기저항은 약 몇 배로 증가하는가? (단, 각 부의 단면적은 일정하다.)

① 1.5
② 2
③ 2.5
④ 3

・정답 : ②
자기회로에 공극이 있을 때의 합성자기저항을 R_{mo}, 공극이 없을 때의 자기저항을 R_m이라 하면

$$\frac{R_{mo}}{R_m} = 1 + \frac{\mu l_g}{\mu_0 l} = 1 + \frac{\mu_s l_g}{l}$$ 이므로

$l = 1\,[\text{m}]$, $\mu_s = 1,000$, $l_g = 1\,[\text{mm}]$일 때

$$\therefore R_{mo} = \left(1 + \frac{\mu_s l_g}{l}\right) R_m$$

$$= \left(1 + \frac{1,000 \times 1 \times 10^{-3}}{1}\right) R_m$$

$$= 2 R_m \text{ [AT/Wb]}$$

04 유전체 내의 정전계

1. 쿨롱의 법칙 : $F = k\dfrac{Q_1 Q_2}{\epsilon_s r^2} = 9 \times 10^9 \times \dfrac{Q_1 Q_2}{\epsilon_s r^2} = \dfrac{Q_1 Q_2}{4\pi\epsilon_0 \epsilon_s r^2} = \dfrac{Q_1 Q_2}{4\pi\epsilon r^2}$ [N]

2. 점전하에 의한 전계의 세기(E) : $E = \dfrac{Q}{4\pi\epsilon_0 \epsilon_s r^2} = \dfrac{Q}{4\pi\epsilon r^2}$ [V/m]

3. 점전하에 의한 전위(V) : $V = \dfrac{Q}{4\pi\epsilon_0 \epsilon_s r} = \dfrac{Q}{4\pi\epsilon r}$ [V]

4. 평행판 콘덴서의 정전용량(C) : $C = \dfrac{\epsilon_0 \epsilon_s S}{d} = \dfrac{\epsilon S}{d}$ [F]

| 참고 |
- $\epsilon = \epsilon_s \epsilon_0$ [F/m]이다.
- 진공이나 공기중의 F_0, E_0, V_0, C_0라 하면 매질 내에서의 F, E, V, C는
$F = \dfrac{F_0}{\epsilon_s}$ [N], $E = \dfrac{E_0}{\epsilon_s}$ [V/m], $V = \dfrac{V_0}{\epsilon_s}$ [V], $C = \epsilon_s C_0$ [F]이다.

여기서, F : 두 전하 사이의 작용력[N], Q : 전하량[C], ϵ_s : 비유전율, r : 거리[m],
ϵ_0 : 공기(진공) 중의 유전율[F/m], E : 전계의 세기[V/m],
ϵ : 매질의 유전율[F/m], V : 전위[V], C : 정전용량[F], S : 면적[m²],
d : 평행판 사이 간격[m]

출제빈도
★★★★★

보충학습 문제
관련페이지
63, 66, 67, 68,
69, 70, 71, 72

[예제1] 공기 중 두 전하 사이에 작용하는 힘이 5[N]이었다. 두 전하 사이에 유전체를 넣었더니 힘이 2[N]으로 되었다면 유전체의 비유전율은 얼마인가?
① 15　　② 10
③ 5　　　④ 2.5

· 정답 : ④
유전체 내의 쿨롱의 법칙
공기중일 때 두 전하 사이의 작용력을 F_0, 유전체 내에서의 두 전하 사이의 작용력을 F라 하면
$F_0 = \dfrac{Q_1 Q_2}{4\pi\epsilon_0 r^2}$ [N], $F = \dfrac{Q_1 Q_2}{4\pi\epsilon_0 \epsilon_s r^2}$ [N]이므로
$F_0 = 5$ [N], $F = 2$ [N]일 때
$F = \dfrac{F_0}{\epsilon_s}$ [N]에 의해서
∴ $\epsilon_s = \dfrac{F_0}{F} = \dfrac{5}{2} = 2.5$

[예제2] 평행판 콘덴서에서 원형 전극의 지름이 60[cm], 극판 간격이 0.1[cm], 유전체의 비유전율이 16이다. 이 콘덴서의 정전용량[μF]은?
① 0.04　　② 0.03
③ 0.02　　④ 0.01

· 정답 : ①
유전체 내의 평행판 전극의 정전용량(C)
원형 전극의 반지름 a, 면적 S, 간격 d라 하면
$a = \dfrac{60}{2} = 30$ [cm]
$S = \pi a^2 = \pi \times (30 \times 10^{-2})^2 = 0.283$ [m²]
$d = 0.1$ [cm], $\epsilon_s = 16$일 때
∴ $C = \dfrac{\epsilon_0 \epsilon_s S}{d}$
$= \dfrac{8.855 \times 10^{-12} \times 16 \times 0.283}{0.1 \times 10^{-2}}$
$= 0.04 \times 10^{-6}$ [F] $= 0.04$ [μF]

05 점전하와 구도체에 의한 전위(V)

출제빈도
★★★★★

| 정의 |

정전계 내에서 정전하(靜電荷) Q[C]으로부터 힘을 받은 무한 원점에 놓인 단위 전하 1[C]을 정전하(靜電荷)로부터 r[m]만큼 떨어진 위치로 이동시키기 위해 필요한 에너지를 의미함

종류	전위
점전하	$V = \dfrac{Q}{4\pi\epsilon_0 r} = Er$ [V]
대전 구도체	① 대전 구도체 외부의 전위 $V = \dfrac{Q}{4\pi\epsilon_0 r}$ [V] ② 대전 구도체 내부의 전위(=표면전위) $V = \dfrac{Q}{4\pi\epsilon_0 a}$ [V] ※ 대전 구도체의 내부 전위는 표면전위와 같다.
동심구도체	① A도체에만 $+Q$[C]으로 대전된 경우 $V_A = \dfrac{Q}{4\pi\epsilon_0}\left(\dfrac{1}{a} - \dfrac{1}{b} + \dfrac{1}{c}\right)$ [V] ② A도체에 $+Q$[C], B도체에 $-Q$[C]이 대전된 경우 $V_{AB} = \dfrac{Q}{4\pi\epsilon_0}\left(\dfrac{1}{a} - \dfrac{1}{b}\right)$ [V] ③ B도체에만 $+Q$[C]으로 대전된 경우 $V_B = \dfrac{Q}{4\pi\epsilon_0 c}$ [V]

여기서, Q : 전하[C], r : 거리[m], E : 전계의 세기[V/m],
a : 구도체의 반지름[m] 또는 동심 내구도체 반지름[m]
b : 동심 외구도체 내반지름[m], c : 동심 외구도체 외반지름[m]

보충학습 문제 관련페이지
15, 20, 21, 34, 35, 36, 37, 38, 39

예제1 그림과 같은 동심 구도체에서 도체1의 전하가 $Q_1 = 4\pi\epsilon_0$[C], 도체2의 전하가 $Q_2 = 0$[C]일 때, 도체1의 전위는 몇 [V]인가? (단, $a = 10$[cm], $b = 15$[cm], $c = 20$[cm]라 한다.)

① $\dfrac{1}{12}$ [V]
② $\dfrac{13}{60}$ [V]
③ $\dfrac{25}{3}$ [V]
④ $\dfrac{65}{3}$ [V]

동심구도체에 의한 전위(V)
도체 1에만 $+Q_1$[C]으로 대전한 경우 도체 1의 전위 V_1은

$V_1 = \dfrac{Q_1}{4\pi\epsilon_0}\left(\dfrac{1}{a} - \dfrac{1}{b} + \dfrac{1}{c}\right)$ [V]이므로

$\therefore V_1 = \dfrac{Q_1}{4\pi\epsilon_0}\left(\dfrac{1}{a} - \dfrac{1}{b} + \dfrac{1}{c}\right)$

$= \dfrac{4\pi\epsilon_0}{4\pi\epsilon_0}\left(\dfrac{1}{10\times 10^{-2}} - \dfrac{1}{15\times 10^{-2}} + \dfrac{1}{20\times 10^{-2}}\right)$

$= \dfrac{25}{3}$ [V]

· 정답 : ③

06 정전에너지(W) 및 정전에너지밀도(w)

1. 도체 내에 축적되는 정전에너지(W)

$$W = \frac{1}{2}QV = \frac{1}{2}CV^2 = \frac{Q^2}{2C} \,[\text{J}]$$

2. 단위 체적당 정전에너지(w)와 단위 면적당 정전력(f)

$$w = \frac{\rho_s^2}{2\epsilon_0} = \frac{D^2}{2\epsilon_0} = \frac{1}{2}\epsilon_0 E^2 = \frac{1}{2}ED \,[\text{J/m}^3]$$

$$f = w \,[\text{N/m}^2]$$

3. 체적 내의 정전에너지(W)와 면적 내의 정전력(F)

$$W = w \times \text{체적} = \frac{Q^2}{2\epsilon_0 S^2} \times Sd = \frac{dQ^2}{2\epsilon_0 S} \,[\text{J}]$$

$$F = f \times \text{면적} = \frac{Q^2}{2\epsilon_0 S^2} \times S = \frac{Q^2}{2\epsilon_0 S} \,[\text{N}]$$

출제빈도
★★★★★

보충학습 문제
관련페이지
45, 57, 58, 80,
81, 82, 83

예제1 $3[\mu\text{F}]$의 콘덴서에 $9 \times 10^{-4}[\text{C}]$인 전하를 저축할 때의 정전에너지[J]는?

① 0.135 ② 1.35
③ 1.22×10^{-2} ④ 1.35×10^{-7}

· 정답 : ①

정전에너지(W)
$C = 3[\mu\text{F}]$, $Q = 9 \times 10^{-4}[\text{C}]$일 때

$\therefore W = \dfrac{Q^2}{2C} = \dfrac{(9 \times 10^{-4})^2}{2 \times 3 \times 10^{-6}} = 0.135\,[\text{J}]$

예제2 콘덴서의 전위차와 축적되는 에너지와의 관계를 그림으로 나타내면 다음의 어느 것인가?

① 쌍곡선 ② 타원
③ 포물선 ④ 직선

· 정답 : ③

정전에너지(W)
전하량 Q, 콘덴서 C, 전위차 V라 하면
$W = \dfrac{1}{2}QV = \dfrac{1}{2}CV^2 = \dfrac{Q^2}{2C}\,[\text{J}]$이므로
콘덴서(C)와 전위차(V)에 의한 에너지 표현은 $W = \dfrac{1}{2}CV^2\,[\text{J}]$임을 알 수 있다.
이때 전위차의 에너지 관계는 $W \propto V^2$이므로 에너지 곡선은 포물선이 된다.

예제3 면적이 $300[\text{cm}^2]$, 판 간격 $2[\text{cm}]$인 2장의 평행판 금속 간을 비유전율 5인 유전체로 채우고 두 극판 간에 $20[\text{kV}]$의 전압을 가할 경우 극판 간에 작용하는 정전 흡인력[N]은?

① 0.75 ② 0.66
③ 0.89 ④ 10

· 정답 : ②

유전체 내의 정전력(F)
단위 면적당 정전력 f는 단위체적당 정전에너지 w와 같으며

$f = \dfrac{\rho_s^2}{2\epsilon} = \dfrac{D^2}{2\epsilon} = \dfrac{1}{2}\epsilon E^2 = \dfrac{1}{2}ED\,[\text{N/m}^2]$이다.

$\therefore F = f \times S = \dfrac{1}{2}\epsilon E^2 S = \dfrac{1}{2}\epsilon \left(\dfrac{V}{d}\right)^2 S\,[\text{N}]$

$S = 300\,[\text{cm}^2]$, $d = 2\,[\text{cm}]$, $\epsilon_s = 5$, $V = 20\,[\text{kV}]$이므로

$\therefore F = \dfrac{1}{2}\epsilon_0 \epsilon_s \left(\dfrac{V}{d}\right)^2 S$

$= \dfrac{1}{2} \times 8.855 \times 10^{-12} \times 5$

$\quad \times \left(\dfrac{20 \times 10^3}{2 \times 10^{-2}}\right)^2 \times 300 \times 10^{-4}$

$= 0.66\,[\text{N}]$

07 자기인덕턴스의 여러 가지 표현

출제빈도
★★★★★

1. 원통도선(원주형 도선)의 자기인덕턴스(L)

$$L = \frac{\mu l}{8\pi} \text{[H]} \quad \text{또는} \quad L = \frac{\mu}{8\pi} \text{[H/m]}$$
↳ 단위 길이에 대한 자기인덕턴스

※ 원통도선에서 자기에너지(W)

$$W = \frac{1}{2}LI^2 = \frac{\mu l I^2}{16\pi} \text{[J]} \quad \text{또는} \quad W = \frac{\mu I^2}{16\pi} \text{[J/m]}$$
↳ 단위 길이에 대한 자기에너지

2. 동심원통도체의 자기인덕턴스(L)

$$L = \frac{\mu_0 l}{2\pi} \ln \frac{b}{a} \text{[H]} \quad \text{또는} \quad L = \frac{\mu_0}{2\pi} \ln \frac{b}{a} \text{[H/m]}$$

3. 평행도선의 자기인덕턴스(L)

$$L = \frac{\mu_o l}{\pi} \ln \frac{d}{a} \text{[H]} \quad \text{또는} \quad L = \frac{\mu_0}{\pi} \ln \frac{d}{a} \text{[H/m]}$$

평행도선 사이의 정전용량 $C = \dfrac{\pi \epsilon_0}{\ln \dfrac{d}{a}}$ [F/m]이므로 $LC = \dfrac{\mu_0}{\pi} \ln \dfrac{d}{a} \times \dfrac{\pi \epsilon_0}{\ln \dfrac{d}{a}} = \mu_o \epsilon_0$ 이다.

따라서 매질 내에서 자기인덕턴스와 정전용량의 관계식은 $LC = \mu \epsilon$ 이 됨을 알 수 있다.

4. 환상솔레노이드의 자기인덕턴스(L)

$$L = \frac{N^2}{R_m} = \frac{\mu S N^2}{l} = \frac{\mu S N^2}{2\pi r} \text{[H]}$$

5. 무한장 솔레노이드의 자기인덕턴스

$$L = \mu S n^2 = \mu \pi a^2 n^2 \text{[H/m]}$$

여기서, L : 인덕턴스[H], μ : 투자율[H/m],
l : 원통도선 길이 또는 동심원통도체 길이 또는 평행도선 길이 또는 환상솔레노이드 자로 길이[m], W : 자기에너지[J], μ_0 : 공기(진공) 중의 투자율[H/m],
a : 동심내 원통도체 반지름 또는 평행도선의 반지름 또는 무한장 솔레노이드 단면의 반지름[m], b : 동심 외원통도체 내반지름[m], d : 평행도선간 거리[m],
C : 정전용량[F], ϵ_0 : 공기(진공) 중의 유전율[F/m], N : 코일권수, S : 면적[m²],
R_m : 자기저항[AT/Wb], r : 솔레노이드 평균반지름[m], n : 단위길이당 권수

보충학습 문제
관련페이지
164, 165, 167,
172, 173, 174,
175, 176, 177,
178, 179

예제1 균일하게 원형단면을 흐르는 전류 I[A]에 의한, 반지름 a[m], 길이 l[m], 비투자율 μ_s인 원통도체의 내부 인덕턴스는 몇 [H]인가?

① $\dfrac{1}{2} \times 10^{-7} \mu_s l$ ② $10^{-7} \mu_s l$

③ $2 \times 10^{-7} \mu_s l$ ④ $\dfrac{1}{2a} \times 10^{-7} \mu_s l$

• 정답 : ①
원통도체(원주형도체)의 인덕턴스(L)

$L = \dfrac{\mu l}{8\pi}$ [H] $= \dfrac{\mu}{8\pi}$ [H/m]이므로

∴ $L = \dfrac{\mu l}{8\pi} = \dfrac{\mu_0 \mu_s l}{8\pi} = \dfrac{4\pi \times 10^{-7} \mu_s l}{8\pi}$

$= \dfrac{1}{2} \times 10^{-7} \mu_s l$ [H]

08 맥스웰 방정식

1. 패러데이-노이만의 전자유도법칙에서 유도된 전자방정식

   $\text{rot } E = \nabla \times E = -\dfrac{\partial B}{\partial t} = -\mu \dfrac{\partial H}{\partial t}$

2. 암페어의 주회적분법칙에서 유도된 전자방정식

   $\text{rot } H = \nabla \times H = i + i_d = i + \dfrac{\partial D}{\partial t} = i + \epsilon \dfrac{\partial E}{\partial t}$

3. 가우스의 발산정리에 의해서 유도된 전자방정식

   ① $\text{div } D = \rho_v$
   ② $\text{div } B = 0$ — 독립된 자극은 존재할 수 없다.(자속의 연속성)

   여기서, E : 전계의 세기[V/m], B : 자속밀도[Wb/m²], μ : 투자율[H/m],
   H : 자계의 세기[AT/m], i : 전도전류밀도[A/m²], i_d : 변위전류밀도[A/m²],
   D : 전속밀도[C/m²], ϵ : 유전율[F/m], E : 전계의 세기[V/m],
   ρ_v : 체적전하밀도[C/m³]

출제빈도
★★★★★

보충학습 문제
관련페이지
182, 185, 186

예제1 공간 도체 내에서 자속이 시간적으로 변할 때 성립되는 식은 다음 중 어느 것인가? (단, E는 전계, H는 자계, B는 자속이다.)

① $\text{rot } E = \dfrac{\partial H}{\partial t}$

② $\text{rot } E = -\dfrac{\partial B}{\partial t}$

③ $\text{div } E = \dfrac{\partial B}{\partial t}$

④ $\text{div } E = -\dfrac{\partial H}{\partial t}$

· 정답 : ②
맥스웰 방정식
패러데이-노이만의 전자유도법칙에서 유도된 전자방정식으로

∴ $\text{rot } E = \nabla \times E = -\dfrac{\partial B}{\partial t} = -\mu \dfrac{\partial H}{\partial t}$

예제2 맥스웰의 전자계에 관한 제1기본 방정식은?

① $\text{rot } D = i + \dfrac{\partial H}{\partial t}$

② $\text{rot } H = i + \dfrac{\partial D}{\partial t}$

③ $\text{rot } i = H + \dfrac{\partial D}{\partial t}$

④ $\text{rot } \left(i + \dfrac{\partial D}{\partial t}\right) = H$

· 정답 : ②
맥스웰 방정식
맥스웰의 전자계에 관한 제1기본 방정식은 암페어의 주회적분법칙에서 유도된 전자방정식으로

$\text{rot } H = \nabla \times H = i + i_d = i + \dfrac{\partial D}{\partial t}$
$\qquad = i + \epsilon \dfrac{\partial E}{\partial t}$

제1과목 전기자기학

09 변위전류밀도(i_d)와 변위전류(I_d)

출제빈도
★★★★★

1. 변위전류밀도(전속밀도의 시간적 변화 : i_d)

$$i_d = \frac{\partial D}{\partial t} = \epsilon \frac{\partial E}{\partial t} = \omega \epsilon E_m \cos \omega t = \omega \epsilon \left(\frac{V_m}{d}\right) \cos \omega t \, [\text{A/m}^2]$$

2. 변위전류(I_d)

$$I_d = i_d \times 면적 = \omega \left(\frac{\epsilon S}{d}\right) V_m \cos \omega t = \omega C V_m \cos \omega t \, [\text{A}]$$

※ 전계의 세기 $E = E_m \cos \omega t \, [\text{V/m}]$인 경우

- 변위전류밀도(i_d)

$$i_d = \frac{\partial D}{\partial t} = \epsilon \frac{\partial E}{\partial t} = -\omega \epsilon E_m \sin \omega t = -\omega \epsilon \left(\frac{V_m}{d}\right) \sin \omega t \, [\text{A/m}^2]$$

- 변위전류(I_d)

$$I_d = i_d \times 면적 = -\omega \left(\frac{\epsilon S}{d}\right) V_m \sin \omega t = -\omega C V_m \sin \omega t \, [\text{A}]$$

여기서, i_d : 변위전류밀도[A/m²], D : 전속밀도[C/m²], ϵ : 유전율[F/m], E : 전계의 세기[V/m], E_m : 전계의 세기 최대값[V/m], ω : 각주파수[rad/sec], V_m : 전위의 최대값[V], d : 평행판 간격[m], I_d : 변위전류[A], S : 단면적[m²], C : 정전용량[F]

보충학습 문제
관련페이지
183, 187, 188

예제1 변위전류밀도를 나타내는 식은? (단, D 는 전속밀도, B 는 자속밀도, ϕ 는 자속, $N\phi$ 는 자속 쇄교수이다.)

① $\dfrac{\partial(N\phi)}{\partial t}$ ② $\dfrac{\partial \phi}{\partial t}$

③ $\dfrac{\partial B}{\partial t}$ ④ $\dfrac{\partial D}{\partial t}$

· 정답 : ④
변위전류밀도(i_d)
변위전류밀도란 전속밀도의 시간적 변화

예제2 간격 d[m]인 두 개의 평행판 전극 사이에 유전율 ϵ의 유전체가 있을 때 전극 사이에 전압 $v = V_m \sin \omega t$를 가하면 변위전류밀도[A/m²]는?

① $\dfrac{\epsilon}{d} V_m \cos \omega t$ ② $\dfrac{\epsilon}{d} \omega V_m \cos \omega t$

③ $\dfrac{\epsilon}{d} \omega V_m \sin \omega t$ ④ $-\dfrac{\epsilon}{d} V_m \cos \omega t$

· 정답 : ②
변위전류밀도(i_d)

$$i_d = \frac{\partial D}{\partial t} = \epsilon \frac{\partial E}{\partial t} = \frac{\epsilon}{d} \cdot \frac{\partial v}{\partial t}$$

$$= \frac{\epsilon}{d} \cdot \frac{\partial}{\partial t}(V_m \sin \omega t)$$

$$= \frac{\omega \epsilon}{d} V_m \cos \omega t \, [\text{A/m}^2]$$

플레밍의 법칙

1. 플레밍의 오른손법칙(발전기의 원리)
$$e = \int (v \times B) \cdot dl = vdl \times B = vBl\sin\theta \, [V]$$

2. 플레밍의 왼손법칙(전동기의 원리)
$$F = \int (I \times B) \cdot dl = Idl \times B = IBl\sin\theta \, [N]$$

여기서, e : 유기기전력[V], v : 속도[m/sec], B : 자속밀도[Wb/m²], l : 도체의 길이[m], θ : v와 B의 위상차 또는 I와 B의 위상차, F : 작용력[N], I : 전류[A]

출제빈도
★★★★★

보충학습 문제
관련페이지
107, 131, 132,
133, 134, 135

예제1 0.2[Wb/m²]의 평등 자계 속에 자계와 직각 방향으로 놓인 길이 30[cm]의 도선을 자계와 30° 각의 방향으로 30[m/s]의 속도로 이동시킬 때 도체 양단에 유기되는 기전력은 몇 [V]인가?
① $0.9\sqrt{3}$ ② 0.9
③ 1.8 ④ 90

· 정답 : ②
유기기전력(e) : 플레밍의 오른손법칙
$$e = \int (v \times B) \cdot dl = vdl \times B = vBl\sin\theta \, [V]$$
일 때 $B = 0.2\,[\text{Wb/m}^2]$, $l = 30\,[\text{cm}]$,
$\theta = 30°$, $v = 30\,[\text{m/s}]$이므로
∴ $e = vBl\sin\theta$
$= 30 \times 0.2 \times 30 \times 10^{-2} \times \sin 30° = 0.9\,[V]$

예제2 자속밀도가 $B = 30\,[\text{Wb/m}^2]$의 자계 내에 $I = 5[A]$의 전류가 흐르고 있는 길이 $l = 1[m]$인 직선도체를 자계의 방향에 대해서 60°의 각을 짓도록 놓았을 때, 이 도체에 작용하는 힘[N]을 구하면?
① 75 ② 150
③ 130 ④ 120

· 정답 : ③
자계 내에 흐르는 전류에 의한 작용력(F) : 플레밍의 왼손법칙
$F = Idl \times B = IBl\sin\theta\,[N]$ 일 때
$B = 30\,[\text{Wb/m}^2]$, $I = 5[A]$, $l = 1[m]$,
$\theta = 60°$이므로
∴ $F = IBl\sin\theta = 5 \times 30 \times 1 \times \sin 60° = 130\,[N]$

예제3 그림과 같이 자계의 방향이 z축 방향인 균일 자계(자속밀도 B이다.) 내에 이와 수직인 xy면 내에 놓인 구형 도선 코일 C를 y방향으로 v인 속도로 이동시킬 때 이 도선회로에 유도되는 기전력은?
① vB에 비례한다.
② v^2B^2에 비례한다.
③ v/B에 비례한다.
④ 0이다.

· 정답 : ④
유기기전력(플레밍의 오른손법칙)

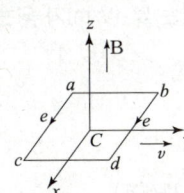

그림에서 구형도선을 $+y$축 방향으로 v속도로 이동할 때 $+z$ 방향으로 자속밀도가 향한다면 플레밍의 오른손법칙에 의해서 구형도선에는 $+x$ 방향으로 기전력이 발생한다.
따라서 $V_{ab} = 0$, $V_{ac} = e\,[V]$, $V_{bc} = e\,[V]$, $V_{cd} = 0\,[V]$ 이므로 V_{ac}와 V_{bc}는 유기기전력의 방향이 반대가 되어 구형도선회로에는 전체 유기기전력이 0[V]가 된다.

11 점전하와 구도체에 의한 전계의 세기

출제빈도
★★★★★

종류	내부의 전계의 세기 E_{in}, 외부의 전계의 세기 E_{out}
점전하	$E = \dfrac{Q}{4\pi\epsilon_0 r^2} = 9 \times 10^9 \times \dfrac{Q}{r^2}$ [V/m] $= \dfrac{F}{Q}$ [N/C]
구도체 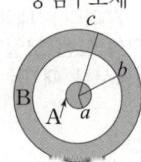	① 구도체 표면에만 전하가 대전된 경우 $E_{\text{in}} = 0$ [V/m], $E_{\text{out}} = \dfrac{Q}{4\pi\epsilon_0 r^2}$ [V/m] ② 구도체 내부까지 전하가 균일하게 분포된 경우 $E_{\text{in}} = \dfrac{Qr}{4\pi\epsilon_0 a^3}$ [V/m], $E_{\text{out}} = \dfrac{Q}{4\pi\epsilon_0 r^2}$ [V/m]
동심구도체	① A도체에만 $+Q$[C]으로 대전된 경우 $E_{\text{in}} = E_{\text{out}} = \dfrac{Q}{4\pi\epsilon_0 r^2}$ [V/m] ② A도체에 $+Q$[C], B도체에 $-Q$[C]으로 대전된 경우 $E_{\text{in}} = \dfrac{Q}{4\pi\epsilon_0 r^2}$ [V/m], $E_{\text{out}} = 0$ [V/m] ③ B도체에만 $+Q$[C]으로 대전된 경우 $E_{\text{in}} = 0$ [V/m], $E_{\text{out}} = \dfrac{Q}{4\pi\epsilon_0 r^2}$ [V/m]

보충학습 문제
관련페이지
10, 19, 23, 24, 25

예제1 중공도체 중공부에 전하를 놓지 않으면 외부에서 준 전하는 외부 표면에만 분포한다. 이때 도체 내의 전계는 몇 [V/m]가 되는가?

① 0　　　　　② 4π
③ $\dfrac{1}{4\pi\epsilon_0}$　　④ ∞

· 정답 : ①
구도체의 전계의 세기(E)
구도체 외부표면에만 전하가 분포하는 경우를 대전구도체라 부르며 이때 구도체 내부와 외부의 전계의 세기는 다음과 같다.
(1) 구도체 내부 : $E_{\text{in}} = 0$ [V/m]
(2) 구도체 외부 : $E_{\text{out}} = \dfrac{Q}{4\pi\epsilon_0 r^2}$ [V/m]

예제2 진공 중에서 Q[C]의 전하가 반지름 a[m]인 구에 내부까지 균일하게 분포되어 있는 경우 구의 중심으로부터 $\dfrac{2a}{3}$인 거리에 있는 점의 전계의 세기[V/m]는?

① $\dfrac{Q}{16\pi\epsilon_0 a^2}$　② $\dfrac{Q}{4\pi\epsilon_0 a^2}$
③ $\dfrac{Q}{6\pi\epsilon_0 a^2}$　④ $\dfrac{Q}{10\pi\epsilon_0 a^2}$

· 정답 : ③
$E = \dfrac{Qr}{4\pi\epsilon_0 a^3}$ [V]이므로 $r = \dfrac{2a}{3}$인 경우

$\therefore E = \dfrac{Q\left(\dfrac{2}{3}a\right)}{4\pi\epsilon_0 a^3} = \dfrac{2aQ}{3 \times 4\pi\epsilon_0 a^3}$

$= \dfrac{Q}{6\pi\epsilon_0 a^2}$

12 원형코일에 의한 자계의 세기(H)

1. 원형코일 중심축상 x[m] 떨어진 점의 자계의 세기(H)

$$H = \frac{NI}{2a}\sin^3\theta = \frac{NIa^2}{2(a^2+x^2)^{\frac{3}{2}}} \text{ [AT/m]}$$

2. 원형코일 중심의 자계의 세기(H_0)

원형코일 중심 O점의 자계의 세기는 $\theta = 90°$, $x = 0$인 조건일 때를 만족하므로

$$H_0 = \frac{NI}{2a} \text{ [AT/m]}$$

여기서, H : 자계의 세기[AT/m], N : 코일권수, I : 전류[A], a : 원형코일 반지름[m], x : 원형코일 중심축상 거리[m], H_0 : 원형코일 중심 자계의 세기[AT/m]

출제빈도
★★★★★

보충학습 문제
관련페이지
104, 108, 119,
120, 121, 122

예제1 전류 I[A]가 흐르는 반지름 a[m]인 원형코일의 중심선상 x[m]인 점 P의 자계 세기[AT/m]는?

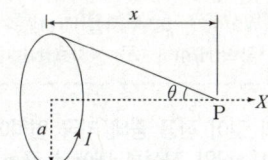

① $\dfrac{a^2 I}{2(a^2+x^2)}$ ② $\dfrac{a^2 I}{2(a^2+x^2)^{1/2}}$

③ $\dfrac{a^2 I}{2(a^2+x^2)^2}$ ④ $\dfrac{a^2 I}{2(a^2+x^2)^{3/2}}$

· 정답 : ④

원형코일에 의한 자계의 세기(H)

원형코일 중심축상 x[m] 떨어진 점의 자계의 세기(H)는

$$H = \frac{NI}{2a}\sin^3\theta = \frac{NIa^2}{2(a^2+x^2)^{\frac{3}{2}}} \text{ [AT/m]}$$

여기서 $N = 1$이므로

$$\therefore H = \frac{a^2 I}{2(a^2+x^2)^{\frac{3}{2}}} \text{ [AT/m]}$$

예제2 반지름이 a이고 $\pm z$에 원형 선조 루프들이 놓여있다. 그림과 같은 방향으로 전류 I가 흐를 때, 원점의 자계 세기 H를 구하면?
(단, a_z, a_ϕ는 단위 벡터)

① $H = \dfrac{Ia^2 a_z}{2(a^2+z^2)^{3/2}}$

② $H = \dfrac{Ia^2 a_\phi}{2(a^2+z^2)^{3/2}}$

③ $H = \dfrac{Ia^2 a_z}{(a^2+z^2)^{3/2}}$

④ $H = \dfrac{Ia^2 a_\phi}{(a^2+z^2)^{3/2}}$

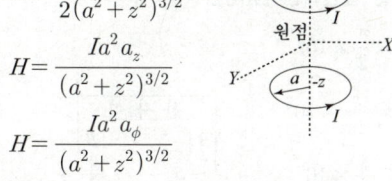

· 정답 : ③

원형코일에 의한 자계의 세기(H)

원형코일 중심축상 z[m] 떨어진 점의 자계의 세기

$$H = \frac{NI}{2a}\sin^3\theta = \frac{NIa^2}{2(a^2+z^2)^{\frac{3}{2}}} \text{ [AT/m]}$$

일 때 $N = 2$이며 자계는 z방향을 가리키므로

$$\therefore H = \frac{NIa^2 a_z}{2(a^2+z^2)^{\frac{3}{2}}} = \frac{2 \times Ia^2 a_z}{2(a^2+z^2)^{\frac{3}{2}}}$$

$$= \frac{Ia^2 a_z}{(a^2+z^2)^{\frac{3}{2}}} \text{ [AT/m]}$$

13 자기에너지(W) 및 자기에너지밀도(w)

출제빈도
★★★★★

보충학습 문제
관련페이지
140, 143, 156,
157, 158, 159,
168, 175, 179,
180

1. 자기회로내의 자기에너지(W)

$$W = \frac{1}{2}LI^2 = \frac{1}{2}N\phi I = \frac{(N\phi)^2}{2L} \text{ [J]}$$

2. 단위체적당 자기에너지(자기에너지밀도 : w)와 단위면적당 전자력(f)

$$w = \frac{B^2}{2\mu} = \frac{1}{2}\mu H^2 = \frac{1}{2}HB \text{ [J/m}^3\text{]}$$

$$f = w \text{ [N/m}^2\text{]}$$

3. 체적 내의 자기에너지(W)와 면적 내의 전자력(F)

$$W = w \times 체적 = \frac{B^2}{2\mu} \times 체적 \text{ [J]}$$

$$F = f \times 면적 = \frac{B^2}{2\mu} \times 면적 \text{ [N]}$$

여기서, W : 자기에너지[J], L : 인덕턴스[H], I : 전류[A], ϕ : 자속[Wb],
w : 자기에너지 밀도[J/m³], B : 자속밀도[Wb/m²], μ : 투자율[H/m],
H : 자계의 세기[AT/m], f : 단위면적당 전자력[N/m²], F : 전자력[N]

예제1 단면적 $S = 100 \times 10^{-4}$ [m²]인 전자석에 자속밀도 $B = 2$[Wb/m²]인 자속이 발생할 때, 철편을 흡인하는 힘[N]은?

① $\frac{\pi}{2} \times 10^5$

② $\frac{1}{2\pi} \times 10^5$

③ $\frac{1}{\pi} \times 10^5$

④ $\frac{2}{\pi} \times 10^5$

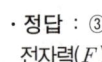

· 정답 : ③
전자력(F)
$S = 100 \times 10^{-4}$ [m²], $B = 2$ [Wb/m²]이며 힘이 작용하는 곳이 2곳이므로

$\therefore F = \frac{B^2}{2\mu_0} \times 2S = \frac{B^2}{\mu_0} \times S$

$= \frac{2^2}{4\pi \times 10^{-7}} \times 100 \times 10^{-4}$

$= \frac{1}{\pi} \times 10^5$ [N]

예제2 그림과 같이 진공 중에 자극 면적이 2[cm²], 간격이 0.1[cm]인 자성체 내에서 포화 자속밀도가 2[Wb/m²]일 때, 두 자극면 사이에 작용하는 힘의 크기[N]는?

① 0.318
② 3.18
③ 31.8
④ 318

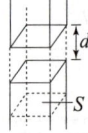

· 정답 : ④
자속밀도를 B, 투자율을 μ라 하면 체적 내의 자기에너지 W와 면적 내의 전자력 F는

$W = w \times 체적 = \frac{B^2}{2\mu} \times 체적$ [J]

$F = f \times 면적 = \frac{B^2}{2\mu} \times 면적$ [N]이다.

$S = 2$ [cm²], $d = 0.1$ [cm],
$B = 2$ [Wb/m²]일 때

$\therefore F = \frac{B^2}{2\mu_0} \times S = \frac{2^2}{2 \times 4\pi \times 10^{-7}} \times 2 \times 10^{-4}$

$= 318$ [N]

14 유전체 내에서의 경계조건

유전율이 서로 다른 두 유전체가 접해 있을 때 전계 또는 전속밀도가 θ_1의 각으로 입사하면 경계면에서 θ_2의 각으로 굴절이 생기는데 이를 경계면의 법칙이라 한다. 이 경우 유전율이 서로 다르기 때문에 두 유전체 내에서 발생하는 E_1과 E_2, D_1과 D_2는 서로 다르게 된다. 하지만 경계면을 기준으로 접선성분(수평성분)에서는 전계의 세기가 서로 같아지며 법선성분(수직성분)에서는 전속밀도가 서로 같게 된다.

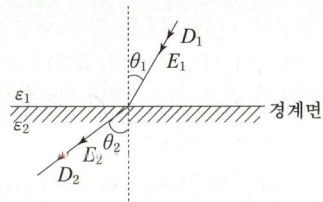

출제빈도
★★★★★

1. 전계의 세기는 경계면의 접선성분에서 연속이다.
  ∴ $E_1 \sin\theta_1 = E_2 \sin\theta_2$
2. 전속밀도는 경계면의 법선성분에서 연속이다.
  ∴ $D_1 \cos\theta_1 = D_2 \cos\theta_2$ 또는 $\epsilon_1 E_1 \cos\theta_1 = \epsilon_2 E_2 \cos\theta_2$
3. 유전율이 큰 쪽의 굴절각이 크다.
  ∴ $\dfrac{\epsilon_1}{\epsilon_2} = \dfrac{\tan\theta_1}{\tan\theta_2}$ 또는 $\epsilon_1 \tan\theta_2 = \epsilon_2 \tan\theta_1$
4. 유전율과 전계의 세기, 전속밀도, 굴절각의 성질
  ∴ $\epsilon_1 > \epsilon_2$이면 $E_1 < E_2$, $D_1 > D_2$, $\theta_1 > \theta_2$이다.
5. 경계면에 작용하는 힘(=맥스웰의 변형력)
  ① 전계가 경계면에 수직인 경우 $D_1 = D_2$이며 $\epsilon_1 > \epsilon_2$라 하면
    ∴ $f = \dfrac{1}{2}(E_2 - E_1)D = \dfrac{1}{2}\left(\dfrac{1}{\epsilon_2} - \dfrac{1}{\epsilon_1}\right)D^2$ [N/m²]
  ② 전계가 경계면에 수평인 경우 $E_1 = E_2$이며 $\epsilon_1 > \epsilon_2$라 하면
    ∴ $f = \dfrac{1}{2}(D_1 - D_2)E = \dfrac{1}{2}(\epsilon_1 - \epsilon_2)E^2$ [N/m²]
  ③ $\epsilon_1 > \epsilon_2$인 경우 $f > 0$이 되어 유전율이 큰 쪽에서 유전율이 작은 쪽으로 경계면에 힘이 작용함을 알 수 있다.

여기서, E_1, E_2 : 전계의 세기[V/m], θ_1, θ_2 : 굴절각, D_1, D_2 : 전속밀도[C/m²], ϵ_1, ϵ_2 : 유전율[F/m], f : 경계면에 작용하는 힘[N]

보충학습 문제 관련페이지
65, 76, 77, 78, 79, 80

예제1 이종(異種) 유전체 사이의 경계면에 전하 분포가 없을 때, 경계면 양쪽에 있어서 맞는 설명은?
① 전계의 법선성분 및 전속밀도의 접선성분은 서로 같다.
② 전계의 법선성분 및 전속밀도의 법선성분은 서로 같다.
③ 전계의 접선성분 및 전속밀도의 접선성분은 서로 같다.
④ 전계의 접선성분 및 전속밀도의 법선성분은 서로 같다.

· 정답 : ④
유전체 내에서의 경계조건
(1) 전계의 세기는 경계면의 접선성분에서 연속이다.
  $E_1 \sin\theta_1 = E_2 \sin\theta_2$
(2) 전속밀도는 경계면의 법선성분에서 연속이다.
  $D_1 \cos\theta_1 = D_2 \cos\theta_2$ 또는
  $\epsilon_1 E_1 \cos\theta_1 = \epsilon_2 E_2 \cos\theta_2$

15 자기인덕턴스(L)

출제빈도
★★★★★

도선에 1[A] 전류를 흘릴 때 1[Wb]의 자속이 쇄교되는 경우 1[H]의 자기인덕턴스라 정의하며 이는 1[sec] 동안 1[A]의 비율로 변화시킬 때 코일에 나타나는 유도기전력의 크기와 같다. 자기인덕턴스는 항상 정(+)값을 갖는다.

1. 자기인덕턴스(L)

$LI = N\phi$ [HA], $\phi = BS = \mu HS$ [Wb], $F = NI = R_m\phi = Hl$ [AT],

$R_m = \dfrac{l}{\mu S}$ [AT/Wb] 식에서

$L = \dfrac{N\phi}{I} = \dfrac{NBS}{I} = \dfrac{N\mu HS}{I}$ [H] 또는 $L = \dfrac{N\phi}{I} = \dfrac{N^2}{R_m} = \dfrac{\mu SN^2}{l}$ [H]

2. 자기유도기전력(e)

$e = -L\dfrac{di}{dt}$ [V]

자기인덕턴스의 단위 [H]는 $e = -L\dfrac{di}{dt}$ [V] 식에 의해서

$[H] = \left[\dfrac{V}{A} \cdot \sec\right] = [\Omega \cdot \sec]$ 이기도 하다.

여기서, L : 자기인덕턴스[H], I : 전류[A], N : 코일 권수, ϕ : 자속[Wb],
B : 자속밀도[Wb/m²], S : 면적[m²], μ : 투자율[H/m], H : 자계의 세기[AT/m],
F : 기자력[AT], R_m : 자기저항[AT/Wb], l : 자로의 길이[m],
e : 자기유도기전력[V], di : 전류변화[A], dt : 시간변화[sec]

보충학습 문제
관련페이지
164, 167, 172,
173, 174, 175

예제1 다음 중 자기인덕턴스의 성질을 옳게 표현한 것은?
① 항상 부(負)이다.
② 항상 정(正)이다.
③ 항상 0이다.
④ 유도되는 기전력에 정(正)도 되고 부(負)도 된다.

· 정답 : ②
자기인덕턴스(L)
도선에 1[A] 전류를 흘릴 때 1[Wb]의 자속이 쇄교되는 경우 1[H]의 자기인덕턴스라 정의하며 이는 1[sec] 동안 1[A]의 비율로 변화시킬 때 코일에 나타나는 유도기전력의 크기와 같다. 자기인덕턴스는 항상 정(+)값을 갖는다.

예제2 단면적 100[cm²], 비투자율 1,000인 철심에 500회의 코일을 감고 여기에 1[A]의 전류를 흘릴 때 자계가 1.28[AT/m]였다면 자기인덕턴스[mH]는?
① 8.04   ② 0.16
③ 0.81   ④ 16.08

· 정답 : ①
자기인덕턴스(L)
$S = 100$ [cm²], $\mu_s = 1,000$, $N = 500$,
$I = 1$ [A], $H = 1.28$ [AT/m] 일 때

$\therefore L = \dfrac{N\mu HS}{I} = \dfrac{N\mu_0\mu_s HS}{I}$

$= \dfrac{500 \times 4\pi \times 10^{-7} \times 1,000 \times 1.28 \times 100 \times 10^{-4}}{1}$

$= 8.04 \times 10^{-3}$ [H] $= 8.04$ [mH]

16 솔레노이드에 의한 자계의 세기(H)

1. 환상솔레노이드에 의한 자계의 세기
   $H_{in} = \dfrac{NI}{l} = \dfrac{NI}{2\pi r}$ [AT/m], $H_{out} = 0$ [AT/m]

2. 무한장 솔레노이드에 의한 자계의 세기
   $H_{in} = nI$ [AT/m], $H_{out} = 0$ [AT/m]
   ※ 무한장 솔레노이드 내부자장은 평등자장이다.

   여기서, H_{in} : 솔레노이드 내부 자계의 세기[AT/m],
   H_{out} : 솔레노이드 외부 자계의 세기[AT/m],
   N : 코일 권수, I : 전류[A], l : 솔레노이드 길이[m],
   r : 솔레노이드 평균반지름[m], n : 단위길이당 권수

출제빈도
★★★★★

보충학습 문제
관련페이지
117, 118, 119

예제1 환상솔레노이드(solenoid) 내의 자계 세기 [AT/m]는? (단, N은 코일의 감긴 수, a는 환상솔레노이드의 평균 반지름이다.)

① $\dfrac{2\pi a}{NI}$
② $\dfrac{NI}{2\pi a}$
③ $\dfrac{NI}{\pi a}$
④ $\dfrac{NI}{4\pi a}$

· 정답 : ②
환상솔레노이드에 의한 자계의 세기(H)
$H_{in} = \dfrac{NI}{l} = \dfrac{NI}{2\pi a}$ [AT/m],
$H_{out} = 0$ [AT/m]일 때 솔레노이드 내부의 자계의 세기는
∴ $H_{in} = \dfrac{NI}{2\pi a}$ [AT/m]

예제2 그림과 같이 권수 N[회], 평균 반지름 r[m]인 환상솔레노이드에 전류 I[A]의 전류가 흐를 때, 중심 O점의 자계 세기는 몇 [AT/m]인가?

① 0
② NI
③ $\dfrac{NI}{2\pi r}$
④ $\dfrac{NI}{2\pi r^2}$

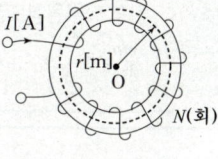

· 정답 : ①
환상솔레노이드에 의한 자계의 세기(H)
$H_{in} = \dfrac{NI}{l} = \dfrac{NI}{2\pi r}$ [AT/m],
$H_{out} = 0$ [AT/m]일 때 중심 O점은 솔레노이드의 외부에 해당하므로
∴ $H_{out} = 0$ [AT/m]

17 선전하와 원통도체(원주형도체)에 의한 전계의 세기(E)

출제빈도
★★★★★

종류	내부의 전계의 세기 E_{in}, 외부의 전계의 세기 E_{out}
선전하	$E = \dfrac{\lambda}{2\pi\epsilon_0 r} = 18 \times 10^9 \times \dfrac{\lambda}{r}$ [V/m]
원통도체(원주형도체) a[m]	① 원통도체 표면에만 전하가 대전된 경우 $E_{in} = 0$ [V/m], $E_{out} = \dfrac{\lambda}{2\pi\epsilon_0 r}$ [V/m] ② 원통도체 내부까지 전하가 균일하게 분포된 경우 $E_{in} = \dfrac{\lambda r}{2\pi\epsilon_0 a^2}$ [V/m], $E_{out} = \dfrac{\lambda}{2\pi\epsilon_0 r}$ [V/m]
동심원통도체	① A도체에만 $+\lambda$ [C/m]로 대전된 경우 $E_{in} = E_{out} = \dfrac{\lambda}{2\pi\epsilon_0 r}$ [V/m] ② A도체에 $+\lambda$ [C/m], B도체에 $-\lambda$ [C/m]로 대전된 경우 $E_{in} = \dfrac{\lambda}{2\pi\epsilon_0 r}$ [V/m], $E_{out} = 0$ [V/m] ③ B도체에만 $+\lambda$ [C/m]로 대전된 경우 $E_{in} = 0$ [V/m], $E_{out} = \dfrac{\lambda}{2\pi\epsilon_0 r}$ [V/m]
원형코일(원형도선)	$E = \dfrac{ax\lambda}{2\epsilon_0(a^2+x^2)^{\frac{3}{2}}} = \dfrac{Qx}{4\pi\epsilon_0(a^2+x^2)^{\frac{3}{2}}}$ [V/m] 단, 원형코일 중심에서의 전계의 세기는 0이다.

보충학습 문제 관련페이지
10, 11, 12, 19, 26, 27, 28

예제1 그림과 같이 진공 중에 서로 평행인 무한 길이 두 직선 전하 A, B가 있다. A, B간의 거리는 d[m], A, B의 선전하밀도를 각각 ρ_1[C/m], ρ_2[C/m]라고 할 때, A, B를 연결하는 직선상으로 A로부터 $d/3$[m]인 점의 전계 세기가 0이었다. 이 때 점 B의 선전하밀도 ρ_2와 점 A의 선전하밀도 ρ_1과의 관계식으로서 옳은 것은?

① $\rho_2 = 4\rho_1$
② $\rho_2 = 2\rho_1$
③ $\rho_2 = \rho_1/4$
④ $\rho_2 = 9\rho_1$

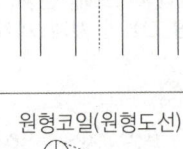

· 정답 : ②

선전하에 의한 전계의 세기(E)
P점에 단위 전하를 놓았을 경우 A도선에 의한 전계의 세기를 E_A, B도선에 의한 전계의 세기를 E_B라 하면

$E_A = \dfrac{\rho_1}{2\pi\epsilon_0 r_A}$ [V/m], $E_B = \dfrac{\rho_2}{2\pi\epsilon_0 r_B}$ [V/m]

이며 P점에서 전계의 세기가 0[V/m]이 되었다면 $E_A = E_B$가 된다.

$r_A = \dfrac{d}{3}$ [m], $r_B = \dfrac{2d}{3}$ [m]이므로

$\dfrac{\rho_1}{2\pi\epsilon_0\left(\dfrac{d}{3}\right)} = \dfrac{\rho_2}{2\pi\epsilon_0\left(\dfrac{2d}{3}\right)}$ 일 때

ρ_1, ρ_2 관계는 다음과 같다.
∴ $\rho_2 = 2\rho_1$

18 면전하에 의한 전계의 세기(E)

종류	평행판 사이의 전계의 세기 E_{in}, 이 외의 전계의 세기 E_{out}
구도체	$E = \dfrac{\rho_s}{\epsilon_0}$ [V/m]
평면(평판)도체	$E = \dfrac{\rho_s}{2\epsilon_0}$ [V/m]
평행판도체	① 평행판에 각각 $+\rho_s$ [C/m²], $-\rho_s$ [C/m²]가 대전된 경우 $E_{in} = \dfrac{\rho_s}{\epsilon_0}$ [V/m], $E_{out} = 0$ [V/m] ② 평행판에 모두 $+\rho_s$ [C/m²]로 대전된 경우 $E_{in} = 0$ [V/m], $E_{out} = \dfrac{\rho_s}{2\epsilon_0}$ [V/m]

여기서, E: 전계의 세기[V/m], ρ_s: 면전하밀도[C/m²], ϵ_0: 공기(진공) 중의 유전율[F/m], E_{in}: 평행판 사이 전계의 세기[V/m], E_{out}: 평행판 외부 전계의 세기[V/m]

출제빈도 ★★★★★

보충학습 문제 관련페이지
11, 12, 28, 29

예제1 지구의 표면에 있어서 대지로 향하여 $E = 300$[V/m]인 전계가 있다고 가정하면 지표면의 전하밀도는 몇 [C/m²]인가?
① 1.65×10^{-9}
② -1.65×10^{-9}
③ 2.65×10^{-9}
④ -2.65×10^{-9}

· 정답 : ④
면전하에 의한 전계의 세기(E)
지구 표면에 있어서 대지로 향하여 전계의 세기가 작용하는 경우에는 지구 표면의 전하밀도가 $-\rho_s$ [C/m²]임을 의미하며 이때 전계의 세기는

$E = -\dfrac{\rho_s}{\epsilon_0}$ [V/m]이므로
$E = 300$ [V/m]일 때
∴ $\rho_s = -\epsilon_0 E = -8.855 \times 10^{-12} \times 300$
   $= -2.65 \times 10^{-9}$ [V/m]

예제2 무한히 넓은 평면에 면밀도 δ[C/m²]의 전하가 있을 경우 전력선은 분포되어 있는 면에 수직으로 나와 평행하게 발산한다. 이 평면의 전계의 세기[V/m]는?
① $\delta/2\epsilon_0$
② δ/ϵ_0
③ $\delta/2\pi\epsilon_0$
④ $\delta/4\pi\epsilon_0$

· 정답 : ①
면전하에 의한 전계의 세기(E)
(1) 구도체
$E = \dfrac{\delta}{\epsilon_0}$
(2) 무한평면도체
$E = \dfrac{\delta}{2\epsilon_0}$
(3) 평행판 도체
평행판에 모두 $+\delta$[C/m²]로 대전된 경우
$E_{in} = 0$ [V/m], $E_{out} = \dfrac{\delta}{2\epsilon_0}$ [V/m]

19 평행도선의 작용력(F)

출제빈도
★★★★★

보충학습 문제
관련페이지
107, 129, 130, 131

$$F = \frac{\mu_0 I_1 I_2}{2\pi d} = \frac{2 I_1 I_2}{d} \times 10^{-7} \, [\text{N/m}]$$

※ 두 도선의 전류방향이 서로 같으면 도선 사이의 자장의 방향은 서로 다르게 되므로 작용하는 힘은 흡인력이며 도선 사이의 자장의 세기는 감소하게 된다. 반대로 두 도선의 전류방향이 서로 반대이면 도선 사이의 자장의 방향은 서로 같게 되므로 작용하는 힘은 반발력이며 도선 사이의 자장의 세기는 증가하게 된다.

여기서, F : 두 도선 사이의 작용력[N/m], μ_0 : 공기(진공) 중의 투자율[H/m], I_1, I_2 : 두 도선에 흐르는 전류[A], d : 두 도선간 거리[m]

예제1 전류 I_1[A], I_2[A]가 각각 다른 방향으로 흐르는 평행 도선이 r[m] 간격으로 공기중에 놓여있을 때, 도선 간에 작용하는 힘[N/m]은?

① $\dfrac{2 I_1 I_2}{r} \times 10^{-7}$, 인력

② $\dfrac{2 I_1 I_2}{r} \times 10^{-7}$, 반발력

③ $\dfrac{2 I_1 I_2}{r^2} \times 10^{-3}$, 인력

④ $\dfrac{2 I_1 I_2}{r^2} \times 10^{-3}$, 반발력

· 정답 : ②
평행도선 사이의 작용력(F)

$$F = \frac{\mu_0 I_1 I_2}{2\pi r} = \frac{2 I_1 I_2}{r} \times 10^{-7} \, [\text{N/m}]$$

두 도선의 전류방향이 서로 같으면 도선 사이의 자장의 방향은 서로 다르게 되므로 작용하는 힘은 흡인력이며 도선 사이의 자장의 세기는 감소하게 된다. 또한 두 도선의 전류방향이 서로 다르면 위의 성질이 반대로 바뀌게 된다.

∴ $F = \dfrac{2 I_1 I_2}{r} \times 10^{-7}$ [N]이며 반발력으로 작용한다.

예제2 그림과 같이 직류전원에서 부하에 공급하는 전류는 50[A]이고 전원전압은 480[V]이다. 도선이 10[cm] 간격으로 평행하게 배선되어 있다면 1[m] 당 두 도선 사이에 작용하는 힘은 몇 [N]이며, 어떻게 작용하는가?

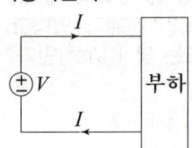

① 5×10^{-3}, 흡인력

② 5×10^{-3}, 반발력

③ 5×10^{-2}, 흡인력

④ 5×10^{-2}, 반발력

· 정답 : ②
평행도선 사이의 작용(F)

$$F = \frac{\mu_0 I_1 I_2}{2\pi r} = \frac{2 I_1 I_2}{r} \times 10^{-7} \, [\text{N/m}]$$

이므로 $I_1 = I_2 = 50$ [A], $r = 10$ [cm]일 때

$$F = \frac{2 I^2}{r} \times 10^{-7} = \frac{2 \times 50^2}{10 \times 10^{-2}} \times 10^{-7}$$
$$= 5 \times 10^{-3} \, [\text{N/m}]$$

두 도선의 전류방향이 반대이므로 반발력이 작용한다.

∴ 5×10^{-3} [N/m], 반발력이다.

상호인덕턴스(M) 20

1. 상호인덕턴스(M)

$$M = \frac{N_1 N_2}{R_m} = \frac{\mu S N_1 N_2}{l} = \frac{L_1 N_2}{N_1} = \frac{L_2 N_1}{N_2} = k\sqrt{L_1 L_2} \text{ [H]}$$

2. 결합계수(k)

$$k = \frac{M}{\sqrt{L_1 L_2}} = \frac{\sqrt{\phi_{12} \phi_{21}}}{\sqrt{\phi_1 \phi_2}}$$

3. 상호유도기전력(e_2)

$$e_2 = \pm M \frac{di_1}{dt} \text{ [V]}$$

여기서, M: 상호인덕턴스[H], N_1, N_2: 1차, 2차 코일권수, R_m: 자기저항[AT/Wb],
μ: 투자율[H/m], S: 단면적[m²], l: 자로의 길이[m],
L_1, L_2: 1차, 2차 전자속[Wb], ϕ_{12}, ϕ_{21}: 1차, 2차 쇄교자속[Wb],
e_2: 상호유도기전력[V], di_1: 1차 코일의 전류[A], dt: 시간변화[sec]

출제빈도
★★★★

보충학습 문제
관련페이지
166, 179, 180, 181

예제1 그림과 같이 단면적 S [m²], 평균 자로 길이 l [m], 투자율 μ [H/m]인 철심에 N_1, N_2 권선을 감은 무단(無端) 솔레노이드가 있다. 누설자속을 무시할 때, 권선의 상호인덕턴스[H]는?

① $\dfrac{\mu N_1 N_2 S}{l^2}$

② $\dfrac{\mu N_1 N_2 S}{l}$

③ $\dfrac{\mu N_1 N_2{}^2 S}{l}$

④ $\dfrac{\mu N_1 N_2 S^2}{l}$

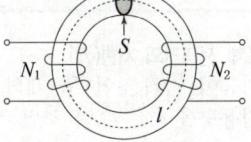

• 정답: ②
상호인덕턴스(M)
$M = \dfrac{N_1 N_2}{R_m} = \dfrac{\mu S N_1 N_2}{l} = \dfrac{L_1 N_2}{N_1}$
$= \dfrac{L_2 N_1}{N_2}$
$= k\sqrt{L_1 L_2}$ [H]

예제2 길이 l, 단면 반경 $a(l \gg a)$, 권수 N_1인 단층 원통형 1차 솔레노이드의 중앙 부근에 권수 N_2인 2차 코일을 밀착되게 감았을 경우 상호인덕턴스[H]는?

① $\dfrac{\mu \pi a^2}{l} N_1 N_2$

② $\dfrac{\mu \pi a^2}{l} N_1{}^2 N_2{}^2$

③ $\dfrac{\mu l}{\pi a^2} N_1 N_2$

④ $\dfrac{\mu l}{\pi a^2} N_1{}^2 N_2{}^2$

• 정답: ①
상호인덕턴스(M)
$S = \pi a^2$ [m²] 일 때
$\therefore M = \dfrac{\mu S N_1 N_2}{l} = \dfrac{\mu \pi a^2}{l} N_1 N_2$ [H]

21 도체의 저항(R)

출제빈도
★★★★

1. 도체의 저항과 정전용량의 관계

$$RC = \rho\epsilon = \frac{\epsilon}{k} \quad \text{또는} \quad \frac{C}{G} = \rho\epsilon = \frac{\epsilon}{k}$$

2. 도체의 옴의 법칙

$$i = kE = \frac{E}{\rho} \, [\text{A/m}^2]$$

3. 구도체의 저항(R)

종류	저항
구도체	$R = \dfrac{\rho\epsilon}{C} = \dfrac{\rho}{4\pi a} = \dfrac{1}{4\pi ka} \, [\Omega]$
반구도체	$R = \dfrac{\rho\epsilon}{C} = \dfrac{\rho}{2\pi a} = \dfrac{1}{2\pi ka} \, [\Omega]$
동심구도체	$R = \dfrac{\rho\epsilon}{C} = \dfrac{\rho}{4\pi}\left(\dfrac{1}{a} - \dfrac{1}{b}\right) = \dfrac{1}{4\pi k}\left(\dfrac{1}{a} - \dfrac{1}{b}\right) \, [\Omega]$

4. 동심원통도체의 저항(R)

$$R = \frac{\rho\epsilon}{C} = \frac{\rho}{2\pi l}\ln\frac{b}{a} = \frac{1}{2\pi kl}\ln\frac{b}{a} \, [\Omega]$$

5. 평행한 두 도선 사이의 저항(R)

$$R = \frac{\rho\epsilon}{C} = \frac{\rho}{\pi l}\ln\frac{d}{a} = \frac{1}{\pi kl}\ln\frac{d}{a} \, [\Omega]$$

보충학습 문제
관련페이지
87, 93, 94, 95,
96, 97, 98

예제1 그림과 같은 반지름 a인 반구도체 2개가 대지에 매설되어 있다. 이 경우, 두 반구도체 사이의 저항[Ω]은? (단, 대지의 고유저항을 ρ라 하고 도체의 고유저항은 0이며 $l \gg a$이다.)

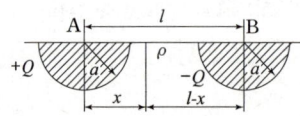

① $\dfrac{\rho}{4\pi a}$ ② $\dfrac{\rho}{2\pi a}$

③ $\dfrac{\rho}{\pi a}$ ④ $\dfrac{\rho}{2\pi}$

· 정답 : ③

구도체 전극간의 저항(R)
반지름이 각각 a인 두 개의 반구도체 전극의 정전용량을 C_1, C_2라 하면
$C_1 = 2\pi\epsilon a \, [\text{F}]$, $C_2 = 2\pi\epsilon a \, [\text{F}]$이다.

$RC = \rho\epsilon = \dfrac{\epsilon}{k}$ 식에서 각 반구도체의 저항을 유도하면

$R_1 = \dfrac{\rho\epsilon}{C_1} = \dfrac{\rho\epsilon}{2\pi\epsilon a} = \dfrac{\rho}{2\pi a} \, [\Omega]$

$R_2 = \dfrac{\rho\epsilon}{C_2} = \dfrac{\rho\epsilon}{2\pi\epsilon a} = \dfrac{\rho}{2\pi a} \, [\Omega]$이다.

이 반구도체가 동일한 매질 속에 놓여있으면 직렬접속되어 있는 경우가 되므로 합성저항 R을 구하면

$\therefore R = R_1 + R_2 = \dfrac{\rho}{2\pi a} + \dfrac{\rho}{2\pi a} = \dfrac{\rho}{\pi a} \, [\Omega]$

접지구도체와 점전하

1. 영상전하(Q')와 위치
   ① 영상전하
   $$Q' = -\frac{a}{d}Q[C]$$

   ② 영상전하의 위치
   $$\left(+\frac{a^2}{d},\ 0,\ 0\right)[m]$$

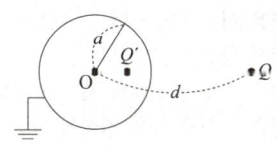

2. 접지구도체와 점전하간의 작용력(F)
   $$F = \frac{Q \cdot Q'}{4\pi\epsilon_0 \left(\frac{d^2-a^2}{d}\right)^2}[N]$$

   여기서, Q : 점전하[C], Q' : 영상전하[C], a : 구도체 반지름[m],
   d : 구도체 중심에서부터의 거리[m], F : 작용력[N],
   ϵ_0 : 공기(진공) 중의 유전율[F/m]

22

출제빈도
★★★★

보충학습 문제
관련페이지
85, 91, 92, 93

예제1 반지름 a인 접지 도체구의 중심에서 $d(>a)$ 되는 곳에 점전하 Q가 있다. 구도체에 유기되는 영상전하 및 그 위치(중심에서의 거리)는 각각 얼마인가?

① $+\frac{a}{d}Q$ 이며 $\frac{a^2}{d}$ 이다.
② $-\frac{a}{d}Q$ 이며 $\frac{a^2}{d}$ 이다.
③ $+\frac{d}{a}Q$ 이며 $\frac{d^2}{a}$ 이다.
④ $-\frac{d}{a}Q$ 이며 $\frac{d^2}{a}$ 이다.

· 정답 : ②
접지구도체와 점전하
접지구도체로부터 영상전하(Q')와 그 위치는
(1) 영상전하 $Q' = -\frac{a}{d}Q[C]$
(2) 영상전하의 위치 $=+\frac{a^2}{d}[m]$

예제2 접지되어있는 반지름 0.2[m]인 도체구의 중심으로부터 거리가 0.4[m] 떨어진 점 P에 점전하 6×10^3[C]이 있다. 영상전하는 몇 [C]인가?
① -2×10^{-3} ② -3×10^{-3}
③ -4×10^{-3} ④ -6×10^{-3}

· 정답 : ②
접지구도체와 점전하
접지구도체로부터 영상전하(Q')와 그 위치는 구도체 반지름 a[m], 점전하까지의 거리 d[m]라 할 때

$Q' = -\frac{a}{d}Q$[C], 위치 $=+\frac{a^2}{d}$[m]이므로
$a = 0.2$[m], $d = 0.4$[m],
$Q = 6 \times 10^{-3}$[C] 일 때
∴ $Q' = -\frac{a}{d}Q = -\frac{0.2}{0.4} \times 6 \times 10^{-3}$
$= -3 \times 10^{-3}$[C]

23 전기력선의 성질

출제빈도
★★★★

(1) 전기력선은 정(+)전하에서 시작하여 부(-)전하에서 끝난다. - 전계의 불연속성
 단, 전하가 없는 곳에서는 전기력선의 발생 및 소멸이 없다. - 전하가 없으면 연속성이다.
(2) 전기력선은 서로 반발하여 교차할 수 없다.
(3) 전기력선의 방향은 그 점의 전계의 방향과 같다.
(4) 전기력선의 밀도는 전계의 세기와 같다.
(5) 전기력선은 전위가 높은 점에서 낮은 점으로 향한다.
(6) 전기력선은 도체 표면(=등전위면)에 수직으로 만난다.
(7) 도체에 대전된 전하는 도체 표면에만 분포되며 전기력선은 대전도체 내부에는 존재하지 않는다.
(8) 전기력선은 자신만으로 폐곡선을 이룰 수 없다. - 전계의 비회전성=전계의 발산 성질
(9) 전기력선의 수는 $\dfrac{Q}{\epsilon_0}$개다.

| 참고 |

가우스의 발산정리(전기력선과 전속선)
$$\int_s E\,ds = \int_v \operatorname{div} E\,dv = N (\text{전기력선의 개수})$$

① $E = \dfrac{N}{S}$ [V/m] ($\dfrac{N}{S}$: 전기력선의 밀도)

② $N = ES = \dfrac{Q}{S\epsilon_0}S = \dfrac{Q}{\epsilon_0}$ [개]

③ $\dfrac{Q}{S} = \dfrac{Q}{4\pi r^2} = \epsilon_0 E = \rho_s = D$ (전속밀도) (ρ_s : 면전하밀도)

④ $DS = Q = \Psi$ (전속선의 개수)

보충학습 문제
관련페이지
14, 30, 31, 34

예제1 전기력선의 설명 중 틀린 것은?
① 전기력선의 방향은 그 점의 전계의 방향과 일치하며 밀도는 그 점에서의 전계의 크기와 같다.
② 전기력선은 부전하에서 시작하여 정전하에서 그친다.
③ 단위 전하에서는 $\dfrac{1}{\epsilon_0}$개의 전기력선이 출입한다.
④ 전기력선은 전위가 높은 점에서 낮은 점으로 향한다.

· 정답 : ②
전기력선의 성질
전기력선은 정(+)전하에서 시작하여 부(-)전하에서 끝난다. - 전계의 불연속성
단, 전하가 없는 곳에서는 전기력선의 발생 및 소멸이 없다. - 전하가 없으면 연속성이다.

24 도체의 성질

(1) 대전도체 내부에는 전하가 존재하지 않는다. 또한 전하는 대전도체 외부 표면에만 분포된다.
(2) 도체 표면에서 수직으로 전기력선과 만난다. 또한 도체 표면에서 전계는 수직이다.
(3) 도체 내부와 표면의 전위는 항상 같다. 또한 도체 내부의 전계는 0이다.
(4) 도체 표면의 곡률이 클수록 곡률 반지름은 작아지므로 전하밀도가 높아져서 전하가 많이 모이려는 성질이 생긴다. 또한 곡률이 작을수록 곡률 반지름이 커지므로 전하밀도가 작다.
(5) 도체 표면의 전하밀도를 ρ_s [C/m²]라 하면 도체 표면의 전계의 세기는 $E = \dfrac{\rho_s}{\epsilon_0}$ [V/m]이다.
(6) 도체 표면은 등전위면이며 등전위면을 따라 이동한 전하량(Q)이 하는 일은 항상 0이다.

출제빈도
★★★★

보충학습 문제
관련페이지
31, 32

[예제1] 대전도체 내부의 전위는?
① 0전위이다.
② 표면 전위와 같다.
③ 대지 전위와 같다.
④ 무한대이다.

• 정답 : ②
대전구도체의 전위
(1) 대전구도체 외부의 전위 $V = \dfrac{Q}{4\pi\epsilon_0 r}$ [V]
(2) 대전구도체 내부의 전위(=표면전위)
$V = \dfrac{Q}{4\pi\epsilon_0 a}$ [V]
∴ 대전도체의 내부전위는 표면전위와 항상 같다.

[예제2] 등전위면을 따라 전하 Q [C]을 운반하는데 필요한 일은?
① 전하의 크기에 따라 변한다.
② 전위의 크기에 따라 변한다.
③ 등전위면과 전기력선에 의하여 결정된다.
④ 항상 0이다.

• 정답 : ④
도체의 성질
도체 표면은 등전위면이며 등전위면을 따라 이동한 전하량(Q)이 하는 일은 항상 0이다.

[예제3] 대전도체 표면의 전하밀도는 도체 표면의 모양에 따라 어떻게 되는가?
① 곡률이 크면 작아진다.
② 곡률이 크면 커진다.
③ 평면일 때 가장 크다.
④ 표면 모양에 무관하다.

• 정답 : ②
도체의 성질
도체 표면의 곡률이 클수록 곡률 반지름은 작아지므로 전하밀도가 높아져서 전하가 많이 모이려는 성질이 생긴다.
또한 곡률이 작을수록 곡률 반지름이 커지므로 전하밀도가 작다.

25 분극의 세기(P)

출제빈도
★★★★

보충학습 문제
관련페이지
64, 74, 75, 76

1. 분극의 세기(P)

$$P = D - \epsilon_0 E = \epsilon E - \epsilon_0 E = \epsilon_0(\epsilon_s - 1)E = \chi E = \left(1 - \frac{1}{\epsilon_s}\right)D \, [C/m^2]$$

2. 분극률(χ)

$$\chi = \epsilon_0(\epsilon_s - 1) \, [F/m]$$

여기서, P : 분극의 세기[C/m²], D : 전속밀도[C/m²], ϵ_0 : 공기(진공) 중의 유전율[F/m], ϵ : 유전율[F/m], ϵ_s : 비유전율, E : 전계의 세기[V/m], χ : 분극률[F/m]

예제1 유전체 내의 전계 E와 분극의 세기 P의 관계식은?

① $P = \epsilon_0(\epsilon_s - 1)E$
② $P = \epsilon_s(\epsilon_0 - 1)E$
③ $P = \epsilon_0(\epsilon_s + 1)E$
④ $P = \epsilon_s(\epsilon_0 + 1)E$

・정답 : ①

분극의 세기(P)
전속밀도 D, 전계의 세기 E, 유전율 ϵ, 비유전율 ϵ_s, 분극률 χ라 하면
$$P = D - \epsilon_0 E = \epsilon E - \epsilon_0 E = \epsilon_0(\epsilon_s - 1)E = \chi E$$
$$= \left(1 - \frac{1}{\epsilon_s}\right)D \, [C/m^2]$$

예제2 비유전율 $\epsilon_s = 5$인 유전체 중에서 전속밀도가 $4 \times 10^{-4} [C/m^2]$일 때 분극의 세기는 몇 [C/m²]인가?

① 1.6×10^{-4} ② 2.4×10^{-4}
③ 3.2×10^{-4} ④ 4.8×10^{-4}

・정답 : ③

분극의 세기(P)
$\epsilon_s = 5$, $D = 4 \times 10^{-4} [C/m^2]$이므로
$$\therefore P = \left(1 - \frac{1}{\epsilon_s}\right)D = \left(1 - \frac{1}{5}\right) \times 4 \times 10^{-4}$$
$$= 3.2 \times 10^{-4} \, [C/m^2]$$

예제3 평행판 공기콘덴서의 양 극판에 $+\rho [C/m^2]$, $-\rho [C/m^2]$의 전하가 충전되어 있을 때, 이 두 전극 사이에 유전율 $\epsilon [F/m]$인 유전체를 삽입한 경우의 전계의 세기는? (단, 유전체의 분극전하 밀도를 $+\rho_P [C/m^2]$, $-\rho_P [C/m^2]$라 한다.)

① $\dfrac{\rho_P}{\epsilon_0}$ [V/m] ② $\dfrac{\rho + \rho_P}{\epsilon_0}$ [V/m]

③ $\dfrac{\rho}{\epsilon_0} - \dfrac{\rho_P}{\epsilon}$ [V/m] ④ $\dfrac{\rho - \rho_P}{\epsilon_0}$ [V/m]

・정답 : ④

분극의 세기(P)
전속밀도 D_1, 전계의 세기 E, 유전율 ϵ, 공기 유전율 ϵ_0, 유전체 내의 전하밀도 $\rho [C/m^2]$, 분극전하밀도 $\rho_P [C/m^2]$라 하면
$$P = D - \epsilon_0 E = \epsilon E - \epsilon_0 E$$
$$= (\epsilon - \epsilon_0)E \, [C/m^2]$$
위 식에서 전계의 세기를 유도하면
$E = \dfrac{D - P}{\epsilon_0}$ [V/m]이므로
$D = \rho$, $P = \rho_P$일 때
$$\therefore E = \dfrac{\rho - \rho_P}{\epsilon_0} \, [V/m]$$

자화의 세기(J)

자화의 세기(J)란 자성체 내의 미소면적에 대한 자극의 세기(m) 또는 미소체적에 대한 자기모멘트(M)를 나타낸다.

1. 미소면적을 Δs[m²], 미소체적을 Δv[m²]라 하면

$$J = \frac{m}{\Delta s} = \frac{M}{\Delta v} \text{[Wh/m²]}$$

2. **자속밀도** B, **자계의 세기** H, **투자율** μ, **자화율** χ_m라 하면

$$J = B - \mu_0 H = \mu H - \mu_0 H = (\mu - \mu_0) H = \mu_0 (\mu_s - 1) H = \chi_m H$$

$$= \left(1 - \frac{1}{\mu_s}\right) B \text{ [Wb/m²]}$$

$$\mu = \mu_0 \mu_s, \quad \chi_m = \mu_0 (\mu_s - 1)$$

여기서, J : 자화의 세기[Wb/m²], m : 자극의 세기[Wb], M : 자기모멘트[Wb·m],
S : 단면적[m²], v : 체적[m³], B : 자속밀도[Wb/m²],
μ_0 : 공기(진공) 중의 투자율[H/m], H : 자계의 세기[AT/m], μ : 투자율[H/m],
μ_s : 비투자율, χ_m : 자화율[H/m]

출제빈도
★★★★

보충학습 문제
관련페이지
138, 147, 148, 149

예제1 강자성체의 자속밀도 B의 크기와 자화 세기 J의 크기 사이는?

① J는 B보다 약간 크다.
② J는 B보다 대단히 크다.
③ J는 B보다 약간 작다.
④ J는 B보다 대단히 작다.

· 정답 : ③

자화의 세기(J)
자속밀도 B, 자계의 세기 H, 투자율 μ, 자화율 χ_m라 하면
$J = B - \mu_0 H = \mu H - \mu_0 H = \mu_0 (\mu_s - 1) H$
$= \chi_m H = \left(1 - \frac{1}{\mu_s}\right) B \text{[Wb/m²]}$이다.

여기서
$\mu_0 = 4\pi \times 10^{-7} = 12.57 \times 10^{-7}$ [H/m]
이므로 J와 B를 서로 비교하면 J는 B보다 약간 작음을 알 수 있다.

예제2 길이 10[cm], 단면의 반지름 $a = 1$[cm]인 원통형 자성체가 길이의 방향으로 균일하게 자화되어 있을 때, 자화의 세기가 $J = 0.5$[Wb/m²]이라면 이 자성체의 자기모멘트[Wb·m]는?

① 1.57×10^{-4} ② 1.57×10^{-5}
③ 15.7×10^{-4} ④ 15.7×10^{-5}

· 정답 : ②

자화의 세기(J)
자극의 세기 m[Wb], 자기모멘트 M[Wb·m], 미소면적 ΔS[m²], 미소체적 Δv[m³]라 하면
$J = \frac{m}{\Delta S} = \frac{M}{\Delta v}$[Wb/m²]이다.
$l = 10$[cm], $a = 1$[cm],
$J = 0.5$[Wb/m²]일 때
$\therefore M = \Delta v J = \Delta S \cdot l J = \pi a^2 \cdot l J$
$= \pi \times (10^{-2})^2 \times 10 \times 10^{-2} \times 0.5$
$= 1.57 \times 10^{-5}$ [Wb·m]

27 선전하와 원통도체(원주형도체)에 의한 전위(V)

출제빈도
★★★★

보충학습 문제
관련페이지
16, 37

종류	단위
직선도체	$V = \infty$ [V]
원통도체 (원주형 도체)	$V = \infty$ [V]
동심원통도체	A도체에 $+\lambda$ [C/m], B도체에 $-\lambda$ [C/m]로 대전된 경우 $V_{AB} = \dfrac{\lambda}{2\pi\epsilon_0} \ln \dfrac{b}{a}$ [V]
평행한 원통도체	한 쪽에 $+\lambda$ [C/m], 다른 한 쪽에 $-\lambda$ [C/m]로 대전된 경우 $V_{AB} = \dfrac{\lambda}{\pi\epsilon_0} \ln \dfrac{d}{a}$ [V]

예제1 길이 l[m]인 동축 원통도체의 내외 원통에 각각 $+\lambda$, $-\lambda$[C/m]의 전하가 분포되어 있다. 내외 원통 사이에 유전율 ϵ인 유전체가 채워져 있을 때, 전계의 세기는 몇 [V/m]인가? (단, V는 내외 원통간의 전위차, D는 전속밀도, a, b는 내외 원통의 반지름이며 원통 중심에서의 거리 r은 $a < r < b$인 경우이다.)

① $\dfrac{V}{r \cdot \ln \dfrac{b}{a}}$ ② $\dfrac{V}{\epsilon \cdot \ln \dfrac{b}{a}}$

③ $\dfrac{D}{r \cdot \ln \dfrac{b}{a}}$ ④ $\dfrac{D}{\epsilon \cdot \ln \dfrac{b}{a}}$

· 정답 : ①
동심원통도체에 의한 전계의 세기(E)와 전위(V)
동심원통도체의 내, 외부에 $+\lambda$, $-\lambda$[C/m]의 전하가 분포되어 있는 경우 내, 외 사이의 전계의 세기(E) 및 전위(V)는
$E = \dfrac{\lambda}{2\pi\epsilon r}$ [V/m], $V = \dfrac{\lambda}{2\pi\epsilon} \ln \dfrac{b}{a}$ [V]이다.
$\dfrac{\lambda}{2\pi\epsilon} = \dfrac{V}{\ln \dfrac{b}{a}}$ 이므로

∴ $E = \dfrac{\lambda}{2\pi\epsilon r} = \dfrac{V}{r \cdot \ln \dfrac{b}{a}}$ [V/m]

예제2 그림과 같이 반지름 a인 무한장 평행도체 A, B가 간격 d로 놓여 있고, 단위길이당 각각 $+\lambda$, $-\lambda$의 전하가 균일하게 분포되어 있다. A, B 도체간의 전위차는 몇 [V]인가? (단, $d \gg a$이다.)

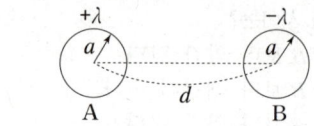

① $\dfrac{\lambda}{\pi\epsilon_0} \log \dfrac{d}{a}$ ② $\dfrac{\lambda}{2\pi\epsilon_0} \log \dfrac{d}{a}$

③ $\dfrac{\lambda}{\pi\epsilon_0} \log \dfrac{a}{d}$ ④ $\dfrac{\lambda}{2\pi\epsilon_0} \log \dfrac{a}{d}$

· 정답 : ①
평행한 원통도체에 의한 전위(V)
∴ $V = \dfrac{\lambda}{\pi\epsilon_0} \ln \dfrac{d}{a}$ [V]

28 전자유도법칙

1. 패러데이법칙
회로에 발생하는 유기기전력은 자속쇄교수의 시간에 대한 감쇠율에 비례한다.
$$e = -N\frac{d\phi}{dt} \text{ [V]}$$

2. 렌쯔의 법칙
유기기전력의 방향은 자속의 변화를 방해하는 방향으로 유도된다.

3. 노이만의 공식
패러데이의 실험 결과를 수식화(정량화)한 법칙으로 두 개의 코일이 결합되어 있는 경우 어느 한쪽 코일에 흐르는 전류에 의해서 발생한 자속이 다른 코일과 쇄교될 때 쇄교되는 자속의 시간적 변화에 의해 다른 코일에 기전력이 유기되는데 이 때 두 코일 사이에 나타나는 인덕턴스 성분을 상호인덕턴스라 하며 이 식을 유도하였다.
dl_1[m]과 dl_2[m]가 이루는 각을 θ라 할 때 C_1, C_2 회로 사이의 상호인덕턴스 공식을 노이만 공식이라 한다.

$$M = \frac{\mu}{4\pi}\oint_{C_1}\oint_{C_2}\frac{dl_1\,dl_2\cos\theta}{r} = \frac{\mu}{4\pi}\oint_{C_1}\oint_{C_2}\frac{dl_1\,dl_2}{r} \text{ [H]}$$

여기서, e : 유도기전력[V], N : 코일권수, ϕ : 자속[Wb], t : 시간[sec], M : 상호인덕턴스[H], μ : 투자율[H/m], dl_1, dl_2 : 두 폐회로의 길이[m]

출제빈도 ★★★★

보충학습 문제 관련페이지
160, 169, 170

예제1 유도기전력의 크기는 폐회로에 쇄교하는 자속의 시간적 변화율에 비례하는 정량적인 법칙은?
① 노이만의 법칙
② 가우스의 법칙
③ 암페어의 주회적분법칙
④ 플레밍의 오른손 법칙

· 정답 : ①

노이만의 법칙
패러데이의 실험 결과를 수식화(정량화)한 법칙으로 두 개의 코일이 결합되어 있는 경우 어느 한쪽 코일에 흐르는 전류에 의해서 발생한 자속이 다른 코일과 쇄교될 때 쇄교되는 자속의 시간적 변화에 의해 다른 코일에 기전력이 유기되는데 이 때 두 코일 사이에 나타나는 인덕턴스 성분을 상호인덕턴스라 하며 이 식을 유도하였다.

예제2 전자유도에 의해서 회로에 발생하는 기전력에 관련되는 두 개의 법칙은?
① Gauss 법칙과 Ohm 법칙
② Flemming의 법칙과 Ohm 법칙
③ Faraday 법칙과 Lenz의 법칙
④ Ampere 법칙과 Biot-Savart 법칙

· 정답 : ③

전자유도법칙
(1) 패러데이법칙
회로에 발생하는 유기기전력은 자속쇄교수의 시간에 대한 감쇠율에 비례한다.
$$e = -N\frac{d\phi}{dt} \text{ [V]}$$

(2) 렌쯔의 법칙
유기기전력의 방향은 자속의 변화를 방해하는 방향으로 유도된다.

29 유기기전력(e)

출제빈도
★★★★

자속 ϕ를 $\phi = \phi_m \sin \omega t$ [Wb]라 하면

$$e = -N\frac{d\phi}{dt} = -N\frac{d}{dt}\phi_m \sin \omega t = -\omega N \phi_m \cos \omega t = \omega N \phi_m \sin(\omega t - 90°) \text{ [V]}$$

$\phi = \phi_m \cos \omega t$ [Wb]로 주어지는 경우에는

$$e = -N\frac{d\phi}{dt} = -N\frac{d}{dt}\phi_m \cos \omega t = \omega N \phi_m \sin \omega t \text{ [V]}$$

1. 최대기전력(E_m)

$$E_m = \omega N \phi_m = 2\pi f N \phi_m \text{ [V]}$$

2. 기전력의 위상

기전력의 위상은 자속에 비해 90° 만큼 늦다.

여기서, e : 유기기전력[V], N : 코일권수, ϕ : 자속[Wb], ϕ_m : 자속의 최대값[Wb], ω : 각주파수[rad/sec], E_m : 최대기전력[V], f : 주파수[Hz]

보충학습 문제
관련페이지
161, 170, 171

예제1 N회의 권선에 최대값 1[V], 주파수 f[Hz]인 기전력을 유기시키기 위한 쇄교자속이 최대값[Wb]은?

① $\dfrac{f}{2\pi N}$
② $\dfrac{2N}{\pi f}$
③ $\dfrac{1}{2\pi f N}$
④ $\dfrac{N}{2\pi f}$

· 정답 : ③

유기기전력(e)
자속 ϕ를 $\phi = \phi_m \sin \omega t$ [Wb]라 하면
$e = -N\dfrac{d\phi}{dt} = -\omega N \phi_m \cos \omega t$
$= \omega N \phi_m \sin(\omega t - 90°)$ [V]
이므로 전압의 최대값 E_m은
$E_m = \omega N \phi_m = 2\pi f N \phi_m$ [V]이다.
∴ $\phi_m = \dfrac{E_m}{\omega N} = \dfrac{E_m}{2\pi f N} = \dfrac{1}{2\pi f N}$ [Wb]

예제2 자속밀도 B [Wb/m²]가 도체 중에서 f[Hz]로 변화할 때, 도체 중에 유기되는 기전력 e는 무엇에 비례하는가?

① $e \propto \dfrac{B}{f}$
② $e \propto \dfrac{B^2}{f}$
③ $e \propto \dfrac{f}{B}$
④ $e \propto B \cdot f$

· 정답 : ④

유기기전력(e)
자속 ϕ를 $\phi = \phi_m \sin \omega t$ [Wb]라 하면
$e = -N\dfrac{d\phi}{dt} = -\omega N \phi_m \cos \omega t$
$= \omega N \phi_m \sin(\omega t - 90°)$
$= 2\pi f N \phi_m \sin(\omega t - 90°)$ [V]이다.
$\phi_m = BS$ [Wb]이므로
∴ $e \propto \phi_m \cdot f$ 또는 $e \propto B \cdot f$

콘덴서의 직·병렬 접속

1. 직렬접속

① 합성정전용량(C)

$$C = \frac{1}{\dfrac{1}{C_1}+\dfrac{1}{C_2}} = \frac{C_1 C_2}{C_1 + C_2} \,[\text{F}]$$

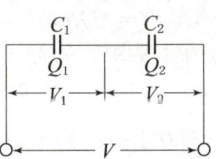

② 전하량(Q)

$$Q = Q_1 = Q_2 = C_1 V_1 = C_2 V_2 = CV = \frac{C_1 C_2}{C_1 + C_2} V \,[\text{C}]$$

③ 분배 전압(V_1, V_2)

$$V_1 = \frac{Q}{C_1} = \frac{C_2}{C_1 + C_2} V \,[\text{V}], \quad V_2 = \frac{Q}{C_2} = \frac{C_1}{C_1 + C_2} V \,[\text{V}]$$

※ 여러 개의 도체를 매질 속에 넣어두면 그 도체들은 직렬접속된 상태로 해석한다.

2. 병렬접속

① 합성정전용량(C)

$$C = C_1 + C_2 \,[\text{F}]$$

② 전압(V)

$$V = \frac{Q_1}{C_1} = \frac{Q_2}{C_2} = \frac{Q}{C} = \frac{Q_1 + Q_2}{C_1 + C_2} \,[\text{V}]$$

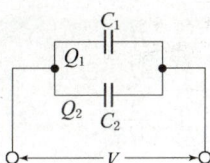

③ 분배전하량(Q_1, Q_2)

$$Q_1 = C_1 V = \frac{C_1}{C_1 + C_2} Q \,[\text{C}], \quad Q_2 = C_2 V = \frac{C_2}{C_1 + C_2} Q \,[\text{C}]$$

※ 여러 개의 도체를 가는 도선으로 연결하면 그 도체들은 병렬접속된 상태로 해석한다.

여기서, C : 직·병렬의 합성정전용량[F], C_1, C_2 : 직·병렬 연결된 정전용량[F],
Q : 직·병렬의 총전하량[C], V_1, V_2 : 직렬연결시 분배전압[V],
V : 직·병렬의 전체 전압[V], Q_1, Q_2 : 직·병렬의 분배전하량[C]

출제빈도
★★★★

보충학습 문제
관련페이지
44, 48, 49, 50,
55, 56, 61

예제1 콘덴서를 그림과 같이 접속했을 때, C_x의 정전용량[μF]은? (단, $C_1 = C_2 = C_3 = 3[\mu\text{F}]$이고 ab 사이의 합성 정전용량 $C_{ab} = 5[\mu\text{F}]$이다.)

① $\dfrac{1}{2}$
② 1
③ 2
④ 4

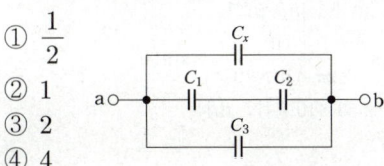

· 정답 : ①

C_1, C_2가 직렬접속이므로 합성 C_{12}를 구하면

$$C_{12} = \frac{C_1 C_2}{C_1 + C_2} = \frac{3 \times 3}{3 + 3} = 1.5 \,[\mu\text{F}]$$ 이 되며

C_x, C_{12}, C_3가 병렬접속이므로
합성정전용량 C_{ab}는

$$C_{ab} = C_x + C_{12} + C_3 \,[\mu\text{F}]$$ 이 된다.

$$\therefore C_x = C_{ab} - C_{12} - C_3 = 5 - 1.5 - 3$$
$$= 0.5 = \frac{1}{2} \,[\mu\text{F}]$$

31. 막대자석의 회전력(T)과 에너지(W)

출제빈도
★★★★

보충학습 문제
관련페이지
106, 127, 128

1. 회전력(T)
$$T = M \times H = MH\sin\theta = mlH\sin\theta \, [\text{N·m}]$$
M : 자기 모멘트 → $M = ml \, [\text{Wb·m}]$

2. 에너지
$$W = MH(1 - \cos\theta) = mlH(1 - \cos\theta) \, [\text{J}]$$

여기서, T : 회전력 또는 토크[N·m], M : 자기모멘트[Wb·m], H : 자계의 세기[AT/m], m : 자극의 세기[Wb], l : 막대자석의 길이[m], W : 에너지[J]

예제1 평등자장 H인 곳에 자기모멘트 M을 자장과 수직방향으로 놓았을 때, 이 자석의 회전력 [N·m]은?

① $\dfrac{M}{H}$ ② $\dfrac{H}{M}$

③ MH ④ $\dfrac{1}{MH}$

· 정답 : ③

막대자석의 회전력(=토크: T)과 에너지(W)
(1) 회전력(T)
$T = M \times H = MH\sin\theta$
$\quad = mlH\sin\theta \, [\text{N·m}]$
여기서 M은 자기모멘트이며
$M = ml \, [\text{Wb·m}]$이다.
(2) 에너지(W)
$W = MH(1 - \cos\theta)$
$\quad = mlH(1 - \cos\theta) \, [\text{J}]$
자장과 자기모멘트가 수직으로 놓여있으므로
$\theta = 90°$를 대입하면
∴ $T = MH\sin 90° = MH \, [\text{N·m}]$

예제2 그림에서 직선도체 바로 아래 10[cm] 위치에 자침이 나란히 놓여있다고 하면 이때의 자침에 작용하는 회전력[N·m]은? (단, 도체의 전류는 10[A], 자침의 자극 세기는 10^{-6}[Wb]이고 자침의 길이는 10[cm]이다.)

① 15.9×10^{-3}
② 1.59×10^{-3}
③ 1.59×10^{-6}
④ 15.9×10^{-6}

· 정답 : ③

막대자석의 회전력(T)
$r = 10\,[\text{cm}]$, $I = 10\,[\text{A}]$,
$m = 10^{-6}\,[\text{Wb}]$, $l = 10\,[\text{cm}]$일 때 직선도체로부터 $r\,[\text{m}]$ 떨어진 곳의 자계의 세기 H는
$H = \dfrac{I}{2\pi r}\,[\text{AT/m}]$
이며 자계는 자침에 수직으로 작용하므로
$\theta = 90°$이다.
∴ $T = mlH\sin\theta = ml \times \dfrac{I}{2\pi r}\sin\theta$
$\quad = 10^{-6} \times 10 \times 10^{-2}$
$\quad\quad \times \dfrac{10}{2\pi \times 10 \times 10^{-2}} \times \sin 90°$
$\quad = 1.59 \times 10^{-6}\,[\text{N·m}]$

자성체

자장(자계) 내에서 자기적 성질을 띠는 물체(물질). 원인은 전자의 자전현상(= 전자스핀) 때문이다.

1. 자성체의 종류 및 성질
① 자성체의 종류 : 역자성체, 상자성체, 강자성체, 반강자성체, 훼리자성체, 초강자성체 6가지
② 자성체의 성질 : 비투자율 μ_s, 자화율 χ_m 라 하면
  ㉠ 역자성체 : $\mu_s < 1$, $\chi_m < 0$ (수소, 헬륨, 구리, 탄소, 안티몬, 비스무트, 은 등)
  ㉡ 상자성체 : $\mu_s > 1$, $\chi_m > 0$ (칼륨, 텅스텐, 산소, 망간, 백금, 알루미늄 등)
  ㉢ 강자성체 : $\mu_s \gg 1$, $\chi_m \gg 0$ (철, 니켈, 코발트)
  ※ 강자성체의 성질은 비투자율과 자화율이 모두 매우 커야 하며 히스테리시스특성 (자기이력특성=포화특성)과 자구를 가지는 자성체라야 한다.

2. 전자스핀 배열

① 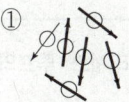 ② 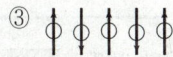 ③  ④ $\phi\phi\phi\phi\phi$

㉠ 상자성체는 전자스핀배열이 불규칙적이다.
㉡ 강자성체는 전자스핀배열이 크기와 방향 모두 같게 된다. 따라서 강자성체는 자성이 강한 영구자석이 된다.
㉢ 반강자성체는 전자스핀배열이 크기는 같으나 방향이 반대가 된다.
㉣ 훼리자성체는 전자스핀배열이 크기가 다르면서 방향이 반대가 된다.

3. 큐리온도
강자성체에 열을 가하면 자성이 서서히 감소하여 상자성체로 변하게 되는데 이때의 임계온도를 말한다. 자화된 철에 770[℃]의 온도를 가하면 철은 자화를 잃게 되는데 이때 770[℃]를 철의 큐리온도라 한다.

4. 영구자석과 전자석
① 영구자석의 성질 : 잔류자기와 보자력, 히스테리시스 곡선의 면적이 모두 크다.
② 전자석의 성질 : 잔류자기는 커야 하며 보자력과 히스테리시스 곡선의 면적은 작다.

출제빈도
★★★★

보충학습 문제 관련페이지
136, 137, 144, 145

예제1 강자성체의 세 가지 특성이 아닌 것은?
① 와전류 특성
② 히스테리시스 특성
③ 고투자율 특성
④ 포화 특성

· 정답 : ①
자성체의 성질
강자성체의 성질은 비투자율과 자화율이 모두 매우 커야 하며 히스테리시스특성(자기이력특성=포화특성)과 자구를 가지는 자성체라야 한다.

33 히스테리시스 곡선(자기이력곡선=B-H곡선)

출제빈도
★★★

보충학습 문제
관련페이지
138, 145, 146, 147

(1) 히스테리시스 곡선은 횡축(가로축)에 자계(H), 종축(세로축)에 자속밀도(B)를 취하여 그리는 자기회로 내의 자화곡선을 말한다.
(2) 히스테리시스 곡선이 자계축과 만나는 점을 자성체가 갖는 보자력이라 하며 자속밀도축과 만나는 점을 자성체가 갖는 잔류자기라 한다.
(3) 히스테리시스 손실(P_h)은 철손(P_i) 중의 하나로
$P_h = k_h f B_m^{1.6}$ [W/m³]
(4) 히스테리시스 루프의 면적이 나타내는 값은 자성체 내의 단위체적당 나타나는 에너지(W_h)를 의미하며
$W_h = 4BH$ [J/m³]

여기서, P_h : 히스테리시스 손실[W], k_h : 히스테리시스 상수, f : 주파수[Hz], B_m : 최대자속밀도[Wb/m²], W_h : 단위체적당 에너지[J/m³], B : 자속밀도[Wb/m²], H : 자계의 세기[AT/m]

예제1 히스테리시스 곡선의 기울기는 다음의 어떤 값에 해당하는가?
① 투자율   ② 유전율
③ 자화율   ④ 감자율

· 정답 : ①
히스테리시스 곡선(자기이력곡선=B-H 곡선)
히스테리시스 곡선은 횡축(가로축)에 자계(H), 종축(세로축)에 자속밀도(B)를 취하여 그리는 자기회로 내의 자화곡선을 말한다. 따라서 히스테리시스 곡선의 기울기는 가로축에 대한 세로축의 비율로 $\dfrac{B}{H}$를 의미하므로
$B = \mu H$ [Wb/m²] 식에서
$\dfrac{B}{H} = \mu$ 임을 알 수 있다.
∴ 히스테리시스 곡선의 기울기
 $= \dfrac{B}{H} = \mu =$ 투자율

예제2 강자성체에 있어서 히스테리시스 루프의 면적은?
① 강자성체의 단위 체적당 필요한 에너지이다.
② 강자성체의 단위 면적당 필요한 에너지이다.
③ 강자성체의 단위 길이당 필요한 에너지이다.
④ 강자성체의 전체 체적에 필요한 에너지이다.

· 정답 : ①
히스테리시스 곡선(자기이력곡선=B-H곡선)
히스테리시스 루프의 면적이 나타내는 값은 자성체 내의 단위체적당 나타나는 에너지(W_h)를 의미하며
$W_h = 4BH$ [J/m³]

34 정전계의 쿨롱의 법칙

거리 r[m]만큼 떨어진 두 개의 전하 Q_1[C], Q_2[C] 사이에 작용하는 힘 F[N]의 크기는 두 전하의 곱에 비례하며 거리의 제곱에 반비례한다. 또한 힘의 방향은 두 전하의 연결선상과 일치하며 같은 종류의 전하의 경우에는 반발력이 작용하고 서로 다른 종류의 전하 사이에는 흡인력이 작용한다.

$$F = k\frac{Q_1 Q_2}{r^2} = \frac{Q_1 Q_2}{4\pi\epsilon_0 r^2} = 9\times 10^9 \times \frac{Q_1 Q_2}{r^2} \text{ [N]}$$

출제빈도
★★★

1. 공기(진공) 중의 유전율

$$\epsilon_0 = \frac{1}{\mu_0 C^2} = \frac{10^7}{4\pi C^2} = \frac{1}{120\pi C} = \frac{10^{-9}}{36\pi} = 8.855 \times 10^{-12} \text{ [F/m]}$$

2. 공기(진공) 중의 투자율

$$\mu_0 = 4\pi \times 10^{-7} = 12.56 \times 10^{-7} \text{ [H/m]} = 12.56 \times 10^{-7} \text{ [Wb}^2/\text{N}\cdot\text{m}^2\text{]}$$

3. 광속

$$C = 3 \times 10^8 = \frac{1}{\sqrt{\epsilon_0 \mu_0}} \text{ [m/sec]}$$

여기서, F : 두 점전하 사이의 작용력[N], Q_1, Q_2 : 전하량[C],
r : 두 점전하 사이의 거리[m], ϵ_0 : 공기(진공) 중의 유전율[F/m],
μ_0 : 공기(진공) 중의 투자율[H/m], C : 광속[m/sec]

보충학습 문제
관련페이지
8, 18, 22

예제1 쿨롱의 법칙에 관한 설명으로 잘못 기술된 것은?

① 힘의 크기는 두 전하량의 곱에 비례한다.
② 작용하는 힘의 방향은 두 전하를 연결하는 직선과 일치한다.
③ 힘의 크기는 두 전하 사이의 거리에 반비례한다.
④ 작용하는 힘은 두 전하가 존재하는 매질에 따라 다르다.

· 정답 : ③
쿨롱의 법칙
거리 r[m]만큼 떨어진 두 개의 전하 Q_1[C], Q_2[C] 사이에 작용하는 힘 F[N]의 크기는 두 전하의 곱에 비례하며 거리의 제곱에 반비례한다. 또한 힘의 방향은 두 전하의 연결선상과 일치하며 같은 종류의 전하의 경우에는 반발력이 작용하고 서로 다른 종류의 전하 사이에는 흡인력이 작용한다.

예제2 크기가 2×10^{-6}[C]인 두 개의 같은 점전하가 진공 중에 떨어져 4×10^{-3}[N]의 힘이 작용할 때 이들 사이의 거리[m]는?

① 6 ② 5
③ 4 ④ 3

· 정답 : ④
쿨롱의 법칙
$F = 4\times 10^{-3}$ [N],
$Q_1 = Q_2 = Q = 2\times 10^{-6}$ [C]이므로

$$F = \frac{Q_1 Q_2}{4\pi\epsilon_0 r^2} = \frac{Q^2}{4\pi\epsilon_0 r^2}$$

$$= 9\times 10^9 \times \frac{Q^2}{r^2} \text{ [N] 식에서}$$

$$\therefore r = \sqrt{9\times 10^9 \times \frac{Q^2}{F}}$$

$$= \sqrt{9\times 10^9 \times \frac{(2\times 10^{-6})^2}{4\times 10^{-3}}}$$

$$= 3 \text{ [m]}$$

35 포아송 방정식과 라플라스 방정식

1. 포아송 방정식

$$\nabla^2 V = -\frac{\rho_v}{\epsilon_0}$$

2. 라플라스 방정식

$$\nabla^2 V = 0$$

여기서, V: 전위[V], ρ_v: 체적전하밀도[C/m³]

출제빈도
★★★

보충학습 문제
관련페이지
17, 40, 41

예제1 푸아송의 방정식으로 옳은 것은?

① $\nabla E = \frac{\rho}{\epsilon_0}$ ② $E = -\nabla V$

③ $\nabla^2 V = -\frac{\rho}{\epsilon_0}$ ④ $\nabla^2 V = 0$

· 정답 : ③
푸아송 방정식과 라플라스 방정식
(1) 푸아송 방정식 $\nabla^2 V = -\frac{\rho}{\epsilon_0}$
(2) 라플라스 방정식 $\nabla^2 V = 0$

예제2 공간적 전하분포를 갖는 유전체 중의 전계 E에 있어서 전하밀도 ρ와 전하 분포 중의 한 점에 대한 전위 V와의 관계 중 전위를 생각하는 고찰점에 ρ의 전하 분포가 없다면 $\nabla^2 V = 0$이 된다는 것은?

① Laplace의 방정식
② Poisson의 방정식
③ Stokes의 정리
④ Thomson의 정리

· 정답 : ①
푸아송 방정식과 라플라스 방정식
(1) 푸아송 방정식 $\nabla^2 V = -\frac{\rho}{\epsilon_0}$
(2) 라플라스 방정식 $\nabla^2 V = 0$

예제3 진공 내에서 전위함수가 $V = x^2 + y^2$과 같이 주어질 때 점 (2, 2, 0)[m]에서 체적전하밀도 ρ는 몇 [C/m³]인가? (단, ϵ_0는 자유공간의 유전율이다.)

① $-4\epsilon_0$ ② $-2\epsilon_0$
③ $4\epsilon_0$ ④ $2\epsilon_0$

· 정답 : ①
포아송 방정식

$\nabla^2 V = -\frac{\rho_v}{\epsilon_0}$ 일 때 $\nabla^2 V$는

$\nabla^2 V = \frac{\partial^2 V}{\partial x^2} + \frac{\partial^2 V}{\partial y^2}$

$= \frac{\partial^2}{\partial x^2}(x^2 + y^2) + \frac{\partial^2}{\partial y^2}(x^2 + y^2)$

$= \frac{\partial}{\partial x}(2x) + \frac{\partial}{\partial y}(2y) = 2 + 2 = 4$

∴ $\rho_v = -\epsilon_0 \nabla^2 V = -4\epsilon_0$ [C/m³]

36 구도체에서의 정전용량(C)

종류	정전용량
구도체	$C = \dfrac{Q}{V} = 4\pi\epsilon_0 a\,[\text{F}]$
반구도체	$C = \dfrac{Q}{V} = 2\pi\epsilon_0 a\,[\text{F}]$
동심구도체	A도체에 $+Q\,[\text{C}]$, B도체에 $-Q\,[\text{C}]$으로 대전된 경우 $C = \dfrac{Q}{V} = \dfrac{4\pi\epsilon_0}{\dfrac{1}{a}-\dfrac{1}{b}} = \dfrac{4\pi\epsilon_0 ab}{b-a}\,[\text{F}]$

여기서, C : 정전용량[F], Q : 전하량[C], V : 전위[V],
a : 구도체 반지름 또는 동심내구도체 반지름[m], b : 동심외구도체 내반지름[m]

출제빈도
★★★

보충학습 문제
관련페이지
43, 50, 51

예제1 반지름 a[m]인 구의 정전용량[F]은?
① $4\pi\epsilon_0 a$ ② $\epsilon_0 a$
③ a ④ $\dfrac{1}{4\pi}\epsilon_0 a$

· 정답 : ①
구도체의 정전용량(C)
구도체의 전위 $V = \dfrac{Q}{4\pi\epsilon_0 a}$ [V]이므로
∴ $C = \dfrac{Q}{V} = 4\pi\epsilon_0 a$ [F]

예제2 그림과 같은 두 개의 동심구로 된 콘덴서의 정전용량[F]은?
① $2\pi\epsilon_0$
② $4\pi\epsilon_0$
③ $8\pi\epsilon_0$
④ $12\pi\epsilon_0$

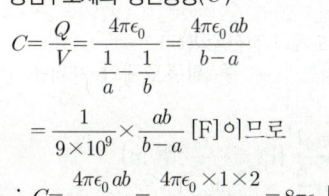

단위:[m]

· 정답 : ③
동심구도체의 정전용량(C)
$C = \dfrac{Q}{V} = \dfrac{4\pi\epsilon_0}{\dfrac{1}{a}-\dfrac{1}{b}} = \dfrac{4\pi\epsilon_0 ab}{b-a}$
$= \dfrac{1}{9\times 10^9} \times \dfrac{ab}{b-a}$ [F]이므로
∴ $C = \dfrac{4\pi\epsilon_0 ab}{b-a} = \dfrac{4\pi\epsilon_0 \times 1 \times 2}{2-1} = 8\pi\epsilon_0$ [F]

예제3 내구의 반지름 a, 외구의 반지름 b인 두 동심구 사이의 정전용량[F]은?
① $2\pi\epsilon_0 \dfrac{ab}{b-a}$ ② $4\pi\epsilon_0\left(\dfrac{1}{a}-\dfrac{1}{b}\right)$
③ $\dfrac{4\pi\epsilon_0}{\dfrac{1}{a}-\dfrac{1}{b}}$ ④ $2\pi\epsilon_0\left(\dfrac{1}{a}-\dfrac{1}{b}\right)$

· 정답 : ③
동심구도체의 정전용량(C)
∴ $C = \dfrac{Q}{V} = \dfrac{4\pi\epsilon_0}{\dfrac{1}{a}-\dfrac{1}{b}} = \dfrac{4\pi\epsilon_0 ab}{b-a}$ [F]

예제4 동심 구형 콘덴서의 내외 반지름을 각각 3배로 증가시키면 정전용량은 몇 배가 되는가?
① $\sqrt{3}$ ② 3
③ $2\sqrt{3}$ ④ 9

· 정답 : ②
동심구도체의 정전용량(C)
$C = \dfrac{Q}{V} = \dfrac{4\pi\epsilon_0}{\dfrac{1}{a}-\dfrac{1}{b}} = \dfrac{4\pi\epsilon_0 ab}{b-a}$ [F]이므로
a, b를 각각 3배씩 증가시키면
$C' = \dfrac{4\pi\epsilon_0 a'b'}{b'-a'} = \dfrac{4\pi\epsilon_0 (3a)(3b)}{3b-3a} = 3 \cdot \dfrac{4\pi\epsilon_0 ab}{b-a}$
$= 3C$ [F]
∴ 정전용량은 3배 증가한다.

37 원통도체의 정전용량(C)

출제빈도
★★★

종류	정전용량
동심원통도체	A도체 $+\lambda$[C/m], B도체 $-\lambda$[C/m]로 대전된 경우 $C = \dfrac{Q}{V} = \dfrac{2\pi\epsilon_0 l}{\ln\dfrac{b}{a}}$ [F] $C' = \dfrac{C}{l} = \dfrac{2\pi\epsilon_0}{\ln\dfrac{b}{a}}$ [F/m]
평행한 두 원통도체	한 쪽에 $+\lambda$[C/m], 다른 한 쪽에 $-\lambda$[C/m]로 대전된 경우 $C = \dfrac{Q}{V} = \dfrac{\pi\epsilon_0 l}{\ln\dfrac{d}{a}}$ [F] $C' = \dfrac{C}{l} = \dfrac{\pi\epsilon_0}{\ln\dfrac{d}{a}}$ [F/m]

보충학습 문제
관련페이지
43, 51, 52

예제1 반지름이 1[cm]와 2[cm]인 동심 원통의 길이가 50[cm]일 때, 이것의 정전용량은 약 몇 [pF]인가? (단, 내원통에 $+\lambda$[C/m], 외원통에 $-\lambda$[C/m]인 전하를 준다고 한다.)

① 0.56 ② 34
③ 40   ④ 141

· 정답 : ③

동심원통도체의 정전용량(C)
동심원통의 내원통 반지름을 a, 외원통 반지름을 b라 하면
$a = 1$[cm], $b = 2$[cm], 길이 $l = 50$[cm]이므로
$C = \dfrac{Q}{V} = \dfrac{2\pi\epsilon_0 l}{\ln\dfrac{b}{a}}$ [F] $= \dfrac{2\pi\epsilon_0}{\ln\dfrac{b}{a}}$ [F/m]일 때

$\therefore C = \dfrac{2\pi\epsilon_0 l}{\ln\dfrac{b}{a}}$

$= \dfrac{2\pi \times 8.855 \times 10^{-12} \times 50 \times 10^{-2}}{\ln\left(\dfrac{2 \times 10^{-2}}{1 \times 10^{-2}}\right)}$

$= 40 \times 10^{-12}$ [F] $= 40$ [pF]

예제2 그림과 같이 반지름 r[m], 중심 간격 x[m]인 평행 원통도체가 있다. $x \gg r$이라 할 때 원통도체의 단위 길이당 정전용량은 몇 [F/m]인가?

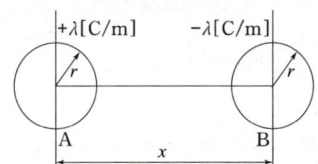

① $\dfrac{2\pi\epsilon_0}{\ln\dfrac{r}{x}}$ ② $\dfrac{2\pi\epsilon_0}{\ln\dfrac{x}{r}}$

③ $\dfrac{\pi\epsilon_0}{\ln\dfrac{r}{x}}$ ④ $\dfrac{\pi\epsilon_0}{\ln\dfrac{x}{r}}$

· 정답 : ④

평행한 두 원통도체의 정전용량(C)
원통도체 반지름을 r, 두 원통도체의 간격을 x라 할 때

$\therefore C = \dfrac{Q}{V} = \dfrac{\pi\epsilon_0 l}{\ln\dfrac{x}{r}}$ [F] $= \dfrac{\pi\epsilon_0}{\ln\dfrac{x}{r}}$ [F/m]

38. 평행판 전극 사이의 정전용량(C)

$$C = \frac{\epsilon_0 S}{d} \text{ [F]}$$

여기서, C : 정전용량[F], ϵ_0 : 공기(진공) 중의 유전율[F/m],
S : 평행판 면적[m²], d : 평행판 사이 간격[m]

출제빈도
★★★

보충학습 문제
관련페이지
52, 53, 54

예제1 간격 d[m]인 무한히 넓은 평행판의 단위 면적당 정전용량[F/m²]은? (단, 매질은 공기라 한다.)

① $\dfrac{1}{4\pi\epsilon_0 d}$ ② $\dfrac{4\pi\epsilon_0}{d}$

③ $\dfrac{\epsilon_0}{d}$ ④ $\dfrac{\epsilon_0}{d^2}$

· 정답 : ③
평행판 사이의 정전용량(C)
면전하밀도 ρ_s [C/m²], 면적 S[m²], 간격 d[m]인 평행판 사이의 전위차(V)는

$V = E \cdot d = \dfrac{\rho_s}{\epsilon_0} \cdot d = \dfrac{Q}{S\epsilon_0} \cdot d$ [V]이므로

$\therefore C = \dfrac{Q}{V} = \dfrac{\epsilon_0 S}{d}$ [F] $= \dfrac{\epsilon_0}{d}$ [F/m²]

예제2 1변이 50[cm]인 정사각형 전극을 가진 평행판 콘덴서가 있다. 이 극판 간격을 5[mm]로 할 때 정전용량은 얼마인가? (단, $\epsilon_0 = 8.855 \times 10^{-12}$[F/m]이고 단말 효과를 무시한다.)

① 443[pF] ② 380[μF]
③ 410[μF] ④ 0.5[pF]

· 정답 : ①
평행판 전극 사이의 정전용량(C)
1변의 길이가 50[cm]인 정사각형의 면적을 S, 극판 간격을 d라 하면

$S = (50 \times 10^{-2})^2 = 0.25$ [m²],
$d = 5 \times 10^{-3}$ [m]이므로

$\therefore C = \dfrac{\epsilon_0 S}{d} = \dfrac{8.855 \times 10^{-12} \times 0.25}{5 \times 10^{-3}}$

$= 443 \times 10^{-12}$ [F] $= 443$ [pF]

예제3 평행판 콘덴서의 두 극판 면적을 3배로 하고 간격을 1/2배로 하면 정전용량은 처음의 몇 배가 되는가?

① $\dfrac{3}{2}$ ② $\dfrac{2}{3}$

③ $\dfrac{1}{6}$ ④ 6

· 정답 : ④
평행판 전극 사이의 정전용량(C)
평행판 면적을 S, 간격을 d라 하면

$C = \dfrac{\epsilon_0 S}{d}$ [F]이므로 정전용량 C와 면적 S는 비례하며 간격 d와는 반비례한다.

$C' = \dfrac{\epsilon_0 S'}{d'} = \dfrac{\epsilon_0 (3S)}{\left(\dfrac{1}{2}d\right)} = 6 \cdot \dfrac{\epsilon_0 S}{d}$

$= 6C$ [F]

$\therefore$ 정전용량은 처음의 6배가 된다.

39 접지무한평면과 점전하

출제빈도
★★★

1. **영상전하(Q')와 위치**
   ① 영상전하 : $Q' = -Q[C]$
   ② 영상전하의 위치 : $(-d, 0)[m]$

2. **무한평면과 점전하간의 작용력**
   $$F = \frac{Q' \cdot Q}{4\pi\epsilon_0(2d)^2} = -\frac{Q^2}{16\pi\epsilon_0 d^2}\,[N]$$
   ※ 부호 (-)는 영상전하와의 작용력은 항상 흡인력임을 표현해주는 것이다.

3. **전계의 세기**
   ① 중심 O점에서 평면상 y만큼 떨어진 점의 전계의 세기
   $$E' = -\frac{Q}{4\pi\epsilon_0(y^2+d^2)}\,[V/m]$$
   $$E = -2E'\cos\theta = -\frac{Q\cos\theta}{2\pi\epsilon_0(y^2+d^2)}\,[V/m]$$
   ② 전계의 세기의 최대값
   전계의 세기가 최대로 되기 위해서는 단위 전하의 위치가 중심 O점에 놓여있어야 하므로 $y=0$, $\cos\theta=1$인 조건을 만족하여야 한다.
   $$E_m = -\frac{Q}{2\pi\epsilon_0 d^2}\,[V/m]$$

4. **최대 전속밀도 및 최대 면전하밀도**
   $$D_{\max} = \rho_{s\max} = \epsilon_0 E_m = -\frac{Q}{2\pi d^2}\,[C/m^2]$$

보충학습 문제
관련페이지
84, 89, 90

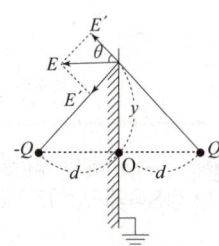

예제1 무한히 넓은 접지 평면 도체로부터 수직 거리 $a[m]$인 곳에 점전하 $Q[C]$이 있을 때, 이 평면 도체와 전하 Q에 작용하는 힘 $F[N]$는 다음 중 어느 것인가?

① $\dfrac{1}{16\pi\epsilon_0} \cdot \dfrac{Q^2}{a^2}$ 이며 흡인력이다.
② $\dfrac{1}{4\pi\epsilon_0} \cdot \dfrac{Q^2}{a^2}$ 이며 흡인력이다.
③ $\dfrac{1}{2\pi\epsilon_0} \cdot \dfrac{Q^2}{a^2}$ 이며 반발력이다.
④ $\dfrac{1}{16\pi\epsilon_0} \cdot \dfrac{Q^2}{a^2}$ 이며 반발력이다.

· **정답 : ①**
접지무한평면과 점전하
점전하 $Q[C]$과 영상전하 $-Q[C]$간의 거리가 $2a[m]$ 떨어져 있으므로 작용하는 힘 F는
$$\therefore F = \frac{Q_1 Q_2}{4\pi\epsilon_0 r^2} = \frac{Q \cdot (-Q)}{4\pi\epsilon_0(2a)^2}$$
$$= -\frac{Q^2}{16\pi\epsilon_0 a^2}\,[N]$$
여기서 (-) 부호는 흡인력을 의미한다.

40 접지무한평면과 선전하

1. 영상전하(Q')와 영상전류(I')
   ① 영상전하 $Q' = -Q$[C]
   ② 영상전류 $I' = -I$[A]

2. 무한평면과 선전하간의 작용력(F)
   $$F = -\frac{Q^2}{4\pi\epsilon_0 h} \text{ [N/m]}$$

3. 전계의 세기(E)
   $$E = -\frac{\lambda}{4\pi\epsilon_0 h} \text{ [V/m]}$$

4. 대지정전용량(C')
   $$C' = \frac{2\pi\epsilon_0}{\ln\frac{2h}{a}} \text{ [F/m]}$$

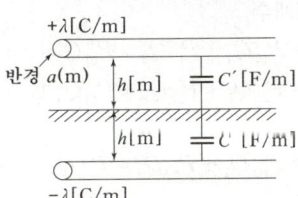

출제빈도
★★★

여기서, Q: 선전하[C], Q': 영상전하[C], I: 선전류[A], I': 영상전류[A], F: 작용력[N],
ϵ_0: 공기(진공) 중의 유전율[F/m], h: 평면과 직선도체 사이 거리[m],
E: 전계의 세기[V/m], λ: 선전하밀도[C/m], C': 대지정전용량[F],
a: 직선도체의 반지름[m]

보충학습 문제
관련페이지
85, 90

예제1 대지면에 높이 h[m]로 평행 가설된 매우 긴 선전하가 지면으로부터 단위 길이당 받는 힘 [N/m]은? (단, 선전하밀도 ρ_L[C/m]라 한다.)

① $-18 \times 10^9 \cdot \frac{\rho_L^2}{h}$

② $-18 \times 10^9 \cdot \frac{\rho_L}{h}$

③ $-9 \times 10^9 \cdot \frac{\rho_L^2}{h}$

④ $-9 \times 10^9 \cdot \frac{\rho_L}{h}$

· **정답**: ③

접지무한평면과 선전하
직선도체로부터 영상전하까지의 거리는 $2h$[m] 떨어져 있으므로 그 사이의 전계의 세기(E)는

$$E = -\frac{\rho_L}{2\pi\epsilon_0 r} = -\frac{\rho_L}{2\pi\epsilon_0 (2h)}$$

$$= -\frac{\rho_L}{4\pi\epsilon_0 h} \text{ [V/m]}$$

따라서 작용력 F는

$$\therefore F = QE = -\frac{\rho_L^2 \, l}{4\pi\epsilon_0 h} \text{ [N]}$$

$$= -\frac{\rho_L^2}{4\pi\epsilon_0 h} \text{ [N/m]}$$

$$= -9 \times 10^9 \times \frac{\rho_L^2}{h} \text{ [N/m]}$$

제1과목 전기자기학

41 전위계수, 용량계수, 유도계수

1. 전위계수

$$V_1 = P_{11}Q_1 + P_{12}Q_2 + P_{14}Q_3 + \cdots + P_{1n}Q_n$$
$$V_2 = P_{21}Q_1 + P_{22}Q_2 + P_{23}Q_3 + \cdots + P_{2n}Q_n$$
$$\vdots$$
$$V_n = P_{n1}Q_1 + P_{n2}Q_2 + P_{n3}Q_3 + \cdots + P_{nn}Q_n$$

① 전위계수의 성질
  ㉠ $P_{rr} \geq P_{rs} > 0$
  ㉡ $P_{rs} = P_{sr}$
  ㉢ $P_{rr} = P_{rs}$인 경우 도체 s가 도체 r 속에 놓여 있다.

② 각각 $\pm Q$[C]으로 대전된 두 개의 도체 간의 전위차
$$V_1 = P_{11}Q_1 + P_{12}Q_2 = P_{11}Q - P_{12}Q$$
$$V_2 = P_{21}Q_1 + P_{22}Q_2 = P_{21}Q - P_{22}Q$$
$$V_1 - V_2 = (P_{11} - P_{12} - P_{21} + P_{22})Q$$
$$\therefore V_1 - V_2 = (P_{11} - 2P_{12} + P_{22})Q$$

2. 용량계수와 유도계수

$$Q_1 = q_{11}V_1 + q_{12}V_2 + q_{13}V_3 + \cdots + q_{1n}V_n$$
$$Q_2 = q_{21}V_1 + q_{22}V_2 + q_{23}V_3 + \cdots + q_{2n}V_n$$
$$\vdots$$
$$Q_n = q_{n1}V_1 + q_{n2}V_2 + q_{n3}V_3 + \cdots + q_{nn}V_n$$

· 용량계수(q_{rr})와 유도계수(q_{rs})의 성질
  ① $q_{rr} > 0$, $q_{rs} \leq 0$
  ② $q_{rs} = q_{sr}$
  ③ $q_{rr} = -q_{rs}$인 경우 도체 s가 도체 r을 포위하고 있다.

출제빈도
★★★

보충학습 문제
관련페이지
46, 58, 59, 60

예제1 전위계수에 있어서 $p_{11} = p_{21}$의 관계가 의미하는 것은?
① 도체 1과 2는 멀리 있다.
② 도체 2가 1속에 있다.
③ 도체 2가 도체 3속에 있다.
④ 도체 1과 2는 가까이 있다.

· 정답 : ②

전위계수의 성질
(1) $P_{rr} \geq P_{rs} > 0$
(2) $P_{rs} = P_{sr}$
(3) $P_{rr} = P_{rs}$인 경우 도체 s가 도체 r 속에 놓여있다.

문제에서는 $P_{11} = P_{21}$이므로 도체 2가 도체 1 속에 있다.

자위(U)

1. 점자극에 의한 자위(U)
$$U = \frac{m}{4\pi\mu_0 r} \text{ [A]}$$

2. 원형코일에 의한 자위(U)
$$U = \frac{I}{4\pi}\omega = \frac{I}{4\pi} \times 2\pi(1-\cos\theta) = \frac{I}{2}(1-\cos\theta) = \frac{I}{2}\left(1 - \frac{x}{\sqrt{a^2+x^2}}\right) \text{ [A]}$$

ω[sr] : 입체각으로서 $\omega = 2\pi(1-\cos\theta)$

3. 자기쌍극자에 의한 자위(U)
$$U = \frac{M\cos\theta}{4\pi\mu_0 r^2} = 6.33 \times 10^4 \times \frac{M\cos\theta}{r^2} \text{ [A]}$$

4. 자기이중층(판자석)에 의한 자위(U)
① 판자석의 세기(M)
$$M = \sigma_s \cdot \delta \text{ [Wb/m]}$$

② N극의 자위(U_+)와 S극의 자위(U_-)
$$U_+ = \frac{M}{4\pi\mu_0}\omega = \frac{M}{2\mu_0}(1-\cos\theta) \text{ [A]}$$
$$U_- = -\frac{M}{4\pi\mu_0}\omega = -\frac{M}{2\mu_0}(1-\cos\theta) \text{ [A]}$$

③ 자위차(U_{+-})
$$U_{+-} = U_+ - U_- = \frac{M}{2\mu_0}(1-\cos\theta) - \left\{-\frac{M}{2\mu_0}(1-\cos\theta)\right\} = \frac{M}{\mu_0} \text{ [A]}$$

42

출제빈도
★★★

보충학습 문제
관련페이지
124, 125, 126

예제1 판자석의 세기가 P [Wb/m] 되는 판자석을 보는 입체각 ω인 점의 자위는 몇 [A]인가?

① $\dfrac{P}{4\pi\mu_0\omega}$ ② $\dfrac{P\omega}{4\pi\mu_0}$

③ $\dfrac{P}{2\pi\mu_0\omega}$ ④ $\dfrac{P\omega}{2\pi\mu_0}$

· 정답 : ②
자기이중층(판자석)에 의한 자위(U)
판자석의 세기 P라 하면 입체각 ω인 점에서의 자위 U는
$$U = \frac{P\omega}{4\pi\mu_0} = \frac{P}{2\mu_0}(1-\cos\theta) \text{ [A]}$$

예제2 자기쌍극자의 자위에 관한 설명 중 맞는 것은?
① 쌍극자의 자기모멘트에 반비례한다.
② 거리의 제곱에 반비례한다.
③ 자기쌍극자의 축과 이루는 각도 θ의 $\sin\theta$에 비례한다.
④ 자위의 단위는 [Wb/J]이다.

· 정답 : ②
자기쌍극자의 자위(U)
자기쌍극자모멘트를 M이라 하면
$$U = \frac{M\cos\theta}{4\pi\mu_0 r^2} = 6.33 \times 10^4 \frac{M\cos\theta}{r^2} \text{ [A]}$$
이므로
∴ 자기쌍극자의 자위는 자기모멘트에 비례하며, $\cos\theta$에 비례하고 거리의 제곱에 반비례한다.

제1과목 전기자기학

43 전기쌍극자에 의한 전계의 세기(E)

출제빈도
★★★

1. 쌍극자 모멘트(M)
   $M = Q\delta \ [\text{C} \cdot \text{m}]$

2. 전계의 세기
   $\dot{E} = E_r \dot{a}_r + E_\theta \dot{a}_\theta = \dfrac{M\cos\theta}{2\pi\epsilon_0 r^3} \dot{a}_r + \dfrac{M\sin\theta}{4\pi\epsilon_0 r^3} \dot{a}_\theta \ [\text{V/m}]$

   $E = \dfrac{M}{4\pi\epsilon_0 r^3}\sqrt{1+3\cos^2\theta} \ [\text{V/m}]$

3. 최대($E_{\max}$), 최소($E_{\min}$)
   ① 최대치
   $E_{\min} = \left.\dfrac{M}{2\pi\epsilon_0 r^3}\right|_{\theta=0°} \ [\text{V/m}]$

   ② 최소치
   $E_{\max} = \left.\dfrac{M}{4\pi\epsilon_0 r^3}\right|_{\theta=90°} \ [\text{V/m}]$

여기서, M : 쌍극자모멘트[C·m], Q : 전하량[C], δ : 쌍극자 미소간격[m], E : 전계의 세기[V/m], ϵ_0 : 공기(진공) 중의 유전율[F/m], r : 쌍극자 중심에서부터의 거리[m]

보충학습 문제
관련페이지
30

예제1 전기쌍극자가 만드는 전계는? (단, M은 쌍극자 능률이다.)

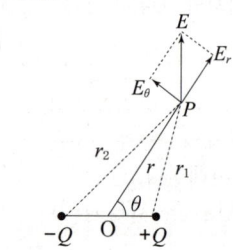

① $E_r = \dfrac{M}{2\pi\epsilon_0 r^3}\sin\theta, \ E_\theta = \dfrac{M}{4\pi\epsilon_0 r^3}\cos\theta$

② $E_r = \dfrac{M}{4\pi\epsilon_0 r^3}\sin\theta, \ E_\theta = \dfrac{M}{4\pi\epsilon_0 r^3}\cos\theta$

③ $E_r = \dfrac{M}{2\pi\epsilon_0 r^3}\cos\theta, \ E_\theta = \dfrac{M}{4\pi\epsilon_0 r^3}\sin\theta$

④ $E_r = \dfrac{M}{4\pi\epsilon_0}\omega, \ E_\theta = \dfrac{M}{4\pi\epsilon_0}(1-\omega)$

· 정답 : ③
전기쌍극자에 의한 전계의 세기(E)
(1) 쌍극자 모멘트(M)
$M = Q \cdot \delta [\text{C} \cdot \text{m}]$
(2) 전계의 세기
$\dot{E} = E_r \dot{a}_r + E_\theta \dot{a}_\theta$
$= \dfrac{M\cos\theta}{2\pi\epsilon_0 r^3}\dot{a}_r + \dfrac{M\sin\theta}{4\pi\epsilon_0 r^3}\dot{a}_\theta \ [\text{V/m}]$

$E = \dfrac{M}{4\pi\epsilon_0 r^3}\sqrt{1+3\cos^2\theta} \ [\text{V/m}]$

$\therefore E_r = \dfrac{M\cos\theta}{2\pi\epsilon_0 r^3}, \ E_\theta = \dfrac{M\sin\theta}{4\pi\epsilon_0 r^3}$

자성체 내에서의 경계조건

1. 자계의 세기는 경계면의 접선성분에서 연속이다.
   $H_1 \sin\theta_1 = H_2 \sin\theta_2$

2. 자속밀도는 경계면의 법선성분에서 연속이다.
   $B_1 \cos\theta_1 = B_2 \cos\theta_2$ 또는 $\mu_1 H_1 \cos\theta_1 = \mu_2 H_2 \cos\theta_2$

3. 투자율이 큰 쪽의 굴절각이 크다.
   $\dfrac{\mu_1}{\mu_2} = \dfrac{\tan\theta_1}{\tan\theta_2}$ 또는 $\mu_1 \tan\theta_2 = \mu_2 \tan\theta_1$

   여기서, H_1, H_2 : 자계의 세기[AT/m], θ_1, θ_2 : 굴절각, B_1, B_2 : 자속밀도[Wb/m²],
   μ_1, μ_2 : 투자율[H/m]

출제빈도
★★

보충학습 문제
관련페이지
139, 149, 150

[예제1] 두 자성체의 경계면에서 경계조건을 설명한 것 중 옳은 것은?
① 자계의 법선성분은 서로 같다.
② 자계와 자속밀도의 대수합은 항상 0이다.
③ 자속밀도의 법선성분은 서로 같다.
④ 자계와 자속밀도의 대수합은 ∞이다.

· 정답 : ③
자성체 내에서의 경계조건
(1) 자계의 세기는 경계면의 접선성분에서 연속이다.
   $H_1 \sin\theta_1 = H_2 \sin\theta_2$
(2) 자속밀도는 경계면의 법선성분에서 연속이다.
   $B_1 \cos\theta_1 = B_2 \cos\theta_2$ 또는
   $\mu_1 H_1 \cos\theta_1 = \mu_2 H_2 \cos\theta_2$
(3) 투자율이 큰 쪽의 굴절각이 크다.
   $\dfrac{\mu_1}{\mu_2} = \dfrac{\tan\theta_1}{\tan\theta_2}$ 또는
   $\mu_1 \tan\theta_2 = \mu_2 \tan\theta_1$

[예제2] 투자율이 다른 두 자성체가 평면으로 접하고 있는 경계면에서 전류밀도가 0일 때 성립하는 경계조건은?
① $\mu_2 \tan\theta_1 = \mu_1 \tan\theta_2$
② $H_1 \cos\theta_1 = H_2 \cos\theta_2$
③ $B_1 \sin\theta_1 = B_2 \cos\theta_2$
④ $\mu_1 \tan\theta_1 = \mu_2 \tan\theta_2$

· 정답 : ①
자성체 내에서의 경계조건
경계면에서 투자율과 굴절각은 비례한다.
$\dfrac{\mu_1}{\mu_2} = \dfrac{\tan\theta_1}{\tan\theta_2}$ 또는 $\mu_1 \tan\theta_2 = \mu_2 \tan\theta_1$

45 유전체 내의 전기력선(N)수와 전속선 수(Ψ)

출제빈도
★★

보충학습 문제
관련페이지
64, 73, 74

$N = \dfrac{Q}{\epsilon_0 \epsilon_s} = \dfrac{Q}{\epsilon}$ [개]

$\Psi = Q$ [개]

여기서, N: 전기력선 수, Q: 전하량[C], ϵ_0: 공기(진공) 중의 유전율[F/m], ϵ_s: 비유전율, ϵ: 유전율[F/m], Ψ: 전속선의 수

예제1 유전율 $\epsilon_0 \epsilon_s$의 유전체 내에 전하 Q에서 나오는 전기력선 수는?

① Q개 ② $\dfrac{Q}{\epsilon_0 \epsilon_s}$개

③ $\dfrac{Q}{\epsilon_0}$개 ④ $\dfrac{Q}{\epsilon_s}$개

· 정답 : ②
유전체 내의 전기력선의 수(N) 및 전속선수(Ψ)

$N = \dfrac{Q}{\epsilon} = \dfrac{Q}{\epsilon_0 \epsilon_s}$

$\Psi = Q$

예제2 비유전율이 5인 유전체 중의 전하 Q[C]에서 발산하는 전기력선 및 전속선의 수는 공기 중인 경우의 각각 몇 배로 되는가?

① 전기력선 1/5배, 전속선 1/5배
② 전기력선 5배, 전속선 5배
③ 전기력선 1/5배, 전속선 1배
④ 전기력선 5배, 전속선 1배

· 정답 : ③

유전체 내의 전기력선 수(N)와 전속선 수(Ψ)
$N = \dfrac{Q}{\epsilon} = \dfrac{Q}{\epsilon_0 \epsilon_s}$, $\Psi = Q$이므로 $N \propto \dfrac{1}{\epsilon_s}$이고 Ψ는 비유전율에 무관하다.
$\epsilon_s = 5$이므로
∴ 전기력선은 $\dfrac{1}{5}$배 감소하며 전속선은 1배이다.

예제3 유전율 $\epsilon_0 \epsilon_s$의 유전체 내에 있는 전하 Q에서 나오는 전속선 총수는?

① $\dfrac{Q}{\epsilon_s}$ ② $\dfrac{Q}{\epsilon_0}$

③ $\dfrac{Q}{\epsilon_0 \epsilon_s}$ ④ Q

· 정답 : ④
유전체 내의 전기력선 수(N)와 전속선 수(Ψ)

(1) 전기력선의 수 : $N = \dfrac{Q}{\epsilon} = \dfrac{Q}{\epsilon_0 \epsilon_s}$

(2) 전속선의 수 : $\Psi = Q$

온도저항

출제빈도
★★

1. 저항온도계수

① $0[℃]$에서의 저항온도계수(α_0)

$$\alpha_0 = \frac{1}{234.5}$$

② $t[℃]$에서의 저항온도계수(α_t)

$$\alpha_t = \frac{1}{234.5+t}$$

③ 합성저항온도계수(α)

$$\alpha = \frac{\alpha_1 R_1 + \alpha_2 R_2 + \alpha_3 R_3}{R_1 + R_2 + R_3}$$

2. $t[℃]$일 때의 저항 $R_t[\Omega]$이 $T[℃]$로 변화시 저항 $R_T[\Omega]$ 계산

$$R_T = \{1+\alpha_t(T-t)\}R_t = \frac{234.5+T}{234.5+t}R_t[\Omega]$$

여기서, R_1, R_2, R_3 : 각 도체의 저항[Ω], $\alpha_1, \alpha_2, \alpha_3$: 각 도체의 저항온도계수,
t : 변화 전 온도, T : 변화 후 온도, R_t : 온도변화 전 저항[Ω],
R_T : 온도변화 후 저항[Ω], α_t : $t[℃]$일 때 저항온도계수

보충학습 문제
관련페이지
86, 93

예제1 저항 10[Ω]인 구리선과 30[Ω]인 망간선을 직렬 접속하면 합성 저항온도계수는 몇 [%]인가? (단, 동선의 저항온도계수는 0.4[%], 망간선은 0이다.)

① 0.1　　② 0.2
③ 0.3　　④ 0.4

· 정답 : ①

합성저항온도계수(α)
동선의 저항과 온도계수를 R_1, α_1, 망간선의 저항과 온도계수를 R_2, α_2라 할 때
$R_1 = 10[\Omega], \alpha_1 = 0.4[\%]$,
$R_2 = 30[\Omega], \alpha_2 = 0$이므로
$$\therefore \alpha = \frac{R_1\alpha_1 + R_2\alpha_2}{R_1+R_2}$$
$$= \frac{10\times 0.4 + 30\times 0}{10+30} = 0.1[\%]$$

예제2 $20[℃]$에서 저항온도계수 $a_{20}=0.004$인 저항선의 저항이 100[Ω]이다. 이 저항선의 온도가 $80[℃]$로 상승될 때 저항은 몇 [Ω]이 되겠는가?

① 24　　② 48
③ 72　　④ 124

· 정답 : ④

$t[℃]$일 때의 저항 $R_t[\Omega]$이 $T[℃]$로 변화시 저항 $R_T[\Omega]$의 계산은
$$R_T = \{1+\alpha_t(T-t)\}R_t$$
$$= \frac{234.5+T}{234.5+t}R_t[\Omega]$$
이므로 $T=80[℃], t=20[℃]$,
$\alpha_{20}=0.004$일 때
$$\therefore R_{80} = \{1+0.004(80-20)\}\times 100$$
$$= 124[\Omega]$$

47. 비유전율(ϵ_s)

출제빈도
★★

1. 비유전율(ϵ_s)

어떤 매질의 유전율은 매질이 진공이나 공기일 때를 기준으로 하여 달라질 수 있다. 이 경우 진공이나 공기일 때의 유전율(ϵ_0)에 대한 어떤 매질의 유전율(ϵ)의 비를 비유전율(ϵ_s)이라 정의한다.

$$\epsilon_s = \frac{\epsilon}{\epsilon_0} = \frac{C}{C_0}$$

여기서, C : 어떤 매질 내의 정전용량, C_0 : 진공이나 공기중의 정전용량

2. 유전체의 비유전율

유전체 종류	비유전율
산화티탄자기	100
증류수	80
운모	5.4
유리	3.8
고무	2.5
변압기기름	2.2

3. 비유전율의 성질

① 진공이나 공기의 비유전율은 항상 1이다.
② 비유전율은 항상 1보다 크다.
③ 비유전율은 절연물의 종류에 따라 다르다.
④ 비유전율의 단위는 사용하지 않는다.

보충학습 문제
관련페이지
62, 66, 68

예제1 콘덴서에 비유전율 ϵ_r인 유전체로 채워져 있을 때의 정전용량 C와 공기로 채워져 있을 때의 정전용량 C_0와의 비 C/C_0는?

① ϵ_r ② $1/\epsilon_r$
③ $\sqrt{\epsilon_r}$ ④ $1/\sqrt{\epsilon_r}$

· 정답 : ①

유전체 내의 정전용량(C)
공기 내 정전용량을 C_0, 유전체 내의 정전용량을 C라 하면

$$C_0 = \frac{\epsilon_0 S}{d} \text{[F]},$$

$$C = \frac{\epsilon_0 \epsilon_r S}{d} = \epsilon_r C_0 \text{[F]} \text{이므로}$$

$$\therefore \frac{C}{C_0} = \frac{\epsilon_r C_0}{C_0} = \epsilon_r$$

48 자속밀도(B)

$$B = \frac{\phi}{S} = \frac{m}{S} = \mu_0 \mu_s H \text{ [Wb/m}^2\text{]}$$

여기서, B : 자속밀도[Wb/m²], ϕ : 자속[Wb], S : 면적[m²], m : 자극의 세기[Wb], μ_0 : 공기(진공) 중의 투자율[H/m], μ_s : 비투자율, H : 자계의 세기[AT/m]

출제빈도
★★

보충학습 문제
관련페이지
114, 123, 124

예제1 반지름이 3[cm]인 원형 단면을 가지고 있는 환상연철심에 코일을 감고, 여기에 전류를 흘려서 철심 중의 자계의 세기가 400[AT/m]가 되도록 여자할 때 철심 중의 자속밀도는 약 몇 [Wb/m²]인가? (단, 철심의 비투자율은 400이라고 한다.)

① 0.2[Wb/m²] ② 0.8[Wb/m²]
③ 1.6[Wb/m²] ④ 2.0[Wb/m²]

· 정답 : ①
자기회로 내의 자속밀도(B)
투자율 μ, 자계의 세기 H, 자속 ϕ, 자기회로 단면적 S라 하면
$B = \mu H = \mu_0 \mu_s H = \frac{\phi}{S}$ [Wb/m²]이므로
$H = 400$ [AT/m], $\mu_s = 400$일 때
∴ $B = \mu_0 \mu_s H = 4\pi \times 10^{-7} \times 400 \times 400$
$= 0.2$ [Wb/m²]

예제2 단면적 S [m²]의 철심에 ϕ [Wb]의 자속을 통하게 하려면 H [AT/m]의 자계가 필요하다. 이 철심의 비투자율은 얼마인가?

① $\dfrac{\phi}{\mu_0 SH^2}$ ② $\dfrac{\phi}{SH}$
③ $\dfrac{\phi}{SH^2}$ ④ $\dfrac{\phi}{\mu_0 SH}$

· 정답 : ④

자기회로내의 자속밀도(B)
투자율 μ, 자계의 세기 H, 자속 ϕ, 자기회로 단면적 S라 하면
$B = \mu H = \mu_0 \mu_s H = \frac{\phi}{S}$ [Wb/m²]이므로
∴ $\mu_s = \dfrac{B}{\mu_0 H} = \dfrac{\phi}{\mu_0 SH}$

예제3 단면적 4[cm²]의 철심에 6×10^{-4}[Wb]의 자속을 통하게 하려면 2,800 [AT/m]의 자계가 필요하다. 이 철심의 비투자율은?

① 43 ② 75
③ 12 ④ 426

· 정답 : ④
자기회로내의 자속밀도(B)
$S = 4$ [cm²], $\phi = 6 \times 10^{-4}$ [Wb], $H = 2,800$ [AT/m]일 때
$B = \mu H = \mu_0 \mu_s H = \frac{\phi}{S}$ [Wb/m²]이므로
∴ $\mu_s = \dfrac{\phi}{\mu_0 SH}$
$= \dfrac{6 \times 10^{-4}}{4\pi \times 10^{-7} \times 4 \times 10^{-4} \times 2,800}$
$= 426$

49 표피효과와 와전류

출제빈도
★★

1. 표피효과(m)와 침투 깊이(δ)

① 표피효과(m) : 도체에 교류전원이 인가된 경우 도체 내의 전류밀도의 분포는 균일하지 않고 중심부에서 작아지고 표면에서 증가하는 성질을 갖는다. 이것은 전선의 중심부를 흐르는 전류는 전류가 만드는 전자속과 쇄교하므로 전선 단면 내의 중심부일수록 자력선 쇄교수가 커져서 인덕턴스가 증가하게 된다. 그 결과 전선의 중심부로 갈수록 리액턴스가 증가되어 전류가 흐르기 어렵게 되어 전류는 도체 표면으로 갈수록 증가하는 현상이 생기고 이를 표피효과라 한다.

$$m = 2\pi \sqrt{\frac{2f\mu}{\rho}} = 2\pi\sqrt{2f\mu k}$$

따라서 표피효과는 주파수, 투자율, 도전율, 전선의 굵기에 비례하며, 고유저항에 반비례한다.

② 침투 깊이(δ) : $\delta = \sqrt{\dfrac{2}{\omega k \mu}} = \sqrt{\dfrac{1}{\pi f k \mu}} = \sqrt{\dfrac{\rho}{\pi f \mu}}$ [mm]

침투 깊이는 표피효과와 반대인 성질을 띤다.

2. 와전류(i_e)와 와전류손(P_e)

① 와전류 : 자기회로(철심)를 관통하는 자속이 시간적으로 변화할 때 이 변화를 방해하기 위해서 자기회로 내에 국부적으로 형성되는 폐회로에 전류가 유기되는데 이 전류를 와전류라 한다.

② 와전류손(P_e) : 와전류가 자기회로 내에 발생하면 주울열이 생겨 손실이 발생하는데 이 손실을 와전류손이라 한다. 와전류손은 철심 두께에 따라 값이 많이 차이가 생기므로 성층하여 사용하면 와전류손을 현저히 줄일 수 있다.

$$P_e = k_e t^2 f^2 B_m{}^2 \text{ [W/m}^3\text{]}$$

여기서, m : 표피효과, f : 주파수[Hz], μ : 투자율[H/m], ρ : 고유저항[$\Omega \cdot$m],
k : 도전율[S/m], δ : 침투깊이[m], ω : 각주파수[rad/sec], P_e : 와전류손[W],
k_e : 와전류손 상수, t : 철심두께[m], B_m : 최대자속밀도[Wb/m²]

보충학습 문제
관련페이지
162, 172

예제1 도전율 σ, 투자율 μ인 도체에 교류 전류가 흐를 때의 표피효과는?

① 주파수가 높을수록 작다.
② 투자율이 클수록 작다.
③ 도전율이 클수록 크다.
④ 투자율, 도전율은 무관하다.

• 정답 : ③

표피효과(m)

$m = 2\pi\sqrt{\dfrac{2f\mu}{\rho}} = 2\pi\sqrt{2f\mu k}$ 일 때 표피효과는 주파수, 투자율, 도전율, 전선의 굵기에 비례하며 고유저항에 반비례하므로 주파수가 높을수록, 투자율이 클수록, 도전율이 클수록 커진다.

면전하와 전기쌍극자에 의한 전위(V)

1. 면전하에 의한 전위(V)

종류	전위
평면(평판)	$V = \infty$ [V]
평행판 전극	한 쪽에 $+\rho_s$[C/m²], 다른 한 쪽에 $-\rho_s$[C/m²]로 대전된 경우 $V = \dfrac{\rho_s}{\epsilon_0} d$ [V]

여기서, V: 전위[V], ρ_s: 면전하밀도[C/m²], d: 평행판 간격[m],
ϵ_0: 공기(진공) 중의 유전율[F/m]

2. 전기쌍극자에 의한 전위(V)

$$V = \dfrac{M\cos\theta}{4\pi\epsilon_0 r^2} \text{ [V]}$$

여기서, V: 전위[V], M: 쌍극자모멘트[C·m], ϵ_0: 공기(진공) 중의 유전율[F/m],
r: 쌍극자 중심에서부터의 거리[m]

출제빈도 ★★

보충학습 문제
관련페이지
16, 39, 40

예제1 간격 3[m]의 평행 무한 평면도체에 각각 ±4 [C/m²]의 전하를 주었을 때, 두 도체간의 전위차는 약 몇 [V]인가?

① 1.5×10^{11} ② 1.5×10^{12}
③ 1.36×10^{11} ④ 1.36×10^{12}

· 정답 : ④
평행판 전극 사이의 전계(E)와 전위(V)
면전하 밀도 ρ_s, 간격 d,
전계의 세기 E, 전위 V라 하면
$E = \dfrac{\rho_s}{\epsilon_o}$ [V/m], $V = Ed$ [V]이므로
$d = 3$ [m], $\rho_s = 4$ [c/m²]일 때
∴ $V = Ed = \dfrac{\rho_s}{\epsilon_o} d = \dfrac{4}{8.855 \times 10^{-12}} \times 3$
$= 1.36 \times 10^{12}$ [V]

예제2 다음 그림은 전기쌍극자로부터 일정한 거리를 표시한 반지름 R[m]의 원이다. 원주상에서 가장 전위가 높은 점은?

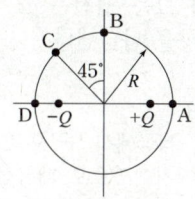

① A ② B
③ C ④ D

· 정답 : ①
전기쌍극자에 의한 전위(V)
$V = \dfrac{M\cos\theta}{4\pi\epsilon_0 r^2}$ [V] 식에서
$-1 \leq \cos\theta \leq 1$일 때
$\theta = 180°$에서 $\cos\theta = -1$이므로 전위가 최소가 되며, $\theta = 0°$에서 $\cos\theta = 1$이므로 전위가 최대가 된다.
∴ 전위가 가장 높은 점은 $\theta = 0°$인 점이므로 A점이다.

51 자기력선의 성질

출제빈도
★★

보충학습 문제
관련페이지
106, 126, 127

(1) 자기력선은 N극에서 S극으로 향한다.
(2) 자기력선은 자신만으로 폐곡선을 이룬다. – 자계의 회전성과 연속성
(3) 자기력선은 서로 반발하여 교차할 수 없다.
(4) 자기력선의 방향은 그 점의 자계의 방향과 같다.
(5) 자기력선의 밀도는 그 점의 자계의 세기와 같다.
(6) 자기력선의 수는 $\dfrac{m}{\mu_0}$ 개다.

여기서, m : 자극의 세기[Wb], μ_0 : 공기(진공) 중의 투자율[H/m]

예제1 다음 자력선의 성질 중 맞지 않는 것은?
① 자력선은 N(+)극에서 출발하여 S(−)극에서 끝난다.
② 한 점의 자력선의 밀도는 그 점의 자계의 세기의 크기와 같다.
③ m[Wb]에서 나오는 자력선 수는 m개이다.
④ 자력선에 그은 접선은 그 점에서의 자계의 방향을 나타낸다.

· **정답** : ③
자기력선의 성질
(1) 자기력선은 N극에서 S극으로 향한다.
(2) 자기력선은 자신만으로 폐곡선을 이룬다.
 · 자계의 회전성과 연속성
(3) 자기력선은 서로 반발하여 교차할 수 없다.
(4) 자기력선의 방향은 그 점의 자계의 방향과 같다.
(5) 자기력선의 밀도는 그 점의 자계의 세기와 같다.
(6) 자기력선의 수는 $\dfrac{m}{\mu_0}$ 개다.

예제2 공기 중에서 자극의 세기 m[Wb]인 점자극으로부터 나오는 총자력선수는 얼마인가?
① m
② $\mu_0 m$
③ $\dfrac{m}{\mu_0}$
④ $\dfrac{m^2}{\mu_0}$

· **정답** : ③
자기력선의 성질
(1) 자기력선은 N극에서 S극으로 향한다.
(2) 자기력선은 자신만으로 폐곡선을 이룬다.
 – 자계의 회전성과 연속성
(3) 자기력선은 서로 반발하여 교차할 수 없다.
(4) 자기력선의 방향은 그 점의 자계의 방향과 같다.
(5) 자기력선의 밀도는 그 점의 자계의 세기와 같다.
(6) 자기력선의 수는 $\dfrac{m}{\mu_0}$ 개다.

로렌쯔의 힘(F) 52

$F = q(E + v \times B)$ [N]

여기서, F : 작용력[N], q : 전하량[C], E : 전계의 세기[V/m],
v : 속도[m/sec], B : 자속밀도[Wb/m²]

출제빈도
★★

보충학습 문제
관련페이지
135

예제1 자속밀도 B [Wb/m²]의 자계 내에서 전하량의 크기가 e [C]인 전자가 v [m/s]의 속도로 이동할 때, 전자가 받는 힘 F [N]은
① $-ev \cdot B$　　② $ev \cdot B$
③ $ev \times B$　　④ $-eB \times v$

· 정답 : ③
로렌쯔의 힘(F)
$F = q(E + v \times B)$ [N] 식에서 전계 E가 주어지지 않는 경우이므로 $F = q(v \times B)$ [N]이다.
전하량의 크기를 $q = e$ [C]라 하면
∴ $F = ev \times B$ [N]

예제2 전하 q [C]이 공기 중의 자계 H [AT/m] 내에서 자계와 수직 방향으로 v [m/s]의 속도로 움직일 때 받는 힘은 몇 [N]인가?
① $\mu_0 qvH$　　② $\dfrac{qvH}{\mu_0}$
③ qvH　　④ $\dfrac{qH}{\mu_0 v}$

· 정답 : ①
로렌쯔의 힘(F)
$F = (E + v \times B)q$ [N] 식에서
$E = 0$ [V/m], $B = \mu_0 H$ [WB/m²]이므로
$F = (v \times B)q = vBq \sin\theta = vBq \sin 90°$
$= vBq$ [N]
∴ $F = \mu_0 qvH$ [N]

예제3 점전하 0.5[C]이 전계 $E = 3a_x + 5a_y + 8a_z$ [V/m] 중에서 속도 $4a_x + 2a_y + 3a_z$ [V/m]로 이동할 때 받는 힘은 몇 [N]인가?
① 4.95　　② 7.95
③ 9.95　　④ 13.47

· 정답 : ①
로렌쯔의 힘
$F = Q(E + v \times B)$ [N] 식에서 자속밀도 B가 주어지지 않는 경우이므로 $F = QE$ [N]이다.
$Q = 0.5$ [C], $E = 3a_x + 5a_y + 8a_z$ [V/m]일 때
∴ $F = QE = 0.5 \times \sqrt{3^2 + 5^2 + 8^2}$
$= 4.95$ [N]

53 정자계의 쿨롱의 법칙

$$F = k\frac{m_1 m_2}{\mu_s r^2} = \frac{m_1 m_2}{4\pi \mu_0 \mu_s r^2} = 6.33 \times 10^4 \times \frac{m_1 m_2}{\mu_s r^2} \text{ [N]}$$

여기서, F : 두 점자극 사이의 작용력[N], m_1, m_2 : 자극의 세기[Wb], μ_s : 비투자율, μ_0 : 공기(진공) 중의 투자율[H/m], r : 두 자극간 거리[m]

출제빈도
★★

보충학습 문제
관련페이지
102, 111

예제1 두 개의 자하 m_1, m_2 사이에 작용하는 쿨롱의 법칙으로, 자하간의 자기력에 대한 설명으로 옳지 않은 것은?
① 두 자하가 동일 극성이면 반발력이 작용한다.
② 두 자하가 서로 다른 극성이면 흡인력이 작용한다.
③ 두 자하의 거리에 반비례한다.
④ 두 자하의 곱에 비례한다.

· 정답 : ③
정자계의 쿨롱의 법칙
두 개의 자하 m_1, m_2가 거리 r [m] 떨어져 있을 때 두 자하간 작용하는 힘(F)은

$$F = k\frac{m_1 m_2}{r^2} = \frac{m_1 m_2}{4\pi \mu_0 r^2}$$

$$= 6.33 \times 10^4 \frac{m_1 m_2}{r^2} \text{ [N]이다.}$$

(1) 힘의 크기는 두 자하의 곱에 비례한다.
(2) 힘의 크기는 두 자하간 거리의 제곱에 반비례한다.
(3) 힘의 방향은 두 자하가 동일 극성이면 반발력, 다른 극성이면 흡인력이 작용한다.
(4) 매질이 진공이나 공기가 아닌 경우 매질에 따라 힘의 크기가 달라진다.

예제2 공기 중에서 가상 점자극 m_1[Wb]과 m_2[Wb]를 r[m] 떼어놓았을 때 두 자극 간의 작용력이 F[N]이었다면 이때의 거리 r[m]은?

① $\sqrt{\dfrac{m_1 m_2}{F}}$

② $\dfrac{6.33 \times 10^4 \times m_1 m_1}{F}$

③ $\sqrt{\dfrac{6.33 \times 10^4 \times m_1 m_2}{F}}$

④ $\sqrt{\dfrac{9 \times 10^4 \times m_1 m_2}{F}}$

· 정답 : ③
쿨롱의 법칙

$$F = k\frac{m_1 m_2}{r^2} = \frac{m_1 m_2}{4\pi \mu_0 r^2}$$

$$= 6.33 \times 10^4 \times \frac{m_1 m_2}{r^2} \text{ [N]이므로}$$

$$\therefore r = \sqrt{\frac{6.33 \times 10^4 m_1 m_2}{F}} \text{ [m]}$$

전기효과

1. **제벡(Seebeck) 효과**
   두 종류의 도체로 접합된 폐회로에 온도차를 주면 접합점에서 기전력차가 생겨 전류가 흐르게 되는 현상. 열전온도계나 태양열발전 등이 이에 속한다.

2. **펠티에(Peltier) 효과**
   두 종류의 도체로 접합된 폐회로에 전류를 흘리면 접합점에서 열의 흡수 또는 발생이 일어나는 현상. 전자냉동의 원리

3. **톰슨(Thomson) 효과**
   같은 도선에 온도차가 있을 때 전류를 흘리면 열의 흡수 또는 발생이 일어나는 현상

4. **홀(Hall) 효과**
   전류가 흐르고 있는 도체에 자계를 가하면 도체 측면에 (+), (−) 전하가 분리되어 전위차가 발생하는 현상

5. **압전기 현상**
   ① 압전기 효과 : 결정체에 어떤 방향으로 압축 또는 응력을 가하여 기계적으로 변형시키면 내부에 전기분극이 일어나고 일정방향으로 분극전하가 나타난다.
   ② 압전기 역효과 : 결정체에 특정한 방향으로 전압을 가하면 기계적인 변형이 생긴다.
   ③ 종효과 : 압전기 현상에서 분극과 응력이 동일 방향으로 발생한다.
   ④ 횡효과 : 압전기 현상에서 분극과 응력이 수직 방향으로 발생한다.
   ∴ 응용 예로서 크리스탈 pick-up, 수정발진기, 압전기형 진동계, 압력계, 초음파 발생기 등이 있다.

6. **파이로(pyro) 전기**
   pyro 전기는 결정체에 열을 가하여 냉각시키다가 가열할 때 결정체 내부에서 전기분극이 일어나는 현상을 의미한다.

출제빈도
★

예제1 다른 종류의 금속선으로 된 폐회로의 두 접합점의 온도를 달리하였을 때 전기가 발생하는 효과는?
① 톰슨 효과　② 핀치 효과
③ 펠티에 효과　④ 제벡 효과

· 정답 : ④
전기효과
(1) 제벡(Seebeck) 효과 : 두 종류의 도체로 접합된 폐회로에 온도차를 주면 접합점에서 기전력차가 생겨 전류가 흐르게 되는 현상. 열전온도계나 태양열발전 등이 이에 속한다.
(2) 펠티에(Peltier) 효과 : 두 종류의 도체로 접합된 폐회로에 전류를 흘리면 접합점에서 열의 흡수 또는 발생이 일어나는 현상. 전자냉동의 원리
(3) 톰슨(Thomson) 효과 : 같은 도선에 온도차가 있을 때 전류를 흘리면 열의 흡수 또는 발생이 일어나는 현상
(4) 홀(Hall) 효과 : 전류가 흐르고 있는 도체에 자계를 가하면 도체 측면에 (+), (−) 전하가 분리되어 전위차가 발생하는 현상

55 정전용량과 엘라스턴스

정전용량(C)이란 유전체 내에서 일정한 전위(V)를 임의의 도체에 가했을 경우 전하(Q)가 저장될 수 있는 그릇의 크기로 해석하면 되며 단위는 [F(패럿)]이라 표현한다.

$$C = \frac{Q}{V} \text{ [F]}$$

※ [F] = [C/V]

※ 엘라스턴스(정전용량의 역수) = $\frac{1}{C} = \frac{V}{Q}$ [daraf]

여기서, C : 정전용량[F], Q : 전하량[C], V : 전위[V]

출제빈도 ★

보충학습 문제 관련페이지
42, 50, 70

예제1 정전용량의 단위[farad]과 같은 것은? (단, [V]는 전위, [C]는 전기량, [N]은 힘, [m]은 길이이다.)

① $\frac{N}{C}$ ② $\frac{V}{m}$
③ $\frac{V}{C}$ ④ $\frac{C}{V}$

· 정답 : ④

정전용량(C) 전기량 Q[C], 전위 V[V]일 때 $C = \frac{Q}{V}$ [F]

이므로

∴ [F] = $\left[\frac{C}{V}\right]$ 이다.

예제2 평행판 콘덴서에 의한 비유전율 ϵ_s 인 비유전체를 채웠을 때 엘라스턴스(elastance)가 아닌 것은?

① $\frac{d}{\epsilon_0 \epsilon_s S}$ ② $\frac{1}{C}$
③ $\frac{8.855 \times 10^{-12} \times d}{\epsilon_s S}$ ④ $\frac{V}{Q}$

· 정답 : ③

유전체 내의 엘라스턴스
엘라스턴스는 정전용량의 역수로 표현되므로
$C = \frac{Q}{V} = \frac{\epsilon_0 \epsilon_s S}{d}$ [F] 일 때

∴ 엘라스턴스 = $\frac{1}{C} = \frac{V}{Q} = \frac{d}{\epsilon_0 \epsilon_s S}$ [daraF]

예제3 엘라스턴스(elastance)란?

① $\frac{1}{\text{전위차} \times \text{전기량}}$
② 전위차 × 전기량
③ $\frac{\text{전위차}}{\text{전기량}}$
④ $\frac{\text{전기량}}{\text{전위차}}$

· 정답 : ③

엘라스턴스
엘라스턴스란 정전용량의 역수로서

∴ 엘라스턴스 = $\frac{1}{C} = \frac{V}{Q} = \frac{\text{전위차}}{\text{전기량}}$ [daraf]

자계의 세기 및 전기·자기회로

1. 점자극에 의한 자계의 세기(H)

$$H = \frac{m}{4\pi \mu_0 \mu_s r^2} \text{ [AT/m]}$$

여기서, H : 자계의 세기[AT/m], m : 자극의 세기[Wb],
μ_0 : 공기(진공) 중의 투자율[H/m], μ_s : 비투자율, r : 거리[m]

2. 전기회로와 자기회로의 대응관계

전기회로	자기회로
기전력 V[V]	기자력 F[AT]
전류 I[A]	자속 ϕ[Wb]
전기저항 R[Ω]	자기저항 R_m[AT/Wb]
도전율 k[S/m]	투자율 μ[H/m]
전류밀도 i[A/m²]	자속밀도 B[Wb/m²]
전계의 세기 E[V/m]	자계의 세기 H[AT/m]
콘덕턴스 G[S]	퍼미언스 P_m[Wb/AT]

예제1 1,000[AT/m]의 자계 중에 어떤 자극을 놓았을 때 3×10^2[N]의 힘을 받았다고 한다. 자극의 세기[Wb]는?

① 0.1 ② 0.2
③ 0.3 ④ 0.4

· 정답 : ③
작용력(F)과 자계의 세기(H) 관계
자계 중에 자극을 놓았을 때 자극에 의한 작용력(F)과 자계의 세기(H)는

$$F = \frac{m^2}{4\pi \mu_0 r^2} = 6.33 \times 10^4 \times \frac{m^2}{r^2} \text{ [N]}$$

$$H = \frac{m}{4\pi \mu_0 r^2} = 6.33 \times 10^4 \times \frac{m}{r^2}$$

$$= \frac{F}{m} \text{ [AT/m]}$$

이므로
$H = 1000$[AT/m], $F = 3 \times 10^2$[N]일 때

$$\therefore m = \frac{F}{H} = \frac{3 \times 10^2}{1000} = 0.3 \text{ [Wb]}$$

예제2 자기저항의 역수를 무엇이라고 하는가?

① conductance
② permeance
③ elastance
④ impedance

· 정답 : ②
자기저항(R_m)과 퍼미언스(Permeance)
자기회로의 투자율 μ[H/m],
단면적 S[m²], 길이 l[m]라 하면

$$R_m = \frac{l}{\mu S} = \frac{l}{\mu_0 \mu_s S} \text{ [AT/Wb]} \text{ 이며}$$

자기저항(R_m)의 역수를 퍼미언스라 하여

$$P_m = \frac{1}{R_m} = \frac{\mu S}{l} = \frac{\mu_0 \mu_s S}{l} \text{ [Wb/AT]}$$

57 전계의 세기(E) 및 발산 스토크스정리

출제빈도
★

보충학습 문제
관련페이지
6, 9

1. 전계의 세기(E)
전계의 세기란 자유공간상에 존재하는 임의의 정전하(靜電荷)에 의해 주변에 작용하는 힘의 크기는 거리 r[m] 떨어진 곳에 단위 전하 1[C]를 놓아 이 단위전하에 작용하는 힘의 크기로 정의한다. 이 때 단위 전하가 받는 힘이 최소로 작용하는 자유공간으로서 전계에너지가 최소로 되는 전하분포를 정전계라 부른다.

2. 발산정리
$$\int_s \dot{E} ds = \int_v \mathrm{div}\, \dot{E}\, dv = \int_v \nabla \cdot \dot{E}\, dv$$

3. 스토크스 정리
$$\oint_c \dot{A}\, dl = \int_s \mathrm{rot}\, \dot{A}\, ds = \int_s \mathrm{curl}\, \dot{A}\, ds = \int_s \nabla \times \dot{A}\, ds$$

여기서, E: 전계의 세기[V/m], A: 자계벡터포텐셜[Wb/m]

예제1 정전계의 설명으로 가장 적합한 것은?
① 전계에너지가 최대로 되는 전하분포의 전계
② 전계에너지와 무관한 전하분포의 전계
③ 전계에너지가 최소로 되는 전하분포의 전계
④ 전계에너지가 일정하게 유지되는 전하분포의 전계

· 정답 : ③
정전계란 단위 전하가 받는 힘이 최소로 작용하는 자유공간으로서 전계에너지가 최소로 되는 전하분포의 전계이다.

예제2 $\int_s E ds = \int_{vol} \nabla \cdot E\, dv$는 다음 중 어느 것에 해당되는가?
① 발산의 정리
② 가우스의 정리
③ 스토크스의 정리
④ 암페어의 법칙

· 정답 : ①
벡터의 발산정리
$$\int_s \dot{E} ds = \int_v \mathrm{div}\, \dot{E}\, dv = \int_v \nabla \cdot \dot{E}\, dv$$

예제3 스토크스(Stokes) 정리를 표시하는 식은?
① $\int_s A \cdot ds = \int_v \mathrm{div}\, A\, dv$
② $\oint_c A \cdot dl = \int_v \mathrm{div}\, A\, dv$
③ $\oint_s A \cdot ds = \int_s \mathrm{rot}\, A \cdot n\, ds$
④ $\oint_c A \cdot dl = \int_s \mathrm{rot}\, A \cdot n\, ds$

· 정답 : ④
벡터의 스토크스 정리
$$\oint_c \dot{A}\, dl = \int_s \mathrm{rot}\, \dot{A}\, ds = \int_s \mathrm{curl}\, \dot{A}\, ds$$
$$= \int_s \nabla \times \dot{A}\, ds$$

58 벡터의 내적("도트" 곱)

$\dot{A} \cdot \dot{B} = (A_x i + A_y j + A_z k) \cdot (B_x i + B_y j + B_z k) = A_x B_x + A_y B_y + A_z B_z$

(1) 벡터의 내적은 "·(도트)"를 찍어서 표현하는데 $\dot{A} \cdot \dot{B} = |A||B|\cos\theta$의 성질을 띠고 있으므로 $\begin{cases} i \cdot i = j \cdot j = k \cdot k = 1 \\ i \cdot j = i \quad k = j \quad k = 0 \end{cases}$이 됨을 알 수 있다.

(2) 벡터의 내적은 연산결과가 스칼라로 변환되는 연산으로서 정전계의 발산정리를 풀어갈 때 유용하게 쓰인다.

여기서, $\dot{A}, \dot{B}$: 임의의 벡터량, A_x, A_y, A_z : 벡터 $\dot{A}$의 각 좌표의 크기,
B_x, B_y, B_z : 벡터 $\dot{B}$의 각 좌표의 크기, i, j, k : 각 좌표의 단위벡터,
$|A|, |B|$: 각 벡터의 절대값

출제빈도
★

보충학습 문제
관련페이지
3, 5

예제1 다음 중 옳지 않은 것은?
① $i \cdot i = j \cdot j = k \cdot k = 0$
② $i \cdot j = j \cdot k = k \cdot i = 0$
③ $A \cdot B = AB\cos\theta$
④ $i \times i = j \times j = k \times k = 0$

· 정답 : ①

벡터의 내적과 외적
(1) $i \cdot i = j \cdot j = k \cdot k = 1$
(2) $i \cdot j = j \cdot k = k \cdot i = 0$
(3) $\dot{A} \cdot \dot{B} = |A||B|\cos\theta$
(4) $i \times i = j \times j = k \times k = 0$
(5) $i \times j = k, \ j \times k = i, \ k \times i = j$

예제2 벡터 A, B값이 $A = i + 2j + 3k$, $B = -i + 2j + k$일 때, $A \cdot B$는 얼마인가?
① 2 ② 4
③ 6 ④ 8

· 정답 : ③

벡터의 내적
$i \cdot i = j \cdot j = k \cdot k = 1, \ i \cdot j = j \cdot k = k \cdot i = 0$
이므로
$\therefore A \cdot B = (i + 2j + 3k) \cdot (-i + 2j + k)$
$= -1 + 4 + 3 = 6$

예제3 $A = -i7 - j$, $B = -i3 - j4$의 두 벡터가 이루는 각은 몇 도인가?
① 30 ② 45
③ 60 ④ 90

· 정답 : ②

벡터의 내적
두 벡터가 이루는 각도를 구할 때는 벡터의 내적을 이용하면 간단히 얻을 수 있다.
두 벡터의 내적은 $A \cdot B = |A||B|\cos\theta$이며
$i \cdot i = j \cdot j = k \cdot k = 1$,
$i \cdot j = j \cdot k = k \cdot i = 0$이므로
$A \cdot B = (-7i - j) \cdot (-3i - 4j)$
$\qquad = 21 + 4 = 25$
$|A| = \sqrt{(-7)^2 + (-1)^2} = \sqrt{50}$
$|B| = \sqrt{(-3)^2 + (-4)^2} = 5$
$\therefore \theta = \cos^{-1} \dfrac{A \cdot B}{|A||B|}$
$\qquad = \cos^{-1} \dfrac{25}{\sqrt{50} \times 5} = 45°$

59 벡터의 외적

출제빈도 ★

보충학습 문제
관련페이지
3, 5

외적("크로스" 곱)

$$\dot{A} \times \dot{B} = (A_x i + A_y j + A_z k) \times (B_x i + B_y j + B_z k) = \begin{vmatrix} i & j & k \\ A_x & A_y & A_z \\ B_x & B_y & B_z \end{vmatrix}$$

$$= (A_y B_z - A_z B_y)i + (A_z B_x - A_x B_z)j + (A_x B_y - A_y B_x)k$$

(1) 벡터의 외적은 "×(크로스)"로 표현하는데 $\dot{A} \times \dot{B} = |A||B|\sin\theta$의 성질을 띠고 있으며 또한 회전의 의미를 담고 있으므로
$$\begin{cases} i \times i = j \times j = k \times k = 0 \\ i \times j = k, \ j \times k = i, \ k \times i = j \\ j \times i = -k, \ k \times j = -i, \ i \times k = -j \end{cases}$$
가 됨을 알 수 있다.

(2) 벡터의 외적은 연산결과가 벡터로 표현되고 방향은 암페어의 오른나사법칙에 따라 정해지며 정자계의 스토크스 정리를 풀어갈 때 유용하게 쓰인다.

예제1 두 단위벡터간의 각을 θ라 할 때, 벡터곱(vector product)과 관계없는 것은?

① $i \times j = -j \times i = k$
② $k \times i = -i \times k = j$
③ $i \times i = j \times j = k \times k = 0$
④ $i \times j = 0$

· 정답 : ④
벡터의 외적
$i \times i = j \times j = k \times k = 0$,
$i \times j = k$,
$j \times k = i$,
$k \times i = j$,
$j \times i = -k$,
$k \times j = -i$,
$i \times k = -j$

예제2 $A = 10i - 10j + 5k$, $B = 4i - 2j + 5k$ 가 어떤 평행사변형의 두 변을 표시하는 벡터일 때, 이 평행사변형의 면적은? (단, $i : x$축 방향의 기본 벡터, $j : y$축 방향의 기본 벡터, $k : z$축 방향의 기본 벡터이며, 좌표는 직각 좌표(rectangular coordinate system)이다.)

① $5\sqrt{3}$
② $7\sqrt{9}$
③ $10\sqrt{29}$
④ $14\sqrt{7}$

· 정답 : ③
벡디의 외적

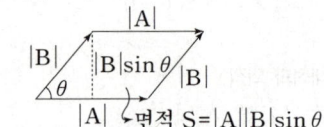

면적 $S = |A||B|\sin\theta$

두 벡터로 이루어진 평행사변형의 면적(S)을 구할 때는 벡터의 외적을 이용하면 간단히 얻을 수 있다.
평행사변형의 면적은 밑변×높이이므로
$A \times B = |A||B|\sin\theta$임을 알 수 있다.

$$A \times B = \begin{vmatrix} i & j & k \\ 10 & -10 & 5 \\ 4 & -2 & 5 \end{vmatrix}$$

$$= (-50 + 10)i + (20 - 50)j + (-20 + 40)k$$

$$= -40i - 30j + 20k$$

$$\therefore S = \sqrt{(-40)^2 + (-30)^2 + 20^2} = 10\sqrt{29}$$

벡터의 발산

$\nabla \cdot \dot{E} = \text{div}\, \dot{E}$ (벡터의 발산)

$\nabla \cdot \dot{E} = \left(\dfrac{\partial}{\partial x}i + \dfrac{\partial}{\partial y}j + \dfrac{\partial}{\partial z}k\right) \cdot (E_x i + E_y j + E_z k) = \dfrac{\partial E_x}{\partial x} + \dfrac{\partial E_y}{\partial y} + \dfrac{\partial E_z}{\partial z}$

여기서, $\dot{E}$: 전계의 세기[V/m], $\dot{E}_x$, $\dot{E}_y$, $\dot{E}_z$: 벡터 $\dot{E}$의 각 좌표의 크기[V/m], i, k, k : 각 좌표의 단위벡터

출제빈도
★

보충학습 문제
관련페이지
6

예제1 위치함수로 주어지는 벡터량이 $E_{(xyz)} = iE_x + jE_y + kE_z$, 나블라($\nabla$)와의 내적 $\nabla \cdot E$와 같은 의미를 갖는 것은?

① $\dfrac{\partial E_x}{\partial x} + \dfrac{\partial E_y}{\partial y} + \dfrac{\partial E_z}{\partial z}$

② $\int \dfrac{\partial E_x}{\partial x} dx + \int \dfrac{\partial E_y}{\partial y} dy + \int \dfrac{\partial E_z}{\partial z} dz$

③ $i\dfrac{\partial E_x}{\partial x} + j\dfrac{\partial E_y}{\partial y} + k\dfrac{\partial E_z}{\partial z}$

④ $\dfrac{\partial E}{\partial x} + \dfrac{\partial E}{\partial y} + \dfrac{\partial E}{\partial z}$

· 정답 : ①
벡터의 발산

미분연산자 $\nabla = \dfrac{\partial}{\partial x}i + \dfrac{\partial}{\partial y}j + \dfrac{\partial}{\partial z}k$ 이며

$i \cdot i = j \cdot j = k \cdot k = 1$, $i \cdot j = j \cdot k = k \cdot i = 0$ 이므로

$\nabla \cdot E = \text{div}\, E$는

$\therefore \nabla \cdot E = \left(\dfrac{\partial}{\partial x}i + \dfrac{\partial}{\partial y}j + \dfrac{\partial}{\partial z}k\right)$
$\cdot (E_x i + E_y j + E_z k)$
$= \dfrac{\partial E_x}{\partial x} + \dfrac{\partial E_y}{\partial y} + \dfrac{\partial E_z}{\partial z}$

예제2 전계 $E = i3x^2 + j2xy^2 + kx^2yz$의 $\text{div}\, E$는 얼마인가?

① $-i6x + jxy + kx^2y$

② $i6x + j6xy + kx^2y$

③ $-6x - 6xy - x^2y$

④ $6x + 4xy + x^2y$

· 정답 : ④
전계의 발산($\text{div}\, E$)

$\text{div}\, E = \nabla \cdot E = \dfrac{\partial E_x}{\partial x} + \dfrac{\partial E_y}{\partial y} + \dfrac{\partial E_z}{\partial z}$

이며

$E = E_x i + E_y j + E_z k$
$= i3x^2 + j2xy^2 + kx^2yz$ 이므로
$E_x = 3x^2$, $E_y = 2xy^2$, $E_z = x^2yz$ 일 때

$\therefore \text{div}\, E = \dfrac{\partial}{\partial x}(3x^2) + \dfrac{\partial}{\partial y}(2xy^2)$
$\quad\quad\quad + \dfrac{\partial}{\partial z}(x^2yz)$
$= 6x + 4xy + x^2y$

제1과목 전기자기학

핵심포켓북(동영상강의 제공)

제2과목
전력공학

■ 출제빈도에 따른 핵심정리 · 예제문제
핵심 1 ~ 핵심 70

제2과목 전력공학

NO	출제경향	관련페이지	출제빈도
핵심1	부하율, 수용률, 부등률	118, 125, 126, 127	★★★★★
핵심2	복도체	27, 28, 34, 35	★★★★★
핵심3	코로나 현상	25, 26, 33, 34	★★★★★
핵심4	작용인덕턴스(L_e)와 작용정전용량(C_w) 및 대지정전용량(C_s)	22, 23, 30, 31, 32, 33, 37	★★★★★
핵심5	피뢰기(LA)	97, 98, 99, 104, 105, 106	★★★★★
핵심6	단락전류(I_s), %Z(%임피던스), 단락용량(P_s)	70, 75, 76, 77, 78, 79	★★★★★
핵심7	소호리액터 접지방식	87, 88, 92, 93, 95	★★★★★
핵심8	직접접지방식	87, 91, 92	★★★★★
핵심9	비접지방식	86, 90, 91	★★★★★
핵심10	이도와 실장	8, 9, 10, 14, 15, 16, 20	★★★★★
핵심11	전압강하(V_d), 전압강하율(ϵ), 전압변동률(δ)	40, 46, 47	★★★★★
핵심12	중거리 송전선로(4단자 정수회로)	42, 43, 49, 50, 51	★★★★★
핵심13	송전전압과 송전용량 결정식	44, 45, 53, 54, 55	★★★★★
핵심14	장거리 송전선로(분포정수회로)	43, 51, 52, 53	★★★★★
핵심15	전력손실(P_l), 전력손실률(k)	41, 48, 49	★★★★★
핵심16	조상설비	58, 59, 61, 62, 63	★★★★★
핵심17	안정도 개선책	57, 60	★★★★★
핵심18	소호매질에 따른 차단기의 종류 및 성질	100, 108, 109	★★★★
핵심19	유도장해 경감대책	116	★★★★
핵심20	역률 개선용 전력용 콘덴서의 용량(Q_c)	119, 128, 129, 130	★★★★
핵심21	중성점 접지방식의 각 항목에 대한 비교표	89, 94, 95	★★★★
핵심22	연가	28, 35, 36	★★★★

NO	출제경향	관련페이지	출제빈도
핵심23	유도장해의 종류	114, 115	★★★★
핵심24	차단기와 단로기의 기능	110, 111	★★★★
핵심25	보호계전기의 기능상의 분류	120, 134, 135	★★★★
핵심26	발전기, 변압기 보호계전기	121, 135, 136	★★★★
핵심27	단상 3선식	140, 141	★★★★
핵심28	배전선의 전압조정	143, 144	★★★★
핵심29	고장의 종류 및 고장 해석	72, 73, 80, 81	★★★★
핵심30	등가선간거리(D_e)	24, 31, 32	★★★
핵심31	가공지선	4, 11, 96, 102, 103, 104	★★★
핵심32	전력손실(P_l)과 콘덴서 설치 목적	131, 132, 139	★★★
핵심33	배전방식의 종류 및 특징	123, 141, 142, 143	★★★
핵심34	배전방식의 전기적 특성 비교	123, 138, 139	★★★
핵심35	보호계전방식	122, 138	★★★
핵심36	보호계전기의 동작시간에 따른 분류	120, 137	★★★
핵심37	전압에 따른 차단기의 분류 및 차단기의 차단시간	101, 108, 109, 110	★★★
핵심38	충전전류(I_c)	29, 36, 38	★★★
핵심39	충전전류와 단락전류	37, 38	★★★
핵심40	직렬리액터	63	★★★
핵심41	등가회로로 바라본 대칭분 임피던스(Z_0, Z_1, Z_2)	82	★★★
핵심42	직류송전방식의 장·단점	66	★★★
핵심43	전력원선도	68, 69	★★★
핵심44	전선	2, 3, 11	★★★
핵심45	철탑 설계	3, 4, 11, 12	★★★
핵심46	철탑의 하중설계	7, 14	★★★

NO	출제경향	관련페이지	출제빈도
핵심47	애자련	5, 12	★★★
핵심48	아킹혼 또는 아킹링(=소호환 또는 소호각)	5, 13	★★★
핵심49	송전선로의 단락방지 및 진동억제	17	★★★
핵심50	중성점 접지의 목적	86, 90	★★
핵심51	중성점의 잔류전압(E_n)	89, 93, 94, 115	★★
핵심52	대칭분 전압, 전류	79, 80	★★
핵심53	이상전압의 종류	96, 102	★★
핵심54	전력계통의 주파수 변동	63, 64	★★
핵심55	선로정수	22, 30	★★
핵심56	단락비(k_s), "단락비가 크다"는 의미	60, 71	★★
핵심57	지선	10, 16	★★
핵심58	3권선변압기와 단권변압기	65, 66	★★
핵심59	변전소의 역할과 구내 보폭전압 저감대책	65, 66	★★
핵심60	선간·공칭전압 및 전력계통의 안정도	54, 56	★★
핵심61	철탑의 종류 및 전력케이블의 손실	17, 19	★★
핵심62	측정법 및 지중케이블의 고정점	20	★
핵심63	열사이클	185	★
핵심64	양수식 발전소(첨두부하용 발전소)와 조력발전소	163, 164	★
핵심65	흡출관과 조속기	174, 175, 176, 177	★
핵심66	유황곡선과 적산유량곡선	167, 168	★
핵심67	제수문, 조압수조	170, 171	★
핵심68	캐비테이션	174	★
핵심69	보일러 장치, 급수처리방법	184, 186	★
핵심70	냉각재, 제어재, 감속재	198, 199, 200	★

01 부하율, 수용률, 부등률

1. 부하율

$$부하율 = \frac{평균전력}{최대전력} \times 100[\%]$$

① 일부하율 $= \dfrac{\sum(전력 \times 사용시간)}{24 \times 최대전력} \times 100[\%]$

② 연부하율 $= \dfrac{\sum(전력 \times 사용시간)}{24 \times 365 \times 최대전력} \times 100[\%] = \dfrac{연간전력량}{8,760 \times 최대전력} \times 100[\%]$

2. 수용률

$$수용률 = \frac{최대수용전력}{설비부하용량} \times 100[\%]$$

3. 부등률

$$부등률 = \frac{개개의 \ 최대수용전력의 \ 합}{합성최대수용전력} \geq 1$$

출제빈도
★★★★★

보충학습 문제
관련페이지
118, 125, 126, 127

예제1 수용률이란?

① 수용률 $= \dfrac{평균전력[kW]}{최대수용전력[kW]} \times 100$

② 수용률 $= \dfrac{개개의 \ 최대수용전력의 \ 합[kW]}{합성최대수용전력[kW]} \times 100$

③ 수용률 $= \dfrac{최대수용전력[kW]}{설비부하용량[kW]} \times 100$

④ 수용률 $= \dfrac{설비전력[kW]}{합성최대수용전력[kW]} \times 100$

· 정답 : ③
수용률

$$수용률 = \frac{최대수용전력[kW]}{설비부하용량[kW]} \times 100$$

예제2 어떤 수용가의 1년간의 소비전력량은 100만[kWh]이고 1년 중 최대전력은 130[kW]라면 수용가의 부하율은 약 몇 [%]인가?

① 74 ② 78
③ 82 ④ 88

· 정답 : ④
연부하율

$$연부하율 = \frac{1년간 \ 사용전력량}{8,760 \times 최대전력} \times 100[\%]$$

$$= \frac{1,000,000}{8,760 \times 130} \times 100 = 88[\%]$$

02 복도체

송전선로의 도체를 여러 개의 소도체로 분할하여 사용하는 것을 다도체라 하며 이때 도체를 두 개로 분할하는 경우를 복도체라 한다.

출제빈도
★★★★★

1. 등가 반지름
① 다도체인 경우 : 등가반지름= $\sqrt[n]{rd^{n-1}}$ [m]
② 복도체인 경우($n=2$인 경우) : 등가반지름= $\sqrt{rd}$ [m]

2. 작용인덕턴스(L_e)와 작용정전용량(C_w)
① 다도체인 경우
$$L_e = \frac{0.05}{n} + 0.4605 \log \frac{D_e}{\sqrt[n]{rd^{n-1}}} \ [\text{mH/km}], \ C_w = \frac{0.02413}{\log_{10} \frac{D_e}{\sqrt[n]{rd^{n-1}}}} \ [\mu\text{F/km}]$$

② 복도체인 경우
$$L_e = 0.025 + 0.4605 \log_{10} \frac{D_e}{\sqrt{rd}} \ [\text{mH/km}], \ C_w = \frac{0.02413}{\log_{10} \frac{D_e}{\sqrt{rd}}} \ [\mu\text{F/km}]$$

3. 복도체의 특징
① 주된 사용 목적 : 코로나 방지
② 장점
  ㉠ 등가반지름이 증가되어 L이 감소하고 C가 증가한다. - 송전용량이 증가하고 안정도가 향상된다.
  ㉡ 전선 표면의 전위경도가 감소하고 코로나 임계전압이 증가하여 코로나 손실이 감소한다. - 송전효율이 증가한다.
  ㉢ 통신선의 유도장해가 억제된다.
  ㉣ 전선의 표면적 증가로 전선의 허용전류(안전전류)가 증가한다.
③ 단점
  ㉠ 정전용량이 증가하면 패란티 현상이 생길 우려가 있다. - 분로리액터를 설치하여 억제한다.
  ㉡ 직경이 증가되어 진동현상이 생길 우려가 있다. - 댐퍼를 설치하여 억제한다.
  ㉢ 소도체간 정전흡인력이 발생하여 소도체간 충돌이나 꼬임현상이 생길 우려가 있다. - 스페이서를 설치하여 억제한다.

보충학습 문제
관련페이지
27, 28, 34, 35

예제1 소도체의 반지름이 r[m], 소도체간의 선간 거리가 d[m]인 2개의 소도체를 사용한 345[kV] 송전선로가 있다. 복도체의 등가반지름은?

① $\sqrt{rd}$ ② $\sqrt{rd^2}$
③ $\sqrt{r^2d}$ ④ rd

· 정답 : ①
다도체 및 복도체의 등가반지름
(1) 다도체인 경우(소도체 수가 n일 때)
  ∴ 등가반지름= $\sqrt[n]{rd^{n-1}}$ [m]
(2) 복도체인 경우(소도체수가 2일 때)
  ∴ 등가반지름= $\sqrt[2]{rd^{2-1}} = \sqrt{rd}$ [m]

03 코로나 현상

공기는 절연물이긴 하지만 절연내력에 한계가 있으며 직류에서는 약 30[kV/cm], 교류에서는 21.1[kV/cm]의 전압에서 공기의 절연이 파괴된다. 이때 이 전압을 파열극한 전위경도라 하며 송전선로의 전선 주위의 공기의 절연이 국부적으로 파괴되어 낮은 소리나 엷은 빛의 아크 방전이 생기는데 이 현상을 코로나 현상 또는 코로나 방전이라 한다.

1. 코로나의 영향
① 코로나 손실로 인하여 송전효율이 저하되고 송전용량이 감소된다.
② 코로나 방전시 오존(O_3)이 발생하여 전선 부식을 초래한다.
③ 근접 통신선에 유도장해가 발생한다.
④ 소호 리액터의 소호능력이 저하한다.

2. 코로나 임계전압(E_0)
코로나 방전이 개시되는 전압으로 코로나 임계전압이 높아야 코로나 방전을 억제할 수 있다.

$$\therefore E_0 = 24.3\, m_0 m_1 \delta d \log_{10} \frac{D}{r} \; [\text{kV}]$$

여기서, m_0 : 전선의 표면계수, m_1 : 날씨계수, δ : 상대공기밀도, d : 전선의 지름[m], D : 선간거리[m], r : 도체 반지름[m]

3. 코로나 손실(Peek식)

$$\therefore P_c = \frac{241}{\delta}(f+25)\sqrt{\frac{d}{2D}}(E-E_0)^2 \times 10^{-5} \; [\text{kW/km/1선}]$$

여기서, P_c : 코로나 손실[kW/km/1선], f : 주파수[Hz], d : 전선지름[m], D : 선간거리[m], E : 대지전압[kV], E_0 : 코로나 임계전압[kV]

4. 코로나 방지대책
① 복도체 방식을 채용한다. - L감소, C증가
② 코로나 임계전압을 크게 한다. - 전선의 지름을 크게 한다.
③ 가선금구를 개량한다.

예제1 다음 송전선로의 코로나 발생 방지대책으로 가장 효과적인 방법은?
① 전선의 선간거리를 증가시킨다.
② 선로의 대지절연을 강화한다.
③ 철탑의 접지저항을 낮게 한다.
④ 전선을 굵게 하거나 복도체를 사용한다.

· 정답 : ④
코로나 방지대책
(1) 복도체 방식을 채용한다. - L감소, C증가
(2) 코로나 임계전압을 크게 한다.
 - 전선의 지름을 크게 한다.
(3) 가선금구를 개량한다.

04. 작용인덕턴스(L_e)와 작용정전용량(C_w) 및 대지정전용량(C_s)

1. **작용인덕턴스(L_e)**

$$L_e = 0.05 + 0.4605 \log_{10} \frac{D_e}{r} \ [\text{mH/km}]$$

2. **작용정전용량(C_w)**

$$C_w = \frac{0.02413}{\log_{10} \dfrac{D_e}{r}} \ [\mu\text{F/km}]$$

3. **대지정전용량(C_s)**

① 단상인 경우 $C_s = \dfrac{0.02413}{\log_{10} \dfrac{4h^2}{rD}} \ [\mu\text{F/km}]$

② 3상인 경우 $C_s = \dfrac{0.02413}{\log_{10} \dfrac{8h^3}{rD^2}} \ [\mu\text{F/km}]$

여기서, L_e : 작용인덕턴스[H], D_e : 등가선간거리[m], r : 도체 반지름[m],
C_w : 작용정전용량[F], C_s : 대지정전용량[F], h : 전선의 지표상 높이[m],
D : 도체간 선간거리[m]

출제빈도
★★★★★

보충학습 문제
관련페이지
22, 23, 30, 31,
32, 33, 37

예제1 4각형으로 배치된 4도체 송전선이 있다. 소도체의 반지름 1[cm], 한 변의 길이 32[cm]일 때, 소도체간의 기하평균거리[cm]는?

① $32 \times 2^{1/3}$ ② $32 \times 2^{1/4}$
③ $32 \times 2^{1/5}$ ④ $32 \times 2^{1/6}$

· 정답 : ④
등가선간거리=기하평균거리(D_e)
4개의 도체가 정사각형 배치인 경우 도체간 거리는
$D_1 = d,\ D_2 = d,\ D_3 = d,\ D_4 = d,$
$D_5 = \sqrt{2}\,d,\ D_6 = \sqrt{2}\,d$ 이므로
$D_e = \sqrt[6]{D_1 \cdot D_2 \cdot D_3 \cdot D_4 \cdot D_5 \cdot D_6}$
$= \sqrt[6]{d \cdot d \cdot d \cdot d \cdot \sqrt{2}\,d \cdot \sqrt{2}\,d}$
$= \sqrt[6]{2}\,d\ [\text{m}]$
이다. 따라서 $d = 32\,[\text{cm}]$인 경우
∴ $D_e = \sqrt[6]{2}\,d = 32\sqrt[6]{2} = 32 \times 2^{\frac{1}{6}}\ [\text{cm}]$

예제2 지름 5[mm]의 경동선을 간격 100[m]로 정삼각형 배치를 한 가공 전선의 1선 1[km] 당의 작용 인덕턴스[mH/km]는? (단, $\log_2 = 0.3010$이다.)

① 2.2 ② 1.25
③ 1.3 ④ 1.35

· 정답 : ①
작용인덕턴스(L_e)
$d = 5\,[\text{mm}],\ D = 100\,[\text{m}]$일 때
$L_e = 0.05 + 0.4605 \log_{10} \dfrac{D}{r}$
$= 0.05 + 0.4605 \log_{10} \dfrac{2D}{d}\ [\text{mH/km}]$

이므로
∴ $L_e = 0.05 + 0.4605 \log_{10} \dfrac{2 \times 100}{5 \times 10^{-3}}$
$= 2.2\ [\text{mH/km}]$

제2과목 전력공학

05 피뢰기(LA)

출제빈도 ★★★★★

1. 구성요소
보통의 피뢰기는 충격파 뇌전류를 방전시키고 속류를 차단하는 기능을 갖는 특성요소와 직렬갭, 그리고 방전중에 피뢰기에 가해지는 충격을 완화시켜주기 위한 쉴드링으로 구성된다.

2. 기능
뇌전류 방전에 견디며 이상전압을 대지로 방전시키고 속류를 충분히 차단할 수 있는 기능을 갖추어야 한다. 따라서 일반적으로 내습하는 이상전압의 파고값을 저감시켜서 기기를 보호하기 위하여 피뢰기를 설치하며 송전계통에서 절연협조의 기본으로 선택하고 있다.

3. 설치장소
① 발전소 및 변전소의 인입구 및 인출구
② 고압 및 특고압으로 수전받는 수용장소 인입구
③ 가공전선로와 지중전선로가 접속되는 곳
④ 가공전선로에 접속되는 특고압 배전용 변압기의 고압측 및 특별 고압측

4. 정격과 용량
피뢰기의 정격은 [A], 용량은 [V]로 표기한다.

5. 피뢰기의 정격전압

공칭전압[kV]	정격전압[kV]	공칭방전전류[A]
3.3	7.5	2,500
6.6	7.5	
22.9	18(배전선로)	
	21(변전소)	
22	24	
66	75	5,000
154	144	10,000
345	288	

∴ 피뢰기의 정격전압(E_R) 계산
$E_R = k \times$ 공칭전압 (여기서, k : 피뢰기 계수)
직접접지계통 : $k = 0.8 \sim 1.0$
소호리액터접지계통 : $k = 1.4 \sim 1.6$

6. 피뢰기의 피보호기는 전력용 변압기이다.

보충학습 문제 관련페이지
97, 98, 99, 104, 105, 106

7. 용어 해설

① 제한전압
  ㉠ 충격파 전류가 흐르고 있을 때의 피뢰기 단자전압
  ㉡ 제한전압은 낮아야 한다.

② 충격파 방전개시전압
  ㉠ 충격파 방전을 개시할 때 피뢰기 단자의 최대 전압
  ㉡ 충격파 방전개시전압은 낮아야 한다.

③ 상용주파 방전개시전압
  ㉠ 정상운전 중 상용주파수에서 방전이 개시되는 전압
  ㉡ 상용주파 방전개시전압은 높아야 한다.

④ 정격전압
  ㉠ 속류가 차단되는 순간 피뢰기 단자전압
  ㉡ 1선 지락사고 시 건전상 대지전위 상승을 고려한 값으로 지속성 이상전압에 해당하는 값

⑤ 공칭전압
  상용주파 허용단자전압

예제1 피뢰기의 구조는 다음 중 어느 것인가?
① 특성요소와 직렬갭
② 특성요소와 콘덴서
③ 소호리액터와 콘덴서
④ 특성요소와 소호리액터

· 정답 : ①
피뢰기의 구조
보통 피뢰기는 충격파 뇌전류를 방전시키고 속류를 차단하는 기능을 갖는 특성요소와 직렬갭, 그리고 방전중에 피뢰기에 가해지는 충격을 완화시켜주기 위한 쉴드링으로 구성된다.

예제2 외뢰(外雷)에 대한 주보호장치로서 송전계통의 절연협조의 기본이 되는 것은?
① 선로   ② 변압기
③ 피뢰기   ④ 변압기 부싱

· 정답 : ③
피뢰기의 기능
이상전압의 파고값을 저감시켜서 기기를 보호하기 위하여 피뢰기를 설치하며 송전계통에서 절연협조의 기본으로 선택하고 있다.

예제3 피뢰기가 역할을 잘 하기 위하여 구비되어야 할 조건으로 옳지 않은 것은 어느 것인가?
① 시간 지연(time lag)이 적을 것
② 속류를 차단할 것
③ 제한 전압은 피뢰기의 정격 전압과 같게 할 것
④ 내구력이 클 것

· 정답 : ③
피뢰기의 역할
(1) 충격파 방전개시전압이 낮을 것 – 뇌전류를 신속히 방전하며 시간지연이 없어야 한다.
(2) 상용주파 방전개시전압이 높을 것 – 뇌전류를 방전 후 선로에 남아있는 상용주파에 해당되는 속류는 신속히 차단하여야 한다.
(3) 방전내량이 크며 제한전압은 낮아야 한다.
 – 내구력이 클 것
(4) 속류차단능력이 충분히 커야 한다.
(5) 충격파 전류가 흐르고 있을 때의 피뢰기 단자전압이 제한전압이며 속류가 차단되는 순간 피뢰기 단자전압을 정격전압이라 한다.

06 단락전류(I_s), %Z(%임피던스), 단락용량(P_s)

출제빈도
★★★★★

1. 단락전류(I_S)

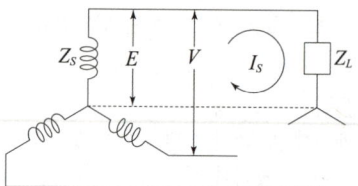

$$\therefore I_S = \frac{E}{Z_S} = \frac{V}{\sqrt{3}\,Z_S}\,[A] \text{ 또는 } I_S = \frac{100}{\%Z} I_n = \frac{P_S}{\sqrt{3}\,V_S}\,[A]$$

여기서, Z_S : 발전기 동기임피던스[Ω], E : 발전기 유기기전력(상전압)[V],
V : 선간전압[V], Z_L : 부하임피던스[Ω], I_n : 정격전류(단락측)[A],
P_S : 단락용량[VA], V_S : 정격전압[V]

2. %Z(%임피던스)

$$\%Z = \frac{Z_S I_n}{E} \times 100 = \frac{\sqrt{3}\,Z_S I_n}{V} \times 100\,[\%] \text{ 또는 } \%Z = \frac{P[\text{kVA}] \times Z_S[\Omega]}{10\{V[\text{kV}]\}^2}\,[\%]$$

여기서, $\%Z$: %임피던스[%], Z_S : 동기임피던스[Ω], I_n : 정격전류[A],
E : 상전압[V], V : 선간전압[V], P : 정격용량[kVA]

3. 단락용량(P_s)

$$P_S = \frac{V^2}{Z} = \frac{100}{\%Z} P_n\,[\text{kVA}] \text{ 또는 } P_S = \sqrt{3} \times 정격전압 \times 정격차단전류\,[\text{kVA}]$$

여기서, P_S : 단락용량 또는 차단기 용량(=공급측 단락용량=공급측 전원용량)[kVA],
V : 정격전압[V], Z : 임피던스[Ω], $\%Z$: %임피던스[%], P_n : 정격용량[kVA]

보충학습 문제
관련페이지
70, 75, 76, 77,
78, 79

예제1 3상 송전선로의 선간전압을 100[kV], 3상 기준용량을 10,000[kVA]로 할 때, 선로리액턴스(1선당) 100[Ω]을 %임피던스로 환산하면 얼마인가?
① 1   ② 10
③ 0.33   ④ 3.33

· 정답 : ②
%임피던스(%Z)
$V = 100\,[\text{kV}]$, $P = 10,000\,[\text{kVA}]$,
$x = 100\,[\Omega]$ 이므로
$\therefore \%Z = \frac{P[\text{kVA}]\,x[\Omega]}{10\{V[\text{kV}]\}^2} = \frac{10,000 \times 100}{10 \times 100^2}$
$\quad = 10\,[\%]$

예제2 어느 변전소 모선에서의 계통 전체의 합성임피던스가 2.5[%](100[MVA]기준)일 때, 모선측에 설치하여야 할 차단기의 차단 소요용량은 몇 [MVA]인가?
① 1,000   ② 2,000
③ 3,000   ④ 4,000

· 정답 : ④
차단기의 차단용량(=단락용량)
$\%Z = 2.5\,[\%]$, $P_n = 100\,[\text{MVA}]$ 이므로
$\therefore P_s = \frac{100}{\%Z} P_n = \frac{100}{2.5} \times 100$
$\quad = 4,000\,[\text{MVA}]$

07 소호리액터 접지방식

이 방식은 중성점에 리액터를 접속하여 1선 지락고장시 L-C 병렬공진을 시켜 지락전류를 최소로 줄일 수 있는 것이 특징이다. 보통 66[kV] 송전계통에서 사용되며 직렬공진으로 인하여 이상전압이 발생할 우려가 있다.

1. 장점
① 1선 지락고장시 지락전류가 최소가 되어 송전을 계속할 수 있다.
② 통신선에 유도장해가 작고, 과도안정도가 좋다.

2. 단점
① 지락전류가 작기 때문에 보호계전기의 동작이 불확실하다.
② 직렬공진으로 이상전압이 발생할 우려가 있다.

3. 소호리액터(X_L) 및 인덕턴스
1선 지락사고시 병렬공진되기 때문에 등가회로를 이용하면 $3X_L + x_t = X_C$이다.

$$\therefore X_L = \omega L = \frac{X_C}{3} - \frac{x_t}{3} = \frac{1}{3\omega C} - \frac{x_t}{3} [\Omega]$$

$$L = \frac{1}{3\omega^2 C} - \frac{x_t}{3\omega} [H]$$

4. 소호리액터의 용량(Q_L)

$$Q_L = \frac{V}{\sqrt{3}} \times 3\omega C \times \frac{V}{\sqrt{3}} \times 10^{-3} = \omega C V^2 \times 10^{-3} [kVA]$$

여기서, X_L : 소호리액터[Ω], ω : 각주파수[rad/sec], L : 인덕턴스[H],
X_C : 용량리액턴스[Ω], x_t : 변압기 누설리액턴스[Ω], C : 대지정전용량[F],
Q_L : 소호리액터용량[VA], V : 선간전압[V]

5. 합조도
소호리액터를 설치했을 때 리액터가 완전공진이 되면 중성점에 이상전압이 나타날 우려가 있다. 따라서 리액터의 탭을 조절하여 완전공진에서 약간 벗어나도록 하고 있는데 이때 공진에서 벗어난 정도를 합조도라 한다.

① 과보상 : $I > I_C$ 즉 $\omega L < \frac{1}{3\omega C}$ 인 경우로 합조도가 +값이 된다.

② 완전공진 : $I = I_C$ 즉 $\omega L = \frac{1}{3\omega C}$ 인 경우로 합조도가 0이 된다.

③ 부족보상 : $I < I_C$ 즉 $\omega L > \frac{1}{3\omega C}$ 인 경우로 합조도가 -값이 된다.

∴ 직렬공진으로 인한 이상전압을 억제하기 위해서는 +합조도가 되어야 하며 이를 위해 과보상해준다.

출제빈도
★★★★★

보충학습 문제
관련페이지
87, 88, 92, 93, 95

예제1 소호리액터를 송전계통에 쓰면 리액터의 인덕턴스와 선로의 정전용량이 다음의 어느 상태가 되어 지락전류를 소멸시키는가?
① 병렬공진 ② 직렬공진
③ 고임피던스 ④ 저임피던스

· 정답 : ①

소호리액터 접지방식
이 방식은 중성점에 리액터를 접속하여 1선 지락고장시 L-C 병렬공진을 시켜 지락전류를 최소로 줄일 수 있는 것이 특징이다. 보통 66[kV] 송전계통에서 사용되며 직렬공진으로 인하여 이상전압이 발생할 우려가 있다.

(1) 장점
 ㉠ 1선 지락고장시 지락전류가 최소가 되어 송전을 계속할 수 있다.
 ㉡ 통신선에 유도장해가 작고, 과도안정도가 좋다.

(2) 단점
 ㉠ 지락전류가 작기 때문에 보호계전기의 동작이 불확실하다.
 ㉡ 직렬공진으로 이상전압이 발생할 우려가 있다.

예제2 선로의 전기적인 상수를 바꿔 이상전압의 세력을 감소시키는 감쇠 장치로서, 선로와 대지 사이에 접속하여 이상전압의 세력을 일시적으로 저지하여 선로 전압의 급변을 방지하는 것은?
① 초우크코일 ② 소호코일
③ 보호콘덴서 ④ 소호리액터

· 정답 : ④

소호리액터
송전선 계통의 중성점과 대지와의 사이에 접속하는 리액터로서 송전선의 1선 지락사고시에 접지전류의 대부분을 차지하는 용량분을 제거하여 접지아크를 완전히 소멸시키고 정전 및 아크 접지시 발생하는 이상전압을 순간적으로 저지하는 코일을 말한다.

예제3 1상의 대지정전용량 0.53[μF], 주파수 60[Hz]의 3상 송전선의 소호리액터의 공진 탭[Ω]은 얼마인가? (단, 소호리액터를 접속시키는 변압기의 1 상당의 리액턴스는 9[Ω]이다.)
① 1,665 ② 1,668
③ 1,671 ④ 1,674

· 정답 : ①

소호리액터 접지의 소호리액터(X_L)
$C = 0.53\,[\mu F]$, $f = 60\,[Hz]$, $x_t = 9\,[\Omega]$이므로
$X_L = \dfrac{X_c}{3} - \dfrac{x_t}{3} = \dfrac{1}{3\omega C} - \dfrac{x_t}{3}\,[\Omega]$ 식에서

$\therefore X_L = \dfrac{1}{3 \times 2\pi f C} - \dfrac{x_t}{3}$
$= \dfrac{1}{3 \times 2\pi \times 60 \times 0.53 \times 10^{-6}} - \dfrac{9}{3}$
$= 1,665\,[\Omega]$

예제4 소호리액터의 인덕턴스의 값은 3상 1회선 송전선에시 1선의 대지정전용량을 C_0[F], 주파수를 f[Hz]라 한다면? (단, $\omega = 2\pi f$ 이다.)

① $3\omega C_0$ ② $\dfrac{1}{3\omega^2 C_0}$
③ $3\omega^2 C_0$ ④ $\dfrac{1}{3\omega C_0}$

· 정답 : ②

소호리액터 접지의 소호리액터(X_L) 및 인덕턴스(L)
1선 지락사고시 병렬공진되기 때문에 등가회로를 이용하면 $3X_L + x_t = X_c$이다.
$X_L = \omega L = \dfrac{X_c}{3} - \dfrac{x_t}{3} = \dfrac{1}{3\omega C_0} - \dfrac{x_t}{3}\,[\Omega]$
이므로
$\therefore L = \dfrac{1}{3\omega^2 C_0} - \dfrac{x_t}{3\omega} ≒ \dfrac{1}{3\omega^2 C_0}\,[H]$

08 직접접지방식

보통 유효접지방식이라 하며 이 계통에서는 건전상의 고장지점의 대지전압이 상전압의 1.3배 이상 되지 않기 때문에 선간전압의 75[%] 정도에 머물게 된다. 우리나라에서는 154[kV], 345[kV], 765[kV]에서 사용되고 있다.

1. 장점
① 1선 지락고장시 건전상의 대지전압 상승이 거의 없고(=이상전압이 낮다.) 중성점의 전위도 거의 영전위를 유지하므로 기기의 절연레벨을 저감시켜 단절연할 수 있다.
② 아크지락이나 개폐서지에 의한 이상전압이 낮아 피뢰기의 책무 경감이나 피뢰기의 뇌전류 방전 효과를 증가시킬 수 있다.
③ 1선 지락고장시 지락전류가 매우 크기 때문에 지락계전기(보호계전기)의 동작을 용이하게 하여 고장의 선택차단이 신속하며 확실하다.

2. 단점
① 1선 지락고장시 지락전류가 매우 크기 때문에 근접 통신선에 유도장해가 발생하며 계통의 안정도가 매우 나쁘다.
② 차단기의 동작이 빈번하며 대용량 차단기를 필요로 한다.

출제빈도
★★★★★

보충학습 문제
관련페이지
87, 91, 92

예제1 중성점 접지방식에서 직접접지방식에 대한 설명으로 틀린 것은?
① 보호계전기의 동작이 확실하여 신뢰도가 높다.
② 변압기의 저감절연이 가능하다.
③ 과도안정도가 대단히 높다.
④ 단선 고장시의 이상전압이 최저이다.

· 정답 : ③
직접접지방식의 단점
1선 지락고장시 지락전류가 매우 크기 때문에 근접 통신선에 유도장해가 발생하며 계통의 안정도가 매우 나쁘다.

예제2 유효접지란 1선 접지시에 건전상의 전압이 상규 대지전압의 몇 배를 넘지 않도록 하는 중성점 접지를 말하는가?
① 0.8   ② 1.3
③ 3   ④ 4

· 정답 : ②
직접접지방식의 단절연
보통유효접지방식이라 하며 이 계통에서는 건전상의 고장지점의 대지전압이 상전압의 1.3배 이상 되지 않기 때문에 선간전압의 75[%] 정도에 머물게 된다.

09 비접지방식

이 방식은 Δ결선 방식으로 단거리, 저전압 선로에만 적용하며 우리나라 계통에서는 3.3[kV]나 6.6[kV]에서 사용되었다. 1선 지락시 지락전류는 대지 충전전류로써 대지정전용량에 기인한다. 또한 1선 지락시 건전상의 전위상승이 $\sqrt{3}$ 배 상승하기 때문에 기기나 선로의 절연레벨이 매우 높다.

$$I_g = j3\omega C_S E = j\sqrt{3}\,\omega C_S V \text{ [A]}$$

여기서, I_g : 지락전류[A], ω : 각주파수[rad/sec], C_S : 대지정전용량[F],
E : 대지전압[V], V : 선간전압[V]

출제빈도
★★★★★

보충학습 문제
관련페이지
86, 90, 91

예제1 중성점 비접지 방식을 이용하는 것이 적당한 것은?
① 고전압, 장거리
② 저전압, 장거리
③ 고전압, 단거리
④ 저전압, 단거리

· 정답 : ④

비접지방식
이 방식은 Δ결선 방식으로 단거리, 저전압 선로에만 적용하며 우리나라 계통에서는 3.3[kV]나 6.6[kV]에서 사용되었다. 1선 지락시 지락전류는 대지충전전류로서 대지정전용량에 기인한다. 또한 1선 지락시 건전상의 전위상승이 $\sqrt{3}$ 배 상승하기 때문에 기기나 선로의 절연레벨이 매우 높다.

$$I_g = j3\omega C_s E = j\sqrt{3}\,\omega C_s V \text{ [A]}$$

여기서, C_s는 대지정전용량, E는 대지전압, V는 선간전압을 나타내며 지락전류는 진상전류로서 90° 위상이 앞선전류가 흐른다.

예제2 6.6[kV], 60[Hz] 3상 3선식 비접지식에서 선로의 길이가 10[km]이고 1선의 대지정전용량이 0.005[μF/km]일 때 1선 지락시의 고장전류 I_g [A]의 범위로 옳은 것은?
① $I_g < 1$
② $1 \leq I_g < 2$
③ $2 \leq I_g < 3$
④ $3 \leq I_g < 4$

· 정답 : ①

비접지방식의 1선 지락전류(I_g)
$I_g = j3\omega CE = j\sqrt{3}\,\omega CV$[A]이므로
$V = 6.6$[kV], $f = 60$[Hz], $l = 10$[km], $C = 0.005$[μF/km]일 때
$I_g = j\sqrt{3} \times 2\pi fCVl$
$= j\sqrt{3} \times 2\pi \times 60 \times 0.005 \times 10^{-6}$
$\times 6.6 \times 10^3 \times 10 = 0.22$ [A]
$\therefore I_g < 1$ [A]

이도와 실장

1. 이도(dip : D)
이도란 전선로에 가해지는 장력에 의해서 전선이 단선되지 않도록 또는 지지물에 가해지는 장력에 의해서 지지물이 쓰러지는 일이 생기지 않도록 전선의 안전율을 2.5 이상 유지하여 전선이 아래로 처지게 하는 정도를 의미하며 지지물의 전선 지지점으로부터 아래로 처지는 길이로 계산된다.

$$D = \frac{WS^2}{8T} \text{ [m]}$$

2. 실장(L)
이도로 인하여 전선의 실제 길이가 지지물의 경간보다 약간 더 길어지게 되는데 이때 실제 소요되는 전선의 길이를 의미한다.

$$L = S + \frac{8D^2}{3S} \text{ [m]}$$

① 지지물의 고저차가 있는 경우 $\frac{8D^2}{3S}$ 은 경간의 약 1[%] 정도로 설계한다.

② 지지물의 고저차가 없는 경우 $\frac{8D^2}{3S}$ 은 경간의 약 0.1[%] 정도로 설계한다.

여기서, D : 이도[m], W : 전선 1[m]당 중량[kg/m], S : 경간[m], T : 수평하중[kg], L : 실장[m]

3. 전선의 지표상의 평균 높이(h')

$$h' = h - \frac{2}{3}D \text{ [m]}$$

여기서, h' : 전선의 지표상의 평균 높이[m], h : 전선의 지지점의 높이[m], D : 이도[m]

4. 온도 변화시 이도 계산

$$D_2 = \sqrt{D_1^2 + \frac{3}{8}\alpha t S^2} \text{ [m]}$$

여기서, D_2 : 온도 변화시 이도[m], D_1 : 온도 변화 전 이도[m], S : 경간[m], α : 온도계수, t : 온도변화(온도차)

5. 이도가 전선로에 미치는 영향
① 이도가 크면 다른 상의 전선에 접촉하거나 수목에 접촉할 우려가 있으므로 지지물을 높여야 되는 경제적 손실이 발생할 수 있다.
② 이도가 작으면 전선의 장력이 증가하여 단선사고를 초래할 수 있다.
③ 이도의 대소는 지지물의 높이를 결정한다.

출제빈도
★★★★★

보충학습 문제 관련페이지
8, 9, 10, 14, 15, 16, 20

예제1 직경 5[mm]의 경동선을 경간 100[m]에 가선할 때 이도[Dip]는 대략 얼마로 하면 좋은가? (단, 이 전선의 1[km] 당의 중량은 150[kg], 인장강도는 800[kg]이고, 안전율은 2.5이며 풍압, 온도 등의 변화 등은 생각하지 않는다.)

① 0.42　　② 0.59
③ 0.64　　④ 0.68

· 정답 : ②
이도(D)
$S = 100$ [m], $W = \frac{150}{1,000} = 0.15$ [kg/m]
$T = \frac{\text{인장하중}}{\text{안전율}} = \frac{800}{2.5} = 320$ [kg]
$\therefore D = \frac{WS^2}{8T} = \frac{0.15 \times 100^2}{8 \times 320} = 0.59$ [m]

11 전압강하(V_d), 전압강하율(ϵ), 전압변동률(δ)

출제빈도
★★★★★

- 단거리 송전선로(집중정수회로)

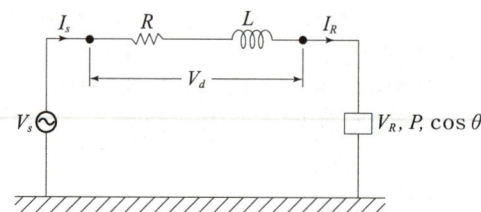

1. 전압강하(V_d)

$P = \sqrt{3}\, V_r I \cos\theta\, [\text{W}]$ 이므로

$\therefore V_d = V_s - V_r = \sqrt{3}\, I(R\cos\theta + X\sin\theta)\, [\text{V}] = \dfrac{P}{V}(R + X\tan\theta)$

2. 전압강하율(ϵ)

$\therefore \epsilon = \dfrac{V_s - V_r}{V_r} \times 100 = \dfrac{\sqrt{3}\, I(R\cos\theta + X\sin\theta)}{V_r} \times 100$

$= \dfrac{P}{V_r^{\,2}}(R + X\tan\theta) \times 100\, [\%]$

3. 전압변동률(δ)

$\therefore \delta = \dfrac{V_{r0} - V_r}{V_r} \times 100\, [\%]$

여기서, V_d : 전압강하[V], P : 부하전력[W], I : 선전류[A], $\cos\theta$: 역률, V_s : 송전단전압[V], V_r : 전부하 수전단전압[V], R : 1선당 저항[Ω], X : 1선당 리액턴스[Ω], ϵ : 전압강하율[%], δ : 전압변동률[%], V_{r0} : 무부하시 수전단전압[V]

보충학습 문제
관련페이지
40, 46, 47

예제1 배전선로의 전압강하율을 나타내는 식이 아닌 것은?

① $\dfrac{I}{E_R}(R\cos\theta + X\sin\theta) \times 100\, [\%]$

② $\dfrac{\sqrt{3}\, I}{V_R}(R\cos\theta + X\sin\theta) \times 100\, [\%]$

③ $\dfrac{E_S - E_R}{E_R} \times 100\, [\%]$

④ $\dfrac{E_S + E_R}{E_R} \times 100\, [\%]$

- 정답 : ④

전압강하율(ϵ)

$\epsilon = \dfrac{E_S - E_R}{E_R} \times 100$

$= \dfrac{I}{E_R}(R\cos\theta + X\sin\theta) \times 100$

$= \dfrac{P}{E_R^{\,2}}(R + X\tan\theta) \times 100\, [\%]$

만약 3상인 경우에는

$\epsilon = \dfrac{\sqrt{3}\, I}{V_R}(R\cos\theta + X\sin\theta) \times 100\, [\%]$

12 중거리 송전선로(4단자 정수회로)

1. 4단자 정수(A, B, C, D)

$$\begin{bmatrix} V_S \\ I_S \end{bmatrix} = \begin{bmatrix} A & B \\ C & D \end{bmatrix} \begin{bmatrix} V_R \\ I_R \end{bmatrix}$$

∴ $V_S = AV_R + BI_R$, $I_S = CV_R + DI_R$

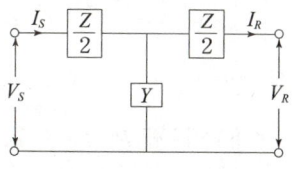

2. T형 선로

$$\begin{bmatrix} A & B \\ C & D \end{bmatrix} = \begin{bmatrix} 1 & \frac{Z}{2} \\ 0 & 1 \end{bmatrix} \begin{bmatrix} 1 & 0 \\ Y & 1 \end{bmatrix} \begin{bmatrix} 1 & \frac{Z}{2} \\ 0 & 1 \end{bmatrix}$$

$$= \begin{bmatrix} 1+\frac{ZY}{2} & Z\left(1+\frac{ZY}{4}\right) \\ Y & 1+\frac{ZY}{2} \end{bmatrix}$$

∴ $V_S = \left(1+\frac{ZY}{2}\right)V_R + Z\left(1+\frac{ZY}{4}\right)I_R$, $I_S = YV_R + \left(1+\frac{ZY}{2}\right)I_R$

여기서, V_S : 송전단전압[V], I_S : 송전단 전류[A], V_R : 수전단 전압[V], I_R : 수전단 전류[A], A, B, C, D : 4단자 정수, Z : 직렬임피던스[Ω], Y : 병렬어드미턴스[S]

3. π형 선로

$$\begin{bmatrix} A & B \\ C & D \end{bmatrix} = \begin{bmatrix} 1 & 0 \\ \frac{Y}{2} & 1 \end{bmatrix} \begin{bmatrix} 1 & Z \\ 0 & 1 \end{bmatrix} \begin{bmatrix} 1 & 0 \\ \frac{Y}{2} & 1 \end{bmatrix}$$

$$= \begin{bmatrix} 1+\frac{ZY}{2} & Z \\ Y\left(1+\frac{ZY}{4}\right) & 1+\frac{ZY}{2} \end{bmatrix}$$

∴ $V_S = \left(1+\frac{ZY}{2}\right)V_R + ZI_R$, $I_S = Y\left(1+\frac{ZY}{4}\right)V_R + \left(1+\frac{ZY}{2}\right)I_R$

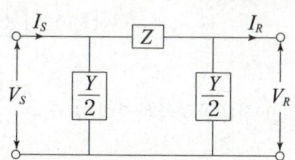

출제빈도
★★★★★

보충학습 문제
관련페이지
42, 43, 49, 50, 51

예제1 중거리 송전선로 T형 회로에서 송전단 전류 I_s는? (단, Z, Y는 선로의 직렬 임피던스와 병렬 어드미턴스이고 E_r은 수전단 전압, I_r은 수전단 전류이다.)

① $I_r\left(1+\frac{ZY}{2}\right) + E_r Y$

② $E_r\left(1+\frac{ZY}{2}\right) + ZI_r\left(1+\frac{ZY}{4}\right)$

③ $E_r\left(1+\frac{ZY}{2}\right) + I_r$

④ $I_r\left(1+\frac{ZY}{2}\right) + E_r Y\left(1+\frac{ZY}{4}\right)$

• 정답 : ①
T형 선로의 4단자 정수

$$\begin{bmatrix} A & B \\ C & D \end{bmatrix} = \begin{bmatrix} 1+\frac{ZY}{2} & Z\left(1+\frac{ZY}{4}\right) \\ Y & 1+\frac{ZY}{2} \end{bmatrix}$$

∴ $I_s = CE_r + DI_r = I_r\left(1+\frac{ZY}{2}\right) + YE_r$

제2과목 전력공학

13 송전전압과 송전용량 결정식

출제빈도
★★★★★

1. 경제적인 송전전압 결정식 = Still(스틸)식

$$\therefore V[\text{kV}] = 5.5\sqrt{0.6\,l\,[\text{km}] + \frac{P[\text{kW}]}{100}}$$

여기서, V : 송전전압[kV], l : 송전거리[km], P : 송전용량[kW]

2. 송전용량 결정식

① 고유부하법 $P = \dfrac{V_R^{\,2}}{\sqrt{\dfrac{L}{C}}}$ [MW]

② 용량계수법 $P = k\dfrac{V_R^{\,2}}{l}$ [kW]

여기서, P : 송전용량[kW], V_R : 수전단전압[kV], l : 송전거리[km], L : 인덕턴스[H], C : 정전용량[F], k : 용량계수

송전거리	용량계수
60[km] 이하	600
140[km] 미만	800
140[km] 이상	1,200

〈용량계수표〉

③ 정태안정극한전력 $P = \dfrac{E_S E_R}{X}\sin\delta$ [MW]

여기서, P : 송전용량[MW], E_S : 송전단전압[kV], E_R : 수전단전압[kV], δ : 송·수전단 전압의 상차각(부하각)

보충학습 문제 관련페이지
44, 45, 53, 54, 55

예제1 다음 식은 무엇을 결정할 때 쓰이는 식인가? (단, l 는 송전거리[km], P 는 송전전력[kW]이다.)

$$= 5.5\sqrt{0.6\,l + \frac{P}{100}}$$

① 송전전압을 결정할 때
② 송전선의 굵기를 결정할 때
③ 역률 개선시 콘덴서 용량을 결정할 때
④ 발전소의 발전 전압을 결정할 때

· 정답 : ①
스틸식 : 경제적인 송전전압을 결정하는데 이용하는 식으로서

$$\therefore V[\text{kV}] = 5.5\sqrt{0.6\,l\,[\text{km}] + \frac{P[\text{km}]}{100}}$$

예제2 송전거리 50[km], 송전전력 5,000[kW]일 때의 송전전압은 대략 몇 [kV] 정도가 적당한가? (단, 스틸의 식에 의해 구하여라.)

① 29   ② 39
③ 49   ④ 59

· 정답 : ③
스틸식
경제적인 송전전압을 V[kV]라 하면
$l = 50$[km], $P = 5,000$[kW]이므로

$$\therefore V = 5.5\sqrt{0.6\,l + \frac{P}{100}}\ [\text{kV}]$$

$$= 5.5\sqrt{0.6 \times 50 + \frac{5,000}{100}}$$

$$= 49\ [\text{kV}]$$

장거리 송전선로(분포정수회로) 14

$Z = R + j\omega L\ [\Omega],\ Y = G + j\omega C\ [S]$인 경우

1. 특성임피던스(Z_0)

$$Z_0 = \sqrt{\frac{Z}{Y}} = \sqrt{\frac{R + j\omega L}{G + j\omega C}} = \sqrt{\frac{L}{C}}\ [\Omega]$$

2. 전파정수(γ)

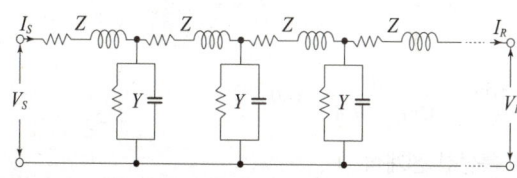

$$\gamma = \sqrt{ZY} = \sqrt{(R + j\omega L)(G + j\omega C)} = \alpha + j\beta$$

① 무손실선로인 경우

$R = 0,\ G = 0$이므로 $\gamma = j\omega\sqrt{LC} = j\beta$

∴ $\alpha = 0,\ \beta = \omega\sqrt{LC}$

② 무왜형선로인 경우

$LG = RC$이므로 $\gamma = \sqrt{RG} + j\omega\sqrt{LC} = \alpha + j\beta$

∴ $\alpha = \sqrt{RG},\ \beta = \omega\sqrt{LC}$

3. 전파속도 또는 위상속도(v)

$$v = \frac{\omega}{\beta} = \frac{1}{\sqrt{LC}} = \lambda f\ [\text{m/sec}]$$

여기서, Z : 직렬임피던스[Ω], R : 저항[Ω], ω : 각주파수[rad/sec], L : 인덕턴스[H], Y : 병렬어드미턴스[S], G : 누설콘덕턴스[S], C : 정전용량[F], Z_0 : 특성임피던스[Ω], γ : 전파정수, α : 감쇠정수, β : 위상정수, v : 전파속도[m/sec], λ : 파장[m], f : 주파수[Hz]

출제빈도
★★★★★

보충학습 문제
관련페이지
43, 51, 52, 53

예제1 선로의 특성임피던스에 대한 설명으로 옳은 것은?
① 선로의 길이가 길어질수록 값이 커진다.
② 선로의 길이가 길어질수록 값이 작아진다.
③ 선로 길이보다는 부하 전력에 따라 값이 변한다.
④ 선로의 길이에 관계없이 일정하다.

• 정답 : ④
특성임피던스(Z_0)
$Z = R + j\omega L\ [\Omega]$,
$Y = G + j\omega C\ [\mho]$일 때
∴ $Z_0 = \sqrt{\dfrac{Z}{Y}} = \sqrt{\dfrac{R + j\omega L}{G + j\omega C}}$
$= \sqrt{\dfrac{L}{C}}\ [\Omega]$
선로의 길이에 관계없이 일정한 값이다.

15 전력손실(P_l), 전력손실률(k)

출제빈도
★★★★★

보충학습 문제
관련페이지
41, 48, 49

1. 전력손실(P_l)

$$\therefore P_l = 3I^2 R = 3\left(\frac{P}{\sqrt{3}\, V\cos\theta}\right)^2 R = \frac{P^2 R}{V^2 \cos^2\theta}\,[W] = \frac{P^2 \rho l}{V^2 \cos^2\theta\, A}$$

$R = \rho \dfrac{l}{A}\,[\Omega]$이다.

2. 전력손실률(k)

$$\therefore k = \frac{P_l}{P} \times 100 = \frac{P\rho l}{V^2 \cos^2\theta\, A} \times 100\,[\%]$$

3. 전압에 따른 특성값 관계식

$V_d \propto \dfrac{1}{V}$, $\epsilon \propto \dfrac{1}{V^2}$, $P_l \propto \dfrac{1}{V^2}$, $P_l \propto \dfrac{1}{\cos^2\theta}$, $A \propto \dfrac{1}{V^2}$

전력손실률(k)이 일정할 경우 $P \propto V^2$

예제1 선로의 전압을 6,600[V]에서 22,900[V]로 높이면 송전전력이 같을 때, 전력손실을 처음 몇 배로 줄일 수 있는가?

① 약 $\dfrac{1}{3}$ 배 ② 약 $\dfrac{1}{4}$ 배
③ 약 $\dfrac{1}{10}$ 배 ④ 약 $\dfrac{1}{12}$ 배

· 정답 : ④
전력손실(P_l)

$P_l = 3I^2 R = \dfrac{P^2 R}{V^2 \cos^2\theta}$

$= \dfrac{P^2 \rho l}{V^2 \cos^2\theta\, A}\,[W]$

이므로 $P_l \propto \dfrac{1}{V^2}$ 임을 알 수 있다.

$\therefore P_l' = \left(\dfrac{V}{V'}\right)^2 P_l = \left(\dfrac{6,600}{22,900}\right)^2 P_l$

$= 0.083 P_l \fallingdotseq \dfrac{1}{12} P_l$

예제2 송전선로의 전압을 2배로 승압할 경우 동일 조건에서 공급전력을 동일하게 취하면 선로 손실은 승압전의 (㉠) 배로 되고 선로손실률을 동일하게 취하면 공급전력은 승압전의 (㉡) 배로 된다.

① ㉠ $\dfrac{1}{4}$ ㉡ 4 ② ㉠ 4 ㉡ $\dfrac{1}{4}$
③ ㉠ $\dfrac{1}{4}$ ㉡ 2 ④ ㉠ 4 ㉡ $\dfrac{1}{2}$

· 정답 : ①
전압에 따른 특성값의 변화들

$V_d \propto \dfrac{1}{V}$, $\epsilon \propto \dfrac{1}{V^2}$, $P_l = \dfrac{1}{V^2}$,

$A \propto \dfrac{1}{V^2}$ 이고 전력손실률(k)이 일정한 경우

$P \propto V^2$이다.

∴ 전력손실

$P_l' = \left(\dfrac{V}{V'}\right)^2 P_l = \left(\dfrac{1}{2}\right)^2 P_l = \dfrac{1}{4}$ 배

∴ 공급전력

$P' = \left(\dfrac{V'}{V}\right)^2 P = \left(\dfrac{2}{1}\right)^2 P = 4$ 배

조상설비

조상설비는 무효전력을 조절하여 송·수전단 전압이 일정하게 유지되도록 하는 조정 역할과 역률개선에 의한 송전손실의 경감, 전력시스템의 안정도 향상을 목적으로 하는 설비이다.

출제빈도
★★★★★

1. 동기조상기
동기전동기를 계통 중간에 접속하여 무부하로 운전
① 과여자 운전 : 중부하시 부하량 증가로 계통에 지상전류가 흐르게 되어 역률이 떨어질 때 동기조상기를 과여자로 운전하면 계통에 진상전류를 공급하여 역률을 개선한다.
② 부족여자 운전 : 경부하시 부하량 감소로 계통에 진상전류가 흐르게 되어 역률이 과보상되는 경우 동기조상기를 부족여자로 운전하면 계통에 지상전류를 공급하여 역률을 개선한다.
③ 계통에 진상전류와 지상전류를 모두 공급할 수 있다.
④ 연속적 조정이 가능하다.
⑤ 시송전(=시충전)이 가능하다.

2. 병렬콘덴서
부하와 콘덴서를 병렬로 접속한다.
① 부하에 진상전류를 공급하여 부하의 역률을 개선한다.
② 진상전류만을 공급한다.
③ 계단적으로 연속조정이 불가능하다.
④ 시송전(=시충전)이 불가능하다.

3. 분로리액터
부하와 리액터를 병렬로 접속한다.
① 계통에 흐르는 전류를 지상전류로 공급하여 패란티 효과를 억제한다.
② 지상전류만을 공급한다.
※ 페란티 현상이란 선로의 정전용량(C)으로 인하여 진상전류가 흐르는 경우 수전단 전압이 송전단전압보다 더 높아지는 현상 - 분로리액터(병렬리액터)로 억제한다.

보충학습 문제 관련페이지
58, 59, 61, 62, 63

예제1 전압조정을 위한 조상설비로서 해당되지 않은 것은?
① 병렬콘덴서   ② 전력용콘덴서
③ 소호리액터   ④ 조상기

· 정답 : ③
조상설비 : 조상설비는 무효전력을 조절하여 송·수전단 전압이 일정하게 유지되도록 하는 조정 역할과 역률개선에 의한 송전손실의 경감, 전력시스템의 안정도 향상을 목적으로 하는 설비이다. 동기조상기, 병렬콘덴서(=전력용콘덴서), 분로리액터가 이에 속한다.

예제2 변전소에 분로리액터를 설치하는 목적은?
① 페란티효과 방지
② 전압강하의 방지
③ 전력손실의 경감
④ 계통안정도의 증진

· 정답 : ①
분로리액터(=병렬리액터)
부하와 리액터를 병렬로 접속한다.
(1) 계통에 흐르는 전류를 지상전류로 공급하여 페란티효과를 억제한다.
(2) 지상전류만을 공급한다.

17 안정도 개선책

출제빈도
★★★★★

1. 리액턴스를 줄인다.
   ① 복도체를 채용한다.
   ② 병행2회선 송전한다.
   ③ 직렬콘덴서를 설치한다.

2. 단락비를 증가시킨다.
   ① 동기임피던스(또는 동기리액턴스)를 감소시킨다.
   ② 전압변동률을 줄인다.
   ③ 전기자 반작용을 감소시킨다.
   ④ 발전기 치수를 증가시킨다. – 철손 증가, 효율 감소

3. 전압변동률을 작게 한다.
   ① 무부하 운전을 줄인다.
   ② 중간조상방식을 채용한다. – 송전선로 중간에 동기전동기를 무부하로 운전하여 계통의 무효전력과 전압 및 역률을 조정하는 방식
   ③ 속응여자방식을 채용한다.
   ④ 계통을 연계시킨다.

4. 송전 계통의 충격을 완화시킨다.
   ① 고속도 차단기(재폐로 차단기)를 설치한다.
   ② 소호리액터 접지방식을 채용한다. – 지락전류를 억제한다.
   ③ 중간개폐소 설치

보충학습 문제
관련페이지
57, 60

5. 콘덴서를 설치한다.
   ① 직렬콘덴서 : 전압강하를 억제한다.
   ② 병렬콘덴서 : 역률을 개선한다.

예제1 송전계통의 안정도 향상책으로 적당하지 않은 것은?
① 직렬콘덴서로 선로의 리액턴스를 보상한다.
② 기기의 리액턴스를 감소한다.
③ 발전기의 단락비를 작게 한다.
④ 계통을 연계한다.

· 정답 : ③
안정도 개선책
단락비를 증가시킨다. : 전압변동률을 줄인다.

예제2 송전선에서 재폐로방식을 사용하는 목적은?
① 역률개선
② 안정도 증진
③ 유도장해의 경감
④ 코로나 발생 방지

· 정답 : ②
안정도 개선책
재폐로 차단방식을 채용한다. : 고속도차단기 사용

소호매질에 따른 차단기의 종류 및 성질

1. 공기차단기(ABB)
    ① 소호매질 : 압축공기
    ② 성질 : 소음이 크기 때문에 방음설비를 필요로 한다.

2. 가스차단기(GCB)
    ① 소호매질 : SF_6(육불화황)
    ② 성질
        ㉠ 무색, 무취, 무해, 불연성이다.
        ㉡ 절연내력은 공기보다 2배 크다.
        ㉢ 소호능력은 공기보다 100배 크다.

3. 유입차단기(OCB)
    ① 소호매질 : 절연유
    ② 성질
        ㉠ 화재의 우려가 있다.
        ㉡ 설치면적이 넓다.

4. 진공차단기(VCB)와 자기차단기(MBB)
    ① 소호매질 : 진공차단기는 고진공, 자기차단기는 전자력
    ② 성질
        ㉠ 소호매질을 각각 전자력과 고진공을 이용하므로 화재의 우려가 없다.
        ㉡ 소음이 적다.
        ㉢ 보수, 점검이 비교적 쉽다.
        ㉣ 회로의 고유주파수에 차단성능이 좌우되는 일이 없다.
        ㉤ 전류절단현상은 진공차단기에서 자주 발생한다.

18

출제빈도
★★★★

보충학습 문제
관련페이지
100, 108, 109

예제1 다음 차단기들의 소호 매질이 적합하지 않게 결합된 것은?
① 공기차단기 – 압축 공기
② 가스차단기 – SF_6 가스
③ 자기차단기 – 진공
④ 유입차단기 – 절연유

· 정답 : ③
차단기의 소호매질
(1) 공기차단기(ABB) – 압축공기
(2) 가스차단기(GCB) – SF_6
(3) 유입차단기(OCB) – 절연유
(4) 진공차단기(VCB) – 고진공
(5) 자기차단기(MBB) – 전자력

예제2 전류절단현상이 비교적 잘 발생하는 차단기의 종류는?
① 진공차단기   ② 유입차단기
③ 공기차단기   ④ 자기차단기

· 정답 : ①
자기차단기와 진공차단기의 특징
(1) 소호매질을 각각 전자력과 고진공을 이용하므로 화재의 우려가 없다.
(2) 소음이 적다.
(3) 보수, 점검이 비교적 쉽다.
(4) 회로의 고유주파수에 차단성능이 좌우되는 일이 없다.
(5) 전류절단현상은 진공차단기에서 자주 발생한다.

19 유도장해 경감대책

출제빈도
★★★★

보충학습 문제
관련페이지
116

1. 전력선측의 대책
① 전력선과 통신선의 이격거리를 증대시켜 상호인덕턴스를 줄인다.
② 전력선과 통신선을 수직 교차시킨다.
③ 연가를 충분히 하여 중성점의 잔류전압을 줄인다.
④ 소호리액터 접지를 채용하여 지락전류를 줄인다.
⑤ 전력선을 케이블화한다.
⑥ 차폐선을 설치한다.(효과는 30~50[%] 정도)
⑦ 고속도차단기를 설치하여 고장전류를 신속히 제거한다.

2. 통신선측의 대책
① 통신선을 연피케이블화한다.
② 통신선 및 통신기기의 절연을 향상시키고 배류코일이나 중계코일을 사용한다.
③ 차폐선을 설치한다.
④ 통신선을 전력선과 수직교차시킨다.
⑤ 피뢰기를 설치한다.

[예제1] 송전선이 통신선에 미치는 유도장해를 억제 제거하는 방법이 아닌 것은?
① 송전선에 충분한 연가를 실시한다.
② 송전계통의 중성점 접지 개소를 택하여 중성점을 리액터 접지한다.
③ 송전선과 통신선의 상호 접근 거리를 크게 한다.
④ 송전선측에 특성이 양호한 피뢰기를 설치한다.

· 정답 : ④
유도장해 경감대책(전력선 측의 대책)
양호한 피뢰기 설치는 통신선 측의 대책에 해당한다.

[예제2] 유도장해의 방지책으로 차폐선을 사용하면 유도전압은 얼마 정도[%] 줄일 수 있는가?
① 10~20   ② 30~50
③ 70~80   ④ 80~90

· 정답 : ②
유도장해 경감대책(전력선 측의 대책)
차폐선을 설치한다.(효과는 30~50[%] 정도)

[예제3] 유도장해의 방지대책이 아닌 것은?
① 가공지선 설치
② 차폐선의 시설
③ 전선의 연가
④ 직렬콘덴서 설치

· 정답 : ④
유도장해 경감대책
직렬콘덴서는 송전선로의 전압강하를 없애고 안정도를 개선할 때 필요한 설비이다.

20 역률 개선용 전력용 콘덴서의 용량(Q_c)

$$Q_c = P[\text{kW}](\tan\theta_1 - \tan\theta_2) = S[\text{kVA}]\cos\theta_1(\tan\theta_1 - \tan\theta_2) \, [\text{kVA}]$$

$$= P\left(\frac{\sqrt{1-\cos^2\theta_1}}{\cos\theta_1} - \frac{\sqrt{1-\cos^2\theta_2}}{\cos\theta_2}\right) = P\left(\frac{\sin\theta_1}{\cos\theta_1} - \frac{\sin\theta_2}{\cos\theta_2}\right)[\text{kVA}]$$

여기시, Q_C : 콘덴서 용량[kVA], P : 부하전력[kW], S : 피상전력[kVA],
$\cos\theta_1$: 개선 전 역률, $\cos\theta_2$: 개선 후 역률

출제빈도
★★★★

보충학습 문제
관련페이지
119, 128, 129, 130

예제1 피상전력 K[kVA], 역률 $\cos\theta$인 부하를 역률 100[%]로 하기 위한 병렬콘덴서의 용량[kVA]은?

① $K\sqrt{1-\cos^2\theta}$ ② $K\tan\theta$
③ $K\cos\theta$ ④ $\dfrac{K\sqrt{1-\cos^2\theta}}{\cos\theta}$

· 정답 : ①
전력용콘덴서 용량(Q_c)
$\cos\theta_1 = \cos\theta$, $\cos\theta_2 = 1$이므로
$\therefore Q_c = P[\text{kW}](\tan\theta_1 - \tan\theta_2)$
$= K[\text{kVA}]\cos\theta_1(\tan\theta_1 - \tan\theta_2)$
$= K\cos\theta_1\left(\dfrac{\sqrt{1-\cos^2\theta_1}}{\cos\theta_1} - \dfrac{\sqrt{1-\cos^2\theta_2}}{\cos\theta_2}\right)$
$= K\sqrt{1-\cos^2\theta} \, [\text{kVA}]$

예제2 정격용량 300[kVA]의 변압기에서 늦은 역률 70[%]의 부하에 300[kVA]를 공급하고 있다. 지금 합성 역률을 90[%]로 개선하여 이 변압기의 전용량의 것에 공급하려고 한다. 이 때 증가할 수 있는 부하[kW]는?

① 60 ② 86
③ 116 ④ 145

· 정답 : ①
역률 개선 후 증설가능 부하용량(ΔP)
$S = 300\,[\text{kVA}]$, $\cos\theta_1 = 0.7$,
$\cos\theta_2 = 0.9$일 때 피상분이 일정한 상태(변압기 용량 한도 내)에서 역률 개선 후 증설가능한 부하용량 ΔP는
$\therefore \Delta P = S(\cos\theta_2 - \cos\theta_1) = 300(0.9-0.7) = 60\,[\text{kW}]$

예제3 어느 변전설비의 역률을 60[%]에서 80[%]로 개선한 결과 2,800[kVar]의 콘덴서가 필요했다. 이 변전설비의 용량은 몇 [kW]인가?

① 4,800 ② 5,000
③ 5,400 ④ 5,800

· 정답 : ①
전력용콘덴서 용량(Q_c)
$\cos\theta_1 = 0.6$, $\cos\theta_2 = 0.8$,
$Q_c = 2,800\,[\text{kVar}]$이므로
$$Q_c = P\left(\frac{\sqrt{1-\cos^2\theta_1}}{\cos\theta_1} - \frac{\sqrt{1-\cos^2\theta_2}}{\cos\theta_2}\right)[\text{kVar}]$$
식에서
$$\therefore P = \frac{Q_c}{\dfrac{\sqrt{1-\cos^2\theta_1}}{\cos\theta_1} - \dfrac{\sqrt{1-\cos^2\theta_2}}{\cos\theta_2}}$$
$$= \frac{2,800}{\dfrac{\sqrt{1-0.6^2}}{0.6} - \dfrac{\sqrt{1-0.8^2}}{0.8}}$$
$$= 4,800\,[\text{kW}]$$

21 중성점 접지방식의 각 항목에 대한 비교표

출제빈도
★★★★

보충학습 문제
관련페이지
89, 94, 95

종류 및 특징 / 항목	비접지	직접접지	저항접지	소호리액터접지
지락사고시 건전상의 전위 상승	크다	최저	약간 크다	최대
절연레벨	최고	최저(단절연)	크다	크다
지락전류	적다	최대	적다	최소
보호계전기 동작	곤란	가장 확실	확실	불확실
유도장해	작다	최대	작다	최소
안정도	크다	최소	크다	최대

예제1 선로, 기기 등의 저감절연 및 전력용 변압기의 단절연을 모두 행할 수 있는 중성점 접지 방식은?
① 직접접지방식
② 소호리액터 접지방식
③ 고저항 접지방식
④ 비접지 방식

· **정답 : ①**

중성접 접지방식의 각 항목에 대한 비교표

종류 및 특징 / 항목	비접지	직접접지	저항접지	소호리액터접지
절연레벨	최고	최저(단절연)	크다	크다

예제2 다음 중 1선 지락시에 과도안정도가 가장 높은 접지방식은?
① 비접지 ② 직접접지
③ 저항접지 ④ 소호리액터접지

· **정답 : ④**

중성접 접지방식의 비교표

종류 및 특징 / 항목	비접지	직접접지	저항접지	소호리액터접지
안정도	크다	최소	크다	최대

예제3 송전선로에서 1선 접지고장시 건전상의 상전압이 거의 상승하지 않는 접지방식은?
① 비접지 ② 저저항 접지
③ 고저항 접지 ④ 직접 접지

· **정답 : ④**

중성점 접지방식의 각 항목에 대한 비교표

종류 및 특징 / 항목	비접지	직접접지	저항접지	소호리액터접지
지락사고시 건전상의 전위 상승	크다	최저	약간 크다	최대
절연레벨	최고	최저(단절연)	크다	크다
지락전류	적다	최대	적다	최소
보호계전기 동작	곤란	가장 확실	확실	불확실
유도장해	작다	최대	작다	최소
안정도	크다	최소	크다	최대

연가

1. 정의
3상 송전선의 전선 배치는 대부분 비대칭이고 선과 대지간의 간격이 고르지 못하여 선로정수의 불평형이 발생한다. 이 때문에 중성점에 잔류전압이 생기고 또한 잔류전압이 원인이 되어 소호리액터 접지 계통에서는 직렬 공진을 유발하여 전력손실이나 근접 통신선의 유도장해를 일으킨다. 이를 방지하기 위해 송전선로 전 긍장을 3배수 등분해서 각 상의 위치를 교대로 바꿔주어 전선을 대칭시키고 선과 대지간의 평균 거리를 같게 해주는 작업을 연가라 한다.

2. 목적
① 선로정수평형
② 소호리액터 접지시 직렬공진에 의한 이상전압 억제
③ 유도장해 억제

출제빈도
★★★★

보충학습 문제
관련페이지
28, 35, 36

예제1 3상3선식 송전선을 연가할 경우 일반적으로 전체 선로길이의 몇 배수로 등분해서 연가하는가?
① 5　　　② 4
③ 3　　　④ 2

· 정답 : ③
연가
3상 송전선의 전선 배치는 대부분 비대칭이고 선과 대지간의 간격이 고르지 못하여 선로정수의 불평형이 발생한다. 이 때문에 중성점에 잔류전압이 생기고 또한 잔류전압이 원인이 되어 소호리액터 접지 계통에서는 직렬 공진을 유발하여 전력손실이나 근접 통신선의 유도장해를 일으킨다. 이를 방지하기 위해 송전선로 전 긍장을 3배수 등분해서 각 상의 위치를 교대로 바꿔주어 전선을 대칭시키고 선과 대지간의 평균 거리를 같게 해주는 작업을 연가라 한다.

예제2 송전선로를 연가하는 목적은?
① 페란티효과 방지
② 직격뢰 방지
③ 선로정수의 평형
④ 유도뢰의 방지

· 정답 : ③
연가의 목적
(1) 선로정수평형
(2) 소호리액터 접지시 직렬공진에 의한 이상전압 억제
(3) 유도장해 억제

예제3 연가해도 효과가 없는 것은?
① 통신선의 유도장해
② 직렬공진
③ 각 상의 임피던스의 불평형
④ 작용정전용량의 감소

· 정답 : ④
연가의 목적
(1) 선로정수평형
(2) 소호리액터 접지시 직렬공진에 의한 이상전압 억제
(3) 유도장해 억제

23 유도장해의 종류

1. 전자유도장해
지락사고시 지락전류와 영상전류에 의해서 자기장이 형성되고 전력선과 통신선 사이에 상호인덕턴스(M)에 의하여 통신선에 전압이 유기되는 현상

① 전자유도전압(E_m)

$$E_m = j\omega Ml(I_a + I_b + I_c) = j\omega Ml \times 3I_0$$

여기서, $3I_0$: 기유도 전류

② 상호인덕턴스 계산
전류의 귀로인 대지의 도전율이 균일한 경우에 상호인덕턴스는 카슨 – 폴라체크식에 의해서 계산한다.

2. 정전유도장해
전력선과 통신선 사이의 선간정전용량(C_m)과 통신선과 대지 사이의 대지정전용량(C_s)에 의해서 통신선에 영상전압이 유기되는 현상

① 단상인 경우 정전유도전압(E_0)

$$E_0 = \frac{C_m}{C_m + C_s} E \; [\text{V}]$$

② 3상인 경우 정전유도전압(E_0)

$$E_0 = \frac{3C_m}{3C_m + C_s} E \; [\text{V}]$$

여기서, C_s : 대지정전용량, C_m : 상호정전용량

※ 전자유도전압은 주파수와 길이에 비례한 반면 정전유도전압(영상전압성분)은 주파수와 길이에 무관하다.

예제1 송전선로에 근접한 통신선에 유도장해가 발생하였다. 이런 경우, 전자유도의 원인은?

① 역상전압(V_2)   ② 정상전압(V_1)
③ 정상전류(I_1)   ④ 영상전류(I_0)

· 정답 : ④
전자유도장해
지락사고시 지락전류와 영상전류에 의해서 자기장이 형성되고 전력선과 통신선 사이에 상호인덕턴스(M)에 의하여 통신선에 전압이 유기되는 현상

(1) 전자유도전압(E_m)

$E_m = j\omega Ml(I_a + I_b + I_c)$
$\quad = j\omega Ml \times 3I_0$

여기서, $3I_0$를 기유도 전류라 한다.

(2) 상호인덕턴스 계산
전류의 귀로인 대지의 도전율이 균일한 경우에 상호인덕턴스는 칼슨 – 폴라체크식에 의해서 계산한다.

차단기와 단로기의 기능

1. 차단기(CB)와 단로기(DS)의 기능
① 차단기 : 고장전류를 차단하고 부하전류는 개폐한다.
② 단로기 : 무부하시에만 개·폐가능하며 무부하전류만을 개·폐할 수 있다.

2. 인터록
차단기(CB)와 단로기(DS)는 전원을 투입할 때나 차단할 때 조작하는데 일정한 순서로 규칙을 정하였다. 이는 고장전류나 부하전류가 흐르고 있는 경우에는 단로기로 선로를 개폐하거나 차단이 불가능하기 때문이다. 따라서 어떤 경우에라도 무부하상태의 조건을 만족하게 되면 단로기는 조작이 가능하게 되며 그 이외에는 단로기를 조작할 수 없도록 시설하는 것을 인터록이라 한다.
∴ 차단기가 열려있어야만 단로기를 개폐할 수 있다.

출제빈도
★★★★

보충학습 문제
관련페이지
110, 111

예제1 인터록(inter lock)의 설명으로 옳게 된 것은?
① 차단기가 열려 있어야만 단로기를 닫을 수 있다.
② 차단기가 닫혀 있어야만 단로기를 닫을 수 있다.
③ 차단기가 열려 있으면 단로기가 닫히고, 단로기가 열려 있으면 차단기가 닫힌다.
④ 차단기의 접점과 단로기의 접점이 기계적으로 연결되어 있다.

· 정답 : ①
인터록
차단기(CB)와 단로기(DS)는 전원을 투입할 때나 차단할 때 조작하는데 일정한 순서로 규칙을 정하였다. 이는 고장전류나 부하전류가 흐르고 있는 경우에는 단로기로 선로를 개폐하거나 차단이 불가능하기 때문이다. 따라서 어떤 경우에라도 무부하상태의 조건을 만족하게 되면 단로기는 조작이 가능하게 되며 그 이외에는 단로기를 조작할 수 없도록 시설하는 것을 인터록이라 한다.
∴ 차단기가 열려있어야만 단로기를 개폐할 수 있다.

예제2 그림과 같은 배전선이 있다. 부하에 급전 및 정전할 때 조작 방법 중 옳은 것은?

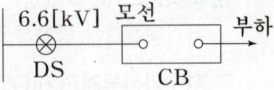

① 급전 및 정전할 때는 항상 DS, CB 순으로 한다.
② 급전 및 정전할 때는 항상 CB, DS 순으로 한다.
③ 급전시는 DS, CB 순이고, 정전시는 CB, DS 순이다.
④ 급전시는 CB, DS 순이고, 정전시는 DS, CB 순이다.

· 정답 : ③
인터록
차단기가 열려있을 때에만 단로기를 개폐할 수 있으므로
∴ 급전시 DS→CB 순서, 정전시 CB→DS 순서

25 보호계전기의 기능상의 분류

출제빈도
★★★★

1. 과전류계전기(OCR)
일정값 이상의 전류가 흘렀을 때 동작하는 계전기로 주로 과부하 또는 단락보호용으로 쓰인다.

2. 과전압계전기(OVR)
일정값 이상의 전압이 걸렸을 때 동작하는 계전기

3. 부족전압계전기(UVR)
전압이 일정값 이하로 떨어졌을 때 동작하는 계전기로 계통에 정전사고 발생시 동작한다.

4. 방향단락계전기(DS)
어느 일정 방향으로 일정값 이상의 단락전류가 흘렀을 때 동작하는 계전기

5. 거리계전기(Z)
계전기가 설치된 위치로부터 고장점까지의 거리에 비례해서 한시에 동작하는 계전기로 임피던스계전기라고도 하며 선로의 단락보호 또는 계통탈조사고의 검출용으로 사용한다.

6. 방향거리계전기(DZ)
거리계전기에 방향성을 가지게 한 것으로서 방향단락계전기의 대용으로 쓰인다.

7. 지락과전류계전기(OCGR)
과전류계전기의 동작 전류를 특별히 작게 한 것으로 지락고장 보호용으로 쓰인다.

8. 방향지락계전기(DGR)
지락과전류계전기에 방향성을 가지게 한 계전기

9. 선택지락계전기(SGR)
다회선 사용시 지락고장회선만을 선택하여 신속히 차단할 수 있도록 하는 계전기

보충학습 문제
관련페이지
120, 134, 135

예제1 전압이 정정치 이하로 되었을 때 동작하는 것으로서 단락 고장검출 등에 사용되는 계전기는?
① 부족전압계전기　② 비율차동계전기
③ 재폐계전기　　　④ 선택계전기

• 정답 : ①
보호계전기의 성질
(1) 부족전압계전기 : 전압이 일정값 이하로 떨어졌을 때 동작하는 계전기로 계통에 정전사고나 단락사고 발생시 동작한다.
(2) 비율차동계전기 : 변압기 1, 2차 전류차에 의해서 동작하는 계전기로서 변압기 내부 고장을 검출한다.

예제2 임피던스계전기라고도 하며, 선로의 단락보호 또 계통 탈조사고의 검출용으로 사용되는 계전기는?
① 변화폭 계전기
② 거리 계전기
③ 차동 계전기
④ 방향 계전기

• 정답 : ②
거리계전기(Z)
계전기가 설치된 위치로부터 고장점까지의 거리에 비례해서 한시에 동작하는 계전기로 임피던스계전기라고도 한다.

26 발전기, 변압기 보호계전기

(1) 차동계전기 : 양단의 전류차 또는 전압차에 의해 동작되는 계전기
(2) 부흐홀츠계전기
(3) 압력계전기
(4) 온도계전기
(5) 가스계전기

출제빈도
★★★★

보충학습 문제
관련페이지
121, 135, 136

예제1 변압기의 내부고장 보호에 사용되는 계전기는?
① 전압계전기   ② 접지계전기
③ 거리계전기   ④ 비율차동계전기

· 정답 : ④
비율차동계전기 또는 차동계전기
발전기나 변압기의 내부고장 검출에 사용한다.

예제2 변압기의 보호에 사용되지 않는 것은?
① 거리계전기
② 부흐홀쯔 계전기
③ 비율차동계전기
④ 온도계전기

· 정답 : ①
발전기, 변압기 보호계전기
(1) 차동계전기 또는 비율차동계전기
　　(＝전류차동계전기)
(2) 부흐홀쯔 계전기
(3) 압력계전기
(4) 온도계전기
(5) 가스계전기

예제3 보호 계전기 중 발전기, 변압기, 모선 등의 보호에 사용되는 것은?
① 비율차동계전기(RDFR)
② 과전류계전기(OCR)
③ 과전압계전기(OVR)
④ 유도형계전기

· 정답 : ①
비율차동계전기 또는 차동계전기
주로 발전기, 변압기, 모선 보호계전기로서 양단의 전류차 또는 전압차에 의해 동작하는 계전기이며 전선로 보호기능은 없다.

27 단상 3선식

출제빈도
★★★★

보충학습 문제
관련페이지
140, 141

1. 단상 3선식의 장·단점

① 장점
 ㉠ 전압강하, 전력손실이 감소한다.
 ㉡ 소요전선량이 적게 든다.
 ㉢ 효율이 높다.
 ㉣ 2종의 전압을 사용할 수 있다.

② 단점
 ㉠ 중성선이 단선되면 부하불평형에 의해 전압불평형이 발생한다.
 ㉡ 저압밸런서가 필요하다.
 ㉢ 중성선과 외측선 한선이 단락되면 다른 상에 전압상승이 생긴다.

2. 저압밸런서의 특징

① 여자임피던스가 크다.
② 누설임피던스는 작다.
③ 권수비는 1:1이다.
④ 단권변압기이다.

예제1 단상 3선식에 대한 설명 중 옳지 않은 것은?
① 불평형 부하시 중성선 단선 사고가 나면 전압 상승이 일어난다.
② 불평형 부하시 중성선에 전류가 흐르므로 중성선에 퓨즈를 삽입한다.
③ 선간전압 및 선로 전류가 같을 때 1선당 공급 전력은 단상 2선식의 133[%]이다.
④ 전력 손실이 동일할 경우 전선 총중량은 단상 2선식의 37.5[%]이다.

· 정답 : ②
저압밸런스
단상 3선식은 중성선이 용단되면 전압불평형률이 발생하므로 중성선에 퓨즈를 삽입하면 안되며 부하 말단에 저압밸런서를 설치하여 전압밸런스를 유지한다.

예제2 저압 단상 3선식 배전 방식의 단점은?
① 절연이 곤란하다.
② 전압의 불평형이 생기기 쉽다.
③ 설비 이용률이 나쁘다.
④ 2종의 전압을 얻을 수 있다.

· 정답 : ②
저압밸런스
단상 3선식은 중성선이 용단되면 전압불평형률이 발생하므로 중성선에 퓨즈를 삽입하면 안되며 부하 말단에 저압밸런서를 설치하여 전압밸런스를 유지한다.

28 배전선의 전압조정

(1) 유도전압조정기에 의한 방법 : 배전용 변전소 내에 설치하여 배전선 전체의 전압을 조정하고 전압변동이 심한 급전선을 가진 배전변전소에 사용한다. 자동식이 많이 쓰인다.
(2) 직렬콘덴서에 의한 방법 : 선로도중에 부하와 직렬로 진상의 콘덴서를 설치하여 전압강하를 보상하는 것이다.
(3) 승압기에 의한 방법 : 배전선의 도중에 승압기를 설치하여 1차 전압을 조정한다.
(4) 주상변압기의 탭 절환에 의한 방법 : 변전소의 전압을 일정하게 유지하여도 배전선 말단에 이르러서는 전압강하가 생긴다. 이런 경우 주상변압기의 탭을 절환하여 2차 전압을 조정한다.

출제빈도 ★★★★

보충학습 문제 관련페이지 143, 144

예제1 부하에 따라 전압 변동이 심한 급전선을 가진 배전변전소의 전압조정 장치는?
① 단권변압기 ② 전력용콘덴서
③ 주변압기 탭 ④ 유도전압조정기

· 정답 : ④

배전선의 전압조정
(1) 유도전압조정기에 의한 방법 : 배전용 변전소 내에 설치하여 배전선 전체의 전압을 조정한다. 자동식이 많이 쓰인다.
(2) 직렬콘덴서에 의한 방법 : 선로도중에 부하와 직렬로 진상의 콘덴서를 설치하여 전압강하를 보상하는 것이다.
(3) 승압기에 의한 방법 : 배전선의 도중에 승압기를 설치하여 1차 전압을 조정한다.
(4) 주상변압기의 탭 절환에 의한 방법 : 변전소의 전압을 일정하게 유지하여도 배전선 말단에 이르러서는 전압강하가 생긴다. 이런 경우 주상변압기의 탭을 절환하여 2차 전압을 조정한다.
∴ 부하에 따라 전압변동이 심한 급전선을 가진 배전변전소의 전압조정은 유도전압조정기를 이용한다.

예제2 배전선 전압을 조정하는 것으로 적당하지 않은 것은?
① 승압기
② 유도전압조정기
③ 병렬 콘덴서
④ 주상변압기 탭 변환

· 정답 : ③

배전선의 전압조정
(1) 유도전압조정기에 의한 방법
(2) 직렬콘덴서에 의한 방법
(3) 승압기에 의한 방법
(4) 주상변압기의 탭 절환에 의한 방법

예제3 배전선의 전압을 조정하는 방법은?
① 영상변류기 설치
② 병렬콘덴서 사용
③ 중성점 접지
④ 주상변압기 탭전환

· 정답 : ④

배전선의 전압조정방법
(1) 유도전압조정기에 의한 방법
(2) 직렬콘덴서에 의한 방법
(3) 승압기에 의한 방법
(4) 주상변압기의 탭 절환에 의한 방법

29 고장의 종류 및 고장 해석

출제빈도
★★★★

1. 1선 지락사고 및 지락전류(I_g)

a상이 지락되었다 가정하면 $I_b = I_c = 0$, $V_a = 0$이므로

$$I_0 = I_1 = I_2 = \frac{1}{3}I_a = \frac{1}{3}I_g = \frac{E_a}{Z_0 + Z_1 + Z_2} \text{ [A]}$$

$\therefore I_0 = I_1 = I_2 \neq 0$

$\therefore I_g = 3I_0 = \dfrac{3E_a}{Z_0 + Z_1 + Z_2}$ [A]

2. 2선 지락사고 및 영상전압(V_0)

b상과 c상이 지락되었다고 가정하면 $I_a = 0$, $V_b = V_c = 0$이므로

$$V_0 = V_1 = V_2 = \frac{Z_0 Z_2}{Z_1 Z_2 + Z_0(Z_1 + Z_2)} E_a \text{ [V]}$$

$\therefore V_0 = V_1 = V_2 \neq 0$

$\therefore V_0 = \dfrac{Z_0 Z_2}{Z_1 Z_2 + Z_0(Z_1 + Z_2)} E_a$ [V]

여기서, I_g : 지락전류[A], I_0 : 영상전류[A], I_1 : 정상전류[A], I_2 : 역상전류[A], I_a, I_b, I_c : 3상 각 상전류[A], Z_0 : 영상임피던스[Ω], Z_1 : 정상임피던스[Ω], Z_2 : 역상임피던스[Ω], E_a : a상 전압[V], V_0 : 영상전압[V], V_1 : 정상전압[V], V_2 : 역상전압[V], V_a, V_b, V_c : 3상 각 상 전압[V]

보충학습 문제
관련페이지
72, 73, 80, 81

예제1 3상 동기 발전기 단자에서 고장전류 계산시 영상 전류 I_0와 정상 전류 I_1 및 역상 전류 I_2가 같은 경우는?
① 1선 지락 ② 2선 지락
③ 선간단락 ④ 3상 단락

· 정답 : ①

1선 지락사고 및 지락전류(I_g)
a상이 지락한 경우
$I_a = I_g$, $I_b = I_c = 0$, $V_a = 0$이므로
$I_0 = I_1 = I_2 = \dfrac{1}{3}I_a = \dfrac{1}{3}I_g$
$= \dfrac{E_a}{Z_0 + Z_1 + Z_2}$ [A]
$I_0 = I_1 = I_2 \neq 0$이며
$\therefore I_g = I_a = 3I_0 = \dfrac{3E_a}{Z_0 + Z_1 + Z_2}$ [A]

예제2 1선 접지 고장을 대칭 좌표법으로 해석할 경우 필요한 것은?
① 정상임피던스도(diagram) 및 역상임피던스도
② 정상임피던스도
③ 정상임피던스도 및 역상임피던스도
④ 정상임피던스, 역상임피던스도 및 영상임피던스도

· 정답 : ④

1선 지락사고 및 지락전류(I_g)
$I_g = I_a = 3I_0 = \dfrac{3E_a}{Z_0 + Z_1 + Z_2}$ [A]

1선 지락사고는 영상임피던스(Z_0), 정상임피던스(Z_1), 역상임피던스(Z_2)를 모두 이용하여 지락전류를 계산한다.

30 등가선간거리(D_e)

선간거리는 도체간 이격거리를 의미하며 도체가 여러 개 사용되는 경우 선간거리를 근사식으로 계산하여 등가선간거리라 한다.

출제빈도
★★★

1. 2도체인 경우

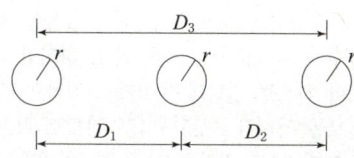

∴ $D_e = D$ [m]

2. 3도체인 경우

∴ $D_e = \sqrt[3]{D_1 \times D_2 \times D_3}$ [m]

3. 4도체인 경우

∴ $D_e = \sqrt[6]{D_1 \times D_2 \times D_3 \times D_4 \times D_5 \times D_6}$ [m]

여기서, D_e : 등가선간거리[m], D, $D_1 \sim D_6$: 도체간 거리[m]

보충학습 문제
관련페이지
24, 31, 32

예제1 3상 3선식 가공전선로의 거리가 각각 D_1, D_2, D_3일 때, 등가선간거리는?

① $\sqrt[3]{D_1^2 + D_2^2 + D_3^2}$
② $\dfrac{D_1 D_2 + D_2 D_3 + D_3 D_1}{D_1 + D_2 + D_3}$
③ $\sqrt{D_1^2 + D_2^2 + D_3^2}$
④ $\sqrt[3]{D_1 \cdot D_2 \cdot D_3}$

· 정답 : ④
등가선간거리(D_e)
선간거리가 D_1, D_2, D_3, ···, D_n일 때
$D_e = \sqrt[n]{D_1 \cdot D_2 \cdot D_3 \cdots D_n}$ [m]이므로
∴ $D_e = \sqrt[3]{D_1 \cdot D_2 \cdot D_3}$ [m]

예제2 3상 3선식에서 선간거리가 각각 50[cm], 60[cm], 70[cm]인 경우 기하평균 선간거리는 몇[cm]인가?

① 50.4 ② 59.4
③ 62.8 ④ 84.8

· 정답 : ②
등가선간거리=기하평균 선간거리(D_e)
$D_1 = 50$ [cm], $D_2 = 60$ [cm],
$D_3 = 70$ [cm]이라 하면
∴ $D_e = \sqrt[3]{D_1 \cdot D_2 \cdot D_3}$
$= \sqrt[3]{50 \times 60 \times 70}$
$= 59.4$ [cm]

31 가공지선

출제빈도
★★★

보충학습 문제
관련페이지
4, 11, 96, 102,
103, 104

1. 가공지선
① 직격뢰를 차폐하여 전선로를 보호하고 정전차폐 및 전자차폐 효과도 있다.
② 직격뢰가 가공지선에 가해지는 경우 탑각을 통해 대지로 안전하게 방전되어야 하나 탑각접지저항이 너무 크면 역섬락이 발생할 우려가 있다. 때문에 매설지선을 매설하여 탑각접지저항을 저감시켜 역섬락을 방지한다.

2. 가공지선의 차폐각
송전선을 뇌의 직격으로부터 보호하기 위해서 철탑의 최상부에 가공지선을 설치하고 있다. 이때 가공지선이 송전선을 보호할 수 있는 효율을 차폐각(=보호각)으로 정하고 있으며 차폐각은 작을수록 보호효율이 크게 된다. 하지만 너무 작게 하는 경우는 가공지선이 높게 가설되어야 하므로 철탑의 높이가 전체적으로 높아져야 하는 문제점을 야기하게 된다. 따라서 보통 차폐각을 35°~45° 정도로 하고 있으며 보호효율은 45°일 때 97[%], 10°일 때 100[%]로 정하고 있다. 보호효율을 높이는 방법으로 가공지선을 2가닥으로 설치하면 차폐각을 줄일 수 있게 된다.

예제1 철탑에서의 차폐각에 대한 설명 중 옳은 것은?
① 클수록 보호 효율이 크다.
② 클수록 건설비가 적다.
③ 기존의 대부분이 45°의 경우 보호 효율은 80[%] 정도이다.
④ 보통 90° 이상이다.

· 정답 : ②
가공지선의 차폐각
송전선을 뇌의 직격으로부터 보호하기 위해서 철탑의 최상부에 가공지선을 설치하고 있다. 이때 가공지선이 송전선을 보호할 수 있는 효율을 차폐각(=보호각)으로 정하고 있으며 차폐각은 작을수록 보호효율이 크게 된다. 하지만 너무 작게 하는 경우는 가공지선이 높게 가설되어야 하므로 철탑의 높이가 전체적으로 높아져야 하는 문제점을 야기하게 된다. 따라서 보통 차폐각을 35°~45° 정도로 하고 있으며 보호효율은 45°일 때 97[%], 10°일 때 100[%]로 정하고 있다. 보호효율을 높이는 방법으로 가공지선을 2조로 설치하면 차폐각을 줄일 수 있게 된다.

예제2 직격뢰에 대한 방호설비로서 가장 적당한 것은?
① 가공지선   ② 서지흡수기
③ 복도체   ④ 정전방전기

· 정답 : ①
가공지선
직격뢰를 차폐하여 전선로를 보호한다.

예제3 송전선로에서 가공지선을 설치하는 목적 중 옳지 않은 것은?
① 뇌(雷)의 직격을 받을 경우 송전선 보호
② 유도에 의한 송전선의 고전위 방지
③ 통신선에 대한 차폐효과를 증진시키기 위하여
④ 철탑의 접지저항을 경감시키기 위하여

· 정답 : ④
가공지선
직격뢰를 차폐하여 전선로를 보호한다.
∴ 철탑의 접지저항을 경감시키기 위한 설비는 매설지선이다.

32 전력손실(P_l)과 콘덴서 설치 목적

1. $P_l = 3I^2R = \dfrac{P^2R}{V^2\cos^2\theta} = \dfrac{P^2\rho l}{V^2\cos^2\theta \cdot A}$ [W] 식에서

   $\therefore P_l \propto \dfrac{1}{V^2},\ P_l \propto \dfrac{1}{\cos^2\theta},\ P_l \propto \dfrac{1}{A}$

   여기서, P_l: 전력손실[W], I: 전류[A], R: 저항[Ω], P: 공급전력[W], V: 전압[V], ρ: 고유저항[Ω·m], l: 선로길이[m], A: 전선단면적[m²], $\cos\theta$: 역률

2. 콘덴서의 설치 목적
   ① 직렬콘덴서
   　㉠ 전압강하보상
   　㉡ 안정도 개선

   ② 병렬콘덴서
   　㉠ 역률개선
   　㉡ 전력손실 경감
   　㉢ 전력요금 감소
   　㉣ 설비용량의 여유 증가
   　㉤ 전압강하 경감
   ※ 직렬콘덴서는 역률개선 효과는 없다.

출제빈도
★★★

보충학습 문제
관련페이지
131, 132, 139

예제1 배전선로의 손실 경감과 관계 없는 것은?
① 승압
② 역률 개선
③ 대용량 변압기 채용
④ 동량의 증가

· 정답 : ③
전력손실 경감

$P_l = 3I^2R = \dfrac{P^2R}{V^2\cos^2\theta}$

$= \dfrac{P^2\rho l}{V^2\cos^2\theta A}$ [W]

식에서 $P_l \propto \dfrac{1}{V^2},\ P_l \propto \dfrac{1}{\cos^2\theta},$

$P_l \propto \dfrac{1}{A}$ 이므로

∴ 승압, 역률개선, 단면적 증가(동량 증가)는 전력손실을 경감시킨다.

예제2 동일한 전압에서 동일한 전력을 송전할 때 역률을 0.8에서 0.9로 개선하면 전력 손실[%]은 얼마나 감소하는가?
① 약 80
② 약 30
③ 약 20
④ 약 10

· 정답 : ③
역률($\cos\theta$)에 따른 전력손실(P_l)

$P_l = 3I^2R = \dfrac{P^2R}{V^2\cos^2\theta}$ [W] 이므로

$P_l \propto \dfrac{1}{\cos^2\theta}$ 임을 알 수 있다.

$\cos\theta = 0.8$일 때 P_l, $\cos\theta' = 0.9$일 때 P_l'이라 하면

$P_l' = \left(\dfrac{\cos\theta}{\cos\theta'}\right)^2 P_l = \left(\dfrac{0.8}{0.9}\right)^2 P_l = 0.8 P_l$

이므로

$\therefore 1 - 0.8 = 0.2[\text{p.u}] = 20[\%]$ 감소한다.

33. 배전방식의 종류 및 특징

출제빈도
★★★

종류	특징
수지식(=가지식 또는 방사상식)	① 정전범위가 넓다. ② 농어촌지역에 사용하며 감전사고가 작다. ③ 전압변동이나 전압강하가 크다. ④ 전선비가 적게들고 부하증설이 용이하다.
루프식(=환상식)	① 고장 개소의 분리 조작이 용이하다. ② 전력손실과 전압강하가 작다. ③ 전압변동이 작다. ④ 보호 방식이 복잡하며 설비비가 비싸다. ⑤ 수용밀도가 큰 지역의 고압 배전선에 많이 사용된다.
네트워크식 (=망상식)	① 무정전 공급이 가능해서 공급 신뢰도가 높다. ② 플리커 및 전압변동율이 작고 전력손실과 전압강하가 작다. ③ 기기의 이용율이 향상되고 부하증가에 대한 적응성이 좋다. ④ 변전소의 수를 줄일 수 있다. ⑤ 가격이 비싸고 대도시에 적합하다. ⑥ 인축의 감전사고가 빈번하게 발생한다.
저압뱅킹방식	① 변압기 2차측(저압측)을 전기적으로 연결시켜 부하에 대한 융통성을 크게 한다. ② 부하 밀집된 지역에 적당하다. ③ 전압동요가 적다. ④ 단점으로 저압선의 고장으로 인하여 건전한 변압기의 일부 또는 전부가 차단되는 케스케이딩 현상이 발생할 우려가 있다.

보충학습 문제
관련페이지
123, 141, 142, 143

예제1 배전선을 구성하는 방식으로 방사상식에 대한 설명으로 옳은 것은?
① 부하의 분포에 따라 수지상으로 분기선을 내는 방식이다.
② 선로의 전류분포가 가장 좋고 전압강하가 적다.
③ 수용증가에 따른 선로연장이 어렵다.
④ 사고시 무정전 공급으로 도시배전선에 적합하다.

· 정답 : ①
방사상식=수지식=가지식
(1) 정전범위가 넓다.
(2) 농어촌지역에 사용하며 감전사고가 적다.
(3) 전압변동이나 전압강하가 크다.
(4) 전선비가 적게 들고 부하증설이 용이하다.

예제2 저압뱅킹배전방식에서 캐스케이딩(cascading) 현상이란?
① 전압 동요가 적은 현상
② 변압기의 부하 배분이 불균일한 현상
③ 저압선이나 변압기에 고장이 생기면 자동적으로 고장이 제거되는 현상
④ 저압선의 고장에 의하여 건전한 변압기의 일부 또는 전부가 차단되는 현상

· 정답 : ④
저압뱅킹방식
저압선의 고장으로 인하여 건전한 변압기의 일부 또는 전부가 차단되는 캐스케이딩 현상이 발생할 우려가 있다.

34 배전방식의 전기적 특성 비교

구분	단상 2선식	단상 3선식	3상 3선식
공급전력	100[%]	133[%]	115[%]
선로전류	100[%]	50[%]	58[%]
전력손실	100[%]	25[%]	75[%]
전선량	100[%]	37.5[%]	75[%]

※ 단상 3선식은 중성선이 용단되면 전압불평형이 발생하므로 중성선에 퓨즈를 삽입하면 안 되며 부하 말단에 저압밸런서를 설치하여 전압밸런스를 유지한다.

출제빈도
★★★

보충학습 문제
관련페이지
123, 138, 139

예제1 옥내 배선을 단상 2선식에서 단상 3선식으로 변경하였을 때, 전선 1선당의 공급 전력은 몇 배로 되는가? (단, 선간전압(단상 3선식의 경우는 중성선과 타선간의 전압), 선로 전류(중성선의 전류 제외) 및 역률은 같을 경우이다.)

① 0.71배   ② 1.33배
③ 1.41배   ④ 1.73배

· 정답 : ②
배전방식의 전기적 특성 비교

구분	단상 2선식	단상 3선식	3상 3선식
공급전력	100[%]	133[%]	115[%]
선로전류	100[%]	50[%]	58[%]
전력손실	100[%]	25[%]	75[%]
전선량	100[%]	37.5[%]	75[%]

예제2 송전전력, 송전전압, 전선로의 전력손실이 일정하고 같은 재료의 전선을 사용한 경우 단상 2선식에서 전선 한 가닥마다의 전력을 100[%]라 하면, 단상 3선식에서는 133[%]이다. 3상 3선식에서는 몇 [%]인가?

① 57   ② 87
③ 100   ④ 115

· 정답 : ④
배전방식의 전기적 특성 비교

구분	단상 2선식	단상 3선식	3상 3선식
공급전력	100[%]	133[%]	115[%]

예제3 어느 전등 부하의 배전방식을 단상 2선식에서 단상 3선식으로 바꾸었을 때, 선로에 흐르는 전류는 전자의 몇 배 되는가? (단, 중성선에는 전류가 흐르지 않는다고 한다.)

① 1/4   ② 1/3
③ 1/2   ④ 불변

· 정답 : ③
배전방식의 전기적 특성 비교

구분	단상 2선식	단상 3선식	3상 3선식
선로전류	100[%]	50[%]	58[%]

∴ $50[\%] = \frac{1}{2}$ 배

예제4 단상 2선식을 100[%]로 하여 3상 3선식의 부하전력, 전압을 같게 하였을 때, 선로전류의 비[%]는?

① 38   ② 48
③ 58   ④ 68

· 정답 : ③
배전방식의 전기적 특성 비교

구분	단상 2선식	단상 3선식	3상 3선식
선로전류	100[%]	50[%]	58[%]

35 보호계전방식

출제빈도
★★★

보충학습 문제
관련페이지
122, 138

1. 환상선로의 단락보호
① 전원이 1군데인 경우 방향단락계전방식을 사용한다.
② 전원이 두 군데 이상인 경우 방향거리계전방식을 사용한다.

2. 전원이 양단에 있는 방사상 선로의 단락 보호
방향단락계전기(DS)와 과전류계전기(OCR)를 조합하여 사용한다.

3. 전력선반송 보호계전방식
방향비교방식, 위상비교방식, 고속도 거리계전기와 조합하는 방식, 반송파를 지령신호로 하는 방식이 사용된다.

4. 표시선 계전방식(=파일럿 와이어 계전방식)
① 방향비교방식, 전압반향방식, 전류순환방식이 사용된다.
② 연피케이블을 사용하여 고장점 위치에 관계없이 양단을 동시에 고속도 차단할 수 있는 계전 방식

예제1 표시선 계전 방식이 아닌 것은?
① 전압반향방식
　(opposed voltage system)
② 방향비교방식
　(directional comparison)
③ 전류순환방식
　(circulating current system)
④ 반송계전방식
　(carrier-pilot relaying)

· 정답 : ④
표시선계전방식(=파일럿 와이어 계전방식)
송전선 양단에 CT를 설치하여 표시선계전기에 전류를 흘리면 보호구간 내에서 사고가 발생시 동작코일에 전류를 흐르도록 하여 동작하는 계전기로서 종류로는 방향비교방식, 전압반향방식, 전류순환방식이 사용된다.

예제2 전원이 양단에 있는 방사상 송전선로의 단락보호에 사용되는 계전기는?
① 방향거리계전기(DZ)
　- 과전압계전기(OVR)의 조합
② 방향단락계전기(DS)
　- 과전류계전기(OCR)의 조합
③ 선택접지계전기(SGR)
　- 과전류계전기(OCR)의 조합
④ 부족전류계전기(UCR)
　- 과전압계전기(OVR)의 조합

· 정답 : ②
전원이 양단에 있는 방사상 선로의 단락보호
방향단락계전기(DS)와 과전류계전기(OCR)를 조합하여 사용한다.

보호계전기의 동작시간에 따른 분류

1. **순한시계전기**
   정정된 최소동작전류 이상의 전류가 흐르면 즉시 동작하는 계전기

2. **정한시계전기**
   정정된 값 이상의 전류가 흘렀을 때 동작 전류의 크기에는 관계없이 정해진 시간이 경과한 후에 동작하는 계전기

3. **반한시계전기**
   정정된 값 이상의 전류가 흘렀을 때 동작하는 시간과 전류값이 서로 반비례하여 동작하는 계전기

4. **정한시-반한시 계전기**
   어느 전류값까지는 반한시계전기의 성질을 띠지만 그 이상의 전류가 흐르는 경우 정한시계전기의 성질을 띠는 계전기

출제빈도
★★★

보충학습 문제
관련페이지
120, 137

예제1 그림과 같은 특성을 갖는 계전기의 동작 시간 특성은?

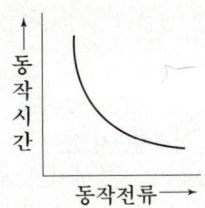

① 반한시 특성
② 정한시 특성
③ 비례한시 특성
④ 반한시 정한시 특성

· 정답 : ①
반한시계전기
그래프의 동작특성은 동작전류가 클수록 동작시간이 점점 짧아지고 있으므로 정정된 값 이상의 전류가 흘렀을 때 동작하는 시간과 전류값이 서로 반비례하여 동작하는 반한시계전기를 나타낸다.

예제2 동작 전류의 크기에 관계 없이 일정한 시간에 동작하는 한시 특성을 갖는 계전기는?

① 순한시 계전기
② 정한시 계전기
③ 반한시 계전기
④ 반한시성 정한시 계전기

· 정답 : ②
계전기의 한시특성
(1) 순한시계전기 : 정정된 최소동작전류 이상의 전류가 흐르면 즉시 동작하는 계전기
(2) 정한시계전기 : 정정된 값 이상의 전류가 흘렀을 때 동작 전류의 크기에는 관계없이 정해진 시간이 경과한 후에 동작하는 계전기
(3) 반한시계전기 : 정정된 값 이상의 전류가 흘렀을 때 동작하는 시간과 전류값이 서로 반비례하여 동작하는 계전기
(4) 정한시-반한시 계전기 : 어느 전류값까지는 반한시계전기의 성질을 띠지만 그 이상의 전류가 흐르는 경우 정한시계전기의 성질을 띠는 계전기

37. 전압에 따른 차단기의 분류 및 차단기의 차단시간

출제빈도
★★★

보충학습 문제
관련페이지
101, 108, 109, 110

1. 전압에 따른 차단기의 분류

고압	특고압	초고압
자기차단기 유입차단기 진공차단기	가스차단기 유입차단기 진공차단기 공기차단기	가스차단기 공기차단기

2. 차단기의 차단시간

트립코일 여자로부터 차단기 접점의 아크소호까지의 시간을 말하며 3~8사이클 정도이다.

예제1 최근 154[kV]급 변전소에 주로 설치되는 차단기는 어떤 것인가?
① 자기차단기(MBB)
② 유입차단기(OCB)
③ 기중차단기(ACB)
④ SF₆ 가스차단기(GCB)

· 정답 : ④
전압에 다른 차단기의 분류

고압 (7,000V 이하)	특고압 (220kV 이하)	초고압 (220kV 초과)
자기차단기 유입차단기 진공차단기	가스차단기 유입차단기 진공차단기 공기차단기	가스차단기 공기차단기

∴ 현재 154[kV], 345[kV], 765[kV] 선로 및 변전소 내에 설치되는 차단기는 거의 대부분이 가스차단기(GCB)이다.

예제2 차단기의 정격차단시간의 표준이 아닌 것은?
① 3[C/sec]   ② 5[C/sec]
③ 8[C/sec]   ④ 10[C/sec]

· 정답 : ④
차단기의 차단시간
트립코일 여자로부터 차단기 접점의 아크소호까지의 시간을 말하며 3~8사이클 정도이다.

예제3 차단기의 정격차단시간은?
① 고장발생부터 소호까지의 시간
② 트립코일 여자부터 소호까지의 시간
③ 가동접촉자 시동부터 소호까지의 시간
④ 가동접촉자 개극부터 소호까지의 시간

· 정답 : ②
차단기의 차단시간
트립코일 여자로부터 차단기 접점의 아크소호까지의 시간을 말하며 3~8사이클 정도이다.

38 충전전류(I_c)

1. 작용정전용량(C_w)

① 단상 2선식인 경우 $C_w = C_s + 2C_m$

② 3상 3선식인 경우 $C_w = C_s + 3C_m$

여기서, C_s : 대지정전용량[F], C_m : 선간정전용량[F]

2. 충전전류(I_c)

∴ $I_c = \omega C_w l E = \omega C_w l \dfrac{V}{\sqrt{3}} = 2\pi f C_w l \dfrac{V}{\sqrt{3}}$ [A]

여기서, I_c : 충전전류[A], ω : 각주파수[rad/sec], C_w : 작용정전용량[F/km],
l : 선로길이[km], E : 선과 대지간 전압[V], V : 선간전압[V]

출제빈도
★★★

보충학습 문제
관련페이지
29, 36, 38

예제1 22[kV], 60[Hz] 1회선의 3상 송전의 무부하 충전전류를 구하면? (단, 송전선의 길이는 20[km]이고, 1선 1[km] 당 정전용량은 0.5[μF]이다.)

① 약 12[A] ② 약 24[A]
③ 약 36[A] ④ 약 48[A]

· 정답 : ④
충전전류(I_c)

$I_c = j\omega C_\omega l E = j\omega C_\omega l \dfrac{V}{\sqrt{3}}$ [A]

여기서, E : 선과 대지간 전압, V : 선간전압
$V = 22\,[\text{kV}]$, $f = 60\,[\text{Hz}]$, $l = 20\,[\text{km}]$,
$C_\omega = 0.5\,[\mu\text{F/km}]$이므로

∴ $I_c = \omega C_\omega l E = \omega C_\omega l \dfrac{V}{\sqrt{3}}$

$= 2\pi f C_w l \dfrac{V}{\sqrt{3}}$

$= 2 \times 3.14 \times 60 \times 0.5 \times 10^{-7} \times 20 \times \dfrac{22 \times 10^3}{\sqrt{3}}$

$= 48\,[\text{A}]$

예제2 송전선로의 정전용량 $C = 0.008\,[\mu\text{F/km}]$, 선로의 길이 $L = 100\,[\text{km}]$, 전압 $E = 37{,}000\,[\text{V}]$이고 주파수 $f = 60$일 때 충전전류[A]는?

① 8.7   ② 11.1
③ 13.7 ④ 14.7

· 정답 : ②
충전전류(I_c)

$I_c = j\omega C_\omega l E = j\omega C_\omega l \dfrac{V}{\sqrt{3}}$ [A]

여기서, E는 선과 대지간 전압, V는 선간전압이다.
$C_\omega = 0.008\,[\mu\text{F/km}]$, $L = 100\,[\text{km}]$,
$E = 37{,}000\,[\text{V}]$, $f = 60\,[\text{Hz}]$이므로

∴ $I_c = \omega C_\omega l E = 2\pi f C_\omega l E$

$= 2 \times 3.14 \times 60 \times 0.008 \times 10^{-6} \times 100 \times 37{,}000$

$= 11.1\,[\text{A}]$

39. 충전전류와 단락전류

충전전류는 선로의 작용정전용량에 의해서 흐르는 전류이며 단락전류는 선로의 누설리액턴스에 의해서 흐르는 전류이므로 충전전류는 정전용량(C)의 특성에 의해서 90° 빠른 진상전류가 흐르게 되며 단락전류는 인덕턴스(L)의 특성에 의해서 90° 늦은 지상전류가 흐르게 된다.

출제빈도
★★★

보충학습 문제
관련페이지
37, 38

예제1 송배전 선로의 작용정전용량은 무엇을 계산하는 데 사용하는가?
① 비접지 계통의 1선 지락고장시 지락고장 전류 계산
② 정상운전시 선로의 충전전류 계산
③ 선간단락 고장시 고장전류 계산
④ 인접 통신선의 정전유도전압 계산

· 정답 : ②
충전전류(I_c)
$$I_c = j\omega C_w\, l\, E = j\omega C_w\, l\, \frac{V}{\sqrt{3}}\ [\text{A}]$$
에서 C_w는 선로의 작용정전용량으로서 송전선로의 정상운전시 충전전류 계산에 적용한다. 또한 비접지 계통에서 1선 지락고장시 지락전류를 계산할 때는 대지정전용량을 사용한다.

예제2 단락전류는 다음 중 어느 것을 말하는가?
① 앞선전류   ② 뒤진전류
③ 충전전류   ④ 누설전류

· 정답 : ②
충전전류와 단락전류
충전전류는 선로의 작용정전용량에 의해서 흐르는 전류이며 단락전류는 선로의 누설리액턴스에 의해서 흐르는 전류이므로 충전전류는 정전용량(C)의 특성에 의해서 90° 빠른 진상전류가 흐르게 되며 단락전류는 인덕턴스(L)의 특성에 의해서 90° 늦은 지상전류가 흐르게 된다.

직렬리액터

40

부하의 역률을 개선하기 위해 설치하는 전력용콘덴서에 제5고조파 전압이 나타나게 되면 콘덴서 내부고장의 원인이 되므로 제5고조파 성분을 제거하기 위해서 직렬리액터를 설치하는데 5고조파 공진을 이용하기 때문에 직렬리액터의 용량은 이론상 4[%], 실제적 용량 5~6[%]이다.

1. 직렬리액터 용량 이론적 산출

$$5\omega L = \frac{1}{5\omega C}$$

$$\omega L = \frac{1}{\omega C} \times \frac{1}{25} = 0.04 \times \frac{1}{\omega C}$$

$Q_L = 0.04 Q_c$ [kVA]

∴ 이론상 4[%]

여기서, L : 인덕턴스[H], C : 정전용량[F],
Q_L : 직렬리액터용량[kVA], Q_c : 전력용콘덴서 용량[kVA]

2. 직렬리액터의 실제 용량

$Q_L = (0.05 \sim 0.06) Q_c$ [kVA]

∴ 실제 적용상 5~6[%]

여기서, Q_L : 직렬리액터용량[kVA], Q_c : 전력용콘덴서 용량[kVA]

출제빈도
★★★

보충학습 문제
관련페이지
63

예제1 전력용콘덴서를 변전소에 설치할 때 직렬리액터를 설치하고자 한다. 직렬리액터의 용량을 결정하는 식은? (단, f 는 전원의 기본 주파수, C 는 역률 개선용 콘덴서의 용량, L 은 직렬리액터의 용량이다.)

① $2\pi f_0 L = \dfrac{1}{2\pi f_0 C}$

② $2\pi \cdot 3 f_0 L = \dfrac{1}{2\pi \cdot 3 f_0 C}$

③ $2\pi \cdot 5 f_0 L = \dfrac{1}{2\pi \cdot 5 f_0 C}$

④ $2\pi \cdot 7 f_0 L = \dfrac{1}{2\pi \cdot 7 f_0 C}$

· 정답 : ③

직렬리액터 : 부하의 역률을 개선하기 위해 설치하는 전력용콘덴서에 제5고조파 전압이 나타나게 되면 콘덴서 내부고장의 원인이 되므로 제5고조파 성분을 제거하기 위해서 직렬리액터를 설치하는데 5고조파 공진을 이용하기 때문에 직렬리액터의 용량은 이론상 4[%], 실제적 용량 5~6[%]이다.

$$5\omega L = \frac{1}{5\omega C}$$

∴ $2\pi \cdot 5 f_0 L = \dfrac{1}{2\pi \cdot 5 f_0 C}$

41 등가회로로 바라본 대칭분 임피던스(Z_0, Z_1, Z_2)

출제빈도
★★★

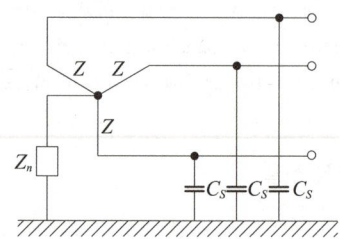

3상 회로를 1상 기준으로 하여 등가회로를 그리면 다음과 같다.

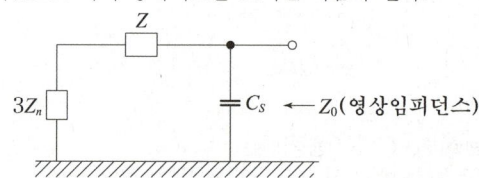

1. 영상임피던스(Z_0)

$$Z_0 = \cfrac{1}{j\omega C_S + \cfrac{1}{Z+3Z_n}} = \cfrac{Z+3Z_n}{1+j\omega C_S(Z+3Z_n)} \, [\Omega]$$

2. 정상임피던스(Z_1)와 역상임피던스(Z_2)

$Z_1 = Z_2 = Z \, [\Omega]$

※ $Z_0 > Z_1 = Z_2$임을 알 수 있다.

보충학습 문제
관련페이지
82

예제1 그림과 같은 회로의 영상 임피던스는?

① $\dfrac{Z_n}{1+j\omega CZ_n}$

② $\dfrac{3Z_n}{1+j3\omega CZ_n}$

③ $\dfrac{1}{1+j\omega CZ_n}$

④ $\dfrac{Z_n}{1+j3\omega CZ_n}$

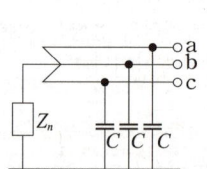

· 정답 : ②

등가회로로 바라본 대칭분 임피던스(Z_0, Z_1, Z_2)
3상회로를 1상 기준으로 하여 등가임피던스를 구하면
영상임피던스

$$Z_0 = \cfrac{1}{\cfrac{1}{3Z_n}+j\omega C} = \cfrac{3Z_n}{1+j3\omega CZ_n} \, [\Omega]$$

정상임피던스(Z_1)와 역상임피던스(Z_2)는
$Z_1 = Z_2 = 0 \, [\Omega]$

∴ $Z_0 = \cfrac{3Z_n}{1+j3\omega CZ_n} \, [\Omega]$

직류송전방식의 장·단점

1. 장점
① 교류송전에 비해 기기나 전로의 절연이 용이하다. (교류의 $2\sqrt{2}$ 배, 교류최대치의 $\sqrt{2}$ 배)
② 표피효과가 없고 코로나손 및 전력손실이 적어서 송전효율이 높다.
③ 선로의 리액턴스 성분이 나타나지 않아 유전체손 및 충전전류 영향이 없다.
④ 전압강하가 작고 전압변동률이 낮아 안정도가 좋다.
⑤ 역률이 항상 1이다.
⑥ 송전전력이 크다. (교류의 2배)

2. 단점
① 변압이 어려워 고압송전에 불리하다.
② 회전자계를 얻기 어렵다.
③ 직류는 차단이 어려워 사고시 고장차단이 어렵다.

출제빈도
★★★

보충학습 문제
관련페이지
66

예제1 직류송전방식의 장점이 아닌 것은?
① 리액턴스의 강하가 생기지 않는다.
② 코로나손 및 전력손실이 적다.
③ 회전자계가 쉽게 얻어진다.
④ 유전체손 및 충전전류의 영향이 없다.

· 정답 : ③
직류송전방식의 장·단점
(1) 장점
 ㉠ 교류송전에 비해 기기나 전로의 절연이 용이하다. (교류의 $2\sqrt{2}$ 배, 교류최대치의 $\sqrt{2}$ 배)
 ㉡ 표피효과가 없고 코로나손 및 전력손실이 적어서 송전효율이 높다.
 ㉢ 선로의 리액턴스 성분이 나타나지 않아 유전체손 및 충전전류 영향이 없다.
 ㉣ 전압강하가 작고 전압변동률이 낮아 안정도가 좋다.
 ㉤ 역률이 항상 1이다.
 ㉥ 송전전력이 크다. (교류의 2배)
(2) 단점
 ㉠ 변압이 어려워 고압송전에 불리하다.
 ㉡ 회전자계를 얻기 어렵다.
 ㉢ 직류는 차단이 어려워 사고시 고장차단이 어렵다.

예제2 중성점 접지 직류 2선식과 교류 3상 3선식에서 사용 전선량이 같고 손실률과 절연 레벨을 같게 하면 송전전력은?
① 직류송전은 교류송전에 비하여 41[%] 증가한다.
② 직류송전은 교류송전에 비하여 100[%] 증가한다.
③ 교류송전은 직류송전에 비하여 41[%] 증가한다.
④ 교류송전은 직류송전에 비하여 100[%] 증가한다.

· 정답 : ②
직류송전방식의 장·단점
직류의 송전전력이 교류의 2배이므로 100[%] 증가한다.

43 전력원선도

출제빈도
★★★

선로의 제량을 계산할 때 수식에 의한 방법과 도식에 의한 방법이 있다. 수식은 정확한 결과를 얻을 수 있게 하고 도식은 개략적인 필요한 내용을 간단히 구하는 경우에 적용한다. 선로의 송수전 양단의 전압 크기를 일정하게 하고 다만, 상차각만 변화시켜서 유효전력(P)을 송전할 수 있는지, 또 어떠한 무효전력(Q)이 흐르는지의 관계를 표시한 것이 전력원선도이다. 전력원선도는 가로축에 유효전력(P)을 두고 세로축에 무효전력(Q)을 두어서 송·수전단 전압간의 위상차의 변화에 대해서 전력의 변화를 원의 방정식으로 유도하여 그리게 된다.

1. 전력원선도로 알 수 있는 사항
① 송·수전단 전압간의 위상차
② 송·수전할 수 있는 최대전력(=정태안정극한전력)
③ 송전손실 및 송전효율
④ 수전단의 역률
⑤ 조상용량

2. 전력원선도 작성에 필요한 사항
① 선로정수
② 송·수전단 전압
③ 송·수전단 전압간 위상차

보충학습 문제
관련페이지
68, 69

예제1 전력원선도의 가로축과 세로축은 각각 다음 중 어느 것을 나타내는가?
① 전압과 전류
② 전압과 전력
③ 전류와 전력
④ 유효전력과 무효전력

· 정답 : ④

전력원선도
선로의 제량을 계산할 때 수식에 의한 방법과 도식에 의한 방법이 있다. 수식은 정확한 결과를 얻을 수 있게 하고 도식은 개략적인 필요한 내용을 간단히 구하는 경우에 적용한다. 선로의 송수전 양단의 전압 크기를 일정하게 하고 다만, 상차각만 변화시켜서 유효전력(P)을 송전할 수 있는지, 또 어떠한 무효전력(Q)이 흐르는지의 관계를 표시한 것이 전력원선도이다.

전력원선도는 가로축에 유효전력(P)을 두고 세로축에 무효전력(Q)을 두어서 송·수전단 전압간의 위상차의 변화에 대해서 전력의 변화를 원의 방정식으로 유도하여 그리게 된다.
(1) 전력원선도로 알 수 있는 사항
  ㉠ 송·수전단 전압간의 위상차
  ㉡ 송·수전할 수 있는 최대전력(=정태안정극한전력)
  ㉢ 송전손실 및 송전효율
  ㉣ 수전단의 역률
  ㉤ 조상용량
(2) 전력원선도 작성에 필요한 사항
  ㉠ 선로정수
  ㉡ 송·수전단 전압
  ㉢ 송·수전단 전압간 위상차

전선

출제빈도
★★★

1. 전선의 구비조건
① 도전율이 커야 한다.
② 고유저항이 작아야 한다.
③ 허용전류(최대안전전류)가 커야 한다.
④ 전압강하가 작아야 한다.
⑤ 전력손실이 작아야 한다.
⑥ 기계적 강도가 커야 한다.
⑦ 내식성, 내열성을 가져야 한다.
⑧ 비중이 작아야 한다.
⑨ 시공이 원활해야 한다.
⑩ 가격이 저렴해야 한다.

2. 옥내배선의 굵기 결정 3요소
① 허용전류
② 전압강하
③ 기계적 강도
이 중에서 우선적으로 고려해야 할 사항은 허용전류이다.

3. 송전선의 가장 경제적인 굵기 결정식
켈빈의 법칙을 사용하면 임의의 선의 경제적 전류밀도를 전력대 전선비 및 금리, 감가상각비 등의 함수로 결정할 수 있다.

보충학습 문제
관련페이지
2, 3, 11

예제1 가공전선의 구비조건으로 옳지 않은 것은?
① 기계적 강도가 클 것
② 도전율이 클 것
③ 비중이 클 것
④ 신장률이 클 것
· 정답 : ③
전선의 구비조건 : 비중이 작아야 한다.

예제2 옥내배선에 사용하는 전선의 굵기를 결정하는데 고려하지 않아도 되는 것은?
① 기계적 강도 ② 전압강하
③ 허용전류   ④ 절연저항
· 정답 : ④

전선의 굵기 결정 3요소
(1) 허용전류
(2) 전압강하
(3) 기계적 강도

예제3 캘빈(Kelvin)의 법칙이 적용되는 경우는?
① 전력 손실량을 축소시키고자 하는 경우
② 전압강하를 감소시키고자 하는 경우
③ 부하배분의 균형을 얻고자 하는 경우
④ 경제적인 전선의 굵기를 선정하고자 하는 경우
· 정답 : ④
전선의 가장 경제적인 굵기 결정식(켈빈의 법칙)
켈빈의 법칙을 사용하면 임의의 선의 경제적 전류밀도를 전력대 전선비 및 금리, 감가상각비 등의 함수로 결정할 수 있다.

45 철탑 설계

출제빈도
★★★

보충학습 문제
관련페이지
3, 4, 11, 12

1. 가공지선
가공지선은 송전선로 지지물 최상부에 1선 또는 2선으로 보통 단면적 $22[mm^2]$ ~$200[mm^2]$의 아연도강연선 또는 ACSR(강심알루미늄연선)을 대지에 연결함으로서 직격뢰로부터 철탑이나 전선을 보호하기 위해 설치하는 접지선을 말한다.

2. 매설지선
탑각의 접지저항이 충분히 적어야 직격뢰를 대지로 안전하게 방전시킬 수 있으나 탑각의 접지저항이 너무 크면 대지로 흐르던 직격뢰가 다시 선로로 역류하여 철탑재나 애자련에 섬락이 일어나게 된다. 이를 역섬락이라 한다. 역섬락이 일어나면 뇌전류가 애자련을 통하여 전선로로 유입될 우려가 있으므로 이때 탑각에 방사형 매설지선을 포설하여 탑각의 접지저항을 낮춰주면 역섬락을 방지할 수 있게 된다.

예제1 접지봉을 사용하여 희망하는 접지저항값까지 줄일 수 없을 때 사용하는 선은?
① 차폐선　　② 가공지선
③ 크로스본드선　④ 매설지선

・정답 : ④
매설지선
매설지선을 포설하여 탑각의 접지저항을 낮춰주면 역섬락을 방지할 수 있게 된다.

예제2 송전선로에서 역섬락을 방지하는 가장 유효한 방법은?
① 피뢰기를 설치한다.
② 가공지선을 설치한다.
③ 소호각을 설치한다.
④ 탑각접지저항을 작게 한다.

・정답 : ④
매설지선
매설지선을 포설하여 탑각의 접지저항을 낮춰주면 역섬락을 방지할 수 있게 된다.

예제3 철탑의 탑각접지저항이 커지면 어떤 문제점이 우려되는가?
① 속류 발생
② 역섬락 발생
③ 코로나의 증가
④ 가공지선의 차폐각 증가

・정답 : ②
매설지선
탑각의 접지저항이 너무 크면 대지로 흐르던 직격뢰가 다시 선로로 역류하여 철탑재나 애자련에 섬락이 일어나게 된다. 이를 역섬락이라 한다.

철탑의 하중설계

1. **수직하중**
   전선로에서 대지로 향하는 수직방향의 하중으로 전선 자체의 하중(전선자중)과 전선에 결빙이 생겨 빙설에 의한 하중(빙설하중)의 합으로 계산되는 하중을 말한다.

2. **수평하중**
   ① **수평종하중**
   전선로 방향으로 전선의 인장력에 의해서 생기는 하중
   ② **수평횡하중**
   전선로에 가해지는 풍압에 의해 전선로 방향의 90° 방향으로 가해지는 하중으로 철탑의 벤딩모멘트가 가장 크게 작용하는 하중을 말한다.
   ※ 수평횡하중은 풍압하중으로 철탑에 가해지는 가장 큰 하중이며 전선로의 지지물에 가해지는 상시하중으로서 가장 중요시되고 있다.

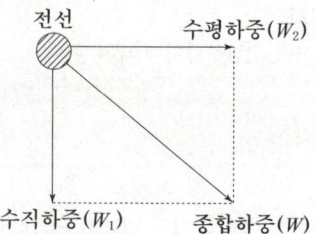

$W_1 = $ 전선의 자중 + 빙설하중
$W_2 = \sqrt{수평종하중^2 + 수평횡하중^2}$
$\therefore W = \sqrt{W_1^2 + W_2^2}$

출제빈도
★★★

보충학습 문제
관련페이지
7, 14

예제1 보통 송전선용 표준철탑 설계의 경우 가장 큰 하중은?
① 풍압
② 애자, 전선 중량
③ 빙설
④ 인장강도

· 정답 : ①
철탑의 하중설계
(1) 수직하중
전선로에서 대지로 향하는 수직방향의 하중으로 전선 자체의 하중(전선자중)과 전선에 결빙이 생겨 빙설에 의한 하중(빙설하중)의 합으로 계산되는 하중을 말한다.

(2) 수평하중
㉠ 수평종하중 : 전선로 방향으로 전선의 인장력에 의해서 생기는 하중
㉡ 수평횡하중 : 전선로에 가해지는 풍압에 의해 전선로 방향의 90° 방향으로 가해지는 하중으로 철탑의 벤딩모멘트가 가장 크게 작용하는 하중을 말한다.
※ 수평횡하중은 풍압하중으로 철탑에 가해지는 가장 큰 하중이며 전선로의 지지물에 가해지는 상시하중으로서 가장 중요시되고 있다.

47 애자련

출제빈도
★★★

보충학습 문제
관련페이지
5, 12

154[kV] 송전선로의 경우 애자련에 애자 개수는 9~11개 정도가 사용되며 10개를 설치했을 경우 애자련의 전압분포도는 다음과 같이 정해진다.

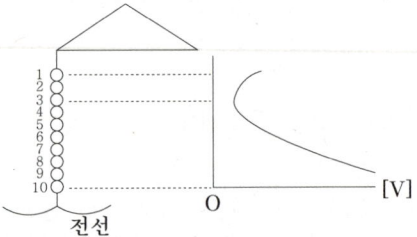

1. 전압부담이 최소인 애자
철탑에서 3번째 또는 전선에서 8번째의 애자에 전압부담이 최소가 된다.

2. 전압부담이 최대인 애자
전선에 가장 가까운 애자에 전압부담이 최대가 된다.

3. 애자련의 연효율(η)

$$\eta = \frac{V_n}{nV_1} \times 100 \, [\%]$$

여기서, V_1 : 애자 1개의 절연내력전압, V_n : 애자 1련의 절연내력전압, n : 애자 1련의 애자수

예제1 가공전선로에 사용하는 현수애자련이 10개라고 할 때 전압부담이 최소인 것은?
① 전선에서 8번째 애자
② 전선에서 5번째 애자
③ 전선에서 3번째 애자
④ 전선에서 15번째 애자

· 정답 : ①
애자련의 전압부담
철탑에서 3번째 또는 전선에서 8번째의 애자에 전압부담이 최소가 된다.

예제2 가공송전선에 사용하는 애자련 중 전압부담이 최대인 것은?
① 전선에 가장 가까운 것
② 중앙에 있는 것
③ 철탑에 가까운 것
④ 모두 같다.

· 정답 : ①
애자련의 전압부담
전선에 가장 가까운 애자에 전압부담이 최대가 된다.

아킹혼 또는 아킹링(=소호환 또는 소호각) 48

전선 주위에서 발생하는 코로나 방전이나 직격뇌나 역섬락으로부터 애자련에 이상전압이 가해져서 아크로 인한 애자의 자기부 또는 유리부 와 전선에 손상을 주는 경우가 있다. 이 경우 애자련 상하부에 아크유도장비를 설치하여 아크의 진행 또는 발생을 애자련에 직접 향하지 않도록 하고 있다. 이 설비를 아킹혼이라 한다. 아킹혼은 애자련을 보호하거나 전선을 보호할 목적으로 사용된다.

출제빈도
★★★

보충학습 문제
관련페이지
5, 13

예제1 아킹 혼의 설치 목적은?
① 코로나 손실의 방지
② 이상전압의 소멸
③ 전선의 진동 방지
④ 섬락사고에 대한 애자의 보호
· 정답 : ④
아킹혼 또는 아킹링(=소호환 또는 소호각)
아킹혼은 애자련을 보호하거나 전선을 보호할 목적으로 사용된다.

예제2 송전선에 낙뢰가 가해져서 애자에 섬락현상이 생기면 아크가 생겨 애자가 손상되는 경우가 있다. 이것을 방지하기 위해 사용하는 것은?
① 댐퍼   ② 아모로드
③ 가공지선   ④ 아킹혼
· 정답 : ④
아킹혼 또는 아킹링(=소호환 또는 소호각)
아킹혼은 애자련을 보호하거나 전선을 보호할 목적으로 사용된다.

49 송전선로의 단락방지 및 진동억제

출제빈도
★★★

1. 오프세트(off-set)
전선로에 빙설이 많은 지역은 송전선로에 부착된 빙설이 떨어지면서 전선의 빙설하중에 의한 장력에 의해 높이 튀어오르게 되어 상부전선과 단락이 일어날 수 있기 때문에 상, 하전선의 배치를 일직선 배치하지 않고 삼각배치하는 방법

2. 스페이서
송전선로는 보통 복도체나 다도체를 사용하게 되므로 소도체간 충돌로 인한 단락사고나 꼬임현상이 생기기 쉽다. 이때 소도체 간격을 일정하게 유지할 수 있는 스페이서를 달아준다.

3. 댐퍼
송전선로의 주위의 환경에 의해 미풍이나 공기의 소용돌이가 생기고 전선로 자체의 고유진동수와 공진작용이 생기면 전선은 상, 하로 심하게 진동하는 경우가 있다. 이때 전선의 지지점에 가까운 곳에 추를 달아서 진동을 억제하는 설비이다.

4. 아마로드
송전선로의 지지점 부근의 전선을 보강하기 위해 전선을 감싸는 설비로서 전선의 진동을 억제하는 설비이다.

보충학습 문제
관련페이지
17

예제1 3상 수직 배치인 선로에서 오프세트(off-set)를 주는 이유는?
① 전선의 진동억제
② 단락방지
③ 철탑 중량 감소
④ 전선의 풍압 감소

· 정답 : ②

송전선로의 단락방지 및 진동억제
(1) 오프세트(off-set) : 송전선로에 빙설이 많은 지역은 송전선로에 부착된 빙설이 떨어지면서 전선의 빙설하중에 의한 장력에 의해 높이 튀어오르게 되어 상부전선과 단락이 일어날 수 있기 때문에 상, 하전선의 배치를 일직선 배치하지 않고 삼각배치하는 방법
(2) 스페이서 : 송전선로는 보통 복도체나 다도체를 사용하게 되므로 소도체간 충돌로 인한 단락사고나 꼬임현상이 생기기 쉽다. 이때 소도체 간격을 일정하게 유지할 수 있는 스페이서를 달아준다.
(3) 댐퍼 : 송전선로의 주위의 환경에 의해 미풍이나 공기의 소용돌이가 생기고 전선로 자체의 고유진동수와 공진작용이 생기면 전선은 상, 하로 심하게 진동하는 경우가 있다. 이때 전선의 지지점에 가까운 곳에 추를 달아서 진동을 억제하는 설비이다.
(4) 아마로드 : 송전선로의 지지점 부근의 전선을 보강하기 위해 전선을 감싸는 설비로서 전선의 진동을 억제하는 설비이다.

중성점 접지의 목적

(1) 1선 지락이나 기타 원인으로 생기는 이상전압의 발생을 방지하고 건전상의 대지전위 상승을 억제함으로써 전선로 및 기기의 절연을 경감시킬 수 있다.
(2) 보호계전기의 동작을 확실히 하여 신속히 차단한다.
(3) 소호리액터 접지를 이용하여 지락전류를 빨리 소멸시켜 송전을 계속할 수 있도록 한다.

50

출제빈도
★★

보충학습 문제
관련페이지
86, 90

예제1 송전선로의 중성점을 접지하는 목적은?
① 동량의 절감
② 송전용량의 증가
③ 전압강하의 감소
④ 이상전압의 방지

· 정답 : ④

중성점 접지의 목적
(1) 1선 지락이나 기타 원인으로 생기는 이상전압의 발생을 방지하고 건전상의 대지전위상승을 억제함으로써 전선로 및 기기의 절연을 경감시킬 수 있다.
(2) 보호계전기의 동작을 확실히 하여 신속히 차단한다.
(3) 소호리액터 접지를 이용하여 지락전류를 빨리 소멸시켜 송전을 계속할 수 있도록 한다.

예제2 고전압 송전계통의 중성점 접지목적과 관계 없는 것은?
① 보호계전기의 신속 확실한 동작
② 전선로 및 기기의 절연비 경감
③ 고장전류 크기의 억제
④ 이상전압의 경감 및 발생 방지

· 정답 : ③

중성점 접지의 목적
소호리액터 접지를 이용하여 지락전류를 빨리 소멸시켜 송전을 계속할 수 있으나 단락전류에 대한 목적은 갖지 못한다.

예제3 송전선의 중성점을 접지하는 이유가 되지 못하는 것은?
① 코로나 방지
② 지락전류의 감소
③ 이상 전압의 방지
④ 지락 사고선의 선택 차단

· 정답 : ①

중성점 접지의 목적
(1) 1선 지락이나 기타 원인으로 생기는 이상전압의 발생을 방지하고 건전상의 대지전위상승을 억제함으로써 전선로 및 기기의 절연을 경감시킬 수 있다.
(2) 보호계전기의 동작을 확실히 하여 신속히 차단한다.
(3) 소호리액터 접지를 이용하여 지락전류를 빨리 소멸시켜 송전을 계속할 수 있도록 한다.

51 중성점의 잔류전압(E_n)

각 상의 대지정전용량의 불평형으로 인하여 중성점의 전위가 0이 되지 못하고 중성점에 전위가 나타나는데 이를 잔류전압(E_n)이라 한다. 3상의 각 상에 나타나는 대지정전용량을 C_a, C_b, C_c라 하면

$$E_n = \frac{\sqrt{C_a(C_a - C_b) + C_b(C_b - C_c) + C_c(C_c - C_a)}}{C_a + C_b + C_c} \times \frac{V}{\sqrt{3}} \text{ [V]}$$

여기서, E_n: 중성점 잔류전압[V], C_a, C_b, C_c: 각 상의 대지정전용량[F], V: 선간전압[V]

출제빈도 ★★

보충학습 문제 관련페이지
89, 93, 94, 115

예제1 그림에서와 같이 b 및 c 상의 대지정전용량은 각각 C, a 상의 정전용량은 없고(0) 선간전압은 V라 할 때 중성점과 대지 사이의 잔류전압 E_n은? (단, 선로의 직렬임피던스는 무시한다.)

① $\dfrac{V}{2}$

② $\dfrac{V}{\sqrt{3}}$

③ $\dfrac{V}{2\sqrt{3}}$

④ $2V$

· **정답** : ③

중성점의 잔류전압(E_n)
각 상에 나타난 대지정전용량을 C_a, C_b, C_c라 하면

$$E_n = \frac{\sqrt{C_a(C_a - C_b) + C_b(C_b - C_c) + C_c(C_c - C_a)}}{C_a + C_b + C_c}$$

$$\times \frac{V}{\sqrt{3}} \text{ [V]}$$

이므로 $C_a = 0$, $C_b = C_c = C$일 때

$$\therefore E_n = \frac{\sqrt{0 \times (0-C) + C(C-C) + C(C-0)}}{0 + C + C}$$

$$\times \frac{V}{\sqrt{3}}$$

$$= \frac{V}{2\sqrt{3}} \text{ [V]}$$

예제2 66[kV] 송전선에서 연가 불충분으로 각 선의 대지정전용량이 $C_a = 1.1\,[\mu F]$, $C_b = 1\,[\mu F]$, $C_c = 0.9\,[\mu F]$가 되었다. 이 때 잔류전압[V]은?

① 1,500 ② 1,800
③ 2,200 ④ 2,500

· **정답** : ③

중성점의 잔류전압(E_n)

$$E_n = \frac{\sqrt{C_a(C_a - C_b) + C_b(C_b - C_c) + C_c(C_c - C_a)}}{C_a + C_b + C_c}$$

$$\times \frac{V}{\sqrt{3}}$$

$$= \frac{\sqrt{1.1(1.1-1) + 1(1-0.9) + 0.9(0.9-1.1)}}{1.1 + 1 + 0.9}$$

$$\times \frac{66{,}000}{\sqrt{3}}$$

$$= 2{,}200 \text{ [V]}$$

대칭분 전압, 전류

52

출제빈도
★★

1. 영상분 전압(V_0), 영상분전류(I_0)

$$V_0 = \frac{1}{3}(V_a + V_b + V_c) \text{ [V]}$$

$$I_0 = \frac{1}{3}(I_a + I_b + I_c) \text{ [A]}$$

2. 정상분 전압(V_1), 정상분전류(I_1)

$$V_1 = \frac{1}{3}(V_a + aV_b + a^2V_c) = \frac{1}{3}(V_a + \angle 120\, V_b + \angle -120\, V_c) \text{ [V]}$$

$$I_1 = \frac{1}{3}(I_a + aI_b + a^2I_c) = \frac{1}{3}(I_a + \angle 120\, I_b + \angle -120\, I_c) \text{ [A]}$$

3. 역상분 전압(V_2), 역상분전류(I_2)

$$V_2 = \frac{1}{3}(V_a + a^2V_b + aV_c) \text{ [V]} = \frac{1}{3}(V_a + \angle -120\, V_b + \angle 120\, V_c)$$

$$I_2 = \frac{1}{3}(I_a + a^2I_b + aI_c) = \frac{1}{3}(I_a + \angle -120\, I_b + \angle 120\, I_c) \text{ [A]}$$

여기서, V_0 : 영상전압[V], V_1 : 정상전압[V], V_2 : 역상전압[V],
I_0 : 영상전류[A], I_1 : 정상전류[A], I_2 : 역상전류[A],
V_a, V_b, V_c : 3상 각 상 전압[V], I_a, I_b, I_c : 3상 각 상 전류[A]

보충학습 문제
관련페이지
79, 80

예제1 불평형 3상 전압을 V_a, V_b, V_c라고 하고 $a = \epsilon^{j2\pi/3}$라고 할 때 영상 전압 V_0는?

① $V_a + V_b + V_c$
② $\frac{1}{3}(V_a + V_b + V_c)$
③ $\frac{1}{3}(V_a + aV_b + a^2V_c)$
④ $\frac{1}{3}(V_a + a^2V_b + aV_c)$

· 정답 : ②
대칭분 전압
(1) 영상전압 $V_0 = \frac{1}{3}(V_a + V_b + V_c)$
(2) 정상전압 $V_1 = \frac{1}{3}(V_a + aV_b + a^2V_c)$
(3) 역상전압 $V_2 = \frac{1}{3}(V_a + a^2V_b + aV_c)$

예제2 역상 전류가 각 상전류로 바르게 표시된 것은?

① $I_2 = I_a + I_b + I_c$
② $I_2 = \frac{1}{3}(I_a + aI_b + a^2I_c)$
③ $I_2 = \frac{1}{3}(I_a + a^2I_b + aI_c)$
④ $I_2 = aI_a + I_b + a^2I_c$

· 정답 : ③
대칭분 전류
(1) 영상전류 $I_0 = \frac{1}{3}(I_a + I_b + I_c)$
(2) 정상전류 $I_1 = \frac{1}{3}(I_a + aI_b + a^2I_c)$
(3) 역상전류 $I_2 = \frac{1}{3}(I_a + a^2I_b + aI_c)$

53 이상전압의 종류

출제빈도
★★

보충학습 문제
관련페이지
96, 102

1. 뇌서지에 의한 이상전압
① 직격뢰 : 뇌격이 직접 송전선로에 가해지는 경우를 말한다.
② 유도뢰 : 뇌운에 의한 서지나 뇌격이 대지로 향하는 경우 주위의 송전선에 유도되는 경우를 말한다.

2. 개폐서지에 의한 이상전압
선로 중간에 개폐기나 차단기가 동작할 때 무부하 충전전류를 개방하는 경우 이상전압이 최대로 나타나게 되며 상규 대지전압의 약 3.5배 정도로 나타난다.

3. 소호리액터의 직렬 공진
소호리액터 접지방식을 채용하는 경우 대지정전용량과 직렬공진이 되면 중성점에 큰 전류가 흘러 이상전압이 발생하게 된다.

예제1 송배전선로의 이상전압의 내부적 원인이 아닌 것은?
① 선로의 개폐
② 아크 접지
③ 선로의 이상 상태
④ 유도뢰

· 정답 : ④
이상전압의 종류
(1) 외부적 원인에 의한 이상전압
　　직격뢰, 유도뢰
(2) 내부적 원인에 의한 이상전압
　　개폐이상전압, 소호리액터접지 직렬공진시 아크전압, 고조파유입에 의한 선로이상전압

예제2 송전선로에서 이상전압이 가장 크게 발생하기 쉬운 경우는?
① 무부하 송전선로를 폐로하는 경우
② 무부하 송전선로를 개로하는 경우
③ 부하 송전선로를 폐로하는 경우
④ 부하 송전선로를 개로하는 경우

· 정답 : ②

개폐서지에 의한 이상전압
선로 중간에 개폐기나 차단기가 동작할 때 무부하 충전전류를 개방하는 경우 이상전압이 최대로 나타나게 되며 상규대지전압의 약 3.5배 정도로 나타난다.

예제3 송전선로의 개폐조작시 발생하는 이상전압에 관한 상황에서 옳은 것은?
① 개폐 이상전압은 회로를 개방할 때보다 폐로할 때 더 크다.
② 개폐 이상전압은 무부하시보다 전부하일 때 더 크다.
③ 가장 높은 이상전압은 무부하 송전선의 충전전류를 차단할 때이다.
④ 개폐 이상전압은 상규대지전압의 6배, 시간은 2~3초이다.

· 정답 : ③
개폐서지에 의한 이상전압
선로 중간에 개폐기나 차단기가 동작할 때 무부하 충전전류를 개방하는 경우 이상전압이 최대로 나타나게 되며 상규대지전압의 약 3.5배 정도로 나타난다.

전력계통의 주파수 변동

발전기와 부하는 유기적으로 접속되어 있으므로 발전기는 부하에서 요구하는 전력(유효전력)을 생산하여 공급해주어야 한다. 때문에 부하의 전력이 급격히 변하게 되면 발전기는 이에 적응하지 못하여 속도가 급격히 변하게 되는데 이를 난조라 한다. 주로 부하의 급격한 저하가 속도상승을 가져오며 이때 주파수가 따라서 상승하게 되고 순간적인 전압상승이 나타나게 된다. 이 경우 발전기의 출력을 줄여주지 않으면 발전기 과여자가 초래되며 계통의 정전을 유발하게 된다.

54

출제빈도
★★

보충학습 문제
관련페이지
63, 64

예제1 전력계통의 주파수변동은 주로 무엇의 변환에 기여하는가?
① 유효전력 ② 무효전력
③ 계통전압 ④ 계통 임피던스

· 정답 : ①
전력계통의 주파수 변동
유효전력의 급격한 변화가 전력계통의 주파수변동을 초래하며 전압변동이 심하게 나타나게 된다.

예제2 수차발전기의 운전주파수를 상승시키면?
① 기계적 불평형에 의하여 진동을 일으키는 힘은 회전속도의 2승에 반비례한다.
② 같은 출력에 대하여 온도 상승이 약간 커진다.
③ 전압변동률이 크게 된다.
④ 단락비가 커진다.

· 정답 : ③
전력계통의 주파수 변동
발전기와 부하는 유기적으로 접속되어 있으므로 발전기는 부하에서 요구하는 전력(유효전력)을 생산하여 공급해주어야 한다. 때문에 부하의 전력이 급격히 변하게 되면 발전기는 이에 적응하지 못하여 속도가 급격히 변하게 되는데 이를 난조라 한다.

주로 부하의 급격한 저하가 속도상승을 가져오며 이때 주파수가 따라서 상승하게 되고 순간적인 전압상승이 나타나게 된다. 이 경우 발전기의 출력을 줄여주지 않으면 발전기 과여자가 초래되며 계통의 정전을 유발하게 된다.

예제3 전 계통이 연계되어 운전되는 전력계통에서 발전전력이 일정하게 유지되는 경우 부하가 증가하면 계통 주파수는 어떻게 변하는가?
① 주파수도 증가한다.
② 주파수는 감소한다.
③ 전력의 흐름에 따라 주파수가 증가하는 곳도 있고 감소하는 곳도 있다.
④ 부하의 증감과 주파수는 서로 관련이 없다.

· 정답 : ②
전력계통의 주파수 변동
부하가 증가하면 계통의 주파수가 감소하기 때문에 발전기의 출력을 증가시켜주어야 한다.

55 선로정수

송전선로는 저항(R), 인덕턴스(L), 정전용량(C), 누설콘덕턴스(G)가 선로에 따라 균일하게 분포되어 있는 전기회로인데 송전선로를 이루는 이 4가지 정수를 선로정수라 한다. 선로정수는 전선의 종류, 굵기, 배치에 따라서 정해지며 전압, 전류, 역률, 기온 등에는 영향을 받지 않는 것을 기본으로 두고 있다.

출제빈도
★★

보충학습 문제
관련페이지
22, 30

예제1 송·배전선로에 대한 다음 설명 중 틀린 것은?

① 송·배전선로는 저항, 인덕턴스, 정전용량, 누설 콘덕턴스라는 4개의 정수로 이루어진 연속된 전기회로이다.
② 송·배전선로는 전압강하, 수전전력, 송전손실, 안정도 등을 계산하는데 선로정수가 필요하다.
③ 장거리 송전선로에 대해서 정밀한 계산을 할 경우에는 분포정수회로로 취급한다.
④ 송·배전선로의 선로정수는 원칙적으로 송전전압, 전류 또는 역률 등에 의해서 영향을 많이 받게 된다.

· **정답** : ④
선로정수
송전선로는 저항(R), 인덕턴스(L), 정전용량(C), 누설콘덕턴스(G)가 선로에 따라 균일하게 분포되어 있는 전기회로인데 송전선로를 이루는 이 4가지 정수를 선로정수라 한다. 선로정수는 전선의 종류, 굵기, 배치에 따라서 정해지며 전압, 전류, 역률, 기온 등에는 영향을 받지 않는 것을 기본으로 두고 있다.

예제2 송전선로의 선로정수가 아닌 것은 다음 중 어느 것인가?

① 저항   ② 리액턴스
③ 정전용량   ④ 누설 콘덕턴스

· **정답** : ②
선로정수
송전선로는 저항(R), 인덕턴스(L), 정전용량(C), 누설콘덕턴스(G)가 선로에 따라 균일하게 분포되어 있는 전기회로인데 송전선로를 이루는 이 4가지 정수를 선로정수라 한다. 선로정수는 전선의 종류, 굵기, 배치에 따라서 정해지며 전압, 전류, 역률, 기온 등에는 영향을 받지 않는 것을 기본으로 두고 있다.

56

단락비(k_s), "단락비가 크다"는 의미

1. 단락비(k_s)

$$k_s = \frac{100}{\%Z} = \frac{I_S}{I_n}$$

여기서, k_s : 단락비, $\%Z$: 퍼센트임피던스[%], I_s : 단락전류[A], I_n : 정격전류[A]

2. "단락비가 크다" 는 의미
① 철기계로서 중량이 무겁고 가격이 비싸다.
② 철손이 커지고 효율이 떨어진다.
③ 계자기자력이 크기 때문에 전기자 반작용이 작다.
④ 동기임피던스가 작고 전압변동률이 작다.
⑤ 안정도가 좋다.
⑥ 공극이 크다.
⑦ 선로의 충전용량이 크다.

출제빈도
★★

보충학습 문제
관련페이지
60, 71

예제1 "단락비가 크다"는 의미와 무관한 것은?
① 철손이 커지고 효율이 떨어진다.
② 동기임피던스가 작고 전압변동률이 작다.
③ 안정도가 좋다.
④ 전기자기자력이 크고 전기자반작용이 크다.

• 정답 : ④
"단락비가 크다" 는 의미
(1) 철기계로서 중량이 무겁고 가격이 비싸다.
(2) 철손이 커지고 효율이 떨어진다.
(3) 계자기자력이 크기 때문에 전기자반작용이 작다.
(4) 동기임피던스가 작고 전압변동률이 작다.
(5) 안정도가 좋다.
(6) 공극이 크다.
(7) 선로의 충전용량이 크다.

예제2 정격전류가 480[A], 단락전류가 600 [A]일 때 단락비는 얼마인가?
① 1.0 ② 1.2
③ 1.25 ④ 1.5

• 정답 : ③
단락비(k_s)
$k_s = \frac{100}{\%Z_S} = \frac{I_S}{I_n}$ 이므로
$I_n = 480\,[A], \; I_S = 600\,[A]$ 일 때
∴ $k_s = \frac{I_S}{I_n} = \frac{600}{480} = 1.25$

제2과목 전력공학

57 지선

철주, 목주, 철근콘크리트주는 지선에 의하여 부족한 강도를 보강함으로써 전선로의 안전성을 증가시키는 목적을 갖고 있다.

1. 지선의 설치 목적
지지물의 강도 보강, 전선로의 안전성 증대 및 보안, 불평형하중에 대한 평형

2. 지선의 장력(T_0)

$$T_0 = \frac{T'}{안전율} [kg]$$

여기서, T' : 지선의 인장하중[kg]

3. 지선의 가닥 수(n)

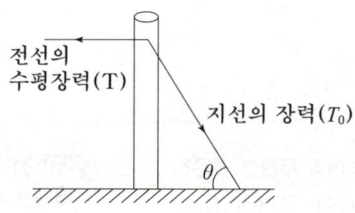

여기서, T_0 : 지선의 장력[kg], T : 전선의 수평장력[kg], n : 지선 가닥수

예제1 전선의 장력이 1,000[kg]일 때 지선에 걸리는 장력은 몇 [kg]인가?

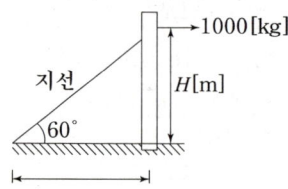

① 2,000　② 2,500
③ 3,000　④ 3,500

· 정답 : ①
지선의 장력(T_0)
$T = 1,000$ [kg] 일 때
$T_0 \cos\theta = T$[kg] 식에서
∴ $T_0 = \frac{T}{\cos\theta} = \frac{1,000}{\cos 60°} = 2,000$ [kg]

예제2 그림과 같이 지선을 가설하여 전주에 가해진 수평장력 800[kg]을 지지하고자 한다. 지선으로써 4[mm] 철선을 사용한다고 하면 몇 가닥 사용해야 하는가? (단, 4[mm] 철선 1가닥의 인장하중은 440[kg]으로 하고 안전율은 2.5이다.)

① 7
② 8
③ 9
④ 10

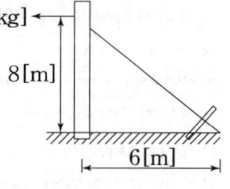

· 정답 : ②
지선의 장력(T_0) 및 지선의 가닥수(n)
$T = 800$ [kg],
$T_0 = \frac{인장하중}{안전율} = \frac{440}{2.5} = 176$ [kg]이므로
$nT_0 \cos\theta = T$[kg] 식에서
∴ $n = \frac{T}{T_0 \cos\theta} = \frac{800}{176 \times \frac{6}{10}}$
$= 7.58 ≒ 8$가닥

3권선변압기와 단권변압기

1. 3권선변압기(Y-Y-△결선)

변압기의 1, 2차 결선이 Y-Y결선일 경우 철심의 비선형 특성으로 인하여 제3고조파 전압, 전류가 발생하고 이 고조파에 의해 근접 통신선에 전자유도장해를 일으키게 된다. 뿐만 아니라 2차측 Y결선 중성점을 접지할 경우 직렬공진에 의한 이상전압 및 제3고조파의 영상전압에 따른 중성점의 전위가 상승하게 된다. 이러한 현상을 줄이기 위해 3차 권선에 △결선을 삽입하여 제3고조파 전압, 전류를 △결선 내에 순환시켜 2차측 Y결선 선로에 제3고조파가 유입되지 않도록 하고 있다. 이 변압기를 3권선 변압기라 하며 Y-Y-△결선으로 하여 3차 권선을 안정권선으로 채용하고 주로 1차 변전소 주변압기 결선으로 사용한다.

2. 단권변압기

단권변압기는 1차와 2차의 전기회로가 서로 절연되지 않고 권선의 일부를 공통회로로 사용하며 보통 승압기로 이용되는 변압기이다.

① 장점
  ㉠ 동량의 경감으로 중량이 가볍다.
  ㉡ 동손의 감소로 효율이 좋다.
  ㉢ 전압변동률이 작다.
  ㉣ 부하용량을 증대시킬 수 있다.

② 단점
  ㉠ 저압측에도 고압측과 같은 정도의 절연을 해야 한다.
  ㉡ 고압측에 이상전압이 나타나면 저압측에도 영향이 파급된다.
  ㉢ 누설리액턴스가 작기 때문에 단락전류가 매우 크다.

출제빈도
★★

보충학습 문제
관련페이지
65, 66

예제1 1차 변전소에서는 어떤 결선의 3권선 변압기가 가장 유리한가?

① △-Y-Y
② Y-△-△
③ Y-Y-△
④ △-Y-△

· 정답 : ③
3권선변압기(Y-Y-△결선)
3권선 변압기는 1, 2차 결선을 Y-Y로 하고 3차 권선을 △결선하여 제3고조파를 억제하기 위한 1차 변전소 주변압기의 결선이다.

예제2 변압기 결선에 있어서 1차에 제3고조파가 있을 때 2차 전압에 제3고조파가 나타나는 결선은?

① △ - △
② △ - Y
③ Y - Y
④ Y - △

· 정답 : ③
3권선변압기(Y-Y-△결선)
변압기의 1, 2차 결선이 Y-Y결선일 경우 철심의 비선형 특성으로 인하여 제3고조파 전압, 전류가 발생하고 이 고조파에 의해 근접 통신선에 전자유도장해를 일으키게 된다.

59. 변전소의 역할과 구내 보폭전압 저감대책

출제빈도
★★

보충학습 문제
관련페이지
65, 66

1. 변전소의 역할
① 전압의 변성과 조정
② 전력의 집중과 배분
③ 전력조류의 제어
④ 송배전선로 및 변전소의 보호
∴ 전력의 발생은 발전소의 역할이다.

2. 변전소 구내에서 보폭전압 저감대책
보폭전압이란 접지전극 부근의 지표면에 생기는 전위차로서 보통 인체에 보폭 사이의 전위차의 최대치로 표현한다. 변전소 구내에서 보폭전압의 저감대책으로는
① 접지선을 깊게 매설한다.
② Mesh식 접지방법을 채용하고 Mesh 간격을 좁게 한다.
③ 특히 위험도가 큰 장소에서는 자갈 또는 콘크리트를 타설한다.
④ 철구, 가대 등의 보조접지를 한다.

예제1 변전소 구내에서 보폭전압을 저감하기 위한 방법으로서 잘못된 것은?
① 접지선을 얕게 매설한다.
② Mesh식 접지방법을 채용하고 Mesh 간격을 좁게 한다.
③ 자갈 또는 콘크리트를 타설한다.
④ 철구, 가대 등의 보조접지를 한다.

· 정답 : ①

변전소 구내에서 보폭전압 저감대책
보폭전압이란 접지전극 부근의 지표면에 생기는 전위차로서 보통 인체에 보폭 사이의 전위차의 최대치로 표현한다. 변전소 구내에서 보폭전압의 저감대책으로는
(1) 접지선을 깊게 매설한다.
(2) Mesh식 접지방법을 채용하고 Mesh 간격을 좁게 한다.
(3) 특히 위험도가 큰 장소에서는 자갈 또는 콘크리트를 타설한다.
(4) 철구, 가대 등의 보조접지를 한다.

예제2 다음 변전소의 역할 중 옳지 않은 것은?
① 유효전력과 무효전력을 제어한다
② 전력을 발생 분배한다.
③ 전압을 승압 또는 강압한다.
④ 전력조류를 제어한다.

· 정답 : ②
변전소의 역할
(1) 전압의 변성과 조정
(2) 전력의 집중과 배분
(3) 전력조류의 제어
(4) 송배전선로 및 변전소의 보호
∴ 전력의 발생은 발전소의 역할이다.

선간·공칭전압 및 전력계통의 안정도

1. 선간전압과 공칭전압
① 선간전압
우리나라의 전력 계통에서 표현하는 송전전압은 선간전압으로 선로의 정격전압을 의미하며 계통의 공칭전압이라 부르기도 한다.

② 공칭전압
송전계통에서 전부하로 운전하는 경우 송전단에서 나타나는 전압으로 선간에 나타난 전압을 공칭전압이라 한다.

2. 전력계통의 안정도
① 정태안정도
정상적인 운전상태에서 서서히 부하를 조금씩 증가했을 경우 계통에 미치는 안정도를 말한다.

② 과도안정도
부하가 갑자기 크게 변동한다든지 사고가 발생한 경우 계통에 커다란 충격을 주게 되는데 이때 계통에 미치는 안정도를 말한다.

③ 동태안정도
고속자동전압조정기(AVR)로 동기기의 여자전류를 제어할 경우의 정태안정도를 동태안정도라 한다.

출제빈도
★★

보충학습 문제
관련페이지
54, 56

예제1 우리나라의 전력계통에서 송전전압을 나타내는 것은?
① 표준전압   ② 최고전압
③ 선간전압   ④ 수전단전압

· 정답 : ③
선간전압과 공칭전압
(1) 선간전압 : 우리나라의 전력 계통에서 표현하는 송전전압은 선간전압으로 선로의 정격전압을 의미하며 계통의 공칭전압이라 부르기도 한다.
(2) 공칭전압 : 송전계통에서 전부하로 운전하는 경우 송전단에서 나타나는 전압으로 선간에 나타난 전압을 공칭전압이라 한다.

예제2 정태안정극한전력이란?
① 부하가 서서히 증가할 때의 극한전력
② 부하가 갑자기 변할 때의 극한전력
③ 부하가 갑자기 사고가 났을 때의 극한전력
④ 부하가 변하지 않을 때의 극한전력

· 정답 : ①
정태안정도
정상적인 운전상태에서 서서히 부하를 조금씩 증가했을 경우 계통에 미치는 안정도를 말하며 이때의 전력을 정태안정극한전력이라 한다.

61 철탑의 종류 및 전력케이블의 손실

출제빈도
★★

보충학습 문제
관련페이지
17, 19

1. 송전선로의 지지물(철탑)의 종류
① 직선형 : 전선로의 수평각도 3° 이하인 직선 부분에 사용하는 것
② 각도형 : 전선로 중 수평각도 3°를 초과하는 곳에 사용하는 것
③ 보강형 : 전선로의 직선 부분에 보강을 위하여 사용하는 것
④ 인류형 : 전가섭선을 인류하는 곳에 사용하는 것
⑤ 내장형 : 전선로의 지지물 양측 경간의 차가 큰 곳에 사용하는 것

2. 전력케이블의 손실
전력케이블은 도체를 유전체로 절연하고 케이블 가장자리를 연피로 피복하여 접지를 하게 되면 외부 유도작용을 차폐하는 기능을 갖게 된다. 이때 도체에 흐르는 전류에 의해서 도체에 저항손실이 생기며 유전체 내에서 유전체 손실이 발생한다. 또한 도체에 흐르는 전류로 전자유도작용이 생겨 연피에 전압이 나타나게 되고 와류가 흘러 연피손이 발생하게 된다.

예제1 전선로의 지지물 양쪽의 경간차가 큰 장소에 사용되며, 일명 E 철탑이라고도 하는 표준철탑의 일종은?
① 직선형 철탑   ② 내장형 철탑
③ 각도형 철탑   ④ 인류형 철탑

· 정답 : ②
송전선로의 지지물(철탑)의 종류
(1) 직선형 : 전선로의 수평각도 3° 이하인 직선 부분에 사용하는 것
(2) 각도형 : 전선로 중 수평각도 3°를 초과하는 곳에 사용하는 것
(3) 보강형 : 전선로의 직선 부분에 보강을 위하여 사용하는 것
(4) 인류형 : 전가섭선을 인류하는 곳에 사용하는 것
(5) 내장형 : 전선로의 지지물 양측 경간의 차가 큰 곳에 사용하는 것

예제2 케이블의 연피손의 원인은?
① 표피작용
② 히스테리시스 현상
③ 전자유도 작용
④ 유전체손

· 정답 : ③
전력케이블의 손실
도체에 흐르는 전류로 전자유도작용이 생겨 연피에 전압이 나타나게 되고 와류가 흘러 연피손이 발생하게 된다.

측정법 및 지중케이블의 고장점

62

1. 전기설비의 절연열화 측정법
① 메거법 : 절연저항을 직접 측정하는 방법
② tanδ법 : 유전체 내에서 발생하는 유전체 손실에 비례한 유전체 역률(tanδ)을 측정하는 방법
③ 코로나 진동법 : tanδ법의 일종으로 유전체 내에 공극의 유무를 측정한다.

2. 지중케이블의 고장점을 찾는 방법
① 휘스톤 브리지를 이용한 머레이 루프법
② 수색코일에 의한 방법
③ 펄스레이더에 의한 방법

출제빈도
★

보충학습 문제
관련페이지
20

예제1 전기설비의 절연열화정도를 판정하는 측정 방법이 아닌 것은?
① 메거법
② tanδ법
③ 코로나 진동법
④ 보이스 카메라

· 정답 : ④
보이스 카메라는 뇌전류 방전에 의한 충격파(서지) 전압을 측정하는 장비이다.

예제2 지중 케이블에 있어서 고장점을 찾는 방법이 아닌 것은?
① 머레이 루프(murray)시험기에 의한 방법
② 메거(megger)에 의한 측정방법
③ 수색 코일(search)에 의한 방법
④ 펄스에 의한 측정법

· 정답 : ②
메거는 절연저항을 측정하는 방법이다.

63 열사이클

1. 카르노 사이클
열역학적 사이클 가운데에서 가장 이상적인 가역 사이클로서 2개의 등온변화와 2개의 단열변화로 이루어지고 있으며 모든 사이클 중에서 최고의 열효율을 나타내는 사이클이다.

2. 랭킹 사이클
카르노 사이클을 증기 원동기에 적합하게끔 개량한 것으로서 증기를 작업 유체로 사용하는 기력발전소의 가장 기본적인 사이클로 되어 있다. 이것은 증기를 동작물질로 사용해서 카르노 사이클의 등온과정을 등압과정으로 바꾼 것이다.

3. 재생사이클
증기터빈에서 팽창 도중에 있는 증기를 일부 추기하여 그것이 갖는 열을 급수가열에 이용하여 열효율을 증가시키는 열사이클

4. 재열사이클
증기터빈에서 팽창한 증기를 보일러에 되돌려보내서 재열기로 적당한 온도까지 재가열시킨 다음 다시 터번에 보내어 팽창시키도록 하여 열효율을 증가시키는 열사이클

5. 재생 재열사이클
재생사이클과 재열사이클을 복합시킨 열효율이 가장 높은 열사이클

예제1 터빈 내의 순환 중에서 증기의 일부를 뽑아 급수를 가열시켜 열효율을 좋게 한 사이클은?
① 랭킨 사이클　② 재생 사이클
③ 재열 사이클　④ 2유체 사이클

· 정답 : ②
열사이클
재생사이클 : 증기터빈에서 팽창 도중에 있는 증기를 일부 추기하여 그것이 갖는 열을 급수가열에 이용하여 열효율을 증가시키는 열사이클

예제2 가장 열효율이 좋은 사이클은?
① 랭킨 사이클
② 우드 사이클
③ 카르노 사이클
④ 재생·재열 사이클

· 정답 : ④
열사이클
재생·재열사이클 : 재생사이클과 재열사이클을 복합시킨 열효율이 가장 높은 열사이클

양수식 발전소(첨두부하용 발전소)와 조력발전소

1. 양수식 발전소(첨두부하용 발전소)
조정지식 또는 저수지식 발전소의 일종으로서 전력수요가 적은 심야 등의 경부하시에 잉여전력을 이용하여 펌프로 하부 저수지의 물을 상부 저수지에 양수해서 저장해두었다가 첨두부하시에 이용하는 발전수

2. 조력 발전소
조수 간만의 차에 의한 해수위의 변화에 따른 낙차를 이용하는 발전소

64

출제빈도
★

보충학습 문제
관련페이지
163, 164

예제1 첨두부하용으로 사용에 적합한 발전방식은?
① 조력발전소
② 양수식 발전소
③ 자연유입식 발전소
④ 조정지식 발전소

· 정답 : ②
양수식 발전소
조정지식 또는 저수지식 발전소의 일종으로서 전력수요가 적은 심야 등의 경부하시에 잉여전력을 이용하여 펌프로 하부 저수지의 물을 상부 저수지에 양수해서 저장해두었다가 첨두부하시에 이 전력을 이용하는 발전소를 말한다.

예제2 양수발전의 목적은?
① 연간발전량[kWh]의 증가
② 연간평균발전출력[kW]의 증가
③ 연간발전비용[원]의 감소
④ 연간수력발전량[kWh]의 증가

· 정답 : ③
양수발전은 잉여전력의 효과적인 운용방법 중의 하나로서 발전비용의 절감을 목적으로 사용한다.

65 흡출관과 조속기

출제빈도
★

1. 흡출관
러너 출구로부터 방수면까지의 사이를 관으로 연결하고 물을 충만시켜서 흘려줌으로써 낙차를 유효하게 이용하는 것을 말한다.

2. 조속기
출력의 증감에 관계없이 수차의 회전수를 일정하게 유지시키기 위해서 출력의 변화에 따라 수차의 유량을 자동적으로 조절할 수 있게 하는 것
① 스피더 : 수차의 회전속도의 변화를 검출하는 부분
② 배압밸브 : 서보 모터에 공급하는 압유를 적당한 방향으로 전환하는 밸브
③ 서보 모터 : 배압밸브로부터 제어된 압유로 동작하여 수구개도를 바꾸어주는 것
④ 복원기구 : 난조를 방지하기 위한 기구

3. 속도조정률(ϵ) $\epsilon = \dfrac{N_2 - N_1}{N_0} \times 100 \, [\%]$

4. 속도변동률(δ) $\delta = \dfrac{N_m - N_n}{N_n} \times 100 \, [\%]$

5. 최대회선속노(N_m)와 무부하시 회전수(N_2)

① $N_m = N_n \left(1 + \dfrac{\delta}{100}\right) = \dfrac{120f}{p}\left(1 + \dfrac{\delta}{100}\right)$ [rpm]

② $N_2 = N_0 \left(1 + \dfrac{\epsilon}{100}\right) = \dfrac{120f}{p}\left(1 + \dfrac{\epsilon}{100}\right)$ [rpm]

보충학습 문제 관련페이지
174, 175, 176, 177

예제1 흡출관을 쓰는 목적은?
① 속도 변동률을 작게 한다.
② 낙차를 늘린다.
③ 물의 유선을 일정하게 한다.
④ 압력을 줄인다.
· 정답 : ②
흡출관이란 러너 출구로부터 방수면까지의 사이를 관으로 연결하고 여기에 물을 충만시켜서 흘려줌으로써 낙차를 유효하게 이용하는 것을 의미하며 저낙차에 이용하는 카플란 수차에 필요하다.

예제2 부하변동이 있을 경우 수차(또는 증기터빈) 입구의 밸브를 조작하는 기계식 조속기의 각 부의 동작 순서는?
① 평속기 → 복원기구 → 배압 밸브 → 서보 전동기
② 배압 밸브 → 평속기 → 서보 전동기 → 복원기구
③ 평속기 → 배압 밸브 → 서보 전동기 → 복원기구
④ 평속기 → 배압 밸브 → 복원기구 → 서보 전동기
· 정답 : ③
조속기의 구성 : 스피더(평속기), 배압 밸브, 서보모터, 복원기구

유황곡선과 적산유량곡선

1. 유황곡선

유량도를 이용하여 횡축에 1년의 일수를 잡고, 종축에 유량을 취하여 매일의 유량 중 큰 것부터 작은 순으로 1년분을 배열하여 그린 곡선이다. 이 곡선으로부터 풍수량, 평수량, 갈수량 등을 쉽게 알 수 있게 된다. 유황곡선은 발전계획을 수립할 경우 유용하게 사용할 수 있는 자료로서 수년간의 기록으로부터 평균 유황곡선을 만들어 발전소 사용 유량, 기계 대수 등을 결정하는데 사용하고 있다.

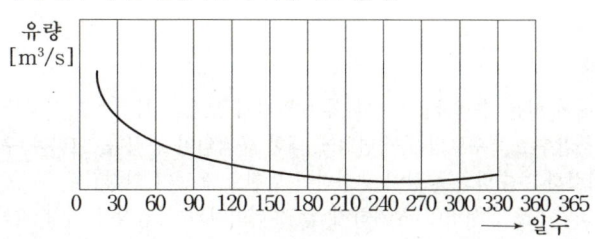

2. 적산유량곡선

유량도를 기초로 하여 횡축에 1년 365일 역일순으로 잡고, 종축에 유량의 총계를 취하여 만든 곡선으로 저수지 등의 용량 결정에 사용된다. 유량누가곡선이라고도 한다.

예제1 수력발전소의 댐(dam)의 설계 및 저수지 용량 등을 결정하는데 사용되는 가장 적합한 것은?
① 유량도
② 유황곡선
③ 수위 – 유량곡선
④ 적산유량곡선

· 정답 : ④
적산유량곡선은 유량도를 기초로 하여 횡축에 역일순으로 하고 종축에 적산유량의 총계를 취하여 만든 곡선으로 댐 설계 및 저수지 용량 결정에 사용된다.

예제2 유황곡선의 횡축과 종축은?
① 일수 – 유량
② 유량 – 일수
③ 수위 – 유량
④ 유출 계수 – 역일

· 정답 : ①
유황곡선이란 유량도를 이용하여 횡축에 일수를 잡고 종축에 유량을 취하여 매일의 유량 중 큰 것부터 작은 순으로 1년분을 배열하여 그린 곡선이다. 이 곡선으로부터 풍수량, 평수량, 갈수량 등을 알 수 있게 된다.

67 제수문, 조압수조

출제빈도
★

보충학습 문제
관련페이지
170, 171

1. 제수문
취수량을 조절하기 위해 설치하며 수문의 종류는 다음과 같다.
① 롤링 게이트 : 구조가 견고하여 취수댐 등에 많이 사용된다.
② 스토니 게이트 : 큰 수압을 받는 조정지의 취수구 등 대형 수문에 사용된다.
③ 슬루스 게이트
④ 롤러 게이트
⑤ 테인터 게이트

2. 조압수조
부하 변동에 따른 수격작용의 완화와 수압관의 보호를 목적으로 설치한 수로이다.
① 단동조압수조 : 수로의 유속변화에 대한 움직임이 둔하다. 그러나 수격작용의 흡수가 확실하고 수면의 승강이 완만하여 발전소 운전이 안정된다.
② 차동조압수조 : 서징이 누가하지 않고 라이자의 단면적이 작기 때문에 수위의 승강이 빨라 서징이 빨리 진정된다.
③ 수실조압수조 : 저수지의 이용수심이 크고 지형에 따라 수실의 모양을 적당히 맞추어서 시공할 수 있다.
④ 세수공조입수조 : 수로용량을 작게 한 것으로 구조가 간단하며 경제적이다.

예제1 취수구에 제수문을 설치하는 목적은?
① 모래를 걸러낸다.
② 낙차를 높인다.
③ 홍수위를 낮춘다.
④ 유량을 조절한다.
• 정답 : ④
제수문은 취수량을 조절하기 위해 설치한다.

예제2 조압수조의 목적은?
① 압력터널의 보호
② 수압철관의 보호
③ 수차의 보호
④ 여수의 처리
• 정답 : ②
부하변동에 따른 수격 작용의 완화와 수압관의 보호를 목적으로 한다.

캐비테이션

68

유수 중에 기포가 주위의 물과 함께 흐르게 되어 압력이 높은 곳에 도달하게 되면 기포가 터지면서 매우 높은 압력을 만들어내어 부근의 물체에 큰 충격을 주게 된다. 이 충격이 수차의 각 부분 중에서 특히 러너나 버킷을 침식시키게 되는 현상을 말한다.

1. 캐비테이션의 장해
① 수차의 효율, 출력, 낙차가 저하된다.
② 유수에 접한 러너나 버킷 등에 침식이 일어난다.
③ 수차에 진동을 일으켜서 소음이 발생한다.
④ 흡출관 입구에서의 수압의 변동이 현저해진다.

출제빈도
★

2. 캐비테이션의 방지대책
① 수차의 비속도를 너무 크게 잡지 않을 것
② 흡출관의 높이(흡출 수두)를 너무 높게 취하지 않을 것
③ 침식에 강한 재료(예. 스테인리스강)로 러너를 제작하든지 부분적으로 보강할 것
④ 러너 표면을 미끄럽게 가공 정도를 높일 것
⑤ 과도한 부분 부하, 과부하 운전을 가능한 한 피할 것
⑥ 토마계수를 크게 할 것
⑦ 수차의 회전 속도를 적게 할 것

보충학습 문제
관련페이지
174

예제1 수차에서 캐비테이션의 방지책이 아닌 것은?
① 토마계수를 작게 잡는다.
② 흡출구를 작게 한다.
③ 흡출관 상부에 적당량의 공기를 도입한다.
④ 수차의 특유 속도를 적게 한다.

· 정답 : ①
캐비테이션의 방지대책
토마계수를 크게 할 것

예제2 캐비테이션(cavitation) 현상에 의한 결과로 적당하지 않은 것은?
① 수차 레버 부분의 진동
② 수차 러너의 부식
③ 흡출관의 진동
④ 수차 효율의 증가

· 정답 : ④
캐비테이션의 장해
(1) 수차의 효율, 출력, 낙차가 저하된다.
(2) 유수에 접한 러너가 버킷 등에 침식이 일어난다.
(3) 수차에 진동을 일으켜서 소음을 발생시킨다.
(4) 흡출관 입구에서의 수압의 변동이 현저해진다.

69 보일러 장치, 급수처리방법

출제빈도
★

보충학습 문제
관련페이지
184, 186

1. 보일러 장치

① 화로 : 연료를 연소하여 고온의 연소가스를 발생하는 부분
② 보일러 : 수관과 드럼으로 구성되며 화로의 상부에 설치하여 증기를 발생시키는 것이다.
③ 과열기 : 보일러에서 발생한 포화증기를 과열기로 가열하여 과열증기로 만든 다음 증기터빈에 보낸다.
④ 절탄기 : 보일러 급수를 가열하는 설비이다.
⑤ 재열기 : 터빈에서 빼낸 증기를 다시 과열시켜 터빈의 저압부에 보내는 설비이다.
⑥ 공기예열기 : 기력발전소의 연도의 맨 끝에 설치되는 것으로서 연도가스의 여열을 이용하여 화로에 공급하는 공기를 가열하여 화로의 온도를 높이기 위한 설비이다.
⑦ 보일러의 부속설비 : 안전밸브, 수면계, 수위경보기, 자동급수조정기, 이산화탄소 기록계, 기록온도계, 증기저장기 등

2. 급수처리방법

① 물리적 처리법 : 침전, 여과
② 화학적 처리법 : 석회소다법, 지얼라이트법, 이온교환수지법
③ 탈기기 : 급수 중에 녹아있는 산소 및 이산화탄소를 제거

예제1 화력발전소에서 탈기기 설치 목적은?
① 연료 중의 공기를 제거
② 급수 중의 산소를 제거
③ 보일러 가스 중 산소를 제거
④ 증기중의 산소를 제거

• 정답 : ②
탈기기는 터빈의 발생증기를 분사하여 급수를 직접 가열해서 급수 중에 용해해서 존재하는 산소를 물리적으로 분리 제거하여 보일러 배관의 부식을 미연에 방지하는 장치이다.

예제2 배출되는 연도가스의 열을 회수하여 보일러의 물을 가열하는 설비는?
① 과열기   ② 재열기
③ 절탄기   ④ 공기예열기

• 정답 : ③
절탄기 : 연도가스의 여열을 이용하여 보일러 급수를 가열하는 설비

냉각재, 제어재, 감속재

1. 냉각재가 갖추어야 할 조건
 ① 중성자 흡수가 적을 것
 ② 녹는점이 낮고 끓는점이 높을 것
 ③ 열전도성이 우수하고 비열이 높을 것
 ④ 밀도 및 점도가 낮아 펌프동력이 작을 것

2. 제어재가 갖추어야 할 조건
 ① 중성자 흡수 단면적이 클 것
 ② 열과 방사선에 대하여 안정할 것
 ③ 높은 중성자속 중에서 장시간 그 효과를 간직할 것
 ④ 원자의 질량이 작을 것
 ⑤ 내식성이 크고 기계적 가공이 용이할 것

3. 감속재로서 갖추어야 할 조건
 ① 원자량이 작은 원소일 것
 ② 감속능 및 감속비가 클 것
 ③ 중성자 흡수 단면적이 좁을 것
 ④ 충돌 후에 갖는 에너지의 평균차가 클 것
 ⑤ 감속재로 경수, 중수, 흑연 등을 사용한다.

예제1 원자로의 제어재가 구비하여야 할 조건 중 맞지 않는 것은?
 ① 중성자의 흡수 단면이 작을 것
 ② 높은 중성자속(束) 중에서도 장시간 그 효과를 간직할 것
 ③ 열과 방사선에 대하여 안정할 것
 ④ 작동의 신속을 원하여 질량이 크지 않아야 하고 내식성이 크고 기계적 가공이 용이할 것

· 정답 : ①
제어재가 갖추어야 할 조건
 (1) 중성자 흡수 단면적이 클 것
 (2) 열과 방사선에 대하여 안정할 것
 (3) 높은 중성자속 중에서 장시간 그 효과를 간직할 것
 (4) 원자의 질량이 작을 것
 (5) 내식성이 크고 기계적 가공이 용이할 것

예제2 원자로의 냉각재가 갖추어야 할 조건이 아닌 것은?
 ① 열량이 클 것
 ② 중성자의 흡수 단면적이 클 것
 ③ 녹는점이 낮고 끓는점이 높을 것
 ④ 냉각재의 접촉하는 재료를 부식하지 않을 것

· 정답 : ②
냉각재가 갖추어야 할 조건
 (1) 중성자 흡수가 적을 것
 (2) 녹는점이 낮고 끓는점이 높을 것
 (3) 열전도성이 우수하고 비열이 높을 것
 (4) 밀도 및 점도가 낮아 펌프동력이 작을 것

핵심포켓북(동영상강의 제공)

제3과목
전 기 기 기

■ 출제빈도에 따른 핵심정리·예제문제
　핵심 1 ~ 핵심 59

제3과목 전기기기

NO	출제경향	관련페이지	출제빈도
핵심1	동기발전기의 병렬운전 조건	50, 51, 67, 68	★★★★★
핵심2	동기발전기의 전기자반작용과 동기전동기의 전기자반작용	49, 59, 65, 66, 79	★★★★★
핵심3	동기발전기의 동기속도(N_s), 단절권 계수(k_p), 분포권 계수(k_d), 유기기전력(E)	54, 70, 71, 72, 73, 74	★★★★★
핵심4	동기기의 %임피던스(%Z)	57, 77, 78	★★★★★
핵심5	동기기의 단락비(k_s)	56, 61, 75, 76, 77	★★★★★
핵심6	변압기의 전압변동률(ϵ)	85, 86, 97, 98, 104, 105, 106	★★★★★
핵심7	변압기의 %저항강하(p), %리액턴스 강하(q), %임피던스 강하(z)	87, 88, 107	★★★★★
핵심8	변압기 효율	88, 89, 108, 109, 110	★★★★★
핵심9	변압기 병렬운전	90, 91, 99, 113, 114, 115	★★★★★
핵심10	유도전동기의 토크와 공급전압 및 슬립과의 관계	126, 127, 144, 145, 146, 147, 148	★★★★★
핵심11	유도전동기의 전력변환	124, 125, 141, 142, 143, 144	★★★★★
핵심12	유도전동기의 비례추이	128, 129, 136, 137, 148, 149, 150	★★★★★
핵심13	유도전동기의 유기기전력(E), 주파수(f), 권수비(α)	123, 135, 139, 140, 141	★★★★★
핵심14	직류전동기의 출력과 토크	17, 24, 37, 38, 39	★★★★★
핵심15	직류전동기의 속도 특성	17, 18, 39, 40, 41, 42	★★★★★
핵심16	직류기의 유기기전력	9, 10, 14, 31, 32	★★★★★
핵심17	변압기의 권수비 및 전압비	83, 96, 100, 101, 102	★★★★★
핵심18	변압기의 등가회로	84, 85, 102, 103, 104	★★★★★
핵심19	유도전압 조정기	134, 155, 156, 157	★★★★
핵심20	회전 변류기	166, 167, 172, 173, 174	★★★★

NO	출제경향	관련페이지	출제빈도
핵심21	수은 정류기	168, 169, 174, 175	★★★★
핵심22	교류 단상 직권정류자 전동기(=단상 직권정류자 전동기)	158, 159, 161, 162, 163, 164	★★★★
핵심23	유도전동기의 속도제어	131, 151, 152, 153	★★★★
핵심24	유도전동기의 기동법	130, 150, 151	★★★★
핵심25	동기전동기의 위상특성곡선(V곡선)	59, 80	★★★★
핵심26	변압기 결선	90, 111, 112, 113	★★★★
핵심27	직류 분권 발전기	12, 33, 34, 35	★★★★
핵심28	단권변압기(=오토 트랜스)	93, 116, 117, 118	★★★★
핵심29	변압기 내부고장에 대한 보호계전기	94, 119	★★★★
핵심30	직류기의 전기자 반작용	5, 6, 27, 28, 29	★★★★
핵심31	직류기의 전기자 권선법	4, 26, 27	★★★
핵심32	직류 타여자 발전기	11, 32, 33	★★★
핵심33	다이오드를 사용한 정류회로	171, 177, 178, 179, 180, 181, 182, 183, 184	★★★
핵심34	유도전동기의 회전수와 슬립	122, 139	★★★
핵심35	직류전동기의 토크 특성	19, 42, 43	★★★
핵심36	직류전동기의 속도 제어	20, 43, 44	★★★
핵심37	동기발전기의 전기자 권선법	48, 64, 65	★★★
핵심38	정류곡선	8, 30, 31	★★★
핵심39	직류기의 전압변동률	16, 23, 36	★★★
핵심40	동기기의 자기여자현상, 난조, 안정도	52, 53, 69, 70	★★★
핵심41	직류자여자발전기의 전압확립조건	13, 35	★★★
핵심42	상수변환	92, 115, 116	★★★

NO	출제경향	관련페이지	출제빈도
핵심43	반도체 정류기(실리콘 정류기 : SCR)	170, 176, 177	★★
핵심44	직류발전기의 병렬운전조건	16, 36, 37	★★
핵심45	동기발전기의 출력(P)	55, 74	★★
핵심46	동기기의 단위법	62, 63	★★
핵심47	직류기의 정류자	25	★★
핵심48	직류기의 전기자	2, 3, 25	★★
핵심49	변압기의 유기기전력	82, 100	★★
핵심50	동기기의 수수전력과 동기화력	58, 79	★★
핵심51	유도전동기의 원선도	129, 150	★★
핵심52	3상 직권 정류자 전동기와 3상 분권 정류자 전동기	164, 165	★★
핵심53	"단락비가 크다"는 의미	66, 67	★★
핵심54	동기발전기의 구조	46, 47, 64	★
핵심55	직류기의 손실 및 효율	21, 22, 44, 45	★
핵심56	직류기의 평균리액턴스 전압	7	★
핵심57	임피던스전압, 임피던스와트와 자기누설변압기	87, 94, 106, 108, 118	★
핵심58	반발전동기와 단상유도전동기	159, 164, 134, 154, 155	★
핵심59	유도전동기의 고조파의 특성 비교	133, 154	★

01 동기발전기의 병렬운전 조건

출제빈도
★★★★★

1. **기전력의 크기가 같을 것** ($E_A = E_B$)

   ① 만약 기전력의 크기가 같지 않다면 무효순환전류(I_S)가 흐르게 된다.

   $$I_S = \frac{E_A - E_B}{Z_S + Z_S} = \frac{E_A - E_B}{2Z_S} [A]$$

   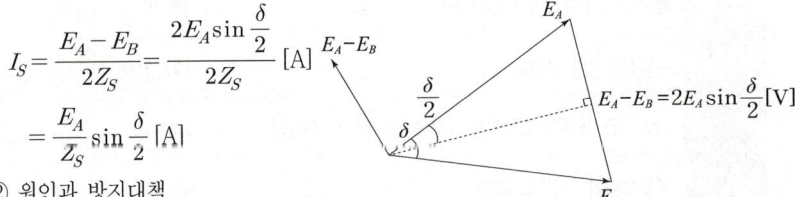

   ② 원인과 방지대책
   - ㉠ 원인 : 각 발전기의 여자전류가 다르기 때문이다.
   - ㉡ 방지대책 : 각 발전기의 계자회로의 계자저항을 적당히 조정하여 여자전류를 같게 해준다.

2. **기전력의 위상이 같을 것**

   ① 만약 위상이 같지 않으면 유효순환전류(=동기화 전류 : I_S)가 흐르게 된다.

   $$I_S = \frac{E_A - E_B}{2Z_S} = \frac{2E_A \sin\frac{\delta}{2}}{2Z_S} [A]$$
   $$= \frac{E_A}{Z_S} \sin\frac{\delta}{2} [A]$$

   $E_A - E_B = 2E_A \sin\frac{\delta}{2} [V]$

   ② 원인과 방지대책
   - ㉠ 원인 : 원동기의 출력이 다른 경우
   - ㉡ 방지대책 : 원동기의 출력을 조절하여 각 발전기 원동기의 출력이 같도록 한다.

   여기서, I_s : 순환전류[A], E_A, E_B : 두 발전기 유기기전력[V], Z_S : 동기임피던스[Ω], δ : 두 발전기 유기기전력의 위상차

3. **기전력의 주파수가 일치할 것**

   ① 만약 주파수가 같지 않으면 동기화 전류가 흐르고 난조가 발생한다.

   ② 원인과 방지대책
   - ㉠ 원인 : 발전기의 조속기가 예민한 경우, 계자 회로에 고조파가 유입된 경우, 부하의 급변, 관성 모멘트가 작은 경우
   - ㉡ 방지대책 : 위의 원인에 의해 난조가 발생하며 이를 방지하는 데는 제동권선이 가장 적당하다.

4. **기전력의 파형이 일치할 것**

   ① 만약 파형이 같지 않으면 고조파 순환전류(=무효순환전류)가 흐르게 된다.
   ② 고조파 순환전류는 권선의 저항손을 증가시키고 과열시켜 이상 온도 상승의 원인이 된다.

5. **상회전이 일치할 것**

보충학습 문제
관련페이지
50, 51, 67, 68

예제1 3상 동기발전기를 병렬운전시키는 경우, 고려하지 않아도 되는 조건은?
① 발생 전압이 같을 것
② 전압 파형이 같을 것
③ 회전수가 같을 것
④ 상회전이 같을 것

· 정답 : ③
동기발전기의 병렬운전조건
(1) 기전력의 크기가 같을 것 : 각 발전기의 여자전류가 다르면 기전력의 크기가 달라져서 무효순환전류가 흐르게 되며 이를 방지하기 위해서는 각 발전기의 계자저항을 적당히 조정하여 여자전류를 같게 해준다.
(2) 기전력의 위상이 같을 것 : 각 발전기의 원동기 출력이 다르면 기전력의 위상이 달라져서 유효순환전류(=동기화전류)가 흐르게 되며 이를 방지하기 위해서는 각 발전기의 원동기 출력을 조정하여 같게 해준다.
(3) 기전력의 주파수가 같을 것
(4) 기전력의 파형이 같을 것
(5) 상회전이 일치할 것

예제2 2대의 동기발전기가 병렬운전하고 있을 때, 동기화 전류(同期化電流)가 흐르는 경우는?
① 기전력의 크기에 차가 있을 때
② 기전력의 위상에 차가 있을 때
③ 기전력의 파형에 차가 있을 때
④ 부하 분담의 차가 있을 때

· 정답 : ②
동기발전기의 병렬운전조건
동기발전기의 병렬운전조건 중 하나인 기전력의 위상이 다르게 되면 유효순환전류(=동기화전류)가 흐르게 된다. 원인과 대책은 다음과 같다.
(1) 원인 : 원동기의 출력이 다른 경우
(2) 대책 : 원동기의 출력을 조절하여 각 발전기의 출력이 같도록 한다.

예제3 2대의 동기발전기를 병렬운전할 때, 무효횡류(무효순환전류)가 흐르는 경우는?
① 부하 분담의 차가 있을 때
② 기전력의 파형에 차가 있을 때
③ 기전력의 위상차가 있을 때
④ 기전력 크기에 차가 있을 때

· 정답 : ④
동기발전기의 병렬운전조건
기전력의 크기가 같을 것 : 각 발전기의 여자전류가 다르면 기전력의 크기가 달라져서 무효순환전류가 흐르게 되며 이를 방지하기 위해서는 각 발전기의 계자저항을 적당히 조정하여 여자전류를 같게 해준다.

예제4 병렬운전을 하고 있는 두 대의 3상 동기발전기 사이에 무효순환전류가 흐르는 경우는?
① 여자전류의 변화
② 원동기의 출력 변화
③ 부하의 증가
④ 부하의 감소

· 정답 : ①
동기발전기의 병렬운전조건
동기발전기의 병렬운전조건 중 하나인 기전력의 크기가 같지 않다면 무효순환전류가 흐르게 된다. 원인과 방지대책은 다음과 같다.
(1) 원인 : 각 발전기의 여자전류가 다르기 때문이다.
(2) 대책 : 각 발전기의 계자회로의 저항을 적당히 조정하여 여자전류를 같게 해준다.

02 동기발전기의 전기자반작용과 동기전동기의 전기자반작용

출제빈도
★★★★★

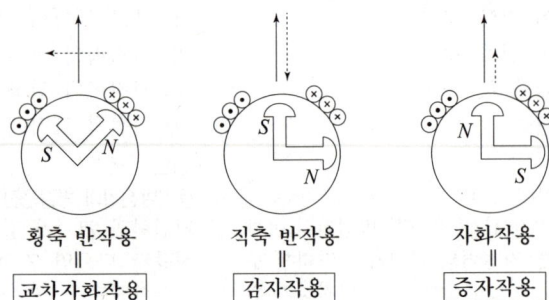

1. **교차자화작용(=횡축반작용)**
   ① 기전력과 같은 위상의 전류가 흐른다. <동상전류 : R부하 특성>
   ② 감자효과로 기전력이 감소한다.

2. **감자작용(=직축반작용)**
   ① 기전력보다 90° 늦은 전류가 흐른다. <지상전류 : L부하 특성>
   ② 감자작용으로 기전력이 감소한다.

3. **증자작용(=자화작용)**
   ① 기전력보다 90° 앞선 전류가 흐른다. <진상전류 : C부하 특성>
   ② 증자작용으로 기전력이 증가한다.

4. **동기전동기의 전기자 반작용**
   ① 교차자화작용 : 동상전류(R부하 특성)
   ② 감자작용 : 진상전류(C부하 특성)
   ③ 증자작용 : 지상전류(L부하 특성)

보충학습 문제
관련페이지
49, 59, 65, 66, 79

예제1 동기 발전기에서 앞선 전류가 흐를 때, 다음 중 어느 것이 옳은가?
① 감자 작용을 받는다.
② 증자 작용을 받는다.
③ 속도가 상승한다.
④ 효율이 좋아진다.

· 정답 : ②
동기발전기의 전기자 반작용
(1) 교차자화작용 : 기전력과 같은 위상의 전류가 흐른다.
(2) 감자작용 : 기전력보다 90° 늦은 전류가 흐른다.
(3) 증자작용 : 기전력보다 90° 앞선 전류가 흐른다.

예제2 동기발전기의 부하에 콘덴서를 달아서 앞서는 전류가 흐르고 있다. 다음 중 옳은 것은?
① 단자전압강하 ② 단자전압상승
③ 편자작용 ④ 속도상승

· 정답 : ②
동기발전기 전기자반작용
· 증자작용
  (1) 기전력보다 90° 앞선 전류가 흐른다.
     <진상전류 : C부하 특성>
  (2) 증자작용으로 기전력이 증가한다.

03

동기발전기의 동기속도(N_s), 단절권 계수(k_p), 분포권 계수(k_d), 유기기전력(E)

1. 동기속도(N_S)

$$N_S = \frac{120f}{p} \text{ [rpm]}$$

2. 단절권 계수(k_p)

$$k_p = \sin\frac{n\beta\pi}{2} \ (n은 \ 고조파이다.)$$

$$\beta = \frac{코일\ 간격}{극\ 간격} = \frac{코일변의\ 슬롯\ 간격}{슬롯수 \div 극수} \ 이다.$$

3. 분포권 계수(k_d)

$$k_d = \frac{\sin\dfrac{n\pi}{2m}}{q\sin\dfrac{n\pi}{2mq}} \ (n은 \ 고조파이다.)$$

4. 유기기전력(E)

$$E = 4.44 f \phi N k_w \text{ [V]}$$

① $k_w = k_p \cdot k_d$

② 3상 선간전압(=정격전압, 단자전압 : V)

$$V = \sqrt{3}\,E = \sqrt{3} \times 4.44 f \phi N k_w \text{ [V]}$$

여기서, N_s : 동기속도[rpm], f : 주파수[Hz], p : 극수, k_p : 단절권계수,
β : 권선간격과 자극간격의 비, k_d : 분포권 계수, m : 상수, q : 매극매상당 슬롯수,
E : 유기기전력[V], ϕ : 자속[Wb], N : 코일권수, k_w : 권선계수, V : 정격전압[V]

출제빈도
★★★★★

보충학습 문제
관련페이지
54, 70, 71, 72, 73, 74

예제1 극수 6, 회전수 1,200[rpm]인 교류발전기와 병렬운전하는 극수 8인 교류발전기의 회전수는 몇 [rpm]이 되는가?

① 800 ② 900
③ 1,050 ④ 1,100

· 정답 : ②
동기속도(N_s)
극수 $p=6$, 회전수 $N_s = 1,200$ [rpm],
극수 $p'=8$일 때 회전수 N_s'는
$N_s \propto \dfrac{1}{p}$ 이므로 $N_s' = \dfrac{p}{p'}N_s$ [rpm] 이다.

$\therefore N_s' = \dfrac{p}{p'}N_s = \dfrac{6}{8} \times 1,200 = 900$ [rpm]

예제2 3상, 6극, 슬롯 수 54인 동기발전기가 있다. 어떤 전기자 코일의 두 변이 제1슬롯과 제8슬롯에 들어있다면 단절권 계수는 얼마인가?

① 0.9397 ② 0.9567
③ 0.9337 ④ 0.9117

· 정답 : ①
단절권 계수(k_p)
$\beta = \dfrac{코일간격}{극간격} = \dfrac{코일변의\ 슬롯\ 간격}{슬롯수 \div 극수}$

$= \dfrac{8-1}{54 \div 6} = \dfrac{7}{9}$

$\therefore k_p = \sin\dfrac{\beta\pi}{2} = \sin\dfrac{\dfrac{7}{9}\pi}{2} = \sin\dfrac{7\pi}{18} = 0.9397$

04 동기기의 %임피던스(%Z)

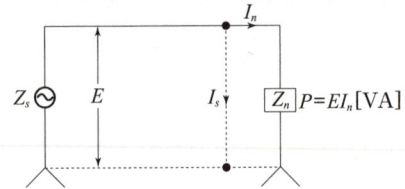

1. 정격전류(I_n)

$$I_n = \frac{E}{Z_n} = \frac{V}{\sqrt{3}\,Z_n} = \frac{P}{E}\,[A]$$

여기서, E: 유기기전력(상전압), V: 단자전압(선간전압), P: 정격용량(단상), Z_n: 부하 임피던스, Z_s: 동기 임피던스

<if> 정격용량이 3상 용량인 경우에는 $I_n = \frac{P}{\sqrt{3}\,V}$ [A]이다.

2. 퍼센트 임피던스(%Z)

① $\%Z = \dfrac{Z_s I_n}{E} \times 100 = \dfrac{PZ_s}{10E^2}$ $= \dfrac{PZ_s}{10V^2}$ [%]

　　　　　　　　　단상인 경우　3상인 경우

② $\%Z = \dfrac{I_n}{I_s} \times 100 = \dfrac{P_n}{P_s} \times 100 = \dfrac{100}{k_s}$ [%]

여기서, $\%Z$: 퍼센트 임피던스[%], Z_s: 동기임피던스[Ω], I_n: 정격전류[A], E: 유기기전력(=상전압)[V], P, P_n: 정격용량[VA], V: 단자전압(=선간전압)[V], I_s: 단락전류[A], P_s: 단락용량[VA], k_s: 단락비

예제1 3상 66,000[kVA], 22,900[V]인 터빈발전기의 정격전류[A]는?

① 2,882　　　② 962
③ 1,664　　　④ 431

・정답 : ③
동기발전기의 정격전류(I_n)
용량 $P = 66,000$ [kVA],
$V = 22,900$ [V]일 때
$\therefore I_n = \dfrac{P}{\sqrt{3}\,V} = \dfrac{66,000 \times 10^3}{\sqrt{3} \times 22,900} = 1,664$ [A]

예제2 단락비 1.2인 발전기의 퍼센트 동기임피던스[%]는 약 얼마인가?

① 100　　　② 83
③ 60　　　　④ 45

・정답 : ②
퍼센트 임피던스(%Z)
$\%Z = \dfrac{I_n}{I_s} \times 100 = \dfrac{P_n}{P_s} \times 100 = \dfrac{100}{k_s}$ [%]

여기서, 정격전류 I_n, 단락전류 I_s, 정격용량 P_n, 단락용량 P_s, 단락비 k_s이다.

$\therefore \%Z = \dfrac{100}{k_s} = \dfrac{100}{1.2} = 83$ [%]

05 동기기의 단락비(k_s)

1. 단락전류(I_s)

$$I_s = \frac{E}{Z_s} = \frac{E}{x_s} [A] \text{ 또는 } I_s = \frac{V}{\sqrt{3}\,Z_s} = \frac{V}{\sqrt{3}\,x_s} [A]$$

① 돌발단락전류=순간단락전류($I_s{'}$)

$$I_s{'} = \frac{E}{x_l} [A]$$

∴ 돌발단락전류를 제한하는 성분은 누설 리액턴스뿐이다.

② 지속단락전류($I_s{''}$)

$$I_s{''} = \frac{E}{x_s} = \frac{E}{x_a + x_l} [A]$$

여기서, I_s : 단락전류[A], E : 유기기전력(=상전압)[V], V : 단자전압(=선간전압)[V], Z_s : 동기임피던스[Ω], x_s : 동기리액턴스[Ω], $I_s{'}$: 돌발단락전류[A], $I_s{''}$: 지속단락전류[A], x_l : 누설리액턴스[Ω], x_a : 전기자반작용 리액턴스[Ω]

2. 단락비(k_s)

$I_f{'}$ – 무부하시 정격전압을 유지하는데 필요한 계자 전류
$I_f{''}$ – 3상 단락시 정격전류와 같은 단락전류를 흘리는 데 필요한 계자 전류

① 단락비 : $k_s = \dfrac{I_f{'}}{I_f{''}} = \dfrac{I_s}{I_n} = \dfrac{100}{\%Z} = \dfrac{1}{\%Z[p.u]}$

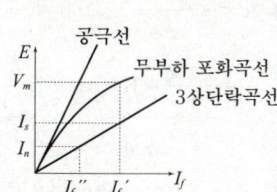

② 단락비 산출에 필요한 시험 : 무부하 포화시험, 3상 단락시험

③ 3상 단락곡선이 직선인 이유 : 단락전류는 지상전류로서 감자작용인 전기자반작용에 의해서 자속이 감소하고 불포화 상태에서 단자전압이 감소한다. 단락된 상태에서 여자가 증가하면 단자전압도 비례하며 증가하게 되므로 단락곡선은 직선이 된다.

여기서, k_s : 단락비, I_s : 단락전류[A], I_n : 정격전류[A], $\%Z$: 퍼센트 임피던스[%], $\%Z[p.u]$: 퍼센트 임피던스 p.u값

출제빈도
★★★★★

보충학습 문제
관련페이지
56, 61, 75, 76, 77

예제1 1상의 유기전압 E[V], 1상의 누설리액턴스 X[Ω], 1상의 동기리액턴스 X_s[Ω]인 동기발전기의 지속단락전류[A]는?

① $\dfrac{E}{X}$　② $\dfrac{E}{X_s}$
③ $\dfrac{E}{X+X_s}$　④ $\dfrac{E}{X-X_s}$

· 정답 : ②

돌발단락전류($I_s{'}$)와 지속단락전류($I_s{''}$)
동기리액턴스 x_s, 전기자 반작용 리액턴스 x_a, 누설리액턴스 x_l이라 할 때

(1) 돌발단락전류 $I_s{'} = \dfrac{E}{x_l}$ [A]
돌발단락전류(순간단락전류)를 제한하는 성분은 누설리액턴스뿐이다.

(2) 지속단락전류 $I_s{''} = \dfrac{E}{x_s} = \dfrac{E}{x_a + x_l}$ [A]

06 변압기의 전압변동률(ϵ)

출제빈도
★★★★★

$Z_1 = r_1 + jx_1 [\Omega]$, $Z_2 = r_2 + jx_2 [\Omega]$이고
무부하 단자전압(V_{20})은 $V_{20} = E_2 [V]$
관계가 성립하므로

$$\epsilon = \frac{V_{20} - V_2}{V_2} \times 100 [\%]$$

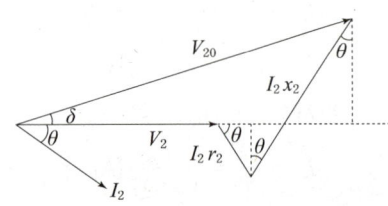

1. 무부하 단자전압(V_{20})

$$\begin{aligned}\dot{V}_{20} &= \dot{V}_2 + \dot{I}_2 r_2 + j\dot{I}_2 x_2 \\ &= (V_2 + I_2 r_2 \cos\theta + I_2 x_2 \sin\theta) \\ &\quad + j(I_2 x_2 \cos\theta - I_2 r_2 \sin\theta)\end{aligned}$$

└→ 매우 작기 때문에 0으로 둔다.

$$\therefore V_{20} = V_2 + I_2(r_2 \cos\theta + x_2 \sin\theta) [V]$$

2. 전압변동률(ϵ)

$$\epsilon = \frac{V_{20} - V_2}{V_2} \times 100 = \frac{I_2 r_2 \cos\theta + I_2 x_2 \sin\theta}{V_2} \times 100$$

$$= \underbrace{\frac{I_2 r_2}{V_2} \times 100}_{\%저항강하 = p} \cos\theta + \underbrace{\frac{I_2 x_2}{V_2} \times 100}_{\%리액턴스 강하 = q} \sin\theta$$

$$\therefore \epsilon = p\cos\theta + q\sin\theta [\%]$$

① 유도부하(L부하)로서 지상 전류가 흐르는 경우 $\epsilon = p\cos\theta + q\sin\theta [\%]$
② 용량부하(C부하)로서 진상 전류가 흐르는 경우 $\epsilon = p\cos\theta - q\sin\theta [\%]$

3. 최대전압 변동률(ϵ_{max})

① $\cos\theta = 1$인 경우 $\epsilon_{max} = p [\%]$
② $\cos\theta \neq 1$인 경우

$$\begin{aligned}\epsilon &= p\cos\theta + q\sin\theta = z\left(\frac{p}{z}\cos\theta + \frac{q}{z}\sin\theta\right) \\ &= z(\cos^2\theta + \sin^2\theta) = z = \sqrt{p^2 + q^2} [\%]\end{aligned}$$

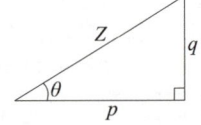

역률 $\cos\theta = \frac{p}{z} = \frac{p}{\sqrt{p^2 + q^2}}$

여기서, Z_1 : 1차코일임피던스[Ω], r_1 : 1차저항[Ω], x_1 : 1차리액턴스[Ω],
Z_2 : 2차코일임피던스[Ω], r_2 : 2차 저항[Ω], x_2 : 2차 리액턴스[Ω],
V_{20} : 무부하 2차 단자전압[V], E_2 : 2차 유기기전력[V], ϵ : 전압변동률[%],
V_2 : 2차 정격전압[V], I_2 : 2차 정격전류[A], $\cos\theta$: 역률, p : %저항강하[%],
q : %리액턴스강하[%], ϵ_{max} : 최대전압변동률[%], z : %임피던스강하[%]

예제1 %저항 강하 1.8, %리액턴스 강하가 2.0인 변압기의 전압 변동률의 최대값과 이때의 역률은 각각 약 몇 [%]인가?

① 7.24[%], 27[%]
② 2.7[%], 1.8[%]
③ 2.7[%], 67[%]
④ 1.8[%], 3.8[%]

· 정답 : ③
변압기의 최대전압변동률(ϵ_{max})
$p = 1.8 [\%]$, $q = 2 [\%]$이므로
$$\epsilon_{max} = \sqrt{p^2 + q^2}, \quad \cos\theta = \frac{p}{\sqrt{p^2+q^2}}$$
식에 대입하여 계산하면
$$\therefore \epsilon_{max} = \sqrt{1.8^2 + 2^2} = 2.7 [\%],$$
$$\cos\theta = \frac{p}{\sqrt{p^2+q^2}} \times 100$$
$$= \frac{1.8}{\sqrt{1.8^2+2^2}} \times 100 = 67 [\%]$$

예제2 어느 변압기의 변압비는 무부하에서 14.4 : 1, 정격 부하에서 15 : 10이다. 이 변압기의 전압 변동률[%]은?

① 4.67
② 5.17
③ 3.17
④ 4.17

· 정답 : ④
무부하시 변압기 변압비는
$V_{10} : V_{20} = 14.4 : 1 = 1 : \frac{1}{14.4}$이고
정격부하시 변압기 변압비는
$V_1 : V_2 = 15 : 1 = 1 : \frac{1}{15}$이므로
$V_{20} = \frac{1}{14.4}$ [V], $V_2 = \frac{1}{15}$ [V]로 정할 수 있다.
$$\therefore \epsilon = \frac{V_{20} - V_2}{V_2} \times 100 = \frac{\frac{1}{14.4} - \frac{1}{15}}{\frac{1}{15}} \times 100$$
$$= 4.17 [\%]$$

예제3 어떤 단상 변압기의 2차 무부하 전압이 240[V]이고 정격 부하시의 2차 단자 전압이 230[V]이다. 전압 변동률[%]은?

① 2.35
② 3.35
③ 4.35
④ 5.35

· 정답 : ③
변압기의 전압변동률(ϵ)
$V_{20} = 240$ [V], $V_2 = 230$ [V]이므로
$$\therefore \epsilon = \frac{V_{20} - V_2}{V_2} \times 100 = \frac{240 - 230}{230} \times 100$$
$$= 4.35 [\%]$$

예제4 어느 변압기의 백분율 저항 강하가 2[%], 백분율 리액턴스 강하가 3[%]일 때 역률(지역률) 80[%]인 경우의 전압 변동률[%]은?

① -0.2
② 3.4
③ 0.2
④ -3.4

· 정답 : ②
변압기 전압변동률(ϵ)
$p = 2 [\%]$, $q = 3 [\%]$,
$\cos\theta = 0.8$ (지역률)이므로
$$\therefore \epsilon = p\cos\theta + q\sin\theta = 2 \times 0.8 + 3 \times 0.6$$
$$= 3.4 [\%]$$

예제5 어떤 변압기의 단락 시험에서 %저항 강하 1.5[%]와 %리액턴스 강하 3[%]를 얻었다. 부하 역률이 80[%] 앞선 경우의 전압 변동률[%]은?

① -0.6
② 0.6
③ -3.0
④ 3.0

· 정답 : ①
변압기 전압변동률(ϵ)
$p = 1.5 [\%]$, $q = 3 [\%]$, $\cos\theta = 0.8$ (앞선 역률)이므로
$$\therefore \epsilon = p\cos\theta - q\sin\theta = 1.5 \times 0.8 - 3 \times 0.6$$
$$= -0.6$$

07 변압기의 %저항강하(p), %리액턴스강하(q), %임피던스강하(z)

출제빈도 ★★★★★

1. %저항 강하(p)

$$p = \frac{I_2 r_2}{V_2} \times 100 = \frac{I_1 r_{12}}{V_1} \times 100 = \frac{I_1^2 r_{12}}{V_1 I_1} \times 100 = \frac{P_s}{P_n} \times 100 \, [\%]$$

2. %리액턴스 강하(q)

$$q = \frac{I_2 x_2}{V_2} \times 100 = \frac{I_1 x_{12}}{V_1} \times 100 \, [\%]$$

3. %임피던스 강하(z)

$$z = \frac{I_2 Z_2}{V_2} \times 100 = \frac{I_1 Z_{12}}{V_1} \times 100 = \frac{V_s}{V_1} \times 100 \, [\%]$$

여기서, p : %저항강하[%], I_2 : 2차 전류[A], r_2 : 2차 저항[Ω], V_2 : 2차 단자전압[V],
I_1 : 1차 전류[A], r_{12} : 2차를 1차로 환산한 저항[Ω],
V_1 : 1차 단자전압(=정격전압)[V], P_s : 임피던스 와트(=동손)[W],
P_n : 정격용량[VA], q : %리액턴스 강하[%], x_2 : 2차 리액턴스[Ω],
x_{12} : 2차를 1차로 환산한 리액턴스[Ω], z : %임피던스 강하[%],
z_2 : 2차 임피던스[Ω], z_{12} : 2차를 1차로 환산한 임피던스[Ω], V_s : 임피던스 전압[V]

보충학습 문제 관련페이지
87, 88, 107

예제1 5[kVA], 3,000/200[V]인 변압기의 단락시험에서 임피던스 전압=120[V], 동손=150[W]라 하면 %저항 강하는 몇 [%]인가?

① 2   ② 3
③ 4   ④ 5

• 정답 : ②

%저항 강하(p)

$$p = \frac{I_2 r_2}{V_2} \times 100 = \frac{I_1 r_{12}}{V_1} \times 100 = \frac{I_1^2 r_{12}}{V_1 I_1} \times 100$$

$$= \frac{P_s}{P_n} \times 100 \, [\%]$$

여기서, P_s는 임피던스와트(동손), P_n은 정격용량이다.

$P_n = 5 \, [\text{kVA}]$, $a = \frac{3,000}{200}$, $V_s = 120 \, [\text{V}]$,

$P_s = 150 \, [\text{W}]$ 이므로

∴ $p = \frac{P_s}{P_n} \times 100 = \frac{150}{5 \times 10^3} \times 100 = 3 \, [\%]$

예제2 10[kVA], 2,000/100[V] 변압기에서 1차에 환산한 등가 임피던스는 6.2+j7[Ω]이다. 이 변압기의 %리액턴스 강하는?

① 3.5   ② 1.75
③ 0.35 ④ 0.175

• 정답 : ②

%리액턴스 강하(q)

$$q = \frac{I_2 x_2}{V_2} \times 100 = \frac{I_1 x_{12}}{V_1} \times 100 \, [\%]$$

여기서, x_{12}는 1차에 환산한 등가리액턴스이다.
$Z_{12} = r_{12} + jx_{12} = 6.2 + j7 \, [\Omega]$

$P_n = 10 \, [\text{kVA}]$, $a = \frac{V_1}{V_2} = \frac{2,000}{100}$ 이므로

$I_1 = \frac{P_n}{V_1} = \frac{10 \times 10^3}{2,000} = 5 \, [\text{A}]$

∴ $q = \frac{I_1 x_{12}}{V_1} \times 100 = \frac{5 \times 7}{2,000} \times 100 = 1.75 \, [\%]$

08 변압기 효율

1. 전부하 효율(η)

$$\eta = \frac{P}{P+P_i+P_c} \times 100 = \frac{V_2 I_2 \cos\theta}{V_2 I_2 \cos\theta + P_i + P_c} \times 100\,[\%]$$

2. $\frac{1}{m}$ 부하인 경우 효율 $\left(\eta_{\frac{1}{m}}\right)$

$$\eta_{\frac{1}{m}} = \frac{\frac{1}{m}P}{\frac{1}{m}P+P_i+\left(\frac{1}{m}\right)^2 P_c} \times 100 = \frac{\frac{1}{m}V_2 I_2 \cos\theta}{\frac{1}{m}V_2 I_2 \cos\theta + P_i + \left(\frac{1}{m}\right)^2 P_c} \times 100\,[\%]$$

3. 최대효율 조건

① 전부하시 : $P_i = P_c$

② $\frac{1}{m}$ 부하시 : $P_i = \left(\frac{1}{m}\right)^2 P_c$

여기서, η : 전부하효율[%], P : 출력[W], P_i : 철손[W], P_c : 동손[W],
V_2 : 2차 정격전압[V], I_2 : 2차 정격전류[A], $\cos\theta$: 역률, $\eta_{\frac{1}{m}}$: $\frac{1}{m}$ 부하 효율[%]

출제빈도
★★★★★

보충학습 문제
관련페이지
88, 89, 108,
109, 110

예제1 5[kVA] 단상 변압기의 무유도 전부하에 있어서 동손은 120[W], 철손은 80[W]이다. 전부하의 $\frac{1}{2}$ 되는 무유도 부하에서의 효율[%]은?

① 98.3   ② 97.0
③ 95.8   ④ 93.6

· 정답 : ③

변압기 $\frac{1}{m}$ 부하인 경우 효율$\left(\eta_{\frac{1}{m}}\right)$

$P_n = 5\,[\text{kVA}]$, $P_c = 120\,[\text{W}]$, $P_i = 80\,[\text{W}]$,
$\cos\theta = 1$, $\frac{1}{m} = \frac{1}{2}$ 이므로

$$\therefore \eta_{\frac{1}{m}} = \frac{\frac{1}{m}P_n \cos\theta}{\frac{1}{m}P_n \cos\theta + P_i + \left(\frac{1}{m}\right)^2 P_c} \times 100$$

$$= \frac{\frac{1}{2} \times 5 \times 10^3}{\frac{1}{2} \times 5 \times 10^3 + 80 + \left(\frac{1}{2}\right)^2 \times 120} \times 100$$

$$= 95.8\,[\%]$$

예제2 50[kVA], 전부하 동손 1,200[W], 무부하손 800[W]인 단상 변압기의 부하 역률 80[%]에 대한 전부하 효율[%]은?

① 95.24   ② 96.15
③ 96.65   ④ 97.53

· 정답 : ①

변압기 전부하효율(η)
$P_n = 50\,[\text{kVA}]$, $P_c = 1,200\,[\text{W}]$,
$P_i = 800\,[\text{W}]$,
$\cos\theta = 0.8$ 이므로 $(P = P_n \cos\theta)$

$$\therefore \eta = \frac{P}{P+P_i+P_c} \times 100$$

$$= \frac{P_n \cos\theta}{P_n \cos\theta + P_i + P_c} \times 100$$

$$= \frac{50 \times 10^3 \times 0.8}{50 \times 10^3 \times 0.8 + 800 + 1,200} \times 100$$

$$= 95.24\,[\%]$$

09 변압기 병렬운전

출제빈도
★★★★★

보충학습 문제
관련페이지
90, 91, 99, 113, 114, 115

1. 병렬운전조건
① 극성이 일치할 것
② 권수비 및 1차, 2차 정격전압이 같을 것
③ 각 변압기의 저항과 리액턴스비가 일치할 것
④ %저항 강하 및 %리액턴스 강하가 일치할 것. 또는 %임피던스 강하가 일치할 것
⑤ 각 변위가 일치할 것(3상 결선일 때)
⑥ 상회전 방향이 일치할 것(3상 결선일 때)

2. 병렬운전시 부하 분담
변압기 2대가 병렬운전하는 경우 부하 분담은 용량에 비례하고 %임피던스 강하에 반비례해야 하며 변압기 용량을 초과하지 않아야 한다.

3. 병렬운전이 가능한 결선과 불가능한 결선

가능	불가능
$\Delta-\Delta$와 $\Delta-\Delta$	$\Delta-\Delta$와 $\Delta-Y$
$\Delta-\Delta$와 $Y-Y$	$\Delta-\Delta$와 $Y-\Delta$
$Y-Y$와 $Y-Y$	$Y-Y$와 $\Delta-Y$
$Y-\Delta$와 $Y-\Delta$	$Y-Y$와 $Y-\Delta$

예제1 2차로 환산한 임피던스가 각각 $0.03+j0.02[\Omega]$, $0.02+j0.03[\Omega]$인 단상 변압기 2대를 병렬로 운전시킬 때, 분담 전류는?
① 크기는 같으나 위상이 다르다.
② 크기와 위상이 같다.
③ 크기는 다르나 위상이 같다.
④ 크기와 위상이 다르다.

· 정답 : ①
변압기 병렬운전
변압기 2대의 각각의 임피던스가
$Z_1 = 0.03 + j0.02\,[\Omega]$,
$Z_2 = 0.02 + j0.03\,[\Omega]$일 때
$Z_1 = 0.03 + j0.02 = 0.036\angle 33.6°\,[\Omega]$,
$Z_2 = 0.02 + j0.03 = 0.036\angle 56.3°\,[\Omega]$
이므로
∴ 분담전류는 크기는 같으나 위상이 다르게 된다. (병렬운전 불가능)

예제2 단상변압기를 병렬운전하는 경우, 부하 전류의 분담은 무엇에 관계되는가?
① 누설 리액턴스에 비례한다.
② 누설 리액턴스 제곱에 반비례한다.
③ 누설 임피던스에 비례한다.
④ 누설 임피던스에 반비례한다.

· 정답 : ④
변압기 병렬운전시 부하 분담
변압기 2대가 병렬운전하는 경우 부하 분담은 용량에 비례하고 %임피던스 강하에 반비례하며 변압기 용량을 초과하지 않아야 한다.

10 유도전동기의 토크와 공급전압 및 슬립과의 관계

출제빈도
★★★★★

1. 유도전동기의 토크(τ)

$$\tau = \frac{P}{\omega} = \frac{P}{2\pi\frac{N}{60}} = 9.55\frac{P}{N}\,[\text{N}\cdot\text{m}] = 0.975\frac{P}{N}\,[\text{kg}\cdot\text{m}]$$

① 기계적 출력(P_0)과 회전자 속도(N)에 의한 토크

$$\tau = 9.55\frac{P_o}{N}\,[\text{N}\cdot\text{m}] = 0.975\frac{P_0}{N}\,[\text{kg}\cdot\text{m}]$$

② 2차 입력(P_2)과 동기속도(N_s)에 의한 토크

$$\tau = 9.55\frac{P_2}{N_s}\,[\text{N}\cdot\text{m}] = 0.975\frac{P_2}{N_s}\,[\text{kg}\cdot\text{m}]$$

③ 동기와트(P_2)

$$P_2 = \frac{1}{0.975}N_s\tau = 1.026 N_s\tau\,[\text{W}]$$

$$P_2 = E_2 I_2' \cos\theta = \frac{E_2^2}{\left(\frac{r_2}{s}\right)^2 + x_2^2} \cdot \frac{r_2}{s}\,[\text{W}]$$

$$\therefore P_2 \propto \tau \propto E_2^2$$

2. 공급전압(V)과 전부하슬립(s)과의 관계

$$s \propto \frac{1}{V^2}$$

3. 최대토크(τ_m)

$$P_2 = \frac{E_2^2}{\left(\frac{r_2}{s}\right)^2 + x_2^2} \cdot \frac{r_2}{s}\,[\text{W}]$$ 식에서 2차

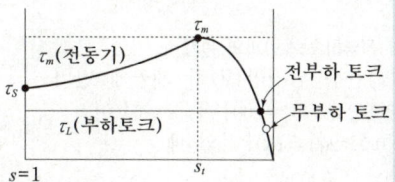

입력이 최대인 점에서 최대토크가 발생하므로 $\frac{r_2}{s} = x_2$인 조건을 만족해야 하며 이때 최대토크를 구하면

$$\tau_m = 0.975\frac{P_{2m}}{N_s} = k\frac{E_2^2}{2x_2^2} \cdot x_2 = k\frac{E_2^2}{2x_2} = k\frac{V_1^2}{2x_2}$$

따라서 최대토크는 2차 리액턴스와 전압과 관계 있으며 2차 저항과 슬립과는 무관하다.

4. 최대토크가 발생할 때의 슬립(s_t)

$\frac{r_2}{s_t} = x_2$일 때 최대토크가 발생하므로 이 조건을 만족하는 슬립은 $s_t = \frac{r_2}{x_2} \propto r_2$

따라서 최대토크가 발생할 때의 슬립(S_t)은 2차 저항에 비례한다.

보충학습 문제
관련페이지
126, 127, 144, 145, 146, 147, 148

예제1 60[Hz], 20극, 11,400[W]의 유도전동기가 슬립 5[%]로 운전될 때, 2차의 동손이 600[W]이다. 이 전동기의 전부하시 토크는 약 몇 [kg·m]인가?

① 25   ② 28.5
③ 43.5   ④ 32.5

· 정답 : ④
유도전동기의 토크(τ)
$f = 60\,[\text{Hz}]$, 극수 $p = 20$, $P_0 = 11,400\,[\text{W}]$,
$s = 5\,[\%]$, $P_{c2} = 600\,[\text{W}]$

$$N = (1-s)N_s = (1-s)\frac{120f}{p}$$
$$= (1-0.05) \times \frac{120 \times 60}{20} = 342\,[\text{rpm}]$$
$$\therefore \tau = 0.975\frac{P_0}{N} = 0.975 \times \frac{11,400}{342} = 32.5\,[\text{kg} \cdot \text{m}]$$

예제2 200[V], 3상 유도전동기의 전부하 슬립이 6[%]이다. 공급 전압이 10[%] 저하된 경우의 전부하 슬립[%]은 어떻게 되는가?

① 0.074   ② 0.067
③ 0.054   ④ 0.049

· 정답 : ①
공급전압(V)과 전부하슬립(s)과의 관계
전부하슬립(s)은 공급전압(V)의 제곱에 반비례 관계에 있으므로 $V = 200\,[\text{V}]$, $s = 6\,[\%]$,
$V' = 0.9V = 0.9 \times 200 = 180\,[\text{V}]$ 일 때
$$\therefore s' = \left(\frac{V}{V'}\right)^2 s = \left(\frac{200}{180}\right)^2 \times 0.06 = 0.074$$

예제3 3상 유도전동기에서 2차측 저항을 2배로 하면 그 최대토크는 몇 배로 되는가?

① 2배   ② $\sqrt{3}$ 배
③ 1.2배   ④ 변하지 않는다.

· 정답 : ④
최대토크(τ_m)와 최대토크가 발생할 때의 슬립(s_t)
최대토크는 2차 리액턴스와 전압과 관계가 있으며 2차 저항과는 무관하고 최대토크가 발생할 때의 슬립은 2차 저항에 비례한다.

예제4 3상 유도전동기의 2차 저항을 2배로 하면 2배가 되는 것은?

① 토크   ② 전류
③ 역률   ④ 슬립

· 정답 : ④
최대토크(τ_m)와 최대토크가 발생할 때의 슬립(s_t)
최대토크는 2차 리액턴스와 전압과 관계가 있으며 2차 저항과는 무관하고 최대토크가 발생할 때의 슬립은 2차 저항에 비례한다.

유도전동기의 전력변환

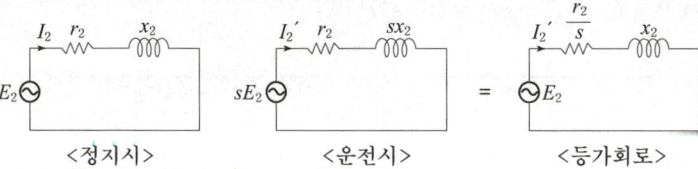

출제빈도
★★★★★

1. 정지시 2차 전류(I_2)

$$I_2 = \frac{E_2}{\sqrt{r_2^2 + x_2^2}} \ [A]$$

2. 운전시 2차 전류(I_2')

$$I_2' = \frac{sE_2}{\sqrt{r_2^2 + (sx_2)^2}} = \frac{E_2}{\sqrt{\left(\frac{r_2}{s}\right)^2 + x_2^2}} \ [A]$$

$$I_2' = \frac{E_2}{\sqrt{\left(\frac{r_2}{s} - r_2 + r_2\right)^2 + x_2^2}} = \frac{E_2}{\sqrt{(R+r_2)^2 + x_2^2}} \ [A]$$

$$R = \frac{r_2}{s} - r_2 = \left(\frac{1}{s} - 1\right) r_2 \ [\Omega]$$

※ R은 기계적인 출력을 발생시키는데 필요한 등가부하저항으로서 전부하토크와 같은 토크로 기동하기 위한 외부저항이기도 하다.

3. 역률($\cos\theta$)

$$\cos\theta = \frac{r_2}{\sqrt{r_2^2 + (sx_2)^2}} = \frac{\frac{r_2}{s}}{\sqrt{\left(\frac{r_2}{s}\right)^2 + x_2^2}}$$

여기서, I_2 : 정지시 2차 전류[A], I_2' : 운전시 2차 전류[A], E_2 : 2차 유기기전력[V], r_2 : 2차 저항[Ω], x_2 : 2차 리액턴스[Ω], s : 슬립, R : 등가부하저항[Ω], $\cos\theta$: 역률

4. 2차 입력(P_2)

$$P_2 = P_0 + P_l + P_{c2} = E_2 I_2' \cos\theta = \frac{E_2^2}{\left(\frac{r_2}{s}\right)^2 + x_2^2} \cdot \frac{r_2}{s} = (I_2')^2 \cdot \frac{r_2}{s} = \frac{P_{c2}}{s} \ [W]$$

5. 2차 동손(P_{c2})

$$P_{c2} = (I_2')^2 r_2 = s P_2 \ [W]$$

보충학습 문제
관련페이지
124, 125, 141,
142, 143, 144

6. 기계적 출력(P_0)

$$P_0 \fallingdotseq P_2 - P_{c2} = P_2 - sP_2 = (1-s)P_2 [\text{W}]$$

<종합표>

구분	$\times P_2$	$\times P_{c2}$	$\times P_0$
$P_2 =$	1	$\dfrac{1}{s}$	$\dfrac{1}{1-s}$
$P_{c2} =$	s	1	$\dfrac{s}{1-s}$
$P_0 =$	$1-s$	$\dfrac{1-s}{s}$	1

7. 2차 효율(η_2)

$$\eta_2 = \frac{P_0}{P_2} = 1-s = \frac{N}{N_s}$$

여기서, P_2 : 2차 입력[W], P_0 : 기계적 출력[W], P_l : 기계손[W], P_{c2} : 2차 동손[W], E_2 : 2차 유기기전력[V], $I_2{'}$: 운전시 2차 전류[A], $\cos\theta$: 역률, r_2 : 2차 저항[Ω], x_2 : 2차 리액턴스[Ω], s : 슬립, η_2 : 2차 효율, N : 회전자속도[rpm], N_s : 동기속도[rpm]

예제1 15[kW], 60[Hz], 4극의 3상 유도전동기가 있다. 전부하가 걸렸을 때의 슬립이 4[%]라면 이때의 2차(회전자)측 동손[kW] 및 2차 입력[kW]은?

① 0.4, 136 ② 0.625, 15.6
③ 0.06, 156 ④ 0.8, 13.6

· 정답 : ②

2차 입력(P_2), 2차 동손(P_{c2}), 기계적 출력(P_0) 관계
$P_0 = 15 [\text{kW}]$, $f = 60 [\text{Hz}]$, 극수 $p = 4$,
$s = 4 [\%]$이므로

$\therefore P_{c2} = \dfrac{s}{1-s} P_0 = \dfrac{0.04}{1-0.04} \times 15$
$\quad = 0.625 [\text{kW}]$

$\therefore P_2 = \dfrac{P_0}{1-s} = \dfrac{15}{1-0.04} = 15.6 [\text{kW}]$

예제2 60[Hz], 220[V], 7.5[kW]인 3상 유도전동기의 전부하시 회전자 동손이 0.485[kW], 기계손이 0.404 [kW]일 때, 슬립은 몇 [%]인가?

① 6.2 ② 5.8
③ 5.5 ④ 4.9

· 정답 : ②

2차 입력(P_2), 2차 동손(P_{c2}), 기계적 출력(P_0) 관계
$f = 60 [\text{Hz}]$, $V = 220 [\text{V}]$, $P_0 = 7.5 [\text{kW}]$,
$P_{c2} = 0.485 [\text{kW}]$, 기계손 $P_l = 0.404 [\text{kW}]$
일 때 기계손은 기계적 출력에 포함시켜야 하므로

$P_{c2} = \dfrac{s}{1-s}(P_0 + P_l)$ 식에 대입하여 풀면

$0.485 = \dfrac{s}{1-s} \times (7.5 + 0.404)$

$\therefore s = 0.058 [\text{p.u}] = 5.8 [\%]$

12 유도전동기의 비례추이

1. 비례추이의 원리

$s_t \propto r_2$ 조건에서 2차 저항을 m배 증가시키면 최대토크는 변하지 않고 최대토크가 발생하는 슬립(s_t)이 m배 증가하여 토크 곡선이 다음과 같아진다.

그래프에서 기동토크가 τ_s점에서 τ_s'점으로 증가함을 알 수 있으며 결국 기동토크 또한 2차 저항에 따라 증가함을 알 수 있다. 이것을 토크의 비례추이라 하며 2차 저항을 증감시키기 위해서 유도전동기 2차 외부회로에 가변저항기(기동저항기)를 접속하게 된다. 이는 권선형 유도전동기를 의미하며 따라서 비례추이의 원리는 권선형 유도전동기의 토크 및 속도제어에 사용됨을 알 수 있다.

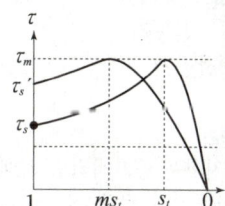

출제빈도
★★★★★

2. 비례추이의 특징

2차 저항이 증가하면
① 최대토크는 변하지 않고 기동토크가 증가하며 반면 기동전류는 감소한다.
② 최대토크를 발생시키는 슬립이 증가한다.
③ 기동역률이 좋아진다.
④ 전부하 효율이 저하되고 속도가 감소한다.

3. 2차 외부저항(R)

2차 저항(r_2)에서 전부하 회전수(N_1)로 회전하는 권선형 유도전동기가 동일 토크에서 N_2로 회전하는데 필요한 2차 외부저항(R)은 다음과 같이 계산한다.

$$s = \frac{N_s - N_1}{N_s}, \quad s' = \frac{N_s - N_2}{N_s}$$ 를 계산하여 $\frac{r_2}{s} = \frac{r_2 + R}{s'}$ 식에 대입하여 풀면

$$\therefore R = r_2 \left(\frac{s'}{s} - 1\right) [\Omega]$$ 이 된다.

여기서, s : 전부하속도로 운전시 슬립, s' : 전부하토크와 같은 토크로 운전시 슬립,
N_s : 동기속도[rpm], N_1 : 전부하속도[rpm],
N_2 : 전부하토크로 운전시 속도[rpm], r_2 : 2차 저항[Ω], R : 2차 외부저항[Ω]

4. 비례추이를 할 수 있는 제량

① 비례추이가 가능한 특성 : 토크, 1차 입력, 2차 입력(=동기와트), 1차 전류, 2차 전류, 역률
② 비례추이가 되지 않는 특성 : 출력, 효율, 2차 동손, 동기속도

보충학습 문제
관련페이지
128, 129, 136, 137, 148, 149, 150

예제1 비례추이와 관계가 있는 전동기는?
① 동기전동기
② 3상 유도전동기
③ 단상 유도전동기
④ 정류자 전동기

· 정답 : ②

비례추이의 원리
전동기 2차 저항을 증가시키면 최대토크는 변하지 않고 최대토크가 발생하는 슬립이 증가하여 결국 기동토크가 증가하게 된다. 이것을 토크의 비례추이라 하며 2차 저항을 증감시키기 위해서 유도전동기의 2차 외부회로에 가변저항기(기동저항기)를 접속하게 되는데 이는 권선형 유도전동기의 토크 및 속도제어에 사용된다.

예제2 60[Hz]의 전원에서 슬립 5[%]로 운전하고 있는 4극, 3상 권선형 유도전동기의 회전자 1상의 서링은 0.05[Ω]이다. 외부에서 회전자 각 상에 0.05[Ω]의 저항을 삽입하여 운전하면 회전속도[rpm]는? (단, 부하 토크는 저항 삽입 전후에 변동 없이 일정하다.)
① 810 ② 870
③ 1,620 ④ 1,741

· 정답 : ③

권선형 유도전동기의 2차 외부삽입저항(R)
$f=60$[Hz], $s=5$[%], 극수 $p=4$,
$r_2=0.05$[Ω],
$R=0.05$[Ω]이므로 $R=\left(\dfrac{s'}{s}-1\right)r_2$
식에 대입하여 s'를 구하면
$0.05=\left(\dfrac{s'}{0.05}-1\right)\times 0.05$ 식에 의해서
$s'=0.1$이다.
$\therefore N'=(1-s')N_s=(1-s')\dfrac{120f}{p}$
$=(1-0.1)\times \dfrac{120\times 60}{4}=1,620$[rpm]

예제3 3상 유도전동기의 특성에서 비례추이가 되지 않는 것은?
① 2차 전류 ② 1차 전류
③ 역률 ④ 출력

· 정답 : ④

비례추이를 할 수 있는 제량
(1) 비례추이가 가능한 특성
  토크, 1차 입력, 2차 입력(=동기와트), 1차 전류, 2차 전류, 역률
(2) 비례추이가 되지 않는 특성
  출력, 효율, 2차 동손, 동기속도

예제4 출력 22[kW], 8극, 60[Hz]인 권선형 3상 유도전동기의 전부하 회전수가 855[rpm]이라고 한다. 같은 부하토크로 2차 저항 r_2를 4배로 하면 회전속도[rpm]는?
① 720 ② 730
③ 740 ④ 750

· 정답 : ①

권선형 유도전동기의 2차 외부삽입저항(R)
권선형 유도전동기의 2차 외부에 저항을 삽입하면 2차 저항의 합은 2차 권선저항 r_2와 2차 외부삽입저항 R의 합이 된다.
이때 $r_2+R=4r_2$로 하기 위함이므로 $R=3r_2$임을 알 수 있다.
출력 $P=22$[kW], 극수 $p=8$,
$f=60$[Hz], $N=855$[rpm]이므로
$N_s=\dfrac{120f}{p}=\dfrac{120\times 60}{8}=900$[rpm],
$s=\dfrac{N_s-N}{N_s}=\dfrac{900-855}{900}=0.05$
$R=\left(\dfrac{s'}{s}-1\right)r_2$ 식에 대입하여 s'를 구하면
$3r_2=\left(\dfrac{s'}{0.05}-1\right)r_2$ 식에 의해서 $s'=0.2$이다.
$\therefore N'=(1-s')N_s=(1-0.2)\times 900$
$=720$[rpm]

13 유도전동기의 유기기전력(E), 주파수(f), 권수비(α)

고정자 권선(1차 권선)에 전압을 인가하면 유기기전력 E_1이 발생하여 회전자 권선(2차 권선)에 유기기전력 E_2가 발생한다.

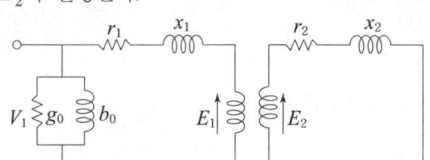

출제빈도
★★★★★

1. 정지시($s=1$) 유기기전력과 주파수 및 권수비
$E_1 = 4.44 f_1 \phi N_1 k_{w1} [\text{V}], \ E_2 = 4.44 f_2 \phi N_2 k_{w2} [\text{V}]$
① $f_1 = f_2$
② $\alpha = \dfrac{E_1}{E_2} = \dfrac{N_1 k_{w1}}{N_2 k_{w2}}$

2. 운전시 유기기전력과 주파수 및 권수비
$E_1 = 4.44 f_1 \phi N_1 k_{w1} [\text{V}], \ E_{2s} = 4.44 f_{2s} \phi N_2 k_{w2} [\text{V}]$
① $f_{2s} = s f_1$
② $E_{2s} = s E_2$
③ $\alpha' = \dfrac{E_1}{E_{2s}} = \dfrac{E_1}{s E_2} = \dfrac{N_1 k_{w1}}{s N_2 k_{w2}} = \dfrac{\alpha}{s}$

보충학습 문제
관련페이지
123, 135, 139,
140, 141

예제1 10극, 50[Hz], 3상 유도전동기가 있다. 회전자도 3상이고 회전자가 정지할 때, 2차 1상간의 전압이 150 [V]이다. 이것을 회전자계와 같은 방향으로 400[rpm]으로 회전시킬 때, 2차 전압 [V]은 얼마인가?
① 150　　　② 100
③ 75　　　④ 50

· 정답 : ④

유도전동기의 운전시 회전자 유기기전력(E_{2s})
$E_{2s} = s E_2 [\text{V}], \ f_{2s} = s f_1 [\text{Hz}]$ 이므로
극수 $p = 10, \ f_1 = 50 [\text{Hz}], \ E_2 = 150 [\text{V}],$
$N = 400 [\text{rpm}]$ 일 때
$N_s = \dfrac{120 f_1}{p} = \dfrac{120 \times 50}{10} = 600 [\text{rpm}]$
$s = \dfrac{N_s - N}{N_s} = \dfrac{600 - 400}{600} = \dfrac{1}{3}$
∴ $E_{2s} = s E_2 = \dfrac{1}{3} \times 150 = 50 [\text{V}]$

예제2 6극, 200[V], 60[Hz], 7.5[kW]의 3상 유도전동기가 960[rpm]으로 회전하고 있을 때, 회전자 전류의 주파수[Hz]는?
① 8　　　② 10
③ 12　　　④ 14

· 정답 : ③

유도전동기의 운전시 회전자 주파수(f_{2s})
$E_{2s} = s E_2 [\text{V}], \ f_{2s} = s f_1 [\text{Hz}]$ 이므로
극수 $p = 6, \ E_2 = 200 [\text{V}], \ f_1 = 60 [\text{Hz}],$
출력 $P_0 = 7.5 [\text{kW}], \ N = 960 [\text{rpm}]$ 일 때
$N_s = \dfrac{120 f_1}{p} = \dfrac{120 \times 60}{6} = 1,200 [\text{rpm}]$
$s = \dfrac{N_s - N}{N_s} = \dfrac{1,200 - 960}{1,200} = 0.2$
∴ $f_{2s} = s f_1 = 0.2 \times 60 = 12 [\text{Hz}]$

14 직류전동기의 출력과 토크

출제빈도
★★★★★

보충학습 문제
관련페이지
17, 24, 37, 38, 39

1. 직류 전동기의 출력(P)

$$P = EI_a = \tau\omega = \frac{2\pi N}{60}\tau \, [\text{W}]$$

2. 직류 전동기의 토크(τ)

① 출력(P)과 회전수(N)에 관한 토크

$$\tau = \frac{P}{\omega} = \frac{60P}{2\pi N} = 9.55\frac{P}{N}\,[\text{N·m}] = 0.975\frac{P}{N}\,[\text{kg·m}]$$

② 자속(ϕ)과 전기자 전류(I_a)에 관한 토크

$$\tau = \frac{EI_a}{\omega} = \frac{pZ\phi I_a}{2\pi a} = k\phi I_a\,[\text{N·m}]$$

여기서, P : 출력[W], E : 역기전력[V], I_a : 전기자전류[A], τ : 토크[N·m] 또는 [kg·m], ω : 각속도[rad/sec], N : 회전수[rpm], p : 극수, Z : 전기자도체수, ϕ : 자속[Wb], a : 병렬회로수

예제1 직류 분권전동기가 있다. 단자전압이 215[V], 전기자 전류 50[A], 전기자의 선 저항이 0.1[Ω]이다. 회전속도 1,500[rpm]일 때, 발생 토크[kg·m]를 구하면?

① 6.82　　② 6.68
③ 68.2　　④ 66.8

· 정답 : ①

직류전동기의 토크(τ)
$V = 215\,[\text{V}]$, $I_a = 50\,[\text{A}]$, $R_a = 0.1\,[\Omega]$, $N = 1,500\,[\text{rpm}]$이므로

$\tau = 9.55\frac{EI_a}{N}\,[\text{N·m}] = 0.975\frac{EI_a}{N}\,[\text{kg·m}]$

식에 대입하여 풀면
$E = V - R_a I_a = 215 - 0.1 \times 50 = 210\,[\text{V}]$

$\therefore \tau = 0.975 \times \frac{210 \times 50}{1,500} = 6.82\,[\text{kg·m}]$

예제2 전기자의 총 도체수 360, 6극 중권의 직류 진동기가 있다. 전기지 전전류가 60[A]일 때의 발생 토크[kg·m]는 약 얼마인가? (단, 1극당의 자속수는 0.06[Wb]이다.)

① 12.3　　② 21.1
③ 32.5　　④ 43.2

· 정답 : ②

직류전동기의 토크(τ)
$Z = 360$, 극수 $p = 6$, 중권($a = p$),
$I_a = 60\,[\text{A}]$, $\phi = 0.06\,[\text{Wb}]$이므로

$\therefore \tau = \frac{PZ\phi I_a}{2\pi a}\,[\text{N·m}]$

$= \frac{1}{9.8} \cdot \frac{PZ\phi I_a}{2\pi a}\,[\text{kg·m}]$

$= \frac{1}{9.8} \times \frac{6 \times 360 \times 0.06 \times 60}{2\pi \times 6}$

$= 21.1\,[\text{kg·m}]$

직류전동기의 속도 특성

1. 속도 공식

$E = V - R_a I_a = k\phi N$ [V]이므로 $N = \dfrac{V - R_a I_a}{k\phi} = k' \dfrac{V - R_a I_a}{\phi}$ [rps]

2. 분권전동기의 속도 특성(단자전압이 일정한 경우)

① 부하 증가시 : $I = I_a + I_f$ [A], $V = R_f I_f$ [V]이므로 부하 증가시 I가 증가하면 I_a가 증가하여 속도 공식에서 N은 감소하게 된다.

∴ $N \propto \dfrac{1}{I}$ (감소율이 작다 = 속도변동률이 작다.)

② 부족여자 특성 : 계자 회로가 단선이 되면 $I_f = 0$이 되어 $\phi = 0$이 되고 결국 속도 공식에서 $N = \infty$가 되어 위험 속도에 도달하게 한다. 따라서, 분권전동기는 분권 계자회로에 퓨즈를 설치하면 안 된다. 또는 부족 여자로 운전하면 안 된다.

3. 직권전동기의 속도 특성(단자전압이 일정한 경우)

① 부하 증가시 : $I = I_a = I_f$ [A]이므로 부하 증가시 I와 I_a, 그리고 I_f가 모두 증가하여 속도 공식에서 N은 급격히 감소하게 된다. 따라서 직권전동기는 부하 변동에 대하여 속도 변화가 심하다. (가변속도 전동기)

② 무부하 특성 : 무부하에서 $I = I_a = I_f = 0$이 되므로 $\phi = 0$이 되고 $N = \infty$가 되어 위험 속도에 도달하게 된다. 따라서 직권전동기는 무부하 운전을 하면 안 된다. (벨트 운전 금지)

4. 직류 전동기의 속도특성곡선

① 속도 변동률이 가장 작은 직류 전동기 : 타여자전동기(정속도 전동기)

② 속도 변동률이 가장 큰 직류 전동기 : 직권전동기 (변속도 전동기)

※ 직류 분권전동기와 직류차동복권 전동기도 속도 변동이 거의 없는 정속도 전동기에 속한다. 이 중에서 직류차동복권 전동기의 속도 변동이 직류분권 전동기의 속도 변동에 비해 약간 더 작다.

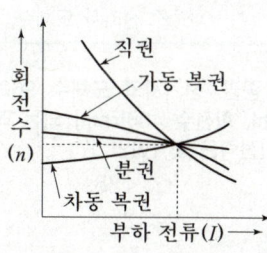

예제1 직류 분권전동기의 계자저항이 운전 중에 증가하면?

① 전류는 일정   ② 속도는 감소
③ 속도는 일정   ④ 속도는 증가

· 정답 : ④

직류전동기의 속도특성

$N = k \dfrac{V - R_a I_a}{\phi}$ [rps] 식에서 회전수(N)는

∴ 계자권선의 저항이 증가하면 계자전류가 감소하게 되고 자속이 감소하여 회전속도는 증가한다.

16 직류기의 유기기전력

출제빈도
★★★★★

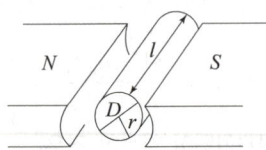

1. 전기자 주변속도(v)

$$v = \frac{x}{t} = \frac{r\theta}{t} = r\omega = 2\pi rn = 2\pi r \frac{N}{60} = \pi D \frac{N}{60} \text{ [m/s]}$$

2. 자속밀도(B)

$$B = \frac{p\phi}{S} = \frac{p\phi}{\pi Dl} \text{ [Wb/m}^2\text{]}$$

3. 유기기전력

도체 1개에 유기되는 기전력 E' 은

$$E' = vBl = \pi D \frac{N}{60} \times \frac{p\phi}{\pi Dl} \times l = \frac{p\phi N}{60} \text{ [V]}$$

$$\therefore E = E' \times \frac{Z}{a} = \frac{pZ\phi N}{60a} = K\phi N \text{ [V]}$$

여기서, v : 주변속도[m/sec], x : 회전자 이동거리[m], r : 전기자반지름[m],
θ : 회전자 이동각, t : 시각[sec], ω : 각속도[rad/sec], n : 초당 회전수[rps],
N : 분당 회전수[rpm], D : 회전자 지름[m], B : 자속밀도[Wb/m²], p : 극수,
ϕ : 자속[Wb], S : 단면적[m²], l : 회전자 축길이[m], E : 유기기전력[V],
Z : 전기자 도체수, a : 병렬회로수

보충학습 문제
관련페이지
9, 10, 14, 31, 32

예제1 극수 8, 중권, 전기자의 도체수 960, 매극 자속 0.04[Wb], 회전수 400[rpm] 되는 직류 발전기의 유기기전력은 몇 [V]인가?

① 625　　② 425
③ 627　　④ 256

· 정답 : ④
유기기전력(E)
직류발전기의 권선법이 중권이므로 전기자병렬회로수(a)는 극수(p)와 같다.
$p=8$, $Z=960$, $\phi=0.04$ [Wb],
$N=400$ [rpm], $a=p=8$이므로
$\therefore E = \frac{pZ\phi N}{60a} = \frac{8 \times 960 \times 0.04 \times 400}{60 \times 8}$
$= 256$ [V]

예제2 전기자 도체의 총 수 400, 10극 단중 파권으로 매극의 자속수가 0.02[Wb]인 직류발전기가 1,200 [rpm]의 속도로 회전할 때, 그 유도기전력[V]은?

① 800　　② 750
③ 720　　④ 700

· 정답 : ①
유기기전력(E)
$Z=400$, $p=10$극, 파권($a=2$),
$\phi=0.02$ [Wb], $N=1,200$ [rpm]이므로
$\therefore E = \frac{pZ\phi N}{60a} = \frac{10 \times 400 \times 0.02 \times 1,200}{60 \times 2}$
$= 800$ [V]

변압기의 권수비 및 전압비

17

$$a = \frac{N_1}{N_2} = \frac{E_1}{E_2} = \frac{I_2}{I_1} = \sqrt{\frac{Z_1}{Z_2}} = \sqrt{\frac{r_1}{r_2}} = \sqrt{\frac{x_1}{x_2}} = \sqrt{\frac{L_1}{L_2}}$$

1. 전압 및 전류 환산

$E_1 = aE_2 \,[\text{V}], \quad E_2 = \dfrac{E_1}{a}\,[\text{V}], \quad I_1 = \dfrac{I_2}{a}\,[\text{A}], \quad I_2 = aI_1\,[\text{A}]$

2. 임피던스 및 저항과 리액턴스 환산

$Z_1 = a^2 Z_2 \,[\Omega], \quad Z_2 = \dfrac{Z_1}{a^2}\,[\Omega]$

$r_1 = a^2 r_2 \,[\Omega], \quad r_2 = \dfrac{r_1}{a^2}\,[\Omega]$

$x_1 = a^2 x_2 \,[\Omega], \quad x_2 = \dfrac{x_1}{a^2}\,[\Omega]$

※ 변압기 누설 리액턴스는 변압기 권수비의 제곱에 비례한다.

여기서, a : 변압기 권수비, N_1, N_2 : 1차, 2차 각각 권수비,
E_1, E_2 : 1차, 2차 각각 전압[V], I_1, I_2 : 1차, 2차 각각 전류[A],
Z_1, Z_2 : 1차, 2차 각각 임피던스[Ω], r_1, r_2 : 1차, 2차 각각 저항[Ω],
x_1, x_2 : 1차, 2차 각각 리액턴스[Ω], L_1, L_2 : 1차, 2차 각각 인덕턴스[H]

출제빈도
★★★★★

보충학습 문제
관련페이지
83, 96, 100,
101, 102

예제1 1차 전압 3,300[V], 권수비가 30인 단상 변압기로 전등 부하에 20[A]를 공급할 때의 입력[kW]은?

① 1.2 ② 2.2
③ 3.2 ④ 4.2

· 정답 : ②

변압기 입력(P_1)
변압기 입, 출력 전압 E_1, E_2와 전류 I_1, I_2라 할 때 변압기 손실을 무시한다면 변압기 용량은 입력(P_1)과 출력(P_2)이 서로 같다. - 가역의 정리

$P_1 = P_2 = E_1 I_1 = E_2 I_2$ [VA]이다.
$E_1 = 3,300$ [V], $a = 30$, $I_2 = 20$ [A]이므로
$a = \dfrac{E_1}{E_2} = \dfrac{I_2}{I_1}$ 을 이용하여 풀면

$\therefore\ P_1 = E_1 I_1 = E_1 \cdot \dfrac{I_2}{a}$

$= 3,300 \times \dfrac{20}{30} \times 10^{-3} = 2.2$ [kW]

예제2 단상 변압기의 2차측(105[V] 단자)에 1[Ω]의 저항을 접속하고 1차측에 1[A]의 전류가 흘렀을 때, 1차 단자 전압이 900[V]이었다. 1차측 탭 전압[V]과 2차 전류[A]는 얼마인가? (단, 변압기는 이상 변압기, V_T는 1차 탭 전압, I_2는 2차 전류이다.)

① $V_T = 3{,}150,\ I_2 = 30$
② $V_T = 900,\ I_2 = 30$
③ $V_T = 900,\ I_2 = 1$
④ $V_T = 3{,}150,\ I_2 = 1$

· 정답 : ①

$V_{2T} = 105$ [V], $R_2 = 1$ [Ω], $I_1 = 1$ [A],
$V_1 = 900$ [V]이므로 $R_1 = \dfrac{V_1}{I_1} = \dfrac{900}{1} = 900$ [Ω]

권수비 $a = \sqrt{\dfrac{R_1}{R_2}} = \dfrac{V_{1T}}{V_{2T}} = \dfrac{I_2}{I_1} = \sqrt{\dfrac{900}{1}} = 30$

$\therefore\ V_{1T} = aV_{2T} = 30 \times 105 = 3{,}150$ [V]
$\therefore\ I_2 = aI_1 = 30 \times 1 = 30$ [A]

18 변압기의 등가회로

출제빈도
★★★★★

1. 무부하시

변압기의 2차가 무부하 상태인 경우 2차측 부하전류가 0[A]이므로 변압기 1차측에도 0은 아니지만 매우 작은 무부하 전류가 흐르게 되는데 이때 무부하 전류를 여자전류라 한다.

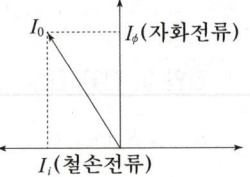

① I_0(무부하 전류=여자전류)

$$I_0 = I_i - jI_\phi = \sqrt{I_i^2 + I_\phi^2} = \sqrt{\left(\frac{P_i}{V_1}\right)^2 + I_\phi^2} = \sqrt{(gV_1)^2 + I_\phi^2} \ [A]$$

② I_ϕ(자화전류)

누설 리액턴스에 흐르면서 자속을 만드는 전류이다.

$$I_\phi = \sqrt{I_0^2 - I_i^2} = \sqrt{I_o^2 - \left(\frac{P_i}{V_1}\right)^2} = \sqrt{I_o^2 - (gV_1)^2} \ [A]$$

③ I_i(철손전류)

철손저항에 흐르면서 철손을 발생시키는 전류이다.

$$I_i = \frac{P_i}{V_1} = gV_1 \ [A]$$

여기서, I_0 : 여자전류[A], I_i : 철손전류[A], I_ϕ : 자화전류[A], P_i : 철손[W], V_1 : 공급전압[V], g : 누설콘덕턴스[S]

2. 부하시 주파수에 따른 변화

$E = 4.44f\phi_m N = 4.44fB_m SN$ [V]가 일정하다면 fB_m이 일정하므로

① 히스테리시스손(P_h)

$$P_h = k_h fB_m^{1.6} = k_h \frac{f^2 B_m^2}{f} \propto \frac{1}{f}$$

② 와류손(P_e)

$P_e = k_e t^2 f^2 B_m^2 \propto$ 주파수에 무관하다.

③ 주파수에 따른 변화

$$f \propto \frac{1}{B_m} \propto \frac{1}{P_h} \propto \frac{1}{P_i} \propto \frac{1}{I_0} \propto Z_t \propto x_t$$

여기서, E : 유기기전력[V], f : 주파수[Hz], ϕ_m : 최대자속[Wb], N : 코일권수, B_m : 최대자속밀도[Wb/m²], S : 면적[m²], P_h : 히스테리시스손[W], P_e : 와류손[W], Z_t : 누설임피던스[Ω], x_t : 누설리액턴스[Ω]

보충학습 문제 관련페이지
84, 85, 102, 103, 104

[예제1] 50[kVA], 3,300/110[V]인 변압기가 있다. 무부하일 때 1차 전류 0.5[A], 입력 600[W]이다. 이때, 철손 전류[A]는 약 얼마인가?
① 0.10   ② 0.18
③ 0.25   ④ 0.38

· 정답 · ②

여자전류(무부하전류)
용량 50[kVA], 권수비 $a = \dfrac{V_1}{V_2} = \dfrac{3,300}{110}$ 일 때 무부하상태에서 1차측 전류 0.5[A]는 여자전류(I_0)이고 입력 600[W]는 철손(P_i)이므로 철손 전류(I_i)는

$$\therefore I_i = \dfrac{P_i}{V_1} = g_0 V_1 = \dfrac{600}{3,300} = 0.18\,[A]$$

[예제2] 50[kVA], 3,300/110[V]인 변압기가 있다. 무부하일 때 1차 전류 0.5[A], 입력 600[W]이다. 자화 전류[A]는?
① 0.125   ② 0.326
③ 0.466   ④ 0.577

· 정답 : ③

여자전류(무부하전류)
용량 50[kVA], 권수비 $a = \dfrac{V_1}{V_2} = \dfrac{3,300}{110}$ 일 때 무부하상태에서 1차측 전류 0.5[A]는 여자전류(I_0)이고 입력 600[W]는 철손(P_i)이므로 자화 전류(I_ϕ)는

$$I_0 = \sqrt{I_i^{\,2} + I_\phi^{\,2}} = \sqrt{\left(\dfrac{P_i}{V_1}\right)^2 + I_\phi^{\,2}}\,[A]$$

식에서

$$\therefore I_\phi = \sqrt{I_0^{\,2} - \left(\dfrac{P_i}{V_1}\right)^2} = \sqrt{0.5^2 - \left(\dfrac{600}{3,300}\right)^2}$$
$$= 0.466\,[A]$$

[예제3] 일정 전압 및 일정 파형에서 주파수가 상승하면 변압기 철손은 어떻게 변하는가?
① 증가한다.
② 불변이다.
③ 감소한다.
④ 어떤 기간 동안 증가한다.

· 정답 : ③

부하시 주파수에 따른 변화
일정전압 및 일정파형에서 주파수에 따른 여러 가지 특징은 다음과 같다.

$$f \propto \dfrac{1}{B_m} \propto \dfrac{1}{P_h} \propto \dfrac{1}{P_i} \propto \dfrac{1}{I_0} \propto Z_t \propto x_t$$

이므로
∴ 주파수가 상승하면 자속밀도(B_m), 히스테리시스손(P_h), 철손(P_i), 여자전류(I_0)는 감소하고, 누설임피던스, 퍼센트임피던스, 누설리액턴스, 퍼센트리액턴스는 증가한다.

[예제4] 3,300[V], 60[Hz]용 변압기의 와전류손이 720[W]이다. 변압기의 2,750[V], 50[Hz]의 주파수에서 사용할 때 와전류손[W]은 얼마인가?
① 250   ② 350
③ 425   ④ 500

· 정답 : ④

와류손(P_e)
$P_e = k_e t^2 f^2 B_m^{\,2}\,[W]$, $E = 4.44 f B_m S N\,[V]$
이므로 $B_m \propto \dfrac{E}{f}$ 임을 알 수 있다.

$P_e \propto f^2 \left(\dfrac{E}{f}\right)^2 = E^2$ 이므로

$E = 3,300\,[V]$, $E' = 2,750\,[V]$, $P_e = 720\,[W]$ 일 때

$$\therefore P_e{}' = \left(\dfrac{E'}{E}\right)^2 P_e = \left(\dfrac{2,750}{3,300}\right)^2 \times 720 = 500\,[W]$$

19 유도전압 조정기

출제빈도
★★★★

1. 원리
① 단상 유도전압조정기 : 단권 변압기의 원리
② 3상 유도전압조정기 : 3상 유도전동기의 원리

2. 전압 조정범위
① 단상 유도전압조정기 $V_1 + E_2 \cos \alpha = V_1 + E_2 \sim V_1 - E_2$
② 3상 유도전압조정기 $\sqrt{3}(V_1 + E_2 \cos \alpha)$

3. 조정용량
① 단상 유도전압조정기 $E_2 I_2 \times 10^{-3}$ [kVA]
② 3상 유도전압조정기 $\sqrt{3} E_2 I_2 \times 10^{-3}$ [kVA]

4. 단상 유도전압조정기에 사용되는 권선
분로권선, 직렬권선, 단락권선이 사용되며 단락권선은 전압강하를 경감시키기 위해 사용한다.

여기서, V_1 : 1차 단자전압[V], E_2 : 2차 단자전압[V], α : 1차, 2차 권선의 위상차

보충학습 문제
관련페이지
134, 155, 156, 157

예제1 분로권선 및 직렬권선 1상에 유도되는 기전력을 각각 E_1, E_2[V]라 할 때, 회전자를 0°에서 180°까지 돌릴 때 3상 유도전압조정기 출력측 선간 전압의 조정 범위는?

① $\dfrac{(E_1 \pm E_2)}{\sqrt{3}}$ ② $\sqrt{3}(E_1 \pm E_2)$

③ $\sqrt{3}(E_1 - E_2)$ ④ $\sqrt{3}(E_1 + E_2)$

· 정답 : ②
3상 유도전압조정기의 동작원리
전압의 조정범위는
$\sqrt{3}(E_1 + E_2 \cos \alpha)$이다.
∴ $\sqrt{3}(E_1 + E_2) \sim \sqrt{3}(E_1 - E_2)$
 $= \sqrt{3}(E_1 \pm E_2)$

예제2 200±200[V], 자기용량 3[kVA]인 단상 유도전압조정기가 있다. 선로출력[kVA]은?

① 2   ② 6
③ 4   ④ 8

· 정답 : ②
단상 유도전압조정기의 선로출력
$E_1 \pm E_2 = 200 \pm 200$, 조정용량 = 3[kVA]이므로
조정용량 = $E_2 I_2 \times 10^{-3}$ [kVA] 식에서
$I_2 = \dfrac{조정용량}{E_2 \times 10^{-3}} = \dfrac{3}{200 \times 10^{-3}} = 15$ [A]
∴ 선로출력 = $(E_1 + E_2)I_2 \times 10^{-3}$
 $= (200 + 200) \times 15 \times 10^{-3}$
 $= 6$ [kVA]

20 회전 변류기

1. 교류와 직류의 전압비

$\dfrac{E_a}{E_d} = \dfrac{1}{\sqrt{2}} \sin \dfrac{\pi}{m}$ 식에 의하여 다음과 같이 정해진다.

상수	단상 ($m=2$)	3상 ($m=3$)	4상 ($m=4$)	6상 ($m=6$)	12상 ($m=12$)
E_a / E_d	0.707	0.612	0.5	0.354	0.185

예. ① 단상인 경우 $\dfrac{E_a}{E_d} = \dfrac{1}{\sqrt{2}} \sin \dfrac{\pi}{2} = \dfrac{1}{\sqrt{2}} = 0.707$

　② 3상인 경우 $\dfrac{E_a}{E_d} = \dfrac{1}{\sqrt{2}} \sin \dfrac{\pi}{3} = \dfrac{\sqrt{3}}{2\sqrt{2}} = 0.612$

2. 교류와 직류의 전류비

$\dfrac{I_a}{I_d} = \dfrac{2\sqrt{2}}{m \cos \theta} \approx \dfrac{2\sqrt{2}}{m}$ 식에 의하여 다음과 같이 정해진다.

회전변류기는 여자전류를 조정하여 역률($\cos \theta$)을 1로 할 수 있다.

상수	단상 ($m=2$)	3상 ($m=3$)	4상 ($m=4$)	6상 ($m=6$)	12상 ($m=12$)
I_a / I_d	1.414	0.943	0.707	0.471	0.236

여기서, E_a : 교류측 전압[V], E_d : 직류측 전압[V], m : 상수, I_a : 교류측 전류[A], I_d : 직류측 전류[A], $\cos \theta$: 역률

3. 직류측 전압 조정방법
① 직렬 리액턴스에 의한 방법
② 유도 전압 조정기를 사용하는 방법
③ 부하시 전압 조정 변압기를 사용하는 방법
④ 동기 승압기에 의한 방법

4. 회전 변류기의 난조
① 정의
　회전 변류기의 전동기측은 동기 전동기이므로 운전중 부하가 급격히 변화하면 난조가 생기고 난조에 의해 동기화 전류 때문에 교류, 직류의 전류 상쇄작용이 없어지기 때문에 정류 불량의 원인이 된다.

② 난조의 원인
  ㉠ 브러시의 위치가 중성축보다 늦은 위치에 있을 때
  ㉡ 직류측 부하가 급격히 변하는 경우
  ㉢ 교류측 주파수가 주기적으로 변동하는 경우
  ㉣ 역률이 나쁜 경우
  ㉤ 전기자회로의 저항이 리액턴스보다 큰 경우

③ 난조의 방지대책
  ㉠ 제동 권선을 설치한다.
  ㉡ 전기자 회로의 리액턴스를 저항보다 크게 한다.
  ㉢ 자극 수를 작게 하고 기하학적 각도와 전기 각도의 차이를 작게 한다.
  ㉣ 역률을 개선시켜 준다.

예제1 6상 회전 변류기의 정격 출력이 1,000[kW], 직류측 정격 전압이 600[V]인 경우, 교류측의 입력 전류[A]를 구하면? (단, 역률 및 효율은 100[%]로 한다.)
① 약 393   ② 약 556
③ 약 786   ④ 약 872.3

· 정답 : ③
회전변류기의 교류와 직류의 전류비
$P = 1,000\,[\text{kW}]$, $E_d = 600\,[\text{V}]$, $\cos\theta = 1$, $\eta = 1$이므로 직류측 전류
$I_d = \dfrac{P}{E_d} = \dfrac{1,000 \times 10^3}{600} = 1,666.67\,[\text{A}]$

$\dfrac{I_a}{I_d} = \dfrac{2\sqrt{2}}{m}$ 식에서 $m = 6$이므로 교류측 전류 I_a는

$\therefore I_a = \dfrac{2\sqrt{2}}{6} I_d = \dfrac{2\sqrt{2}}{6} \times 1,666.67$
$= 786\,[\text{A}]$

예제2 회전 변류기의 난조의 원인이 아닌 것은?
① 직류측 부하의 급격한 변화
② 역률이 매우 나쁠 때
③ 교류측 전원의 주파수의 주기적 변화
④ 브러시 위치가 전기적 중성축보다 앞설 때

· 정답 : ④
회전변류기의 난조의 원인
(1) 브러시의 위치가 중성축보다 늦은 위치에 있을 때
(2) 직류측 부하가 급격히 변하는 경우
(3) 교류측 주파수가 주기적으로 변동하는 경우
(4) 역률이 나쁜 경우
(5) 전기자회로의 저항이 리액턴스보다 큰 경우

수은 정류기

1. 직류와 교류의 전압비

$\dfrac{E_d}{E_a} = \dfrac{\sqrt{2}\sin\dfrac{\pi}{m}}{\dfrac{\pi}{m}}$ 식에 의하여 다음과 같이 정해진다.

상수	단상($m=2$)	3상($m=3$)	4상($m=4$)	6상($m=6$)	12상($m=12$)
$\dfrac{E_d}{E_a}$	0.9	1.17	1.274	1.35	1.398

예. ① 단상인 경우 $\dfrac{E_d}{E_a} = \dfrac{\sqrt{2}\sin\dfrac{\pi}{2}}{\dfrac{\pi}{2}} = \dfrac{2\sqrt{2}}{\pi} = 0.9$

② 3상인 경우 $\dfrac{E_d}{E_a} = \dfrac{\sqrt{2}\sin\dfrac{\pi}{3}}{\dfrac{\pi}{3}} = \dfrac{3\sqrt{3}}{\sqrt{2}\,\pi} = 1.17$

2. 직류와 교류의 전류비

$\dfrac{I_d}{I_a} = \sqrt{m}$ 식에 의하여 다음과 같이 정해진다.

상수	단상($m=2$)	3상($m=3$)	4상($m=4$)	6상($m=6$)	12상($m=12$)
$\dfrac{I_d}{I_a}$	1.414	1.732	2	2.449	3.464

여기서, E_d : 직류전압[V], E : 교류전압[V], m : 상수, I_d : 직류전류[A], I_a : 교류전류[A]

3. 수은 정류기의 역호 현상

① 정의

운전 중에는 양극이 음극에 대하여 부전위로 되기 때문에 아크가 발생하지 않지만 어떤 원인으로 양극에 음극점이 생기게 되면 순간 전자가 방출되어 정류기의 밸브 작용을 상실하게 되고 양극에서 아크가 일어나게 된다. 이러한 현상을 역호라 한다.

② 역호의 원인
  ㉠ 내부 잔존 가스 압력의 상승
  ㉡ 양극에 수은 방울이 부착되거나 불순물이 부착된 경우
  ㉢ 양극 재료의 불량이나 양극의 과열
  ㉣ 전압, 전류의 과대
  ㉤ 증기 밀도의 과대

③ 역호의 방지대책
 ㉠ 정류기가 과부하되지 않도록 할 것
 ㉡ 냉각장치에 주의하여 과열, 과냉을 피할 것
 ㉢ 진공도를 충분히 높일 것
 ㉣ 양극에 수은 증기가 부착하지 않도록 할 것
 ㉤ 양극 앞에 그리드를 설치할 것

예제1 6상식 수은 정류기의 무부하시에 있어서 직류측 전압[V]은 얼마인가? (단, 교류측 전압은 E[V], 격자 제어 위상각 및 아크 전압 강하는 무시한다.)

① $\dfrac{3\sqrt{2}\,E}{\pi}$ ② $\dfrac{6\sqrt{2}-1\,E}{\pi}$
③ $\dfrac{\sqrt{2}\,\pi E}{\pi}$ ④ $\dfrac{3\sqrt{6}\,E}{\pi}$

· 정답 : ①
6상 수은 정류기의 직류와 교류의 전압비

$$\dfrac{E_d}{E_a} = \dfrac{\sqrt{2}\sin\dfrac{\pi}{m}}{\dfrac{\pi}{m}}$$ 식에서 $m=6$이므로

$$\therefore\ E_d = \dfrac{\sqrt{2}\sin\dfrac{\pi}{6}}{\dfrac{\pi}{6}} E_a = \dfrac{3\sqrt{2}}{\pi} E_a\,[V]$$

예제2 수은 정류기에 있어서 정류기의 밸브 작용이 상실되는 현상을 무엇이라고 하는가?
① 점호(ignition)
② 역호(back firing)
③ 실호(misfiring)
④ 통호(arc-through)

· 정답 : ②
수은 정류기의 역호 현상
운전 중에는 양극이 음극에 대하여 부전위로 되기 때문에 아크가 발생하지 않지만 어떤 원인으로 양극에 음극점이 생기게 되면 순간 전자가 방출되어 정류기의 밸브작용을 상실하게 되고 양극에서 아크가 일어나게 된다. 이러한 현상을 역호라 한다.

예제3 수은 정류기의 역호를 방지하기 위해 운전상 주의할 사항으로 맞지 않은 것은?
① 과도한 부하 전류를 피할 것
② 진공도를 항상 양호하게 유지할 것
③ 철제 수은 정류기에서는 양극 바로 앞에 그리드를 설치할 것
④ 냉각 장치에 유의하고 과열되면 급히 냉각시킬 것

· 정답 : ④
수은정류기의 역호의 방지대책
(1) 성류기가 과부하되지 않도록 할 것
(2) 냉각장치에 주의하여 과열, 과냉을 피할 것
(3) 진공도를 충분히 높일 것
(4) 양극에 수은 증기가 부착하지 않도록 할 것
(5) 양극 앞에 그리드를 설치할 것

예제4 수은 정류기의 역호 발생의 큰 원인은?
① 내부 저항의 저하
② 전원 주파수의 저하
③ 전원 전압의 상승
④ 과부하 전류

· 정답 : ④
수은정류기의 역호의 원인
(1) 내부 잔존 가스 압력의 상승
(2) 양극에 수은 방울이 부착되거나 불순물이 부착된 경우
(3) 양극 재료의 불량이나 양극의 과열
(4) 전압, 전류의 과대
(5) 증기 밀도의 과대

교류 단상 직권정류자 전동기(=단상 직권정류자 전동기)

출제빈도
★★★★

1. 특징
① 교류 및 직류 양용으로 만능전동기라 칭한다.
② 와전류를 적게 하기 위하여 고정자 및 회전자 철심을 전부 성층 철심으로 한다.
③ 효율이 높고 연속적인 속도 제어가 가능하다.
④ 회전자는 정류자를 갖고 고정자는 집중분포 권선으로 한다.
⑤ 기동 브러시를 이동하면 기동 토크를 크게 할 수 있다.

2. 역률 개선 방법
① 전기자 권선수를 계자 권선수보다 많게 한다.(약계자, 강전기자) → 주자속이 감소하면 직권계자 권선의 인덕턴스가 감소되어 역률이 좋아진다.
② 회전속도를 증가시킨다. → 속도 기전력이 증가되어 전류와 동위상이 되면 역률이 좋아진다.
③ 보상권선을 설치하여 전기자 기자력을 상쇄시켜 전기자 반작용을 억제하고 누설 리액턴스를 감소시켜 변압기 기전력을 적게 하여 역률을 좋게 한다.
※ 참고 : 변압기 기전력(e_t)은 $4.44f\phi w$ [V]이므로 직권 특성에서 $\phi \propto I$가 성립하여 $e_t \propto I$임을 알 수 있다.

3. 정류개선 방법
① 보상권선과 보극 설치
② 탄소 브러시 채용
③ 고저항 리드선(저항 도선) 설치 → 단락전류를 줄인다.

4. 속도 기전력(E)
$$E = \frac{pZ\phi N}{60a} = \frac{1}{\sqrt{2}} \cdot \frac{pZ\phi_m N}{60a} \text{ [V]}$$

보충학습 문제
관련페이지
158, 159, 161,
162, 163, 164

예제1 직류 교류 양용에 사용되는 만능 전동기는?
① 직권 정류자전동기
② 복권전동기
③ 유도전동기
④ 동기전동기
· 정답 : ①
단상 직권정류자전동기의 특징
교류 및 직류 양용으로 만능 전동기라 칭한다.

예제2 분권 정류자전동기의 전압 정류 개선법에 도움이 되지 않는 것은?
① 보상권선   ② 보극 설치
③ 저저항 리드 ④ 저항 브러시
· 정답 : ③
정류자전동기의 정류개선방법
(1) 보상권선과 보극 설치
(2) 탄소브러시 채용
(3) 고저항 리드선(저항도선)설치 - 단락전류를 줄인다.

23 유도전동기의 속도제어

출제빈도
★★★★

보충학습 문제
관련페이지
131, 151, 152, 153

1. 농형 유도전동기
극수 변화법, 주파수 변환법, 전압 제어법

※ 참고
① 주파수 변환법은 선박의 추진용 모터나 인견공장의 포트 모터에 이용하고 있다.
② 최근 이용되고 있는 반도체 사이리스터에 의한 속도제어는 전압, 위상, 주파수에 따라 제어하며 주로 위상각 제어를 이용한다.

2. 권선형 유도전동기
2차 저항 제어법, 2차 여자법(슬립 제어), 종속접속법(직렬종속법, 차동종속법)

예제1 다음 중 농형 유도전동기에 주로 사용되는 속도 제어법은?
① 저항 제어법   ② 2차 여자법
③ 종속 접속법   ④ 극수 변환법

· 정답 : ④
유도전동기의 속도제어
(1) 농형 유도전동기 : 극수 변환법, 주파수 변환법, 전압제어법
(2) 권선형 유도전동기 : 2차 저항 제어법, 2차 여자법(슬립 제어), 종속접속법(직렬종속법, 차동종속법)

예제2 선박 전기 추진용 전동기의 속도 제어에 가장 알맞은 것은?
① 주파수 변화에 의한 제어
② 극수 변환에 의한 제어
③ 1차 저항에 의한 제어
④ 2차 저항에 의한 제어

· 정답 : ①
유도전동기의 속도제어
(1) 농형 유도전동기 : 극수 변환법, 주파수 변환법, 전압제어법. 특히 주파수 변환법은 선박의 추진용 모터나 인견공장의 포트 모터에 이용하고 있다.
(2) 권선형 유도전동기 : 2차 저항 제어법, 2차 여자법(슬립 제어), 종속접속법(직렬종속법, 차동종속법)

예제3 3상 유도전동기의 속도를 제어시키고자 한다. 적합하지 않은 방법은?
① 주파수 변환법   ② 종속법
③ 2차 여자법   ④ 전전압법

· 정답 : ④
유도전동기의 속도제어
(1) 농형 유도전동기 : 극수 변환법, 주파수 변환법, 전압제어법
(2) 권선형 유도전동기 : 2차 저항 제어법, 2차 여자법(슬립 제어), 종속접속법(직렬종속법, 차동종속법)
∴ 전전압법은 농형 유도전동기의 기동법 중의 하나이다.

예제4 유도전동기의 속도 제어법 중 저항제어와 무관한 것은?
① 농형 유도 전동기
② 비례 추이
③ 속도제어가 간단하고 원활
④ 작은 속도 조정 범위

· 정답 : ①
유도전동기의 속도제어
(1) 농형 유도전동기 : 극수 변환법, 주파수 변환법, 전압제어법
(2) 권선형 유도전동기 : 2차 저항 제어법, 2차 여자법(슬립 제어), 종속접속법(직렬종속법, 차동종속법)

24 유도전동기의 기동법

1. 농형 유도전동기
① 전전압 기동법 : 5.5[kW] 이하에 적용
② Y-Δ 기동법 : 5.5[kW]~15[kW] 범위에 적용
③ 리액터 기동법 : 감전압 기동법으로 15[kW] 넘는 경우에 적용
④ 기동보상기법 : 단권 변압기를 이용하는 방법으로 15[kW] 넘는 경우에 적용

2. 권선형 유도전동기
① 2차 저항 기동법(기동저항기법) : 비례추이 원리 적용
② 게르게스법

출제빈도
★★★★

보충학습 문제
관련페이지
130, 150, 151

예제1 3상 유도전동기의 기동법으로 옳지 않은 것은?
① Y-Δ 기동법
② 기동 보상기법
③ 1차 저항 조정에 의한 기동법
④ 전전압 기동법

· 정답 : ③
유도전동기의 기동법
(1) 농형 유도전동기
  ㉠ 전전압 기동법 : 5.5[kW] 이하에 적용
  ㉡ Y-Δ 기동법 : 5.5[kW]~15[kW] 범위에 적용
  ㉢ 리액터 기동법 : 감전압 기동법으로 15[kW] 넘는 경우에 적용
  ㉣ 기동보상기법 : 단권변압기를 이용하는 방법으로 15[kW] 넘는 경우에 적용
(2) 권선형 유도전동기
  ㉠ 2차 저항 기동법(기동저항기법) : 비례추이원리 적용
  ㉡ 게르게스법

예제2 유도전동기를 기동하기 위하여 Δ를 Y로 전환했을 때, 토크는 몇 배가 되는가?
① $\frac{1}{3}$배
② $\frac{1}{\sqrt{3}}$배
③ $\sqrt{3}$배
④ 3배

· 정답 : ①
유도전동기의 Y-Δ 기동법
유도전동기의 권선이 Δ결선일 때는 선간전압이 권선에 모두 걸리므로 전전압 기동이 되지만 Y결선일 때는 선간전압의 $\frac{1}{\sqrt{3}}$배로 감소된 상전압이 권선에 걸리게 된다. 이때 토크의 변화는

$P_2 = \frac{1}{0.975} N_s \tau = 1.026 N_s \tau$ [W]

$P_2 = \frac{E_2^2}{\left(\frac{r_2}{s}\right)^2 + x_2^2} \cdot \frac{r_2}{s}$ [W]식에 의하여

$P_2 \propto \tau \propto E^2$ 이므로

∴ $\tau' = \left(\frac{1}{\sqrt{3}}\right)^2 \tau = \frac{1}{3}\tau$

25 동기전동기의 위상특성곡선(V곡선)

출제빈도
★★★★

공급전압(V)과 부하(P)가 일정할 때 계자전류(I_f)의 변화에 대한 전기자 전류(I_a)의 변화를 나타낸 곡선을 말한다.

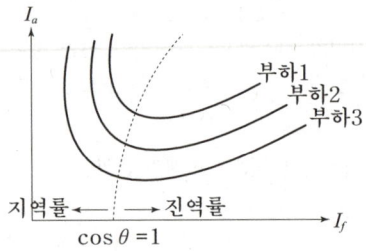

1. **계자전류 증가시(중부하시)**
   계자전류가 증가하면 동기전동기가 과여자 상태로 운전되는 경우로서 역률이 진역률이 되어 콘덴서 작용으로 진상전류가 흐르게 된다. 또한 전기자전류는 증가한다.

2. **계자전류 감소시(경부하시)**
   계자전류가 감소되면 동기전동기가 부족여자 상태로 운전되는 경우로서 역률이 지역률이 되어 리액터 작용으로 지상전류가 흐르게 된다. 또한 전기자전류는 증가한다.

3. **계자전류의 변화**
   계자전류의 증·감에 따라 전기자 전류뿐만 아니라 부하역률 및 부하각이 함께 변화한다. 또한 그래프가 위에 있을수록 부하가 큰 경우에 속한다.

보충학습 문제
관련페이지
59, 80

예제1 동기전동기의 위상특성이란? (여기서 P를 출력, I_f를 계자전류, I를 전기자전류, $\cos\theta$를 역률이라 한다.)
① $I_f - I$ 곡선, $\cos\theta$는 일정
② $P - I$ 곡선, I_f는 일정
③ $P - I_f$ 곡선, I는 일정
④ $I_f - I$ 곡선, P는 일정

• 정답 : ④
동기전동기의 위상특성곡선(V곡선)
공급전압(V)과 부하(P)가 일정할 때 계자전류(I_f)의 변화에 대한 전기자전류(I)와 역률의 변화를 나타낸 곡선을 의미한다. 그래프의 횡축(가로축)이 계자전류와 역률이고 종축(세로축)을 전기자전류로 표현한다.

예제2 동기전동기의 V곡선(위상특성곡선)에서 부하가 가장 큰 경우는?
① a
② b
③ c
④ d

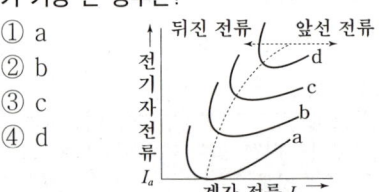

• 정답 : ④
동기전동기의 위상특선곡선(V곡선)
공급전압(V)과 부하(P)가 일정할 때 계자전류(I_f)의 변화에 대한 전기자전류(I_a)와 역률의 변화를 나타낸 곡선을 의미한다. 그래프의 횡축(가로축)이 계자전류와 역률이고 종축(세로축)을 전기자전류로 표현한다. 또한 그래프가 위에 있을수록 부하가 큰 경우에 해당한다.

변압기 결선

1. Y-Y결선
① 1차, 2차 전압 또는 1차, 2차 전류간에 위상차가 없다.
② 상전압이 선간전압의 $\dfrac{1}{\sqrt{3}}$ 배이므로 절연에 용이하며 고전압 송전에 용이하다.
③ 중성점을 접지할 수 있으므로 이상전압으로부터 변압기를 보호할 수 있다.
④ 제3고조파 순환통로가 없으므로 선로에 제3고조파가 유입되어 인접통신선에 유도장해를 일으킨다.

출제빈도
★★★★

2. $\Delta-\Delta$결선
① 1차, 2차 전압 또는 1차, 2차 전류간에 위상차가 없다.
② 상전류는 선전류의 $\dfrac{1}{\sqrt{3}}$ 배이므로 대전류 송전에 유리하다.
③ 제3고조파가 Δ결선 내부를 순환하므로 선로에 제3고조파가 나타나지 않기 때문에 기전력의 파형이 정현파가 된다.
④ 인접 통신선에 유도장해가 없다.
⑤ 변압기 1대 고장시 V결선으로 송전을 계속할 수 있다.
⑥ 비접지 방식이므로 이상전압 및 지락사고에 대한 보호가 어렵다.

3. Δ-Y, Y-Δ결선
① Δ-Y결선은 승압용, Y-Δ결선은 강압용에 적합하다.
② Y-Y, $\Delta-\Delta$결선의 특징을 모두 갖추고 있다.
③ 1차, 2차 전압 또는 1차, 2차 전류간에 위상차가 30° 생긴다.

4. V-V결선
① V결선의 출력(P_v)
  ㉠ 변압기 2대로 1Bank 운전시 : $P_v = \sqrt{3} \times$변압기 1대 용량
  ㉡ 변압기 4대로 2Bank 운전시 : $P_v = 2\sqrt{3} \times$변압기 1대 용량

② 출력비
$$\text{출력비} = \dfrac{\text{V결선의 출력}}{\Delta\text{결선의 출력}} = \dfrac{\sqrt{3}\,TR}{3\,TR} = \dfrac{1}{\sqrt{3}} = 0.577$$

③ 이용률
$$\text{이용률} = \dfrac{\sqrt{3}\,TR}{2\,TR} = \dfrac{\sqrt{3}}{2} = 0.866$$

보충학습 문제 관련페이지
90, 111, 112, 113

예제1 단상 변압기의 3상 Y-Y결선에서 잘못된 것은?
① 3조파 전류가 흐르며 유도 장해를 일으킨다.
② V결선이 가능하다.
③ 권선 전압이 선간 전압의 $\frac{1}{\sqrt{3}}$ 배이므로 절연이 용이하다.
④ 중성점 접지가 된다.

· 정답 : ②
변압기 Y-Y결선의 특징
(1) 1차, 2차 전압 또는 1차, 2차 전류간에 위상차가 없다.
(2) 상전압이 선간전압의 $\frac{1}{\sqrt{3}}$ 배이므로 절연에 용이하며 고전압 송전에 용이하다.
(3) 중성점을 접지할 수 있으므로 이상전압으로부터 변압기를 보호할 수 있다.
(4) 제3고조파 순환 통로가 없으므로 선로에 제3고조파가 유입되어 인접 통신선에 유도 장해를 일으킨다.
∴ V결선이 가능한 변압기결선은 △-△결선이다.

예제3 권수비 a : 1인 3개의 단상 변압기를 △-Y로 하고 1차 단자 전압 V_1, 1차 전류 I_1이라 하면 2차의 단자 전압 V_2 및 2차 전류 I_2값은? (단, 저항, 리액턴스 및 여자 전류는 무시한다.)
① $V_2 = \sqrt{3}\frac{V_1}{a}$, $I_1 = I_2$
② $V_2 = V_1$, $I_2 = I_1\frac{a}{\sqrt{3}}$
③ $V_2 = \sqrt{3}\frac{V_1}{a}$, $I_2 = I_1\frac{a}{\sqrt{3}}$
④ $V_2 = \sqrt{3}\frac{V_1}{a}$, $I_2 = \sqrt{3}aI_2$

· 정답 : ③
변압기 △-Y결선의 1, 2차 전압, 전류 관계
권수비(a)는 상전압, 상전류비로서 1, 2차 상전압을 E_1, E_2, 1, 2차 상전류를 I_1', I_2'라 하면 $a = \frac{E_1}{E_2} = \frac{I_2'}{I_1'} = \frac{30}{1} = 30$,
1차 선간전압 V_1, 1차 선전류 I_1, 2차 선간전압 V_2, 2차 선전류 I_2일 때
$V_2 = \sqrt{3} \cdot \frac{E_1}{a} = \sqrt{3} \cdot \frac{V_1}{a}$ [V],
$I_2 = aI_1' = a \cdot \frac{I_1}{\sqrt{3}}$ [A]이다.

예제2 용량 100[kVA]인 동일 정격의 단상 변압기 4대로 낼 수 있는 3상 최대출력 용량[kVA]은?
① $200\sqrt{3}$ ② $200\sqrt{2}$
③ $300\sqrt{2}$ ④ 400

· 정답 : ①
변압기 V결선의 출력
(1) 변압기 2대로 1Bank 운전시 :
$P_v = \sqrt{3} \times$ 변압기 1대 용량
(2) 변압기 4대로 2Bank 운전시 :
$P_v = 2\sqrt{3} \times$ 변압기 1대 용량
∴ $P_v = 2\sqrt{3} \times$ 변압기 1대 용량
$= 2\sqrt{3} \times 100 = 200\sqrt{3}$ [kVA]

예제4 변압기의 1차측을 Y결선, 2차측을 △결선으로 한 경우 1차, 2차간의 전압 위상 변위는?
① 0°   ② 30°
③ 45°   ④ 60°

· 정답 : ②
△-Y, Y-△결선의 특징
(1) △-Y결선은 승압용, Y-△결선은 강압용에 적합하다.
(2) Y-Y, △-△결선의 특징을 모두 갖추고 있다.
(3) 1차, 2차 전압 또는 전류간에 위상차가 30° 생긴다.

직류 분권 발전기 27

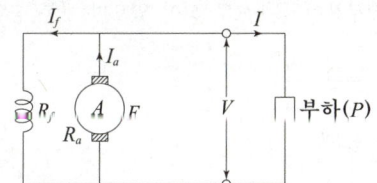

출제빈도
★★★★

1. 부하 상태
$P = VI$ [W], $V = R_f I_f$ [V], $I_a = I + I_f = \dfrac{P}{V} + \dfrac{V}{R_f}$ [A], $E = V + R_a I_a + (e_b + e_a)$

2. 무부하 상태
$P = 0$ [W], $I = 0$ [A], $I_f = I_a$ [A]이므로 계자회로에 과전류가 유입되어 계자 코일이 소손될 우려가 있다. 따라서 분권 발전기는 무부하 운전을 금지하고 있다.

3. 무부하 포화상태
분권 발전기는 잔류자기가 확립되어 있으므로 0이 아닌 E_f 점에서 상승하며 포화점에 이르기까지 상승한다. 이 경우 무부하 포화곡선과 접하는 직선이 임계저항곡선인데 계자저항이 임계저항보다 큰 경우에는 전압확립이 어렵게 되어 발전이 불가능해질 수 있다. 따라서 분권 발전기의 계자저항은 임계저항보다 작게 유지해주어야 한다.

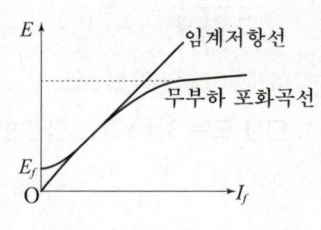

4. 분권 발전기의 외부 특성
분권 발전기는 $I_a = I + I_f$ [A]이므로 부하가 증가하면 부하전류(I)가 상승하여 계자 전류(I_f)가 줄어들게 되면 자속이 감소하여 유기기전력(E)이 갑자기 떨어지면서 단자 전압(V)이 급강하게 된다. 이것을 "분권 발전기의 외부 특성이 수하특성"이라고 한다.

보충학습 문제
관련페이지
12, 33, 34, 35

예제1 유기기전력 210[V], 단자전압 200[V], 5[kW]인 분권발전기의 계자저항이 500[Ω]이면 전기자저항[Ω]은?

① 0.2 ② 0.4
③ 0.6 ④ 0.8

· 정답 : ②
분권발전기의 부하 특성
$E = 210$ [V], $V = 200$ [V], 출력 $P = 5$ [kW], $R_f = 500$ [Ω]이므로 분권발전기의 부하특성에서 부하전류(I), 전기자전류(I_a), 계자전류(I_f) 관계식은

$I_f = \dfrac{V}{R_f}$ [A], $I = \dfrac{P}{V}$ [A], $I_a = I + I_f$ [A]이다.

$I_a = I + I_f = \dfrac{P}{V} + \dfrac{V}{R_f}$

$= \dfrac{5 \times 10^3}{200} + \dfrac{200}{500} = 25.4$ [A],

$E = V + R_a I_a$ [V] 식에서 전기자저항(R_a)을 정리하여 풀면

$\therefore R_a = \dfrac{E - V}{I_a} = \dfrac{210 - 200}{25.4} = 0.4$ [Ω]

28 단권변압기(=오토 트랜스)

출제빈도
★★★★

1차 코일과 2차 코일 일부분이 공통으로 되어 있으며 보통 승압기로 이용하고 있는 변압기이다.

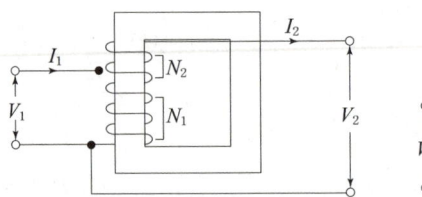 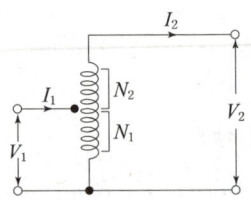

여기서, 1차 권선 : 분로 권선, 2차 권선 : 직렬 권선

권수비 $a = \dfrac{V_1}{V_2} = \dfrac{N_1}{N_1 + N_2}$, 단권변압기 용량 = 자기용량 = $(V_2 - V_1)I_2$, 부하용량

= 2차 출력 = $V_2 I_2$

$\therefore \dfrac{\text{자기용량}}{\text{부하용량}} = \dfrac{(V_2 - V_1)I_2}{V_2 I_2} = \dfrac{V_2 - V_1}{V_2} = \dfrac{V_h - V_L}{V_h}$

여기서, V_L : 저압측 전압, V_h : 고압측 전압

1. 단상 또는 3상 Y결선 단권변압기 용량

   자기용량 = $\dfrac{V_h - V_L}{V_h} \times$ 부하용량

2. 3상 V결선 단권변압기 용량

   자기용량 = $\dfrac{2}{\sqrt{3}} \cdot \dfrac{V_h - V_L}{V_h} \times$ 부하용량

3. 3상 Δ결선 단권변압기 용량

   자기용량 = $\dfrac{V_h{}^2 - V_L{}^2}{\sqrt{3}\, V_h\, V_L} \times$ 부하용량

보충학습 문제
관련페이지
93, 116, 117, 118

예제1 1차 전압 100[V], 2차 전압 200[V], 선로 출력 50[kVA]인 단권변압기의 자기용량은 몇 [kVA]인가?

① 25   ② 50
③ 250 ④ 500

· 정답 : ①

단권변압기 용량(자기용량)
$V_h = 200\,[\text{V}]$, $V_l = 100\,[\text{V}]$,
부하용량 = 선로출력 = 50[kVA]이므로
$\dfrac{\text{자기용량}}{\text{부하용량}} = \dfrac{V_h - V_l}{V_h}$ 식에서

$\therefore$ 자기용량 = $\dfrac{V_h - V_l}{V_h} \times$ 부하용량

$= \dfrac{200 - 100}{200} \times 50 = 25\,[\text{kVA}]$

29 변압기 내부고장에 대한 보호계전기

1. 비율차동계전기(차동계전기)
   변압기 상간 단락에 의해 1, 2차간 전류 위상각 변위가 발생하면 동작하는 계전기
2. 부흐홀츠계전기
   수은 접점을 사용하여 아크방전 사고를 검출한다.
3. 가스검출계전기
4. 압력계전기

출제빈도
★★★★

보충학습 문제
관련페이지
94, 119

예제1 부흐홀츠계전기로 보호되는 기기는?
① 변압기 ② 발전기
③ 동기전동기 ④ 회전변류기

· 정답 : ①
변압기 내부고장에 대한 보호계전기
(1) 비율차동계전기(차동계전기) : 변압기 상간 단락에 의해 1, 2차간 전류 위상각 변위가 발생하면 동작하는 계전기
(2) 부흐홀츠 계전기 : 수은 접점을 사용하여 아크 방전 사고를 검출한다.
(3) 가스검출 계전기
(4) 압력 계전기

예제2 수은 접점 2개를 사용하여 아크 방전 등의 사고를 검출하는 계전기는?
① 과전류계전기 ② 가스검출계전기
③ 부흐홀츠계전기 ④ 차동계전기

· 정답 : ③
변압기 내부고장에 대한 보호계전기
(1) 비율차동계전기(차동계전기) : 변압기 상간 단락에 의해 1, 2차간 전류 위상각 변위가 발생하면 동작하는 계전기
(2) 부흐홀츠 계전기 : 수은 접점을 사용하여 아크 방전 사고를 검출한다.
(3) 가스검출 계전기
(4) 압력 계전기

예제3 발전기 또는 주변압기의 내부고장 보호용으로 가장 널리 쓰이는 계전기는?
① 거리계전기 ② 비율차동계전기
③ 과전류계전기 ④ 방향단락계전기

· 정답 : ②
변압기 내부고장에 대한 보호계전기
비율차동계전기(차동계전기) : 변압기 상간 단락에 의해 1, 2차간 전류 위상각 변위가 발생하면 동작하는 계전기

예제4 변압기의 내부고장을 검출하기 위하여 사용되는 보호 계전기가 아닌 것을 고르면?
① 저전압계전기 ② 차동계전기
③ 가스검출계전기 ④ 압력계전기

· 정답 : ①
변압기 내부고장에 대한 보호계전기
(1) 비율차동계전기(차동계전기) : 변압기 상간 단락에 의해 1, 2차간 전류 위상각 변위가 발생하면 동작하는 계전기
(2) 부흐홀츠 계전기 : 수은 접점을 사용하여 아크 방전 사고를 검출한다.
(3) 가스검출 계전기
(4) 압력 계전기

30 직류기의 전기자 반작용

전기자 권선에 흐르는 전기자 전류가 계자극에서 발생한 주자속에 영향을 주어 주자속의 분포와 크기가 달라지게 되는데 이러한 현상을 전기자 반작용이라 한다.

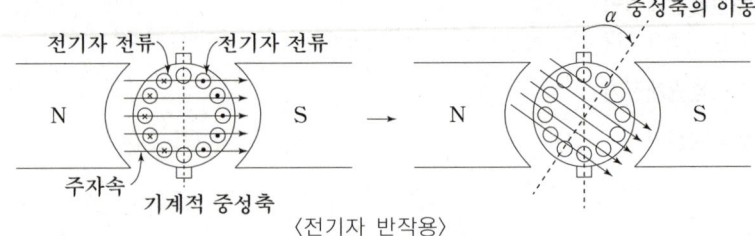

〈전기자 반작용〉

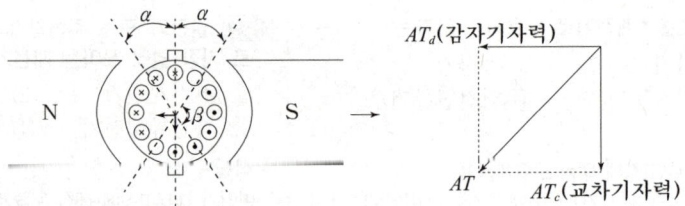

1. 전기자 기자력
    ① 감자 기자력(AT_d)
    $$AT_d = \frac{ZI_a}{2ap} \cdot \frac{2\alpha}{\pi} = \frac{ZI_a}{ap} \cdot \frac{\alpha}{\pi} = K_d \cdot \frac{2\alpha}{\pi}$$

    ② 교차 기자력(AT_c)
    $$AT_c = \frac{ZI_a}{2ap} \cdot \frac{\beta}{\pi} = \frac{ZI_a}{2ap} \cdot \frac{\pi - 2\alpha}{\pi} = K_c \cdot \frac{\beta}{\pi}$$

2. 전기자 반작용의 영향
    ① 주자속을 감소시킨다.(감자 작용)
        ㉠ 직류 발전기에서는 기전력이 감소한다. $E = K\phi N[V]$
        ㉡ 직류 전동기에서는 토크가 감소한다. $\tau = K\phi I_a [N \cdot m]$

    ② 편자 작용으로 중성축이 이동한다.
        ㉠ 직류 발전기는 회전 방향으로 이동한다.
        ㉡ 직류 전동기는 회전 반대방향으로 이동한다.

③ 정류불량

중성축의 이동으로 브러시 부근에 있는 도체에서 불꽃이 발생하며 정류불량의 원인이 된다.

3. 전기자 반작용의 방지 대책

① 계자극 표면에 보상 권선을 설치하여 신기사 진류와 빈대빙항으로 건류를 흘리면 교차기자력이 줄어들어 전기자 반작용을 억제한다. <주대책임>
② 보극을 설치하여 평균 리액턴스 전압을 없애고 정류작용을 양호하게 한다.
③ 브러시를 새로운 중성축으로 이동시킨다.
 ㉠ 직류 발전기는 회전 방향으로 이동시킨다.
 ㉡ 직류 전동기는 회전 반대방향으로 이동시킨다.

예제1 직류발전기에서 기하학적 중성축과 α[rad]만큼 브러시의 위치가 이동되었을 때, 극당 감자 기자력은 몇 [AT]인가? (단, 극수 p, 전기자 전류 I_a, 전기자 도체수 Z, 병렬회로수 a이다.)

① $\dfrac{I_a Z}{2pa} \cdot \dfrac{\alpha}{180}$ ② $\dfrac{2pa}{I_a Z} \cdot \dfrac{\alpha}{180}$

③ $\dfrac{I_a Z}{2pa} \cdot \dfrac{2\alpha}{180}$ ④ $\dfrac{2pa}{I_a Z} \cdot \dfrac{2\alpha}{180}$

· 정답 : ③

전기자 반작용에 의한 전기자 기자력
(1) 감자기자력 (AT_d)

$$AT_d = \dfrac{ZI_a}{2pa} \cdot \dfrac{2\alpha}{\pi} = \dfrac{ZI_a}{ap} \cdot \dfrac{\alpha}{\pi} = K_d \cdot \dfrac{2\alpha}{\pi}$$

(2) 교차기자력 (AT_c)

$$AT_c = \dfrac{ZI_a}{2pa} \cdot \dfrac{\beta}{\pi} = \dfrac{ZI_a}{2pa} \cdot \dfrac{\pi - 2\alpha}{\pi}$$

$$= K_c \cdot \dfrac{\beta}{\pi}$$

예제2 직류 발전기의 전기자 반작용을 설명함에 있어서 그 영향을 없애는 데 가장 유효한 것은?

① 균압환   ② 탄소 브러시
③ 보상 권선   ④ 보극

· 정답 : ③

전기자 반작용의 방지 대책
(1) 보상권선을 설치하여 전기자 전류와 반대 방향으로 흘리면 교차기자력이 줄어들어 전기자 반작용을 억제한다.(주대책임)
(2) 보극을 설치하여 평균리액턴스전압을 없애고 정류작용을 양호하게 한다.
(3) 브러시를 새로운 중성축으로 이동시킨다.
 ㉠ 발전기는 회전방향
 ㉡ 전동기는 회전반대방향

31 직류기의 전기자 권선법

출제빈도
★★★★

보충학습 문제
관련페이지
4, 26, 27

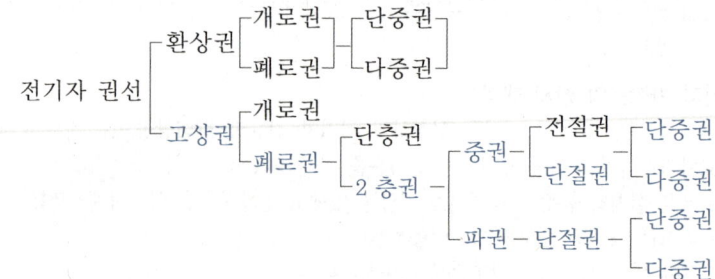

(1) 여러 개의 권선법 중에서 전기자 권선법은 고상권, 폐로권, 2층권을 사용하고 있다.
(2) 중권과 파권의 비교

비교항목	중권	파권
전기자병렬회로수(a)	$a = p$ (극수)	$a = 2$
브러시 수(b)	$b = p$	$b = 2$
용도	저전압, 대전류용	고전압, 소전류용
균압접속	필요하다.	불필요하다.
다중도(m)	$a = pm$	$a = 2m$

예제1 직류기의 권선을 단중 파권으로 감으면?
① 내부 병렬 회로수가 극수만큼 생긴다.
② 내부 병렬 회수는 극수에 관계없이 언제나 2이다.
③ 저압 대전류용 권선이다.
④ 균압환을 연결해야 한다.
・정답 : ②
중권과 파권의 비교

비교항목	중권	파권
전기자 병렬회로수(a)	$a = p$ (극수)	$a = 2$

예제2 다음 권선법 중에서 직류기에 주로 사용되는 것은?
① 폐로권, 환상권, 2층권
② 폐로권, 고상권, 2층권
③ 개로권, 환상권, 단층권
④ 개로권, 고상권, 2층권
・정답 : ②
전기자 권선법
여러 가지의 권선법 중에서 전기자 권선법은 고상권, 폐로권, 2층권을 사용하고 있다.

직류 타여자 발전기

32

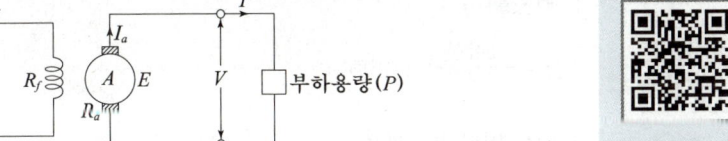

1. 부하 상태
   $P=VI$ [W], $I_a=I$ [A], $E=V+R_aI_a+(e_b+e_a)$ [V]

2. 무부하 상태
   $P=0$ [W], $I_a=I=0$ [A], $E=V_0$ [V]

3. 무부하 포화상태
   무부하 포화특성은 계자전류(I_f)와 유기기전력(E)의 관계 곡선으로 $E=K\phi N$[V]에서 I_f를 증가시키면 ϕ가 증가하여 E도 증가한다. 그러나 포화점에 도달하게 되면 E는 더 이상 증가하지 않고 일정해진다.

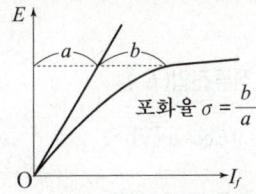

출제빈도
★★★

보충학습 문제
관련페이지
11, 32, 33

예제1 타여자발전기가 있다. 부하전류 10[A]일 때 단자전압 100[V]이었다. 전기자 저항 0.2[Ω], 전기자 반작용에 의한 전압강하가 2[V], 브러시의 접촉에 의한 전압강하가 1[V]였다고 하면 이 발전기의 유기기전력[V]은?

① 102 ② 103
③ 104 ④ 105

· 정답 : ④
타여자발전기의 부하특성
타여자발전기의 부하전류(I)와 전기자전류(I_a)는 서로 같다.
$I=I_a=10$ [A], $V=100$ [V],
$R_a=0.2$ [Ω], $e_a=2$ [V], $e_b=1$ [V]이므로
∴ $E=V+R_aI_a+e_a+e_b$
$\quad\quad =100+0.2\times 10+2+1=105$ [V]

예제2 정격이 5[kW], 100[V], 50[A], 1,800[rpm]인 타여자 직류 발전기가 있다. 무부하시의 단자 전압[V]은 얼마인가? (단, 계자 전압은 50[V], 계자 전류 5[A], 전기자 저항은 0.2[Ω]이고 브러시의 전압 강하는 2[V]이다.)

① 100 ② 112
③ 115 ④ 120

· 정답 : ②
타여자발전기의 무부하시 단자전압(V_0)
$P=5$ [kW], $V=100$ [V], $I=50$ [A],
$N=1,800$ [rpm], $V_f=50$ [V], $I_f=5$ [A],
$R_a=0.2$ [Ω], $e_b=2$ [V],
$I_a=I=50$ [A]일 때 무부하상태에서 단자전압과 유도기전력의 크기가 같으므로
∴ $V_0=E=V+R_aI_a+e_b$
$\quad\quad =100+0.2\times 50+2=112$ [V]

33. 다이오드를 사용한 정류회로

1. 맥동률(ν)

$$\nu = \frac{교류분}{직류분} \times 100 [\%]$$

2. 단상 반파 정류회로

① 위상제어가 되는 경우 직류전압(E_d)

$$E_d = \frac{\sqrt{2}E}{\pi}\left(\frac{1+\cos\alpha}{2}\right)[V]$$

② 위상제어가 되지 않는 경우 직류전압(E_d)

$$E_d = \frac{\sqrt{2}E}{\pi} = 0.45E[V]$$

③ 최대역전압(PIV)

$$PIV = \sqrt{2}E = \sqrt{2}\times\frac{\pi}{\sqrt{2}}E_d = \pi E_d[V]$$

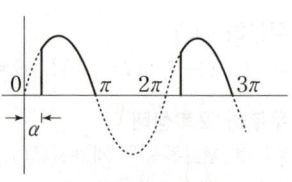

〈반파정류〉

3. 단상 전파 정류회로

① 위상제어가 되는 경우 직류전압(E_d)

$$E_d = \frac{2\sqrt{2}E}{\pi}\cos\alpha = 0.9E\cos\alpha[V]$$

② 위상제어가 되지 않는 경우 직류전압(E_d)

$$E_d = \frac{2\sqrt{2}}{\pi}E = 0.9E[V]$$

③ 최대역전압(PIV)

$$PIV = 2\sqrt{2}E = 2\sqrt{2}\times\frac{\pi}{2\sqrt{2}}E_d = \pi E_d[V]$$

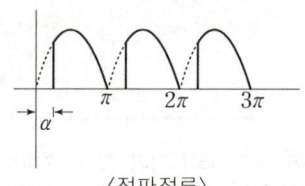

〈전파정류〉

4. 6상 반파 정류회로

$$E = \frac{\frac{\pi}{m}}{\sqrt{2}\sin\frac{\pi}{m}}E_d = \frac{\frac{\pi}{6}}{\sqrt{2}\sin\frac{\pi}{6}}E_d = \frac{\pi}{3\sqrt{2}}E_d[V]$$

여기서, ν : 맥동률[%], E_d : 직류전압[V], E : 교류전압[V], PIV : 최대역전압[V], α : 제어각, m : 상수

예제1 위상 제어를 하지 않은 단상 반파정류회로에서 소자의 전압 강하를 무시할 때, 직류 평균값 E_d[V]는? (단, E : 직류 권선의 상전압(실효값)이다.)

① $0.45E$ ② $0.90E$
③ $1.17E$ ④ $1.46E$

· 정답 : ①

단상 반파정류회로
(1) 위상제어가 되는 경우의 직류전압(E_d)
$$E_d = \frac{\sqrt{2}E}{\pi}\left(\frac{1+\cos\alpha}{2}\right)[V]$$
(2) 위상제어가 되지 않는 경우의 직류전압(E_d)
$$E_d = \frac{\sqrt{2}E}{\pi} = 0.45E[V]$$
(3) 최대역전압(PIV)
$$PIV = \sqrt{2}E = \sqrt{2}\times\frac{\pi}{\sqrt{2}}E_d = \pi E_d [V]$$

예제2 순저항 부하 단상 반파정류회로에서 V_1은 교류 100[V]이면 부하 R단에서 얻는 평균 직류전압은 몇 [V]이며, 다이오드 D_1의 PIV(첨두 역전압)는 몇 [V]인가? (단, D_1의 전압강하는 무시한다.)

① 45, 141
② 50, 100
③ 45, 100
④ 50, 282

· 정답 : ①

단상 반파정류회로
위상제어가 되지 않는 경우의 직류전압은
$E_d = 0.45E[V]$이며 첨두역전압은
$PIV = \sqrt{2}E = \pi E_d[V]$ 이므로
$E = 100$[V] 일 때
∴ $E_d = 0.45E = 0.45\times 100 = 45$[V]
∴ $PIV = \sqrt{2}E = \sqrt{2}\times 100 = 141$[V]

예제3 반파정류회로에서 직류전압 200[V]를 얻는 데 필요한 변압기 2차 상전압[V]을 구하면? (단, 부하는 순저항, 변압기 내의 전압강하를 무시하고 정류기 내의 전압강하는 50[V]로 한다.)

① 68   ② 113
③ 333   ④ 555

· 정답 : ④

단상 반파정류회로
위상제어가 되지 않는 경우의 직류전압은
$E_d = \frac{\sqrt{2}E}{\pi}$ [V]이므로 정류기의 전압강하가 e[V]
라면 직류전압은 $E_d' = E_d - e$[V]가 된다.
$E_d' = E_d - e = \frac{\sqrt{2}E}{\pi} - e$[V] 식에서
$E_d' = 200$[V], $e = 50$[V]이므로
∴ $E = \frac{\pi}{\sqrt{2}}(E_d' + e) = \frac{\pi}{\sqrt{2}}(200+50)$
$= 555$[V]

예제4 사이리스터 2개를 사용한 단상 전파정류회로에서 직류전압 100[V]를 얻으려면 1차에 몇 [V]의 교류전압이 필요하며, PIV가 몇 [V]인 다이오드를 사용하면 되는가?

① 111, 222   ② 111, 314
③ 166, 222   ④ 166, 314

· 정답 : ②

단상 전파정류회로
직류전압 E_d, 첨두역전압 PIV는
$$E_d = \frac{2\sqrt{2}}{\pi}E = 0.9E[V]$$
$PIV = 2\sqrt{2}E = \pi E_d$[V]이므로
$E_d = 100$[V]일 때
∴ $E = \frac{E_d}{0.9} = \frac{100}{0.9} = 111$[V]
∴ $PIV = \pi E_d = \pi \times 100 = 314$[V]

34 유도전동기의 회전수와 슬립

출제빈도
★★★

1. 회전수(N_s, N)
① 고정자 : 회전자계에 의한 동기속도(N_s) 발생
② 회전자 : 유기기전력에 의한 회전자 속도(N) 발생

2. 슬립(s)
동기속도와 회전자 속도 사이의 차에 의한 유도 전동기 속도 상수

$$s = \frac{N_s - N}{N_s}$$

3. 슬립의 범위
① 정상회전시 슬립의 범위
　정지시 $N=0$, 운전시 $N=N_s$이므로 슬립 공식에 대입하면
　∴ $0 < s < 1$

② 역회전시 또는 제동시 슬립의 범위
　정지시 $N=0$, 역회전시 $N=-N_s$이므로
　∴ $1 < s < 2$

4. 회전자 속도
$$N = N_s - sN_s = (1-s)N_s = (1-s)\frac{120f}{P} \text{ [rpm]}$$

5. 상대속도
유도 전동기의 운전이 시작되면 슬립에 따라 회전자 속도가 변해가며 이 경우 동기속도와 회전자 속도 사이에 속도차가 발생되는데 이 속도차를 상대속도라 한다.

$$sN_s = N_s - N$$

보충학습 문제
관련페이지
122, 139

예제1 50[Hz], 슬립 0.2인 경우의 회전자 속도가 600 [rpm]일 때에 3상 유도전동기의 극수는?
① 16　　② 12
③ 8　　　④ 4

· 정답 : ③
$f=50$ [Hz], $s=0.2$, $N=600$ [rpm]이므로
$N=(1-s)N_s = (1-s)\frac{120f}{p}$ [rpm] 식에서
∴ $p=(1-s)\frac{120f}{N} = (1-0.2) \times \frac{120 \times 50}{600}$
　　$= 8$극

예제2 60[Hz], 8극인 3상 유도 전동기의 전부하에서 회전수가 855[rpm]이다. 이때 슬립[%]은?
① 4　　② 5
③ 6　　④ 7

· 정답 : ②
동기속도(N_s)와 슬립(s)
$f=60$ [Hz], 극수 $p=8$, $N=855$ [rpm]이므로
$N_s = \frac{120f}{p} = \frac{120 \times 60}{8} = 900$ [rpm]
∴ $s = \frac{N_s - N}{N_s} \times 100 = \frac{900-855}{900} \times 100$
　　$= 5$ [%]

직류전동기의 토크 특성

$\tau = k\phi I_a$ [N·m] 식에서 τ와 I 관계를 τ와 N 관계로 토크 특성을 알아본다.

1. **분권전동기의 토크 특성(단자 전압이 일정한 경우)**

   $\tau = k\phi I_a \propto I$, $N \propto \dfrac{1}{I}$ 이므로

   $\therefore \tau \propto \dfrac{1}{N}$ (속도변화율이 작으므로 토크 변화율도 작다.)

2. **직권전동기의 토크 특성(단자전압이 일정한 경우)**

   $\tau = k\phi I_a \approx k I_a^2 \propto I^2$, $N \propto \dfrac{1}{I}$ 이므로

   $\therefore \tau \propto \dfrac{1}{N^2}$ (속도변화율이 크기 때문에 토크 변화율도 크다.)

   여기서, τ : 토크[N·m] 또는 [kg·m], ϕ : 자속[Wb], I_a : 전기자전류[A],
   I : 부하전류[A], N : 회전속도[rpm]

3. **직류 전동기의 토크 특성 곡선**

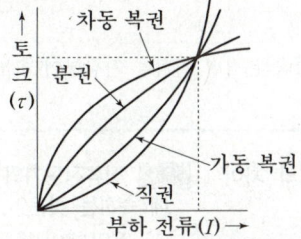

출제빈도
★★★

보충학습 문제
관련페이지
19, 42, 43

예제1 직류 직권전동기의 발생 토크는 전기자 전류를 변화시킬 때, 어떻게 변하는가? (단, 자기 포화는 무시한다.)
① 전류에 비례한다.
② 전류의 제곱에 비례한다.
③ 전류에 반비례한다.
④ 전류의 제곱에 반비례한다.

· 정답 : ②
직권전동기의 토크 특성(단자전압이 일정한 경우)
직권전동기는 전기자와 계자회로가 직렬접속되어 있어 $I = I_a = I_f \propto \phi$ 이므로
$\tau = k\phi I_a \propto I_a^2$ 임을 알 수 있다.
∴ 직권전동기의 토크(τ)는 전기자전류(I_a)의 제곱에 비례한다.

예제2 직류 직권전동기가 전차용에 사용되는 이유는?
① 속도가 클 때 토크가 크다.
② 토크가 클 때 속도가 작다.
③ 기동 토크가 크고 속도는 불변이다.
④ 토크는 일정하고 속도는 전류에 비례한다.

· 정답 : ②
직권전동기의 특성
직권전동기는 부하에 따라 속도변동이 심하여 가변속도전동기라고 하며 토크가 크면 속도가 작기 때문에 전차용 전동기나 권상기, 기중기, 크레인 등의 용도로 쓰인다.

제3과목 전기기기

36 직류전동기의 속도 제어

$N = k' \dfrac{V - R_a I_a}{\phi}$ [rps] 식에서 직류 전동기의 속도는 단자전압(V)과 전기자저항(R_a) 및 자속(ϕ)에 의해서 조정할 수 있다.

여기서, N : 회전속도[rps], V : 단자전압[V], R_a : 전기자저항[Ω], I_a : 전기자전류[A], ϕ : 자속[Wb]

1. 전압 제어(정토크 제어)
단자전압(V)을 가감함으로서 속도를 제어하는 방식으로 속도의 조정 범위가 광범위하여 가장 많이 적용하고 있다.
① 워드 레오너드 방식 : 타여자 발전기를 이용하는 방식으로 조정 범위가 광범위하다.
② 일그너 방식 : 플라이 휠 효과를 이용하여 부하 변동이 심한 경우에 적당하다.
③ 정지 레오너드 방식 : 반도체 사이리스터(SCR)를 이용하는 방식
④ 쵸퍼 제어 방식 : 직류 쵸퍼를 이용하는 방식

2. 계자 제어(정출력 제어)
계자 회로의 계자 전류(I_f)를 조정하여 자속(ϕ)을 가감하여 속도를 제어하는 방식

3. 저항 제어
전기자 권선과 직렬로 접속한 직렬 저항을 가감하여 속도를 제어하는 방식

예제1 워드레오너드 방식과 일그너 방식의 차이점은?
① 플라이 휠을 이용하는 점이다.
② 전동발전기를 이용하는 점이다.
③ 직류 전원을 이용하는 점이다.
④ 권선형 유도발전기를 이용하는 점이다.

· 정답 : ①
직류전동기의 속도제어
직류전동기의 속도제어방식 중 전압제어는 단자전압을 가감함으로서 속도를 제어하는 방식으로 속도의 조정 범위가 광범위하여 가장 많이 적용하고 있다. 종류로는 다음과 같다.
(1) 워드 레오너드 방식 : 타여자 발전기를 이용하는 방식으로 조정 범위가 광범위하다.
(2) 일그너 방식 : 플라이 휠 효과를 이용하여 부하 변동이 심한 경우에 적당하다.

예제2 직류전동기의 속도제어법에서 정출력 제어에 속하는 것은?
① 전압제어법
② 계자제어법
③ 워드레오너드 제어법
④ 전기자 저항제어법

· 정답 : ②
직류전동기의 속도제어
(1) 전압제어(정토크제어) : 단자전압(V)을 가감함으로서 속도를 제어하는 방식으로 속도의 조정범위가 광범위하여 가장 많이 적용하고 있다.
(2) 계자제어(정출력제어) : 계자회로의 계자전류를 조정하여 자속을 가감하면 속도제어가 가능해진다.
(3) 저항제어 : 전기자권선과 직렬로 접속한 직렬저항을 가감하여 속도를 제어하는 방식

동기발전기의 전기자 권선법

동기발전기의 전기자 권선법은 전절권, 단절권, 집중권, 분포권이 있으며 기전력의 파형을 개선하기 위해서 현재 단절권과 분포권을 주로 사용한다.

1. 단절권의 특징
① 동량을 절감할 수 있어 발전기 크기가 축소된다.
② 가격이 저렴하다.
③ 고조파가 제거되어 기전력의 파형이 개선된다.
④ 전절권에 비해 기전력의 크기가 저하한다.

2. 분포권의 특징
① 매극 매상당 슬롯 수가 증가하여 코일에서의 열발산을 고르게 분산시킬 수 있다.
② 누설 리액턴스가 작다.
③ 고조파가 제거되어 기전력의 파형이 개선된다.
④ 집중권에 비해 기전력의 크기가 저하한다.

3. 고조파를 제거하는 방법
① 단절권과 분포권을 채용한다.
② 매극 매상의 슬롯수(q)를 크게 한다.
③ Y결선(성형결선)을 채용한다.
④ 공극의 길이를 크게 한다.
⑤ 자극의 모양을 적당히 설계한다.
⑥ 전기자 철심을 스큐슬롯(사구)으로 한다.
⑦ 전기자 반작용을 작게 한다.

출제빈도
★★★

보충학습 문제
관련페이지
48, 64, 65

예제1 동기기의 전기자 권선법이 아닌 것은?
① 분포권　② 전절권
③ 2층권　④ 중권

· 정답 : ②
동기기의 전기자권선법
동기발전기의 전기자는 기전력의 좋은 파형을 얻기 위해 단절권과 분포권을 채용하고 있으며 또한 2층권 및 중권, 파권을 이용하고 있다. 반대로 전절권과 집중권은 고조파가 포함된 기전력이 발생하여 파형이 매우 나쁘므로 현재 채용하지 않고 있다.

예제2 교류발전기의 고조파 발생을 방지하는데 적합하지 않은 것은?
① 전기자 슬롯을 스큐 슬롯(斜溝)으로 한다.
② 전기자 권선의 결선을 성형으로 한다.
③ 전기자 반작용을 작게 한다.
④ 전기자 권선을 전절권으로 감는다.

· 정답 : ④
고조파를 제거하는 방법
(1) 단절권과 분포권을 채용한다.
(2) 매극 매상의 슬롯수(q)를 크게 한다.
(3) Y결선(성형결선)을 채용한다.
(4) 공극의 길이를 크게 한다.
(5) 자극의 모양을 적당히 설계한다.
(6) 전기자 철심을 스큐슬롯(사구)으로 한다.
(7) 전기자 반작용을 작게 한다.

38 정류곡선

출제빈도
★★★

1. 직선 정류
가장 이상적인 정류곡선으로 불꽃없는 양호한 정류곡선이다.

2. 정현파 정류
보극을 적당히 설치하면 전압 정류로 유도되어 평균리액턴스전압을 감소시키고 불꽃 없는 양호한 정류를 얻을 수 있다.

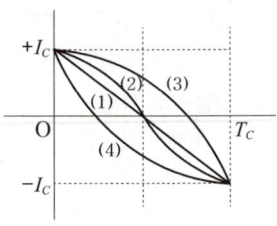

3. 부족 정류
정류주기의 말기에서 전류 변화가 급격해지고 평균리액턴스전압이 증가하여 정류가 불량하게 된다. 이 경우 불꽃이 브러시의 후반부에서 발생하게 된다.

4. 과정류
보극을 지나치게 설치하여 정류 주기의 초기에서 전류 변화가 급격해지고 불꽃이 브러시의 전반부에서 발생하게 되어 정류가 불량하게 된다.

5. 양호한 정류를 얻는 조건
① 평균리액턴스전압을 줄인다.
  ㉠ 보극을 설치한다. (전압 정류)
  ㉡ 전기자 권선을 단절권으로 한다. (인덕턴스 감소)
  ㉢ 정류 주기를 길게 한다. (회전자 속도 감소)
② 브러시 접촉면 전압 강하를 크게 한다.
  탄소 브러시를 사용한다. (저항 정류)
③ 보극과 보상권선을 설치한다.
④ 양호한 브러시를 채용하고 전기자 공극의 길이를 균등하게 한다.

보충학습 문제
관련페이지
8, 30, 31

예제1 양호한 정류를 얻는 조건이 아닌 것은? (단, 직류기에서)
① 정류 주기를 크게 할 것
② 정류 코일의 인덕턴스를 작게 할 것
③ 리액턴스전압을 크게 할 것
④ 브러시 접촉 저항을 크게 할 것

· 정답 : ③
양호한 정류를 얻는 조건
(1) 평균리액턴스전압을 줄인다. - 보극 설치, 인덕턴스 감소, 정류주기 증가
(2) 브러시 접촉저항을 크게 한다.
(3) 보극과 보상권선을 설치한다.

예제2 다음은 직류 발전기의 정류 곡선이다. 이 중에서 정류 말기에 정류의 상태가 좋지 않은 것은?
① 1
② 2
③ 3
④ 4

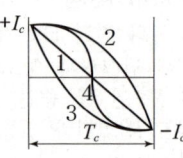

· 정답 : ②
부족정류곡선은 정류주기의 말기에서 전류 변화가 급격해지고 평균리액턴스전압이 증가하여 정류가 불량하게 된다. 이 경우 불꽃이 브러시의 후반부에서 발생하게 되는데 위 그림에서 부족정류곡선은 2번이다.

직류기의 전압변동률 — 39

$$\epsilon = \frac{V_0 - V}{V} \times 100 = \frac{E - V}{V} \times 100\,[\%]$$

여기서, ϵ : 전압변동률, V_0 : 무부하 단자전압, V : 부하 단자전압 또는 정격전압,
E : 유기기전력

※ 과복권 발전기나 직권 발전기는 $V_0 < V$이므로 전압 변동률이 (−)값이 된다.
 ① $\epsilon > 0$인 발전기 : 타여자, 분권, 부족 복권
 ② $\epsilon = 0$인 발전기 : 평복권
 ③ $\epsilon < 0$인 발전기 : 과복권, 직권

출제빈도
★★★

보충학습 문제
관련페이지
16, 23, 36

예제1 무부하 전압 250[V], 정격 전압 210 [V]인 발전기의 전압변동률[%]은?
 ① 16 ② 17
 ③ 19 ④ 22

· 정답 : ③
전압변동률(ϵ)
$V_0 = 250\,[\text{V}]$, $V = 210\,[\text{V}]$이므로
$\therefore \epsilon = \dfrac{V_0 - V}{V} \times 100 = \dfrac{250 - 210}{210} \times 100$
 $= 19\,[\%]$

예제2 직류기에서 전압변동률이 (+)값으로 표시되는 발전기는?
 ① 과복권발전기
 ② 직권발전기
 ③ 평복권발전기
 ④ 분권발전기

· 정답 : ④
직류기의 전압변동률(ϵ)
(1) $\epsilon > 0$인 발전기
  타여자발전기, 분권발전기, 차동복권발전기
  (부족복권발전기)
(2) $\epsilon < 0$인 발전기
  직권발전기, 가동복권발전기(과복권발전기)
(3) $\epsilon = 0$인 발전기
  평복권발전기(복권발전기)

예제3 무부하에서 119[V] 되는 분권 발전기의 전압 변동률이 6[%]이다. 정격 전부하 전압[V]은?
 ① 11.22 ② 112.3
 ③ 12.5   ④ 125

· 정답 : ②
전압변동률(ϵ)
$\epsilon = \dfrac{V_o - V}{V} \times 100\,[\%]$ 이므로
$V_0 = 119\,[\text{V}]$, $\epsilon = 6\,[\%]$ 일 때
$6 = \dfrac{119 - V}{V} \times 100\,[\%]$ 를 풀면
$\therefore V = 112.3\,[\%]$

40 동기기의 자기여자현상, 난조, 안정도

1. 자기여자현상
① 원인
  정전용량에 의해 90° 앞선 진상전류로 부하의 단자전압이 발전기의 유기기전력보다 더 커지는 페란티 효과가 발생하게 되며 발전기는 오히려 전력을 수급받아 과여자된 상태로 운전을 하게 된다. 이 현상을 자기여자현상이라 한다.

② 방지대책
  ㉠ 동기조상기를 설치한다.
  ㉡ 분포리액터를 설치한다.
  ㉢ 발전기 여러 대를 병렬로 운전한다.
  ㉣ 변압기를 병렬로 설치한다.
  ㉤ 단락비가 큰 기계를 설치한다.

2. 난조
① 원인
  ㉠ 부하의 급격한 변화
  ㉡ 관성 모멘트가 작은 경우
  ㉢ 조속기 성능이 너무 예민한 경우
  ㉣ 계자회로에 고조파가 유입된 경우

② 방지대책
  ㉠ 제동권선을 설치한다.
  ㉡ 플라이 휠을 설치한다. - 관성 모멘트가 커진다.
  ㉢ 조속기 성능을 개선한다.
  ㉣ 고조파를 제거한다.
  ※ 제동권선의 효과
    ① 난조 방지
    ② 불평형 부하시 전류와 전압의 파형 개선
    ③ 송전선의 불평형 부하시 이상전압 방지
    ④ 동기전동기의 기동토크 발생

3. 안정도 개선책
① 단락비를 크게 한다.
② 관성 모멘트를 크게 한다.
③ 조속기 성능을 개선한다.
④ 속응여자방식을 채용한다.
⑤ 동기 리액턴스를 작게 한다.

예제1 발전기의 자기여자현상을 방지하는 방법이 아닌 것은?
① 단락비가 작은 발전기로 충전한다.
② 충전 전압을 낮게 하여 충전한다.
③ 발전기를 2대 이상 병렬운전한다.
④ 발건기의 직렬 또는 병렬로 리액턴스를 넣는다.

· 정답 : ①
동기발전기의 자기여자현상 방지대책
(1) 동기조상기를 설치한다.
(2) 분포리액터를 설치한다.
(3) 발전기 여러 대를 병렬로 운전한다.
(4) 변압기를 병렬로 설치한다.
(5) 단락비가 큰 기계를 설치한다.

예제3 동기전동기의 난조 방지에 가장 유효한 방법은?
① 자극수를 적게 한다.
② 회전자의 관성을 크게 한다.
③ 자극면에 제동 권선을 설치한다.
④ 동기 리액터스를 작게 하고 동기화력을 크게 한다.

· 정답 : ③
동기전동기의 난조방지대책
(1) 제동권선을 설치한다.
(2) 플라이 휠을 설치한다. - 관성 모멘트가 커진다.
(3) 조속기 성능을 개선한다.
(4) 고조파를 제거한다.

예제2 동기 전동기에 설치한 제동 권선의 역할에 해당되지 않는 것은?
① 난조 방지
② 불평형 부하시의 전류와 전압파형 개선
③ 송전선의 불평형 부하시 이상전압 방지
④ 단상 혹은 3상의 불평형 부하시 역상분에 의한 역회전의 전기자 반작용을 흡수하지 못함

· 정답 : ④
동기기의 제동권선의 효과
(1) 난조 방지
(2) 불평형 부하시 전류와 전압의 파형 개선
(3) 송전선의 불평형 부하시 이상전압 방지
(4) 동기전동기의 기동토크 발생

예제4 동기기의 안정도 향상에 유효하지 못한 것은?
① 관성 모멘트를 크게 할 것
② 단락비를 크게 할 것
③ 속응여자방식으로 할 것
④ 동기임피던스를 크게 할 것

· 정답 : ④
동기기의 안정도 개선책
(1) 단락비를 크게 한다.
(2) 관성 모멘트를 크게 한다.
(3) 조속기 성능을 개선한다.
(4) 속응여자방식을 채용한다.
(5) 동기리액턴스를 작게 한다.

41 직류자여자발전기의 전압확립조건

(1) 잔류자기가 존재할 것
(2) 계자저항이 임계저항보다 작을 것
(3) 잔류자기에 의한 자속과 계자 전류에 의한 자속 방향이 일치할 것
　　계자 전류에 의한 자속으로 잔류자기가 소멸될 경우 발전 불가능하기 때문에 직류 발전기를 역회전 운전하면 안 된다.

출제빈도
★★★

보충학습 문제
관련페이지
13, 35

예제1 직류 분권 발전기의 무부하 특성 시험을 할 때, 계자 저항기의 저항을 증감하여 무부하 전압을 증감시키면 어느 값에 도달하면 전압을 안정하게 유지할 수 없다. 그 이유는?
① 전압계 및 전류계의 고장
② 잔류 자기의 부족
③ 임계 저항값으로 되었기 때문에
④ 계자 저항기의 고장

· 정답 : ③

직류 분권발전기의 무부하 포화곡선
분권발전기는 잔류자기가 확립되어 있으므로 무부하 포화곡선과 접하는 직선은 임계저항곡선이 되어 계자저항을 임계저항보다 작게 유지해주어야 한다. 만약 계자저항을 임계저항보다 크게 한 경우 전압을 확립할 수 없어 발전 불능상태가 되기 때문이다.

예제2 직류 분권발전기를 역회전하면?
① 발전되지 않는다.
② 정회전일 때와 마찬가지이다.
③ 과대 전압이 유기된다.
④ 섬락이 일어난다.

· 정답 : ①

분권발전기는 잔류자기가 존재하여 자기여자를 확립해야 발전이 가능하다. 그러나 발전기를 역회전하게 되면 전기자전류 및 계자전류의 방향이 모두 반대로 흐르게 되어 계자회로의 잔류자기가 소멸하게 된다. 따라서 분권발전기는 발전불능상태에 도달하게 된다.

상수변환

1. 3상 전원을 2상 전원으로 변환
① 스코트결선(T결선)

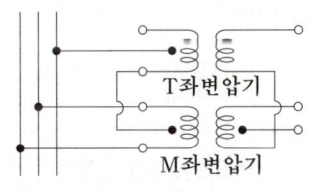 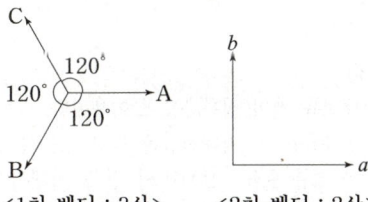

<1차 벡터 : 3상>   <2차 벡터 : 2상>

㉠ T좌변압기의 탭 위치 : $\frac{\sqrt{3}}{2}$ 지점

㉡ M좌변압기의 탭 위치 : $\frac{1}{2}$ 지점

② 메이어 결선
③ 우드브리지 결선

2. 3상 전원을 6상 전원으로 변환
① 포크 결선 : 6상측 부하를 수은 정류기 사용
② 환상 결선
③ 대각 결선
④ 2차 2중 Y결선 및 △결선

출제빈도
★★★

보충학습 문제
관련페이지
92, 115, 116

예제1 3상 전원에서 2상 전원을 얻기 위한 변압기의 결선 방법은?

① △   ② T
③ Y   ④ V

· 정답 : ②
상수변환
3상 전원을 2상 전원으로 변환하는 결선은 다음과 같다.
⑴ 스코트 결선(T결선)

· T좌 변압기의 탭 위치 : $\frac{\sqrt{3}}{2}$ 지점

· M좌 변압기의 탭 위치 : $\frac{1}{2}$ 지점

⑵ 메이어 결선
⑶ 우드브리지 결선

예제2 3상 전원을 이용하여 6상 전원을 얻을 수 없는 변압기의 결선 방법은?

① Scott 결선   ② Fork 결선
③ 환상 결선   ④ 2중 3각 결선

· 정답 : ①
상수변환
3상 전원을 이용하여 6상 전원을 얻을 수 있는 상수변환은
⑴ 포크 결선
⑵ 환상 결선
⑶ 대각 결선
⑷ 2차 2중 Y결선 및 △결선

43 반도체 정류기(실리콘 정류기 : SCR)

출제빈도
★★

보충학습 문제
관련페이지
170, 176, 177

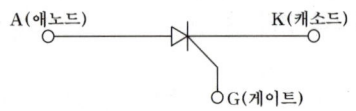

1. 특징
① 대전류 제어 정류용으로 이용된다.
② 정류효율 및 역내전압은 크고 도통시 양극 전압 강하는 작다.
　→ 정류 효율 : 99.6[%] 정도, 역내전압 : 500~1000[V], 전압 강하 : 1[V] 정도
③ 교류, 직류 전압을 모두 제어한다.
④ 아크가 생기지 않으므로 열의 발생이 적다.
⑤ 게이트 전류의 위상각으로 통전 전류의 평균값을 제어할 수 있다.
⑥ 게이트에 신호를 인가할 때부터 도통할 때까지의 시간이 짧다.

2. SCR을 턴오프(비도통 상태)시키는 방법
① 유지전류 이하의 전류를 인가한다.
② 역바이어스 전압을 인가한다. → 애노드에 (0) 또는 (-) 전압을 인가한다.

[예제1] 다음과 같은 반도체 정류기 중에서 역방향 내전압이 가장 큰 것은?
① 실리콘 정류기
② 게르마늄 정류기
③ 셀렌 정류기
④ 아산화동 정류기

· 정답 : ①

반도체 정류기(실리콘 정류기 : SCR)의 특징
(1) 대전류 제어 정류용으로 이용된다.
(2) 정류효율 및 역내전압은 크고 도통시 양극 전압강하는 작다.
　→ 정류 효율 : 99.6[%] 정도, 역내전압 : 500~1,000[V], 전압강하 : 1[V] 정도
(3) 교류, 직류 전압을 모두 제어한다.
(4) 아크가 생기지 않으므로 열의 발생이 적다.
(5) 게이트 전류의 위상각으로 통전 전류의 평균값을 제어할 수 있다.
(6) 게이트에 신호를 인가할 때부터 도통할 때까지의 시간이 짧다.

[예제2] SCR의 설명으로 적당하지 않은 것은?
① 게이트 전류(I_G)로 통전 전압을 가변시킨다.
② 주전류를 차단하려면 게이트 전압을 (0) 또는 (-)로 해야 한다.
③ 게이트 전류의 위상각으로 통전 전류의 평균값을 제어할 수 있다.
④ 대전류 제어 정류용으로 이용된다.

· 정답 : ②

SCR을 턴오프(비도통상태)시키는 방법
(1) 유지전류 이하의 전류를 인가한다.
(2) 역바이어스 전압을 인가한다. → 애노드에 (0) 또는 (-) 전압을 인가한다.

직류발전기의 병렬운전조건

(1) 극성이 일치할 것
(2) 단자전압이 일치할 것
(3) 외부특성이 수하특성일 것
(4) 용량과는 무관하며 부하 분담을 R_f로 조정할 것
(5) 직권 발전기와 과복권 발전기에서는 균압모선을 설치하여 전압을 평형시킬 것

출제빈도
★★

보충학습 문제
관련페이지
16, 36, 37

예제1 2대의 직류발전기를 병렬운전할 때, 필요한 조건 중 틀린 것은?
① 전압의 크기가 같을 것
② 극성이 일치할 것
③ 주파수가 같을 것
④ 외부특성이 수하특성일 것

· 정답 : ③
직류발전기의 병렬운전조건
(1) 극성이 일치할 것
(2) 단자전압이 일치할 것
(3) 외부특성이 수하특성일 것
(4) 용량과는 무관하며 부하부담을 계자저항(R_f)으로 조정할 것
(5) 직권발전기와 과복권발전기에서는 균압선을 설치하여 전압을 평형시킬 것(안정한 운전을 위하여)

예제2 직류발전기를 병렬운전할 때, 균압선이 필요한 직류기는?
① 분권발전기, 직권발전기
② 분권발전기, 복권발전기
③ 직권발전기, 복권발전기
④ 분권발전기, 단극발전기

· 정답 : ③
직류발전기의 병렬운전조건
직권발전기와 과복권발전기에서는 균압선을 설치하여 전압을 평형시킬 것(안정한 운전을 위하여)

예제3 직류 분권발전기를 병렬운전을 하기 위한 발전기 용량 P와 정격 전압 V는?
① P는 임의, V는 같아야 한다.
② P와 V가 임의
③ P는 같고 V는 임의
④ P와 V가 모두 같아야 한다.

· 정답 : ①
직류발전기의 병렬운전조건
(1) 극성이 일치할 것
(2) 단자전압이 일치할 것
(3) 외부특성이 수하특성일 것
(4) 용량과는 무관하며 부하부담을 계자저항(R_f)으로 조정할 것
(5) 직권발전기와 과복권발전기에서는 균압선을 설치하여 전압을 평형시킬 것(안정한 운전을 위하여)

예제4 직류 복권발전기의 병렬운전에 있어 균압선을 붙이는 목적은 무엇인가?
① 운전을 안전하게 한다.
② 손실을 경감한다.
③ 전압의 이상 상승을 방지한다.
④ 고조파의 발생을 방지한다.

· 정답 : ①
직류발전기의 병렬운전조건
직권발전기와 과복권발전기에서는 균압선을 설치하여 전압을 평형시킬 것(안정한 운전을 위하여)

45 동기발전기의 출력(P)

1. 동기임피던스(Z_s)

$$Z_s = r_a + jx_s \fallingdotseq jx_s [\Omega]$$

2. 동기리액턴스(x_s)

$$x_s = x_a + x_l [\Omega]$$

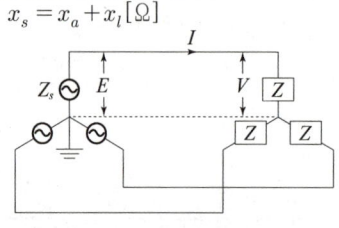
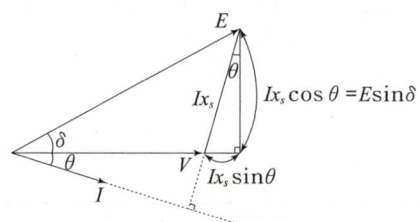

3. 동기발전기의 출력(P)

① 비돌극형(원통형)인 경우

$$P = VI\cos\theta = V \times \frac{E\sin\delta}{x_s} = \frac{VE}{x_s}\sin\delta [W]$$

② 돌극형인 경우

$$P = \frac{VE}{x_s}\sin\delta + \frac{V^2(x_d - x_q)}{2x_d x_q}\sin 2\delta [W]$$

4. 최대출력의 위상

① 비돌극형 동기발전기의 최대출력은 90°에서 발생한다.
② 돌극형 동기발전기의 최대출력은 60° 부근에서 발생한다.

예제1 동기기에서 동기임피던스 값과 실용상 같은 것은? (단, 전기자 저항은 무시한다.)

① 전기자 누설리액턴스
② 동기리액턴스
③ 유도리액턴스
④ 등가리액턴스

· 정답 : ②

동기임피던스($Z_s[\Omega]$)
동기발전기의 전기자권선의 내부 임피던스 성분을 의미하며 전기자저항(r_a)과 동기리액턴스(x_s)로 구성되어 있는 동기임피던스 $Z_s[\Omega]$은 다음과 같다.

∴ $Z_s = r_a + jx_s \fallingdotseq jx_s [V]$

예제2 여자전류 및 단자전압이 일정한 비철극형 동기 발전기의 출력과 부하각 δ와의 관계를 나타낸 것은? (단, 전기자 저항은 무시한다.)

① δ에 비례
② δ에 반비례
③ $\cos\delta$에 비례
④ $\sin\delta$에 비례

· 정답 : ④

동기발전기의 출력(P)
(1) 비돌극형인 경우

$$P = \frac{VE}{x_s}\sin\delta [W] 이므로\ P \propto \sin\delta 이다.$$

(2) 돌극형인 경우

$$P = \frac{VE}{x_s}\sin\delta + \frac{V^2(x_d - x_q)}{2x_d x_q}\sin 2\delta [W]$$

∴ 비돌극형 동기발전기의 출력과 부하각은 $P \propto \sin\delta$이다.

동기기의 단위법

46

정격전압(V)와 정격출력(P)은 1로 정하여 전압변동률(ϵ)이나 발전기의 최대출력(P_m) 등을 손쉽게 구할 수 있다.

1. 전압변동률(ϵ)

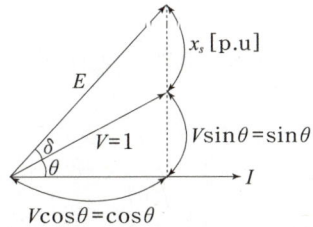

출제빈도
★★

① $E = \sqrt{\cos^2\theta + (\sin\theta + x_s[\text{p.u}])^2}$ [V]

② $\epsilon = \dfrac{E-V}{V} \times 100 = (E-1) \times 100 = \left\{\sqrt{\cos^2\theta + (\sin\theta + x_s[\text{p.u}])^2} - 1\right\} \times 100$ [%]

2. 정격출력(P) 및 최대출력(P_m)

① $P = \dfrac{EV}{x_s[\text{p.u}]} \sin\delta \, P_n = \dfrac{E}{x_s[\text{p.u}]} \sin\delta \, P_n$ [VA]

② $P_m = \dfrac{E}{x_s[\text{p.u}]} P_n$ [VA]

여기서, ϵ : 전압변동률[%], E : 유기기전력[V], V : 정격전압[V], $\cos\theta$: 역률, $x_s[\text{p.u}]$: 퍼센트 리액턴스 p.u값, P : 정격출력[W], P_m : 최대출력[W], δ : 부하각

보충학습 문제
관련페이지
62, 63

예제1 정격출력 10,000[kVA], 정격전압 6,600[V], 정격역률 0.8인 3상 동기발전기가 있다. 동기리액턴스 0.8[p.u]인 경우의 전압변동률[%]은?

① 13 ② 20
③ 25 ④ 61

· 정답 : ④
$P = 10,000$ [kVA], $V = 6,600$ [V],
$\cos\theta = 0.8$, $x_s[\text{p.u}] = 0.8[\text{p.u}]$이므로
$\sin\theta = \sqrt{1-\cos^2\theta} = \sqrt{1-0.8^2} = 0.6$
$E = \sqrt{\cos^2\theta + (\sin\theta + \%x_s[\text{p.u}])^2}$
$\quad = \sqrt{0.8^2 + (0.6+0.8)^2} = 1.61$ [V]
$\therefore \epsilon = (E-1) \times 100 = (1.61-1) \times 100$
$\quad = 61$ [%]

예제2 3상 비철극 동기발전기가 있다. 정격출력 10,000[kVA], 정격전압 6,600[V], 정격역률 $\cos\phi = 0.8$이다. 여자를 정격 상태로 유지할 때, 이 발전기의 최대출력[kW]은? (단, 1상의 동기리액턴스는 0.9(단위법)이며 저항은 무시한다.)

① 약 6,296 ② 약 10,918
③ 약 18,889 ④ 약 82,280

· 정답 : ③
$P = 10,000$ [kVA], $V = 6,600$ [V],
$\cos\theta = 0.8$, $\%x_s = 0.9$이므로
$\sin\theta = \sqrt{1-0.8^2} = 0.6$
$E = \sqrt{\cos^2\theta + (\sin\theta + \%x_s[\text{p.u}])^2}$
$\quad = \sqrt{0.8^2 + (0.6+0.9)^2} = 1.7$ [V]
$\therefore P_m = \dfrac{E}{\%x_s[\text{p.u}]} P = \dfrac{1.7}{0.9} \times 10,000$
$\quad = 18,889$ [kVA]

47 직류기의 정류자

직류 발전기의 전기자 권선 내에 유기된 교류기전력을 정류작용에 의해 직류로 바꾸어주는 역할을 한다.

1. 정류자 편수(k_s)

$$k_s = \frac{U}{2} N_s$$

2. 정류자 편간 위상차(θ_s)

$$\theta_s = \frac{2\pi}{k_s}$$

3. 정류자 편간 평균전압(e_s)

$$e_s = \frac{PE}{k_s} \text{ [V]}$$

예제1 자극수 4, 슬롯수 24, 슬롯 내부 코일변수 4인 단중 중권 직류기의 정류자편수는?

① 38　　② 48
③ 60　　④ 80

· 정답 : ②

정류자편수(K_s)
슬롯 수 N_s, 슬롯 내의 코일변수 U라 하면
$N_s = 24$, $U = 4$이므로
∴ $K_s = \frac{U}{2} N_s = \frac{4}{2} \times 24 = 48$

예제2 정현파형의 회전자계 중에 정류자가 있는 회전자를 놓으면 각 정류자편 사이에 연결되어 있는 회전자 권선에는 크기가 같고 위상이 다른 전압이 유기된다. 정류자편수를 K라 하면 정류자편 사이의 위상차는?

① $\frac{\pi}{K}$　　② $\frac{2\pi}{K}$
③ $\frac{K}{\pi}$　　④ $\frac{K}{2\pi}$

· 정답 : ②

정류자편간 위상차(θ_s)
정류자편수를 K_s라 하면
∴ $\theta_s = \frac{2\pi}{K_s}$

예제3 직류발전기의 유기기전력이 260[V], 극수가 6, 정류자편수가 162인 정류자편간 평균전압[V]은 약 얼마인가? (단, 중권이라고 한다.)

① 8.25　　② 9.63
③ 10.25　　④ 12.25

· 정답 : ②

정류자편간 평균전압(e_s)
극수 P, 유기기전력 E, 정류자편수 K_s라 하면
$E = 260$ [V], $P = 6$, $K_s = 162$이므로
∴ $e_s = \frac{PE}{K_s} = \frac{6 \times 260}{162} = 9.63$ [V]

직류기의 전기자

48

전기자 철심에 전기자 권선을 감고 원동기로 회전을 시키면 기전력이 발생하여 전기자 전류가 흐르게 된다. 따라서 기전력을 발생시키는 부분이다.

1. 규소강판 사용
전기자 철심은 규소가 1~1.5[%] 함유된 강판을 사용하여 히스테리시스손실(P_h)을 줄인다.

$$P_h = k_h f B_m^{1.6} \text{ [W]}$$

여기서, k_h : 히스테리시스손실계수, f : 주파수, B_m : 최대자속밀도

2. 강판을 성층하여 사용
전기자 철심을 두께 0.35~0.5[mm]로 얇게 하여 성층하면 와류손(P_e)을 줄일 수 있다.

$$P_e = k_e t^2 f^2 B_m^2 \text{ [W]}$$

여기서, k_e : 와류손실계수, t : 철심 두께, f : 주파수, B_m : 최대자속밀도

3. 철손(P_i)
$P_i = P_h + P_e$ [W]이므로 전기자 철심에 규소를 함유하여 성층하면 히스테리시스손과 와류손을 모두 줄일 수 있기 때문에 철손이 감소된다.

출제빈도
★★

보충학습 문제
관련페이지
2, 3, 25

예제1 전기기계에 있어서 와전류손(eddy current loss)을 감소하기 위해서는?
① 보상 권선 설치
② 교류 전원을 사용
③ 규소 강판 성층 철심을 사용
④ 냉각 압연을 한다.

· 정답 : ③
전기자철심을 두께 0.35~0.5[mm]로 얇게 하여 성층하면 와류손(P_e)을 줄일 수 있다.
$P_e = k_e t^2 f^2 B_m^2$ [W]
여기서, k_e : 와류손실계수,
t : 철심 두께, f : 주파수,
B_m : 최대자속밀도이다.

예제2 전기자 철심을 규소 강판으로 성층하는 가장 적절한 이유는?
① 가격이 싸다.
② 철손을 작게 할 수 있다.
③ 가공하기 쉽다.
④ 기계손을 작게 할 수 있다.

· 정답 : ②
전기자 철심에 규소를 함유하여 성층하면 히스테리시스손과 와류손을 모두 줄일 수 있기 때문에 철손이 감소한다.
※ 철손=히스테리시스손+와류손

49 변압기의 유기기전력

출제빈도 ★★

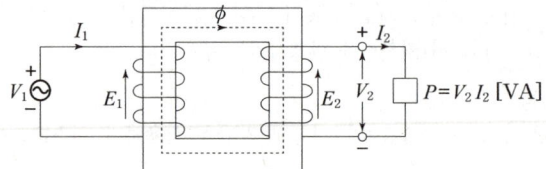

$\phi = \phi_m \sin \omega t \, [\text{Wb}]$

$e_1 = -N_1 \dfrac{d\phi}{dt} = \omega N_1 \phi_m \sin(\omega t - 90°) \, [\text{V}]$

$E_{m1} = \omega N_1 \phi_m = 2\pi f N_1 \phi_m = 2\pi f N_1 B_m S \, [\text{V}]$

1. 1차측 유기기전력의 실효값(E_1)

$E_1 = \dfrac{E_m}{\sqrt{2}} = \dfrac{2\pi}{\sqrt{2}} f \phi_m N_1 = 4.44 f \phi_m N_1 = 4.44 f B_m S N_1 \, [\text{V}]$

2. 2차측 유기기전력의 실효값(E_2)

$E_2 = 4.44 f \phi_m N_2 = 4.44 f B_m S N_2$

여기서, ϕ : 자속[Wb], ϕ_m : 최대자속[Wb], e : 유기기전력[V], N : 코일권수,
ω : 각주파수[rad/sec], E_m : 유기기전력 최대값[W], f : 주파수[Hz],
B_m : 최대자속밀도[Wb/m²], S : 면적[m²], E : 유기기전력의 실효값[V]

보충학습 문제
관련페이지
82, 100

예제1 권수비 a=6,600/220, 60[Hz] 변압기의 철심 단면적 0.02[m²], 최대자속밀도 1.2[Wb/m²]일 때, 1차 유기기전력[V]은 약 얼마인가?

① 1,407 ② 3,521
③ 42,198 ④ 49,814

· 정답 : ③
유기기전력(E)
$a = \dfrac{N_1}{N_2} = \dfrac{E_1}{E_2} = \dfrac{6,600}{220}$, $S = 0.02 \, [\text{m}^2]$
$B_m = 1.2 \, [\text{Wb/m}^2]$ 이므로
$E_1 = \dfrac{E_m}{\sqrt{2}} = \dfrac{2\pi}{\sqrt{2}} f \phi_m N_1 = 4.44 f \phi_m N_1$
$= 4.44 f B_m S N_1 \, [\text{V}]$
식에 대입하여 풀면
∴ $E_1 = 4.44 f B_m S N_1$
$= 4.44 \times 60 \times 1.2 \times 0.02 \times 6,600$
$= 42,198 \, [\text{V}]$

예제2 1차 전압 6,600[V], 2차 전압 220[V], 주파수 60[Hz], 1차 권수 1,200[회]의 변압기가 있다. 최대 자속[Wb]은?

① 0.36 ② 0.63
③ 0.0112 ④ 0.020

· 정답 : ④
유기기전력(E)
$E_1 = 6,600 \, [\text{V}]$, $E_2 = 220 \, [\text{V}]$,
$f = 60 \, [\text{Hz}]$, $N_1 = 1,200$ 이므로
$E_1 = 4.44 f \phi_m N_1 = 4.44 f B_m S N_1 \, [\text{V}]$
식에서
∴ $\phi_m = \dfrac{E_1}{4.44 f N_1} = \dfrac{6,600}{4.44 \times 60 \times 1,200}$
$= 0.020 \, [\text{Wb}]$

50 동기기의 수수전력과 동기화력

1. 수수전력(P_s)

$$P_s = \frac{E_A^2}{2Z_s}\sin\delta \,[\text{W}]$$

2. 동기화력(P_s)

$$P_s = \frac{E_A^2}{2Z_s}\cos\delta \,[\text{W}]$$

여기서, P_s : 수수전력 또는 동기화력[W], E_A : 유기기전력[V],
Z_s : 동기임피던스[Ω], δ : 부하각

출제빈도
★★

보충학습 문제
관련페이지
58, 79

예제1 기전력(1상)이 E_0이고 동기임피던스(1상)가 Z_s인 2대의 3상 동기발전기를 무부하로 병렬운전시킬 때 대응하는 기전력 사이에 δ_s의 위상차가 있으면 한쪽 발전기에서 다른 쪽 발전기에 공급되는 전력[W]은?

① $\dfrac{E_0}{Z_s}\sin\delta_s$ ② $\dfrac{E_0}{Z_s}\cos\delta_s$

③ $\dfrac{E_0^2}{2Z_s}\sin\delta_s$ ④ $\dfrac{E_0^2}{2Z_s}\cos\delta_s$

· 정답 : ③
수수전력(P_s)
병렬운전하는 동기발전기의 기전력의 차이가 생기면 동기화전류가 흐르면서 발전기 상호간 전력을 주고받게 되는데 이 전력을 수수전력이라 한다.

$\therefore P_s = \dfrac{E_A^2}{2Z_s}\sin\delta = \dfrac{E_0^2}{2Z_s}\sin\delta\,[\text{W}]$

예제2 2대의 3상 동기발전기가 무부하로 병렬운전하고 있을 때, 대응하는 기전력 사이에 60°의 상차가 있다면 한쪽 발전기에서 다른 쪽 발전기에 공급되는 전력은 약 몇 [kVA]인가? (단, 각 발전기의 기전력(선간)은 3,000[V], 동기리액턴스는 5[Ω], 전기자 저항은 무시한다.)

① 189   ② 221
③ 259   ④ 314

· 정답 : ③
수수전력(P_s)
$\delta = 60°,\ V = 3,000\,[\text{V}],\ x_s = 5\,[\Omega]$
이므로

$\therefore P_s = \dfrac{E_A^2}{2x_s}\sin\delta = \dfrac{\left(\dfrac{V}{\sqrt{3}}\right)^2}{2x_s}\sin\delta$

$= \dfrac{\left(\dfrac{3,000}{\sqrt{3}}\right)^2}{2\times 5}\times\sin 60°\times 10^{-3}$

$= 259\,[\text{kVA}]$

51 유도전동기의 원선도

출제빈도
★★

1. 원선도로 표현되는 항목들
무부하 여자전류로부터 부하에 따라 변화하는 전류 벡터를 궤적으로 그린 원선도

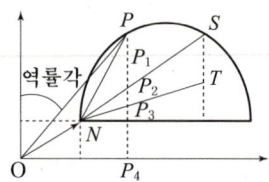

$\overline{OP}$: 1차 전류, $\overline{NP}$: 1차 부하 전류, $\overline{PP_4}$: 1차 입력, $\overline{PP_1}$: 2차 출력, $\overline{P_1P_2}$: 2차 동손, $\overline{P_2P_3}$: 1차 동손, $\overline{P_3P_4}$: 무부하손(철손), $\overline{PP_2}$: 2차 입력(동기 와트)

2. 원선도를 그리는데 필요한 시험
① 무부하시험 : 철손, 무부하 전류, 여자 어드미턴스 측정
② 구속시험 : 동손, 동기 임피던스, 단락비 측정
③ 권선저항측정

3. 원선도의 지름

$$I_1 = \frac{E_1}{Z_1} = \frac{E_1}{X_1 + X_2'}\sin\theta$$

$$\therefore I_1 = \frac{E}{X}\,[A]$$

여기서, I_1 : 1차 전류[A], E_1 : 유기기전력[V], Z_1 : 1차 임피던스[Ω], X_1, X_2 : 리액턴스

보충학습 문제
관련페이지
129, 150

예제1 3상 유도전동기의 원선도를 그리는데 필요하지 않은 실험은?
① 정격부하시의 전동기 회전속도 측정
② 구속 시험
③ 무부하 시험
④ 권선저항 측정

· 정답 : ①
원선도를 그리는 데 필요한 시험
(1) 무부하시험
   철손, 무부하전류, 여자어드미턴스 측정
(2) 구속시험(=단락시험)
   동손, 동기 임피던스, 단락비 측정
(3) 권선저항측정

예제2 유도전동기 원선도에서 원의 지름은? (단, E를 1차 전압, r은 1차로 환산한 저항, x를 1차로 환산한 누설 리액턴스라 한다.)
① rE에 비례
② rxE에 비례
③ $\frac{E}{r}$에 비례
④ $\frac{E}{x}$에 비례

· 정답 : ④
원선도의 지름
$I_1 = \frac{E_1}{Z_1} = \frac{E_1}{X_1 + X_2'}\sin\theta\,[A]$ 식에서
$\therefore \frac{E_1}{X_1 + X_2'}$ 이므로 $\frac{E}{x}$에 비례한다.

3상 직권 정류자 전동기와 3상 분권 정류자 전동기

1. 3상 직권 정류자 전동기
① 고정자 권선에 직렬 변압기(중간 변압기)를 접속시켜 실효 권수비를 조정하여 전동기의 특성을 조정하고, 정류전압 조정 및 전부하 때 속도의 이상 상승을 방지한다.
② 브러시의 이동으로 속도 제어를 할 수 있다.
③ 변속도 전동기로 기동 토크가 매우 크지만 저속에서는 효율과 역률이 좋지 않다.

2. 3상 분권 정류자 전동기
① 3상 분권 정류자 전동기로 시라게 전동기를 가장 많이 사용한다.
② 시라게 전동기는 직류 분권 전동기와 특성이 비슷하여 정속도 및 가변속도 전동기로 브러시 이동에 의하여 속도제어와 역률 개선을 할 수 있다.

출제빈도
★★

보충학습 문제
관련페이지
164, 165

예제1 3상 직권정류자 전동기에 중간(직입) 변압기가 쓰이고 있는 이유가 아닌 것은?
① 정류자 전압의 조정
② 회전자 상수의 감소
③ 전부하 때 속도의 이상 상승 방지
④ 실효 권수비 산정 조정

· 정답 : ②
3상 직권정류자전동기
고정자 권선에 직렬 변압기(중간 변압기)를 접속시켜 실효 권수비를 조정하여 전동기의 특성을 조정하고, 정류전압 조정 및 전부하 때 속도의 이상 상승을 방지한다.

예제2 속도 변화에 편리한 교류 전동기는?
① 농형 전동기
② 2중 농형 전동기
③ 동기 전동기
④ 시라게 전동기

· 정답 : ④
3상 분권정류자전동기
(1) 3상 분권 정류자 전동기로 시라게 전동기를 가장 많이 사용한다.
(2) 시라게 전동기는 직류 분권 전동기와 특성이 비슷하여 정속도 및 가변속도 전동기로 브러시 이동에 의하여 속도제어와 역률 개선을 할 수 있다.

53 "단락비가 크다"는 의미

출제빈도
★★

보충학습 문제
관련페이지
66, 67

(1) 돌극형 철기계이다. - 수차 발전기
(2) 극수가 많고 공극이 크다.
(3) 계자기자력이 크고 전기자 반작용이 작다.
(4) 동기임피던스가 작고 전압변동률이 작다.
(5) 안정도가 좋다.
(6) 선로의 충전용량이 크다.
(7) 철손이 커지고 효율이 떨어진다.
(8) 중량이 무겁고 가격이 비싸다.

예제1 단락비가 큰 동기기는?
① 안정도가 높다.
② 전압변동률이 크다.
③ 기계가 소형이다.
④ 전기자 반작용이 크다.

· 정답 : ①
"단락비가 크다"는 의미
(1) 돌극형 철기계이다. - 수차 발전기
(2) 극수가 많고 공극이 크다.
(3) 계자 기자력이 크고 전기자 반작용이 작다.
(4) 동기 임피던스가 작고 전압 변동률이 작다.
(5) 안정도가 좋다.
(6) 선로의 충전용량이 크다.
(7) 철손이 커지고 효율이 떨어진다.
(8) 중량이 무겁고 가격이 비싸다.

예제2 단락비가 큰 동기발전기에 관한 다음 기술 중 옳지 않은 것은?
① 효율이 좋다.
② 전압변동률이 작다.
③ 자기여자작용이 적다.
④ 안정도가 증대한다.

· 정답 : ①
"단락비가 크다"는 의미
철손이 커지고 효율이 떨어진다.

예제3 전압변동률이 작은 동기발전기는?
① 동기 리액턴스가 크다.
② 전기자 반작용이 크다.
③ 단락비가 크다.
④ 값이 싸진다.

· 정답 : ③
전압변동률이 작은 동기발전기는 동기임피던스가 작고 계자기자력이 크기 때문에 전기자 반작용도 작아진다. 또한 돌극형 철기계로서 단락비가 크기 때문에 안정도가 좋으나 철손이 커지므로 효율이 떨어지고 가격이 비싸다.

동기발전기의 구조

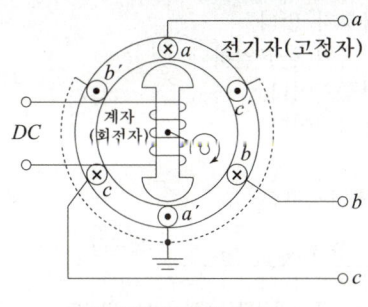

〈동기발전기의 구조〉

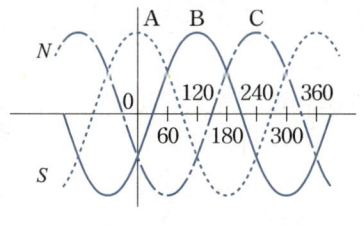

〈3상 유기기전력의 파형〉

출제빈도
★

1. 구조
① 고정자 – 전기자
② 회전자 – 계자(돌극형, 비돌극형=원통형)
③ 돌극형과 비돌극형 계자의 비교

돌극형	비돌극형
・극수가 많다.	・극수가 적다.
・공극이 불균일하다.	・공극이 균일하다.
・저속기(수차 발전기)	・고속기(터빈 발전기)
・철기계	・동기계

2. 회전계자형을 채용하는 이유
① 계자는 전기자보다 철의 분포가 많기 때문에 기계적으로 튼튼하다.
② 계자는 전기자보다 결선이 쉽고 구조가 간단하다.
③ 고압이 걸리는 전기자보다 저압인 계자가 조작하는 데 더 안전하다.
④ 고압이 걸리는 전기자를 절연하는 경우에는 고정자로 두어야 용이해진다.

3. Y결선을 채용하는 이유
① 상전압이 선간전압보다 $\frac{1}{\sqrt{3}}$ 만큼 작으므로 권선에서의 코로나, 열화 등이 감소된다.
② 제3고조파에 의한 순환전류가 흐르지 않는다.
③ 중성점을 접지할 수 있으며 이상전압에 대한 대책이 용이하다.

보충학습 문제
관련페이지
46, 47, 64

예제1 보통 회전계자형으로 하는 전기 기계는?
① 직류발전기　② 회전변류기
③ 동기발전기　④ 유도발전기

· 정답 : ③
동기발전기의 구조
(1) 고정자 – 전기자
(2) 회전자 – 계자(돌극형, 비돌극형)

예제2 동기발전기에 회전 계자형을 사용하는 경우가 많다. 그 이유로 적합하지 않은 것은?
① 전기자보다 계자극을 회전자로 하는 것이 기계적으로 튼튼하다.
② 기전력의 파형을 개선한다.
③ 전기자 권선은 고전압으로 결선이 복잡하다.
④ 계자 회로는 직류 저전압으로 소요 전력이 작다.

· 정답 : ②
동기기를 회전계자형으로 채용하는 이유
(1) 계자는 전기자보다 철의 분포가 많기 때문에 기계적으로 튼튼하다.
(2) 계자는 전기자보다 결선이 쉽고 구조가 간단하다.
(3) 고압이 걸리는 전기자보다 저압인 계자가 조작하는 데 더 안전하다.
(4) 고압이 걸리는 전기자를 절연하는 경우는 고정자로 두어야 용이해진다.

예제3 돌극형발전기의 특징으로 해당되지 않는 것은?
① 극수가 많다.
② 공극이 불균일하다.
③ 저속기이다.
④ 동기계이다.

· 정답 : ④
동기발전기의 구조

돌극형	비돌극형
·극수가 많다.	·극수가 적다.
·공극이 불균일하다.	·공극이 균일하다.
·저속기(수차 발전기)	·고속기(터빈 발전기)
·철기계	·동기계

예제4 3상 동기발전기의 전기자 권선을 Y결선으로 하는 이유 중 △결선과 비교할 때 장점이 아닌 것은?
① 출력을 더욱 증대할 수 있다.
② 권선의 코로나 현상이 작다.
③ 고조파 순환전류가 흐르지 않는다.
④ 권선의 보호 및 이상전압의 방지 대책이 용이하다.

· 정답 : ①
Y결선을 채용하는 이유
(1) 상전압이 선간전압보다 $\frac{1}{\sqrt{3}}$배 작으므로 권선에서의 코로나, 열화 등이 감소된다.
(2) 제3고조파에 의한 순환전류가 흐르지 않는다.
(3) 중성점을 접지할 수 있으며 이상전압에 대한 대책이 용이하다.

직류기의 손실 및 효율

1. 손실
① 고정손(무부하손) = 철손(P_i) + 기계손(P_m)
  ㉠ 철손(P_i) : $P_i = P_h + P_e$ 이며 $P_h = k_h f B_m^{1.6}$, $P_e = k_e t^2 f^2 B_m^2$ 이다.
  ㉡ 기계손(P_m) : 마찰손과 풍손이 이에 속한다.
② 가변손(부하손) = 동손(P_c) + 표유부하손(P_s)

2. 효율(η)
① 실측효율 : $\eta = \dfrac{출력}{입력} \times 100[\%]$
② 규약효율
  ㉠ 발전기인 경우 : $\eta = \dfrac{출력}{출력+손실} \times 100[\%]$
  ㉡ 전동기인 경우 : $\eta = \dfrac{입력-손실}{입력} \times 100[\%]$
③ 최대 효율 조건과 최대 효율
  ㉠ 최대 효율 조건 : $\underbrace{P_i = P_c}_{\text{전부하인 경우}}$ 또는 $\underbrace{P_i = \left(\dfrac{1}{m}\right)^2 P_c}_{\dfrac{1}{m} \text{부하인 경우}}$
  ㉡ 최대 효율(η_m) : $\eta_m = \dfrac{출력}{출력+2P_i} \times 100[\%]$

출제빈도
★

보충학습 문제
관련페이지
21, 22, 44, 45

예제1 직류기의 손실 중에서 부하의 변화에 따라서 현저하게 변하는 손실은 다음 중 어느 것인가?
① 표유 부하손 ② 철손
③ 풍손 ④ 기계손

· 정답 : ①
직류기의 손실
직류기의 손실 중 부하의 변화에 따라서 현저하게 변하는 손실은 가변손(부하손)이며 동손과 표유부하손이 이에 속한다.

예제2 일정 전압으로 운전하고 있는 직류발전기의 손실이 $\alpha + \beta I^2$ 으로 표시될 때, 효율이 최대가 되는 전류는? (단, α, β는 상수이다.)
① $\dfrac{\alpha}{\beta}$ ② $\dfrac{\beta}{\alpha}$
③ $\sqrt{\dfrac{\alpha}{\beta}}$ ④ $\sqrt{\dfrac{\beta}{\alpha}}$

· 정답 : ③
손실 = $\alpha + \beta I^2$인 경우 상수 α는 무부하손실이며 상수 β는 부하손실을 의미한다.
I^2 부하인 경우 전손실 = $\alpha + \beta I^2$에서 최대효율이 되기 위한 조건은 무부하손실과 부하손실이 서로 같은 조건을 만족해야 한다. 따라서 $\alpha = \beta I^2$이므로
$\therefore I = \sqrt{\dfrac{\alpha}{\beta}}$

56 직류기의 평균리액턴스 전압

정류 코일의 자기인덕턴스(L)와 정류주기(T_C) 동안의 전류 변화율($2I_C$)에 의해서 생기는 평균리액턴스전압은 정류코일과 브러시의 폐회로 내에 단락전류를 흘려서 아크를 발생시킨다. 따라서 평균리액턴스전압의 과다는 정류불량의 원인이 된다.

$$e_r = L\frac{di}{dt} = L\frac{2I_C}{T_C} \text{ [V]}$$

여기서, e_r : 평균리액턴스전압[V], L : 인덕턴스[H], i : 전류[A], t : 시간[sec],
T_C : 정류주기[sec]

출제빈도
★

보충학습 문제
관련페이지
7

예제1 직류기에서 정류 코일의 자기인덕턴스를 L이라 할 때, 정류 코일의 전류가 정류 기간 T_c 사이에 I_c에서 $-I_c$로 변한다면 정류 코일의 리액턴스 전압(평균값)[V]은?

① $L\dfrac{2I_c}{T_c}$ ② $L\dfrac{I_c}{T_c}$

③ $L\dfrac{2T_c}{I_c}$ ④ $L\dfrac{T_c}{I_c}$

· 정답 : ①
정류 코일의 자기인덕턴스(L)와 정류주기(T_c) 동안의 전류 변화율($2I_c$)에 의해서 생기는 평균 리액턴스 전압은 정류코일과 브러시의 폐회로 내에 단락전류를 흘려서 아크를 발생시킨다. 따라서 평균 리액턴스 전압의 과다는 정류불량의 원인이 된다.

$$e_r = L\frac{di}{dt} = L\frac{2I_C}{T_C} \text{ [V]}$$

예제2 직류 발전기에서 회전 속도가 빨라지면 정류가 힘든 이유는?
① 정류 주기가 길어진다.
② 리액턴스 전압이 커진다.
③ 브러시 접촉 저항이 커진다.
④ 정류 자속이 감소한다.

· 정답 : ②
회전자속도(v_c)와 정류주기(T_c)
평균리액턴스전압(e_r)이 커지게 되면 정류불량의 원인이 되어 정류가 나빠진다.

$$e_r = L\frac{2I_c}{T_c} \text{ [V]}, \quad v_c = \frac{b-\delta}{T_c} \text{ [m/s]}$$

에서 회전속도가 빨라지면 정류주기가 점점 작아져서 결국 평균리액턴스 전압이 증가하게 되어 정류가 어려워진다.

임피던스 전압, 와트와 자기누설변압기

1. 변압기의 임피던스 전압(V_s), 임피던스 와트(P_s)

① 임피던스 전압(V_s)

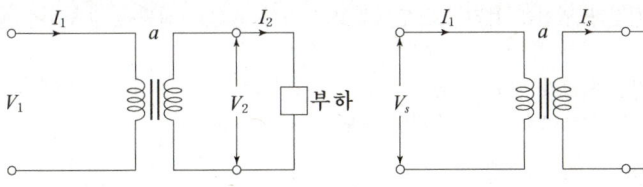

<부하시>　　　　　　　<2차 단락시>

임피던스 전압이란 변압기 2차측을 단락한 상태에서 변압기 1차측에 정격 전류가 흐를 수 있도록 인가한 변압기 1차측 전압으로 $V_s = I_1 Z_{12}$ [V]이다.

② 임피던스 와트(P_s)

임피던스 전압을 인가한 상태에서 발생하는 변압기 내부 동손(권선의 저항손)을 의미하며 $P_s = I_1^2 r_{12}$ [W]이다.

2. 자기누설변압기

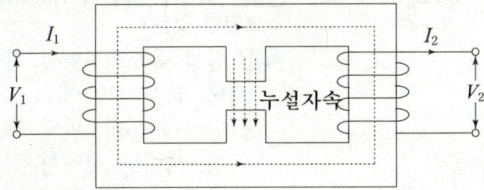

부하전류(I_2)가 증가하면 철심 내부의 누설 자속이 증가하여 누설 리액턴스에 의한 전압 강하가 임계점에서 급격히 증가하게 되는데 이 때문에 부하단자전압(V_2)은 수하특성을 갖게 되며 부하전류의 증가가 멈추게 된다. - 일정한 정전류 유지(수하특성)

① 용도 : 용접용 변압기, 네온관용 변압기
② 특징 : 전압변동률이 크고 역률과 효율이 나쁘다.

[예제1] 변압기의 임피던스 전압이란?
① 단락 전류에 의한 변압기 내부 전압강하
② 정격 전류시 2차측 단자 전압
③ 무부하 전류에 의한 2차측 단자 전압
④ 정격 전류에 의한 변압기 내부 전압강하

· 정답 : ④

임피던스 전압(V_s)
임피던스 전압이란 변압기 2차측을 단락한 상태에서 변압기 1차측에 정격 전류가 흐를 수 있도록 인가한 변압기 1차측 전압으로 $V_s = I_1 Z_{12}$ [V]이다.
여기서, I_1 : 정격 전류, Z_{12} : 2차를 1차로 환산한 변압기 누설 임피던스로서 임피던스 전압이란 정격 전류에 의한 변압기 내부 전압강하로 표현할 수 있다.

58. 반발전동기와 단상유도전동기

출제빈도
★

보충학습 문제
관련페이지
159, 164, 134,
154, 155

1. 반발전동기

① 특징
  ㉠ 회전자 권선을 브러시로 단락하고 고정자 권선을 전원에 접속하여 회전자에 유도 전류를 공급하는 직권형 교류정류자 전동기이다.
  ㉡ 기동 토크가 매우 크다.
  ㉢ 브러시를 이동하여 연속적인 속도 제어가 가능하다.

② 종류
  ㉠ 애트킨슨 반발 전동기
  ㉡ 톰슨 반발 전동기
  ㉢ 데리 반발 전동기
  ㉣ 보상 반발 전동기

2. 단상유도전동기의 기동법(기동토크 순서)

반발 기동형 > 반발 유도형 > 콘덴서 기동형 > 분상 기동형 > 셰이딩 코일형

예제1 브러시를 이동하여 회전 속도를 제어하는 전동기는?
① 직류 직권전동기
② 단상 직권전동기
③ 반발 전동기
④ 반발 기동형 단상 유도전동기

· 정답 : ③
반발전동기의 특징
(1) 회전자 권선을 브러시로 단락하고 고정자 권선을 전원에 접속하여 회전자에 유도 전류를 공급하는 직권형 교류정류자 전동기이다.
(2) 기동 토크가 매우 크다.
(3) 브러시를 이동하여 연속적인 속도 제어가 가능하다.

예제2 단상 유도전동기를 기동토크가 큰 순서로 배열한 것은?
① 반발 유도형, 반발 기동형, 콘덴서 기동형, 분상 기동형
② 반발 기동형, 반발 유도형, 콘덴서 기동형, 셰이딩 코일형
③ 반발 기동형, 콘덴서 기동형, 셰이딩 코일형, 분상 기동형
④ 반발 유도형, 모노사이클릭형, 셰이딩 코일형, 콘덴서 기동형

· 정답 : ②
단상유도전동기의 기동법(기동토크 순서)
반발 기동형 > 반발 유도형 > 콘덴서 기동형 > 분상 기동형 > 셰이딩 코일형

유도전동기의 고조파의 특성 비교

1. **기본파와 상회전이 같은 고조파**

   $h = 2nm + 1$: 7고조파, 13고조파, …

   <예> 7고조파는 기본파와 상회전이 같은 고조파 성분으로 속도는 기본파의 $\frac{1}{7}$배의 속도로 진행한다.

2. **기본파와 상회전이 반대인 고조파**

   $h = 2nm - 1$: 5고조파, 11고조파, …

   <예> 5고조파는 기본파와 상회전이 반대인 고조파 성분으로 속도는 기본파의 $\frac{1}{5}$배의 속도로 진행한다.

3. **회전자계가 없는 고조파**

   $h = 2nm$: 3고조파, 6고조파, 9고조파, …

   여기서, h : 고조파 차수, n : 정수(0, 1, 2, 3, …), m : 상수

출제빈도

★

보충학습 문제
관련페이지
133, 154

[예제1] 3상 유도전동기에서 제5고조파에 의한 기자력의 회전 방향 및 속도가 기본파 회전 자계에 대한 관계는?

① 기본파와 같은 방향이고 5배의 속도
② 기본파와 역방향이고 5배의 속도
③ 기본파와 같은 방향이고 1/5배의 속도
④ 기본파와 역방향이고 1/5배의 속도

· 정답 : ④
고조파 특성 비교
(1) 기본파와 상회전이 같은 고조파
   $h = 2nm + 1$: 7고조파, 13고조파, …
   <예> 파는 기본파와 상회전이 같은 고조파 성분으로 속도는 기본파의 $\frac{1}{7}$배의 속도로 진행한다.
(2) 기본파와 상회전이 반대인 고조파
   $h = 2nm - 1$: 5고조파, 11고조파, …
   <예> 5고조파는 기본파와 상회전이 반대인 고조파 성분으로 속도는 기본파의 $\frac{1}{5}$배의 속도로 진행한다.

[예제2] 9차 고조파에 의한 기자력의 회전방향 및 속도는 기본파 회전자계와 비교할 때, 다음 중 적당한 것은?

① 기본파와 역방향이고 9배의 속도
② 기본파와 역방향이고 1/9배의 속도
③ 기본파와 동방향이고 9배의 속도
④ 회전 자계를 발생하지 않는다.

· 정답 : ④
고조파의 특성비교
회전자계가 없는 고조파
$h = 2nm$: 3고조파, 6고조파, 9고조파, …

핵심포켓북(동영상강의 제공)

제4과목
회로이론

- 출제빈도에 따른 핵심정리·예제문제
  핵심 1 ~ 핵심 63

제4과목 회로이론

NO	출제경향	관련페이지	출제빈도
핵심1	테브난 정리와 노튼의 정리	67, 68, 73, 74, 75	★★★★★
핵심2	Y결선과 △결선의 전압, 전류 관계 및 선전류	81, 82, 85, 87, 88, 89, 90, 91, 96, 101	★★★★★
핵심3	Y결선과 △결선의 소비전력	82, 91, 92, 93, 101	★★★★★
핵심4	대칭분 해석	102, 105, 106, 107, 108, 109, 110	★★★★★
핵심5	비정현파의 실효치 계산	115, 117, 119, 120	★★★★★
핵심6	비정현파의 소비전력 계산	118, 120, 121, 122	★★★★★
핵심7	왜형률 계산	116, 123, 124	★★★★★
핵심8	4단자 정수의 회로망 특성	135, 143, 144, 145, 146, 147, 148, 149	★★★★★
핵심9	영상임피던스(Z_{01}, Z_{02})와 전달정수(θ)	137, 139, 140, 151, 152, 153, 154	★★★★★
핵심10	R-L 과도현상	162, 163, 168, 170, 171, 172, 173, 174, 175	★★★★★
핵심11	R-L-C 과도현상	165, 166, 169, 177	★★★★★
핵심12	함수별 라플라스 변환	178, 179, 180, 181, 185, 186, 187	★★★★★
핵심13	라플라스 역변환	190, 191, 192, 193	★★★★★
핵심14	전달함수	196, 199, 200, 201, 202, 203, 204, 205	★★★★★
핵심15	피상전력	42, 45, 46, 47, 48, 49	★★★★★
핵심16	유효전력	42, 47, 48, 49, 51, 52	★★★★★
핵심17	R, L, C 직·병렬접속	28, 33, 35, 36, 37, 38, 40, 41	★★★★★
핵심18	공진	32, 38, 39, 40, 41	★★★★★
핵심19	저항의 직·병렬접속	2, 3, 5, 6, 7, 8, 9, 10	★★★★
핵심20	실효값과 평균값	14, 17, 20, 21, 22, 23	★★★★

NO	출제경향	관련페이지	출제빈도
핵심21	밀만의 정리	68, 71, 76, 77	★★★★
핵심22	무손실선로와 무왜형선로	157, 158, 159, 160	★★★★
핵심23	시간추이정리	182, 187, 188, 189	★★★★
핵심24	복소추이정리	182, 183, 189	★★★★
핵심25	초기값 정리와 최종값 정리	183, 184, 190	★★★★
핵심26	R, L, C 회로소자	26, 27, 33, 34, 35	★★★★
핵심27	파고율과 파형률	16, 19, 20	★★★★
핵심28	합성인덕턴스	57, 58, 59, 60, 62, 63	★★★★
핵심29	블록선도	210, 213, 214, 215, 216	★★★★
핵심30	불평형률과 불평형 전력	103, 110, 111, 112	★★★★
핵심31	전력계법	94, 95, 96	★★★★
핵심32	Y−△결선 변환	83, 86, 97, 98, 99	★★★★
핵심33	R−C 과도현상	164, 175, 176	★★★★
핵심34	L−C 과도현상	165, 176	★★★★
핵심35	Z파라미터	136, 149, 150	★★★★
핵심36	Y파라미터	137, 150, 151	★★★★
핵심37	4단자 정수의 성질 및 차원과 기계적 특성	134, 138, 141, 142, 143	★★★
핵심38	정저항 회로	127, 131, 132	★★★
핵심39	무효전력	43, 47, 48, 49, 50, 51, 55	★★★
핵심40	구동점 임피던스 계산	126, 128, 129, 130, 131, 132, 133	★★★
핵심41	3상 V결선의 특징	83, 93	★★★
핵심42	n상 다상교류의 특징	80, 81, 87, 88, 101	★★★

NO	출제경향	관련페이지	출제빈도
핵심43	중첩의 원리	67, 72, 73	★★★
핵심44	최대전송전력	43, 52, 53, 54	★★★
핵심45	a상 기준으로 해석한 대칭분	103, 111, 112	★★★
핵심46	푸리에 급수	114, 119	★★★
핵심47	발전기 기본식 및 지락고장의 특징	112	★★★
핵심48	미분방정식의 라플라스 변환 및 전달함수	194, 207, 208	★★
핵심49	보상회로	206, 207	★★
핵심50	결합계수	57, 61, 62	★★
핵심51	유기기전력	56, 61	★★
핵심52	n고조파 전류의 실효값	116, 124	★★
핵심53	분포정수회로	156, 158, 159	★★
핵심54	복소수 연산	25, 30	★★
핵심55	가역정리	77, 78	★★
핵심56	3전압계법, 3전류계법	54	★★
핵심57	브리지회로	63, 64	★
핵심58	교류의 표현	12, 13	★
핵심59	물리계와의 대응관계	197, 198	★
핵심60	이상적인 전압원과 전류원, 키르히호프법칙	66, 72	★
핵심61	복소수 표현	24, 33	★
핵심62	신호흐름선도	211, 215, 216	★
핵심63	반사계수(ρ) 및 정재파비(s)	–	★

01 테브난 정리와 노튼의 정리

출제빈도
★★★★★

1. 테브난 정리

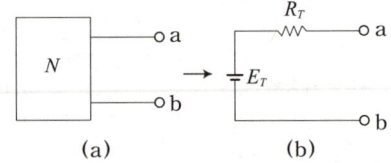

① 등가전압(E_T) : 그림 (a)에서 개방단자에 나타난 전압
② 등가저항(R_T) : 그림 (a)에서 전원을 제거하고 a, b단자에서 바라본 회로망 합성저항

2. 노튼의 정리

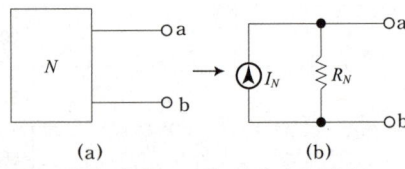

① 등가전류(I_N) : 그림 (a)에서 단자 a, b를 단락시킨 경우 a, b 사이에 흐르는 전류
② 등가저항(R_N) : 그림 (a)에서 전원을 제거하고 a, b 단자에서 바라본 회로망 합성저항

3. 상호관계

∴ 테브난 정리와 노튼의 정리는 서로 쌍대관계가 성립한다.

보충학습 문제
관련페이지
67, 68, 73, 74, 75

[예제1] 테브난의 정리와 쌍대의 관계가 있는 것은 다음 중 어느 것인가?
① 밀만의 정리   ② 중첩의 원리
③ 노오튼의 정리 ④ 보상의 정리

· 정답 : ③

테브난 정리
테브난 정리는 등가 전압원 정리로서 개방단자 기준으로 등가저항과 직렬접속하며 노튼의 정리는 등가 전류원 정리로서 개방단자 기준으로 등가저항과 병렬접속한다. 이때 전압원과 전류원, 직렬접속과 병렬접속이 모두 쌍대 관계에 있으며 서로는 등가회로 변환이 가능하다. 따라서 테브난 정리와 노튼의 정리는 서로 쌍대의 관계에 있다.

[예제2] 그림 (a)를 그림 (b)와 같은 등가전류원으로 변환할 때 I와 R은?

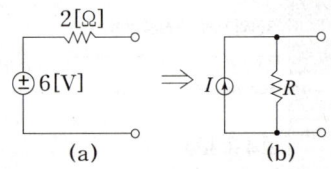

① $I=6$, $R=2$ ② $I=3$, $R=5$
③ $I=4$, $R=0.5$ ④ $I=3$, $R=2$

· 정답 : ④

노튼의 정리
단자를 단락시킨 경우 흐르는 전류 I와 등가저항 R은
∴ $I = \dfrac{6}{2} = 3[A]$, $R = 2[\Omega]$

02 Y결선과 △결선의 전압, 전류 관계 및 선전류

1. 전압과 전류 관계

	선간전압(V_L)과 상전압(V_P) 관계	선전류(I_L)와 상전류(I_P) 관계
Y결선	$V_L = \sqrt{3}\, V_P \angle +30°$ [V]	$I_L = I_P$ [A]
△결선	$V_L = V_P$ [V]	$I_L = \sqrt{3}\, I_P \angle -30°$ [A]

2. 선전류 계산

① 한상의 임피던스(Z)와 선간전압(V_L) 또는 상전압(V_P)이 주어진 경우

  ㉠ Y결선의 선전류(I_Y) $I_Y = \dfrac{V_P}{Z} = \dfrac{V_L}{\sqrt{3}\,Z}$ [A]

  ㉡ △결선의 선전류(I_Δ) $I_\Delta = \dfrac{\sqrt{3}\,V_P}{Z} = \dfrac{\sqrt{3}\,V_L}{Z}$ [A]

② 소비전력(P)와 역률($\cos\theta$), 효율(η)이 주어진 경우

  ㉠ 절대값 계산 $I_L = \dfrac{P}{\sqrt{3}\,V_L \cos\theta\,\eta}$ [A]

  ㉡ 복소수로의 계산 $\dot{I_L} = \dfrac{P}{\sqrt{3}\,V_L \cos\theta\,\eta}(\cos\theta - j\sin\theta)$ [A]

여기서, V_L : 선간전압[V], V_P : 상전압[V], I_L : 선전류[A], I_P : 상전류[A],
Z : 한 상의 임피던스[Ω], I_Y : Y결선의 선전류[A], I_Δ : △결선의 선전류[A],
P : 소비전력[W], $\cos\theta$: 역률, η : 효율

출제빈도 ★★★★★

보충학습 문제 관련페이지
81, 82, 85, 87, 88, 89, 90, 91, 96, 101

예제1 $Z = 3 + j4$[Ω]이 △로 접속된 회로에 100[V]의 대칭 3상 전압을 인가했을 때 선전류[A]는?

① 20 ② 14.14
③ 40 ④ 34.6

• 정답 : ④
선전류 계산
Y결선의 선전류 I_Y, △결선의 선전류 I_Δ라 하면

$I_Y = \dfrac{V_P}{Z} = \dfrac{V_L}{\sqrt{3}\,Z}$ [A],

$I_\Delta = \dfrac{\sqrt{3}\,V_P}{Z} = \dfrac{\sqrt{3}\,V_L}{Z}$ [A]이므로

$V_L = V_P = 100$ [V]일 때

∴ $I_\Delta = \dfrac{\sqrt{3}\,V_P}{Z} = \dfrac{\sqrt{3}\,V_L}{Z} = \dfrac{\sqrt{3}\times 100}{\sqrt{3^2+4^2}}$

  $= 34.6$ [A]

예제2 부하 단자 전압이 220[V]인 15[kW]의 3상 평형 부하에 전력을 공급하는 선로 임피던스가 $3+j2$[Ω]일 때 부하가 뒤진 역률 80[%]이면 선전류[A]는?

① 약 $26.2 - j19.7$ ② 약 $39.36 - j52.48$
③ 약 $39.37 - j29.52$ ④ 약 $19.7 - j26.4$

• 정답 : ③
선전류 복소수 계산
$V_L = 220$ [V] $P = 15$ [kW], $Z = 3+j2$ [Ω], $\cos\theta = 0.8$이므로

$\dot{I_L} = \dfrac{P}{\sqrt{3}\,V_L \cos\theta\,\eta}(\cos\theta - j\sin\theta)$

  $= \dfrac{15\times 10^3}{\sqrt{3}\times 220 \times 0.8}(0.8 - j0.6)$

  $= 39.36 - j29.52$ [A]

제4과목 회로이론

03 Y결선과 △결선의 소비전력

1. 선간전압(V_L), 선전류(I_L), 역률($\cos\theta$)이 주어진 경우

   $P = \sqrt{3}\, V_L I_L \cos\theta$ [W]

2. 한 상의 임피던스(Z)와 선간전압(V_L)이 주어진 경우

   ※ $Z = R + jX_L$ [Ω]에서 저항(R)과 리액턴스(X_L)가 직렬접속된 경우임

   ① Y결선의 소비전력(P_Y) $P_Y = \dfrac{V_L^2 R}{R^2 + X_L^2}$ [W]

   ② △결선의 소비전력(P_Δ) $P_\Delta = \dfrac{3V_L^2 R}{R^2 + X_L^2}$ [W]

3. 한 상의 임피던스(Z)와 선전류(I_L)가 주어진 경우

   ① Y결선의 소비전력(P_Y) $P_Y = 3I_P^2 R = 3I_L^2 R$ [W]

   ② △결선의 소비전력(P_Δ) $P_\Delta = 3I_P^2 R = I_L^2 R$ [W]

여기서, P : 소비전력[W], V_L : 선간전압[V], I_L : 선전류[A], $\cos\theta$: 역률,
Z : 임피던스[Ω], R : 저항[Ω], X : 리액턴스[Ω], P_Y : Y결선의 소비전력[W],
P_Δ : △결선의 소비전력[W]

예제1 한 상의 임피던스가 $8+j6$ [Ω]인 △부하에서 200[V]를 인가할 때 3상 전력[kW]은?

① 3.2 ② 4.3
③ 9.6 ④ 10.5

· 정답 : ③

Y결선의 소비전력 P_Y, △결선의 소비전력 P_Δ 라 하면
$Z = R + jX_L = 8 + j6$ [Ω]일 때
$R = 8$ [Ω], $X_L = 6$ [Ω],
$V_L = 200$ [V]이므로

$P_Y = \dfrac{V_L^2 R}{R^2 + X_L^2}$ [W], $P_\Delta = \dfrac{3V_L^2 R}{R^2 + X_L^2}$ [W]

식에서

∴ $P_\Delta = \dfrac{3V_L^2 R}{R^2 + X_L^2} = \dfrac{3 \times 200^2 \times 8}{8^2 + 6^2}$

$= 9,600$ [W] $= 9.6$ [kW]

예제2 한 상의 임피던스가 $Z = 14 + j48$ [Ω]인 평형 △부하에 대칭 3상 전압 200[V]가 인가되어 있다. 이 회로의 피상전력[VA]은?

① 800   ② 1,200
③ 1,384   ④ 2,400

· 정답 : ④

피상전력
Y결선의 피상전력 S_Y, △결선의 피상전력 S_Δ 라 하면

$S_Y = \dfrac{3V_P^2}{Z} = \dfrac{V_L^2}{Z}$ [VA],

$S_\Delta = \dfrac{3V_P^2}{Z} = \dfrac{3V_L^2}{Z}$ [VA]이므로

$V_L = 200$ [V]일 때

∴ $S_\Delta = \dfrac{3V_L^2}{Z} = \dfrac{3 \times 200^2}{\sqrt{14^2 + 48^2}}$

$= 2,400$ [VA]

04 대칭분 해석

비대칭 3상 교류회로에서 "상회전이 없으며 각 상에 공통인 성분으로 나타나는 영상분과 상회전 방향이 반시계 방향으로 발전기 전원과 같은 성분인 정상분이 존재하며 상회전방향이 시계방향으로 불평형률을 결정하는 역상분"으로 해석되는 성분을 대칭분이라 한다.

1. 상전압(V_a, V_b, V_c)과 상전류(I_a, I_b, I_c)

$$\begin{cases} V_a = V_0 + V_1 + V_2 \\ V_b = V_0 + a^2 V_1 + a V_2 \\ V_c = V_0 + a V_1 + a^2 V_2 \end{cases} \quad \begin{cases} I_a = I_0 + I_1 + I_2 \\ I_b = I_0 + a^2 I_1 + a I_2 \\ I_c = I_0 + a I_1 + a^2 I_2 \end{cases}$$

출제빈도
★★★★★

※ $a = 1 \angle 120° = -\dfrac{1}{2} + j\dfrac{\sqrt{3}}{2}$, $a^2 = 1 \angle -120° = -\dfrac{1}{2} - j\dfrac{\sqrt{3}}{2}$

2. 대칭분 전압(V_0, V_1, V_2), 대칭분 전류(I_0, I_1, I_2)

① 영상분 전압과 전류(V_0, I_0)

$$V_0 = \frac{1}{3}(V_a + V_b + V_c), \quad I_0 = \frac{1}{3}(I_a + I_b + I_c)$$

② 정상분 전압과 전류(V_1, I_1)

$$V_1 = \frac{1}{3}(V_a + a V_b + a^2 V_c) = \frac{1}{3}(V_a + \angle 120° V_b + \angle -120° V_c)$$

$$I_1 = \frac{1}{3}(I_a + a I_b + a^2 I_c) = \frac{1}{3}(I_a + \angle 120° I_b + \angle -120° I_c)$$

③ 역상분 전압과 전류(V_2, I_2)

$$V_2 = \frac{1}{3}(V_a + a^2 V_b + a V_c) = \frac{1}{3}(V_a + \angle -120° V_b + \angle 120° V_c)$$

$$I_2 = \frac{1}{3}(I_a + a^2 I_b + a I_c) = \frac{1}{3}(I_a + \angle -120° I_b + \angle 120° I_c)$$

보충학습 문제 관련페이지
102, 105, 106, 107, 108, 109, 110

예제1 불평형 3상 전류 $I_a = 25 + j4$[A], $I_b = -18 - j16$[A], $I_c = 7 + j15$[A]일 때의 영상전류 I_0는 몇 [A]인가?

① $3.66 + j$
② $4.66 + j2$
③ $4.66 + j$
④ $2.67 + j0.2$

· 정답 : ③
영상분 전류(I_0)

$I_0 = \dfrac{1}{3}(I_a + I_b + I_c)$

$= \dfrac{1}{3}(25 + j4 - 18 - j16 + 7 + j15)$

$= 4.66 + j$ [A]

예제2 불평형 3상 전류가 $I_a = 15 + j2$[A], $I_b = -20 - j14$[A], $I_c = -3 + j10$[A]일 때 역상분 전류[A]는?

① $1.91 + j6.24$
② $15.74 - j3.57$
③ $-2.67 - j0.67$
④ $2.67 - j0.67$

· 정답 : ①
역상분 전류(I_2)

$I_2 = \dfrac{1}{3}(I_a + \angle -120° I_b + \angle 120° I_c)$

$= \dfrac{1}{3}\{(15 + j2) + 1 \angle -120° \times (-20 - j14)$
$\qquad + 1 \angle 120° \times (-3 + j10)\}$

$= 1.91 + j6.24$ [A]

05 비정현파의 실효치 계산

출제빈도
★★★★★

보충학습 문제
관련페이지
115, 117, 119, 120

비정현파 순시치 전압을 $e(t)$라 할 때 실효치 전압 E

$e(t) = E_0 + E_{m1}\sin\omega t + E_{m2}\sin 2\omega t + E_{m3}\sin 3\omega t + \cdots$ [V]

1. $E = \sqrt{{E_0}^2 + \left(\dfrac{E_{m1}}{\sqrt{2}}\right)^2 + \left(\dfrac{E_{m2}}{\sqrt{2}}\right)^2 + \left(\dfrac{E_{m3}}{\sqrt{2}}\right)^2 + \cdots}$ [V]

2. 각 파의 실효값의 제곱의 합의 제곱근

여기서, $e(t)$: 비정현파 순시값 전압[V], E_0 : 직류분 전압[V],
E_{m1} : 기본파 전압의 최대값[V], E_{m2} : 2고조파 전압의 최대값[V],
E_{m3} : 3고조파 전압의 최대값[V]

예제1 $v = 50\sin\omega t + 70\sin(3\omega t + 60°)$의 실효값은?

① $\dfrac{50+70}{\sqrt{2}}$ ② $\dfrac{\sqrt{50^2+70^2}}{\sqrt{2}}$

③ $\sqrt{\dfrac{50^2+70^2}{\sqrt{2}}}$ ④ $\sqrt{\dfrac{50+70}{2}}$

· 정답 : ②

$v = 50\sin\omega t + 70\sin(3\omega t + 60°)$ [V]에서
$V_{m1} = 50$ [V], $V_{m3} = 70$ [V]이므로 실효값 V는

$\therefore V = \sqrt{\left(\dfrac{V_{m1}}{\sqrt{2}}\right)^2 + \left(\dfrac{V_{m3}}{\sqrt{2}}\right)^2}$

$= \sqrt{\left(\dfrac{50}{\sqrt{2}}\right)^2 + \left(\dfrac{70}{\sqrt{2}}\right)^2}$

$= \dfrac{\sqrt{50^2+70^2}}{\sqrt{2}}$ [V]

예제2 $i = 100 + 50\sqrt{2}\sin\omega t + 20\sqrt{2}\sin\left(3\omega t + \dfrac{\pi}{6}\right)$ [A]로 표시되는 비정현파 전류의 실효값은 약 얼마인가?

① 20 [A]   ② 50 [A]
③ 114 [A]   ④ 150 [A]

· 정답 : ③

$i = 100 + 50\sqrt{2}\sin\omega t + 20\sqrt{2}\sin\left(3\omega t + \dfrac{\pi}{6}\right)$ [A]에서
$I_0 = 100$ [A], $I_{m1} = 50\sqrt{2}$ [A], $I_{m3} = 20\sqrt{2}$ [A]이므로 실효값 I는

$\therefore I = \sqrt{{I_0}^2 + \left(\dfrac{I_{m1}}{\sqrt{2}}\right)^2 + \left(\dfrac{I_{m3}}{\sqrt{2}}\right)^2}$

$= \sqrt{100^2 + 50^2 + 20^2}$

$= 114$ [A]

06 비정현파의 소비전력 계산

※ 비정현파의 소비전력을 계산할 때는 반드시 고조파 성분을 일치시켜서 구해야 한다.

1. 순시치 전압($e(t)$), 순시치 전류($i(t)$)가 주어진 경우

$$P = E_0 I_0 + \frac{1}{2}\sum_{n=1}^{\infty} E_{mn} I_{mn} \cos\theta_n \text{ [W]}$$

2. R과 X_L이 직렬로 연결되어 Z가 주어지는 경우

$$P = \frac{E_0^{\,2}}{R} + \frac{1}{2}\sum_{n=1}^{\infty}\frac{E_{mn}^{\,2} R}{R^2 + (nX_L)^2} \text{ [W]}$$

여기서, P : 소비전력[W], E_0 : 직류전압[V], I_0 : 직류전류[A],
E_{mn} : 기본파 및 고조파 전압의 최대값[V],
I_{mn} : 기본파 및 고조파 전류의 최대값[A],
R : 저항[Ω], X : 리액턴스[Ω], n : 고조파 차수

출제빈도
★★★★★

보충학습 문제
관련페이지
118, 120, 121, 122

예제1 $R = 3[\Omega]$, $\omega L = 4[\Omega]$인 직렬회로에 $e = 200\sin(\omega t+10°) + 50\sin(3\omega t+30°) + 30\sin(5\omega t+50°)$ [V]를 인가하면 소비되는 전력은 몇 [W]인가?

① 2,427.8   ② 2,327.8
③ 2,227.8   ④ 2,127.8

· 정답 : ①

전압의 주파수 성분은 기본파, 제3고조파, 제5고조파로 구성되어 있으므로 리액턴스도 전압과 주파수를 일치시켜야 한다.
$V_{m1} = 200$ [V], $V_{m3} = 50$ [V], $V_{m5} = 30$ [V]이므로

$$P = \frac{1}{2}\left\{\frac{V_{m1}^{\,2} R}{R^2 + (\omega L)^2} + \frac{V_{m3}^{\,2} R}{R^2 + (3\omega L)^2} + \frac{V_{m5}^{\,2} R}{R^2 + (5\omega L)^2}\right\}$$

$$= \frac{1}{2}\left\{\frac{200^2 \times 3}{3^2 + 4^2} + \frac{50^2 \times 3}{3^2 + 12^2} + \frac{30^2 \times 3}{3^2 + 20^2}\right\}$$

$$= 2{,}427.8 \text{ [W]}$$

예제2 어떤 회로의 단자전압과 전류가 아래와 같을 때 공급되는 평균전력[W]은?

$v = 100\sin\omega t + 70\sin 2\omega t + 50\sin(3\omega t - 30°)$ [V]
$i = 20\sin(\omega t - 60°) + 10\sin(3\omega t + 45°)$ [A]

① 565   ② 525
③ 495   ④ 465

· 정답 : ①

전압의 주파수 성분은 기본파, 제2고조파, 제3고조파로 구성되어 있으며 전류의 주파수 성분은 기본파, 제3고조파로 이루어져 있으므로 평균전력은 기본파와 제3고조파 성분만 계산된다.
$V_{m1} = 100\angle 0°$ [V], $V_{m2} = 70\angle 0°$ [V],
$V_{m3} = 50\angle -30°$ [V], $I_{m1} = 20\angle -60°$ [A],
$I_{m3} = 10\angle 45°$ [A]이므로

$$\therefore P = \frac{1}{2}(100 \times 20 \times \cos 60° + 50 \times 10 \times \cos 75°)$$
$$= 565 \text{ [W]}$$

07 왜형률 계산

(1) $\epsilon = \dfrac{\text{전고조파 실효치}}{\text{기본파 실효치}} \times 100 [\%]$

(2) $\epsilon = \sqrt{\text{고조파 각각의 왜형률의 제곱의 합}} \times 100 [\%]$

출제빈도 ★★★★★

보충학습 문제
관련페이지
116, 123, 124

예제1 기본파의 전압이 100[V], 제3고조파 전압이 40[V], 제5고조파 전압이 30[V]일 때 이 전압파의 왜형률은?

① 10[%] ② 20[%]
③ 30[%] ④ 50[%]

· 정답 : ④

왜형률(ϵ)
기본파 전압 E_1, 3고조파 전압 E_3,
5고조파 전압 E_5라 하면

3고조파 왜형률 $\epsilon_3 = \dfrac{E_3}{E_1} = \dfrac{40}{100} = 0.4$,

5고조파 왜형률 $\epsilon_5 = \dfrac{E_5}{E_1} = \dfrac{30}{100} = 0.3$

$\therefore \epsilon = \sqrt{\epsilon_3^2 + \epsilon_5^2} = \sqrt{0.4^2 + 0.3^2} = 0.5 \,[\text{pu}] = 50\,[\%]$

예제2 다음 비정현파 전류의 왜형률은?(단, $i = 30\sin\omega t + 10\cos 3\omega t + 5\sin 5\omega t$[A]이다.)

① 약 0.46 ② 약 0.26
③ 약 0.53 ④ 약 0.37

· 정답 : ④

파형에서 기본파, 제3고조파, 제5고조파의 최대치를 각각 I_{m1}, I_{m3}, I_{m5}라 하면
$I_{m1} = 30$[A], $I_{m3} = 10$[A], $I_{m5} = 5$[A]이며
각 고조파의 왜형률을 ϵ_3, ϵ_5라 하면

$\epsilon_3 = \dfrac{I_{m3}}{I_{m1}} = \dfrac{10}{30}$, $\epsilon_5 = \dfrac{I_{m5}}{I_{m1}} = \dfrac{5}{30}$이므로

$\therefore \epsilon = \sqrt{\epsilon_3^2 + \epsilon_5^2} = \sqrt{\left(\dfrac{10}{30}\right)^2 + \left(\dfrac{5}{30}\right)^2} = 0.37$

예제3 기본파의 40[%]인 제3고조파와 30[%]인 제5고조파를 포함하는 전압파의 왜형률은?

① 0.3 ② 0.5
③ 0.7 ④ 0.9

· 정답 : ②

3고조파의 왜형률 $\epsilon_3 = 0.4$,
5고조파의 왜형률 $\epsilon_5 = 0.3$이므로
$\therefore \epsilon = \sqrt{\epsilon_3^2 + \epsilon_5^2} = \sqrt{0.4^2 + 0.3^2} = 0.5$

예제4 왜형률이란 무엇인가?

① $\dfrac{\text{전고조파의 실효값}}{\text{기본파의 실효값}} \times 100$

② $\dfrac{\text{전고조파의 평균값}}{\text{기본파의 평균값}} \times 100$

③ $\dfrac{\text{제3고조파의 실효값}}{\text{기본파의 실효값}} \times 100$

④ $\dfrac{\text{우수 고조파의 실효값}}{\text{기수 고조파의 실효값}} \times 100$

· 정답 : ①

왜형률(ϵ)

$\epsilon = \dfrac{\text{전고조파 실효치}}{\text{기본파 실효치}} \times 100$

$= \sqrt{\text{고조파 각각의 왜형률의 제곱의합}} \times 100 [\%]$

08 4단자 정수의 회로망 특성

	A	B	C	D
Z_1 Z_2 Z_3 (T형)	$1+\dfrac{Z_1}{Z_3}$	$Z_1+Z_2+\dfrac{Z_1 Z_2}{Z_3}$	$\dfrac{1}{Z_3}$	$1+\dfrac{Z_2}{Z_3}$
Z_1 Z_2	$1+\dfrac{Z_1}{Z_2}$	Z_1	$\dfrac{1}{Z_2}$	1
Z_1 Z_2	1	Z_2	$\dfrac{1}{Z_1}$	$1+\dfrac{Z_2}{Z_1}$
Z_1 Z_2 Z_3 (π형)	$1+\dfrac{Z_2}{Z_3}$	Z_2	$\dfrac{1}{Z_1}+\dfrac{1}{Z_3}+\dfrac{Z_2}{Z_1 Z_3}$	$1+\dfrac{Z_2}{Z_1}$
Z (직렬)	1	Z	0	1
Z (병렬)	1	0	$\dfrac{1}{Z}$	1

출제빈도
★★★★★

보충학습 문제
관련페이지
135, 143, 144,
145, 146, 147,
148, 149

예제1 그림과 같은 단일 임피던스 회로의 4단자 정수는?

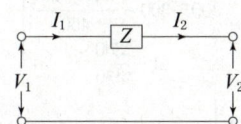

① $A=Z,\ B=0,\ C=1,\ D=0$
② $A=0,\ B=1,\ C=Z,\ D=1$
③ $A=1,\ B=Z,\ C=0,\ D=1$
④ $A=1,\ B=0,\ C=1,\ D=Z$

· 정답 : ③
4단자 정수의 회로망 특성
$\begin{bmatrix} A & B \\ C & D \end{bmatrix} = \begin{bmatrix} 1 & Z \\ 0 & 1 \end{bmatrix}$

예제2 그림과 같은 4단자망에서 4단자 정수 행렬은?

① $\begin{bmatrix} 1 & 0 \\ Y & 1 \end{bmatrix}$
② $\begin{bmatrix} 1 & Y \\ 0 & 1 \end{bmatrix}$
③ $\begin{bmatrix} Y & 1 \\ 1 & 0 \end{bmatrix}$
④ $\begin{bmatrix} 1 & 0 \\ \dfrac{1}{Y} & 0 \end{bmatrix}$

· 정답 : ①
4단자 정수의 회로망 특성
$\begin{bmatrix} A & B \\ C & D \end{bmatrix} = \begin{bmatrix} 1 & 0 \\ \dfrac{1}{Z} & 1 \end{bmatrix} = \begin{bmatrix} 1 & 0 \\ Y & 1 \end{bmatrix}$

제4과목 회로이론 **235**

09 영상임피던스(Z_{01}, Z_{02})와 전달정수(θ)

출제빈도
★★★★★

보충학습 문제
관련페이지
137, 139, 140, 151, 152, 153, 154

1. 영상임피던스(Z_{01}, Z_{02})

① Z_{01}, Z_{02}

$$Z_{01} = \sqrt{\frac{AB}{CD}}, \quad Z_{02} = \sqrt{\frac{DB}{CA}}$$

② 대칭조건
㉠ $A = D$
㉡ $Z_{01} = Z_{02} = \sqrt{\frac{B}{C}}$

2. 전달정수(θ)

$$\theta = \ln(\sqrt{AD} + \sqrt{BC})$$

여기서, Z_{01}, Z_{02} : 영상임피던스[Ω], A, B, C, C : 4단자 정수, θ : 전달정수

예제1 그림과 같은 회로의 영상임피던스 Z_{01}과 Z_{02}의 값[Ω]은?

① $\sqrt{\frac{8}{3}}$, $2\sqrt{6}$

② $2\sqrt{6}$, $\sqrt{\frac{8}{3}}$

③ $\sqrt{\frac{3}{8}}$, $\frac{1}{2\sqrt{6}}$

④ $\frac{1}{2\sqrt{6}}$, $\sqrt{\frac{3}{8}}$

· 정답 : ②

영상 임피던스

$$\begin{bmatrix} A & B \\ C & D \end{bmatrix} = \begin{bmatrix} 1+\frac{4}{2} & 4 \\ \frac{1}{2} & 1 \end{bmatrix} = \begin{bmatrix} 3 & 4 \\ 0.5 & 1 \end{bmatrix}$$

∴ $Z_{01} = \sqrt{\frac{AB}{CD}} = \sqrt{\frac{3 \times 4}{0.5 \times 1}} = 2\sqrt{6}$ [Ω]

$Z_{02} = \sqrt{\frac{BD}{AC}} = \sqrt{\frac{4 \times 1}{3 \times 0.5}} = \sqrt{\frac{8}{3}}$ [Ω]

예제2 그림과 같은 4단자망의 영상임피던스[Ω]는?

① 600
② 450
③ 300
④ 200

· 정답 : ①

영상 임피던스

$$\begin{bmatrix} A & B \\ C & D \end{bmatrix}$$

$$= \begin{bmatrix} 1+\frac{300}{450} & 300+300+\frac{300 \times 300}{450} \\ \frac{1}{450} & 1+\frac{300}{450} \end{bmatrix}$$

$$= \begin{bmatrix} \frac{5}{3} & 800 \\ \frac{1}{450} & \frac{5}{3} \end{bmatrix}$$

4단자 정수 중 A=D인 경우 대칭 조건이 성립되어 $Z_{01} = Z_{02}$가 된다.

$B = 800$ [Ω], $C = \frac{1}{450}$ [S]

∴ $Z_{01} = Z_{02} = Z_0 = \sqrt{\frac{B}{C}} = \sqrt{\frac{800}{\frac{1}{450}}}$

$= 600$ [Ω]

R-L 과도현상

S를 단자 ①로 ON하면

1. t초에서의 전류

$$i(t) = \frac{E}{R}(1-e^{-\frac{R}{L}t})\,[\text{A}]$$

2. 초기전류($t=0$)와 정상전류($t=\infty$)

① 초기전류($t=0$)

$$i(0) = 0\,[\text{A}]$$

② 정상전류($t=\infty$)

$$i(\infty) = \frac{E}{R}\,[\text{A}]$$

3. 특성근(s)

$$s = -\frac{R}{L}$$

4. 시정수(τ)

① S를 닫고 전류가 정상전류의 63.2[%]에 도달하는데 소요되는 시간이다.
② 시정수가 크면 클수록 과도시간은 길어져서 정상상태에 도달하는데 오래 걸리게 되며 반대로 시정수가 작으면 작을수록 과도시간은 짧게 되어 일찍 소멸하게 된다.

$$\tau = \frac{L}{R} = \frac{N\phi}{RI}\,[\text{sec}]$$

③ 시정수(τ)와 특성근(s)은 절대값의 역수와 서로 같다.
④ 시정수(τ)에서의 전류 $i(\tau)$는

$$i(\tau) = \frac{E}{R}(1-e^{-1}) = 0.632\frac{E}{R}\,[\text{A}]$$

5. L에 걸리는 단자전압

$$e_L = L\frac{di(t)}{dt} = Ee^{-\frac{R}{L}t}\,[\text{V}]$$

6. S를 단자 ②로 OFF하면

① t초에서의 전류 $i(t)$는

$$i(t) = \frac{E}{R}e^{-\frac{R}{L}t}\,[\text{A}]$$

② 시정수(τ)에서의 전류 $i(\tau)$는

$$i(\tau) = 0.368\frac{E}{R}\,[\text{A}]$$

10

출제빈도
★★★★★

보충학습 문제
관련페이지
162, 163, 168,
170, 171, 172,
173, 174, 175

[예제1] R-L 직렬회로에서 $L=5[\text{mH}]$, $R=10[\Omega]$일 때 회로의 시정수[s]는?

① 500 ② 5×10^{-4}
③ $\dfrac{1}{5}\times 10^2$ ④ $\dfrac{1}{5}$

· 정답 : ②
R-L 과도현상
R-L 직렬연결에서 시정수 τ는
$$\therefore \tau = \frac{L}{R} = \frac{5\times 10^{-3}}{10} = 5\times 10^{-4}\,[\sec]$$

[예제2] 자계 코일이 있다. 이것의 권수 $N=2,000$, 저항 $R=10[\Omega]$이고 전류 $I=10[\text{A}]$를 통했을 때 자속 $6\times 10^{-2}[\text{Wb}]$이다. 이 회로의 시정수는 얼마인가?

① 1.0[s] ② 1.2[s]
③ 1.4[s] ④ 4.6[s]

· 정답 : ②
R-L 과도현상
R-L 직렬연결에서 시정수 τ는
$$\therefore \tau = \frac{L}{R} = \frac{N\phi}{RI} = \frac{2,000\times 6\times 10^{-2}}{10\times 10}$$
$$= 1.2\,[\sec]$$

[예제3] R-L 직렬회로에서 그의 양단에 직류 전압 E를 연결 후 스위치 S를 개방하면 $\dfrac{L}{R}$[s] 후의 전류값[A]은?

① $\dfrac{E}{R}$ ② $0.5\dfrac{E}{R}$
③ $0.368\dfrac{E}{R}$ ④ $0.632\dfrac{E}{R}$

· 정답 : ③
시정수
R-L 직렬연결에서 스위치를 열고 시정수에서의 전류 $i(t)$는
$$\therefore i\left(\frac{L}{R}\right) = \frac{E}{R}e^{-\frac{R}{L}\times \frac{L}{R}} = \frac{E}{R}e^{-1}$$
$$= 0.368\frac{E}{R}\,[\text{A}]$$

[예제4] R-L 직렬회로에 E인 직류 전압원을 갑자기 연결하였을 때 $t=0^+$인 순간 이 회로에 흐르는 전류에 대하여 옳게 표현된 것은?

① 이 회로에는 전류가 흐르지 않는다.
② 이 회로에는 $\dfrac{E}{R}$ 크기의 전류가 흐른다.
③ 이 회로에는 무한대의 전류가 흐른다.
④ 이 회로에는 $\dfrac{E}{R+j\omega L}$의 전류가 흐른다.

· 정답 : ①
R-L 과도현상
스위치를 닫을 때 $t=0$인 순간 회로에 흐르는 전류 $i(0)$는 초기 전류를 의미하며
$$i(0) = \frac{E}{R}(1-e^0) = 0\,[\text{A}]$$
$$\therefore \text{전류가 흐르지 않는다.}$$

[예제5] 그림과 같은 회로에서 $t=0$일 때 S를 닫았다. 전류 $i(t)$[A]는?

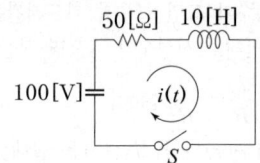

① $2(1+e^{-5t})$ ② $2(1-e^{5t})$
③ $2(1-e^{-5t})$ ④ $2(1+e^{5t})$

· 정답 : ③
R-L 과도현상
스위치를 닫을 때 회로에 흐르는 전류 $i(t)$는
$$\therefore i(t) = \frac{E}{R}(1-e^{-\frac{R}{L}t}) = \frac{100}{50}(1-e^{-\frac{50}{10}t})$$
$$= 2(1-e^{-5t})\,[\text{A}]$$

R-L-C 과도현상

1. 비진동조건(=과제동인 경우)

① 조건 $\left(\dfrac{R}{2L}\right)^2 - \dfrac{1}{LC} > 0 \Rightarrow R^2 > \dfrac{4L}{C} \Rightarrow R > 2\sqrt{\dfrac{L}{C}}$

② 전류 $i(t) = EC \cdot \dfrac{\alpha^2 - \beta^2}{\beta} e^{-\alpha t}\sinh\beta t = \dfrac{E}{\sqrt{\left(\dfrac{R}{2}\right)^2 - \dfrac{L}{C}}} e^{-\alpha t}\sinh\beta t \ [A]$

2. 진동조건(=부족제동인 경우)

① 조건 $\left(\dfrac{R}{2L}\right)^2 - \dfrac{1}{LC} < 0 \Rightarrow R^2 < \dfrac{4L}{C} \Rightarrow R < 2\sqrt{\dfrac{L}{C}}$

② 전류 $i(t) = CEe^{-\gamma t}\dfrac{\alpha^2 + \gamma^2}{\gamma}\sin\gamma t = \dfrac{E}{\sqrt{\dfrac{L}{C} - \left(\dfrac{R}{2}\right)^2}} e^{-\alpha t}\sin\gamma t\ [A]$

3. 임계진동조건(=임계제동인 경우)

① 조건 $\left(\dfrac{R}{2L}\right)^2 - \dfrac{1}{LC} = 0 \Rightarrow R^2 = \dfrac{4L}{C} \Rightarrow R = 2\sqrt{\dfrac{L}{C}}$

② 전류 $i(t) = CE\alpha^2 t e^{-\alpha t} = \dfrac{CER^2}{4L^2} t e^{-\alpha t} = \dfrac{E}{L} t e^{-\alpha t}\ [A]$

※ $\alpha = \dfrac{R}{2L},\ \beta = \sqrt{\left(\dfrac{R}{2L}\right)^2 - \dfrac{1}{LC}},\ \gamma = \sqrt{\dfrac{1}{LC} - \left(\dfrac{R}{2L}\right)^2}$

11

출제빈도
★★★★★

보충학습 문제
관련페이지
165, 166, 169, 177

예제1 R-L-C 직렬회로에서 진동 조건은 어느 것인가?

① $R < 2\sqrt{\dfrac{C}{L}}$ ② $R < 2\sqrt{\dfrac{L}{C}}$

③ $R < 2\sqrt{LC}$ ④ $R < \dfrac{1}{2\sqrt{LC}}$

· 정답 : ②
R-L-C 과도현상
진동조건(부족제동인 경우)
(1) 조건
$\left(\dfrac{R}{2L}\right)^2 - \dfrac{1}{LC} < 0 \Rightarrow R < 2\sqrt{\dfrac{L}{C}}$
(2) 전류
$i(t) = \dfrac{E}{\sqrt{\dfrac{L}{C} - \left(\dfrac{R}{2}\right)^2}} e^{-\alpha t}\sin\gamma t\ [A]$

예제2 R-L-C 직렬 회로에서 $t=0$에서 교류 전압 $v(t) = V_m\sin(\omega t + \theta)$를 인가할 때 $R^2 - 4\dfrac{L}{C} > 0$ 이면 이 회로는?

① 진동적   ② 비진동적
③ 임계적   ④ 비감쇠 진동

· 정답 : ②
R-L-C 과도현상 : 비진동조건(과제동인 경우)
(1) 조건
$\left(\dfrac{R}{2L}\right)^2 - \dfrac{1}{LC} > 0 \Rightarrow R^2 - \dfrac{4L}{C} > 0$
$\Rightarrow R > 2\sqrt{\dfrac{L}{C}}$
(2) 전류
$i(t) = \dfrac{E}{\sqrt{\left(\dfrac{R}{2}\right)^2 - \dfrac{L}{C}}} e^{-\alpha t}\sinh\beta t\ [A]$

12 함수별 라플라스 변환

1. 단위계단함수(=인디셜함수)

단위계단함수는 $u(t)$로 표시하며 크기가 1인 일정함수로 정의한다.

$f(t) = u(t) = 1$

$$\mathcal{L}[f(t)] = \mathcal{L}[u(t)] = \int_0^\infty u(t) e^{-st} dt = \int_0^\infty e^{-st} dt$$

$$= \left[-\frac{1}{s} e^{-st}\right]_0^\infty = \frac{1}{s}$$

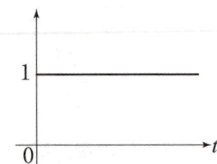

2. 단위경사함수(=단위램프함수)

단위경사함수는 t 또는 $tu(t)$로 표시하며 기울기가 1인 1차 함수로 정의한다.

$f(t) = t$

$$\mathcal{L}[f(t)] = \mathcal{L}[t] = \int_0^\infty t e^{-st} dt$$

$$= \left[-\frac{1}{s} t e^{-st}\right]_0^\infty + \int_0^\infty \frac{1}{s} e^{-st} dt$$

$$= \frac{1}{s} \int_0^\infty e^{-st} dt = \frac{1}{s^2}$$

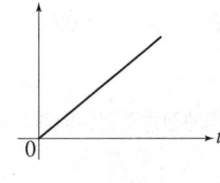

$f(t)$	$F(s)$
t	$\dfrac{1}{s^2}$
t^2	$\dfrac{2}{s^3}$
t^3	$\dfrac{6}{s^4}$

3. 삼각함수

① $\cos \omega t$

$$\mathcal{L}[f(t)] = \mathcal{L}[\cos \omega t] = \int_0^\infty \cos \omega t \, e^{-st} dt$$

$$= \left[-\frac{1}{s} \cos \omega t \, e^{-st}\right]_0^\infty - \frac{\omega}{s} \int_0^\infty \sin \omega t \, e^{-st} dt$$

$$= \frac{1}{s} - \frac{\omega}{s} \left\{ \left[-\frac{1}{s} \sin \omega t \, e^{-st}\right]_0^\infty + \frac{\omega}{s} \int_0^\infty \cos \omega t \, e^{-st} dt \right\}$$

$$= \frac{1}{s} - \frac{\omega^2}{s^2} \int_0^\infty \cos \omega t \, e^{-st} dt$$

$$\int_0^\infty \cos \omega t \, e^{-st} dt = \frac{1}{s\left(\dfrac{\omega^2}{s^2} + 1\right)} = \frac{s}{s^2 + \omega^2}$$

② $\sin\omega t$

$$\pounds[f(t)] = \pounds[\sin\omega t] = \int_0^\infty \sin\omega t\, e^{-st} dt$$
$$= \left[-\frac{1}{s}\sin\omega t\, e^{-st}\right]_0^\infty + \frac{\omega}{s}\int_0^\infty \cos\omega t\, e^{-st} dt$$
$$= \frac{\omega}{s}\left\{\frac{s}{s^2+\omega^2}\right\} = \frac{\omega}{s^2+\omega^2}$$

$f(t)$	$F(s)$
$\sin t$	$\dfrac{1}{s^2+1}$
$\sin t \cos t$	$\dfrac{1}{s^2+4}$
$\sin t + 2\cos t$	$\dfrac{2s+1}{s^2+1}$
$t\sin\omega t$	$\dfrac{2\omega s}{(s^2+\omega^2)^2}$
$\sin(\omega t + \theta)$	$\dfrac{\omega\cos\theta + s\sin\theta}{s^2+\omega^2}$
$\sinh\omega t$	$\dfrac{\omega}{s^2-\omega^2}$
$\cosh\omega t$	$\dfrac{s}{s^2-\omega^2}$

4. 지수함수

① e^{at}

$$\pounds[f(t)] = \pounds[e^{at}] = \int_0^\infty e^{at} e^{-st} dt = \int_0^\infty e^{-(s-a)t} dt = \frac{1}{s-a}$$

② e^{-at}

$$\pounds[f(t)] = \pounds[e^{-at}] = \int_0^\infty e^{-at} e^{-st} dt = \int_0^\infty e^{-(s+a)t} dt = \frac{1}{s+a}$$

5. 단위임펄스함수(=단위충격함수)

단위임펄스함수는 $\delta(t)$로 표시하며 중량함수와 하중함수에 비례하여 충격에 의해 생기는 함수로 정의한다.

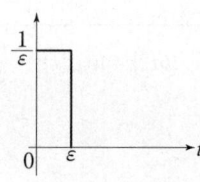

$$f(t) = \delta(t) = \lim_{\epsilon \to 0}\left\{\frac{1}{\epsilon}u(t) - \frac{1}{\epsilon}u(t-\epsilon)\right\}$$

$$\mathcal{L}[f(t)] = \mathcal{L}[\delta(t)] = \int_0^\infty \lim_{\epsilon \to 0}\left\{\frac{1}{\epsilon}u(t) - \frac{1}{\epsilon}u(t-\epsilon)\right\}e^{-st}dt$$

$$= \lim_{\epsilon \to 0}\frac{1-e^{-\epsilon s}}{\epsilon s} = \lim_{\epsilon \to 0}\frac{(1-e^{-\epsilon s})'}{(\epsilon s)'}$$

$$= \lim_{\epsilon \to 0}\frac{\epsilon e^{-\epsilon s}}{\epsilon} = 1$$

예제1 기전력 $E_m \sin\omega t$의 라플라스 변환은?

① $\dfrac{s}{s^2+\omega^2}E_m$ ② $\dfrac{\omega}{s^2+\omega^2}E_m$

③ $\dfrac{s}{s^2-\omega^2}E_m$ ④ $\dfrac{\omega}{s^2-\omega^2}E_m$

· 정답 : ②

$f(t) = E_m \sin\omega t$ 일 때

$\mathcal{L}[\sin\omega t] = \dfrac{\omega}{s^2+\omega^2}$ 이므로

$\therefore \mathcal{L}[f(t)] = \mathcal{L}[E_m \sin\omega t] = E_m \mathcal{L}[\sin\omega t]$

$= \dfrac{\omega}{s^2+\omega^2}E_m$

예제2 $10t^3$의 라플라스 변환은?

① $\dfrac{60}{s^4}$ ② $\dfrac{30}{s^4}$

③ $\dfrac{10}{s^4}$ ④ $\dfrac{80}{s^4}$

· 정답 : ①

$f(t) = 10t^3$ 일 때

$f(t)$	t	t^2	t^3
$F(s)$	$\dfrac{1}{s^2}$	$\dfrac{2}{s^3}$	$\dfrac{6}{s^4}$

$\therefore \mathcal{L}[f(t)] = \mathcal{L}[10t^3] = 10\mathcal{L}[t^3] = \dfrac{60}{s^4}$

예제3 그림과 같은 직류 전압의 라플라스 변환을 구하면?

①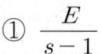

②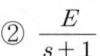

③

④

· 정답 : ③

$f(t) = Eu(t) = E$ 일 때

$\mathcal{L}[u(t)] = \dfrac{1}{s}$ 이므로

$\therefore \mathcal{L}[f(t)] = \mathcal{L}[Eu(t)] = E\mathcal{L}[u(t)] = \dfrac{E}{s}$

예제4 $e^{j\omega t}$의 라플라스 변환은?

① $\dfrac{1}{s-j\omega}$ ② $\dfrac{1}{s+j\omega}$

③ $\dfrac{1}{s^2+j\omega}$ ④ $\dfrac{\omega}{s^2+\omega^2}$

· 정답 : ①

$f(t) = e^{j\omega t}$ 일 때

$f(t)$	e^{at}	e^{-at}
$F(s)$	$\dfrac{1}{s-a}$	$\dfrac{1}{s+a}$

$\therefore \mathcal{L}[f(t)] = \mathcal{L}[e^{j\omega t}] = \dfrac{1}{s-j\omega}$

13 라플라스 역변환

$F(s)$함수를 $f(t)$함수로 변환하는 것을 라플라스 역변환이라 한다.
$\mathcal{L}^{-1}[F(s)] = f(t)$

출제빈도
★★★★★

보충학습 문제
관련페이지
190, 191, 192, 193

예제1 $F(s) = \dfrac{2s+3}{s^2+3s+2}$의 시간 $f(t)$는?

① $f(t) = e^{-t} - e^{-2t}$
② $f(t) = e^{-t} + e^{-2t}$
③ $f(t) = e^{-t} + 2e^{-2t}$
④ $f(t) = e^{-t} - 2e^{-2t}$

· 정답 : ②
라플라스 역변환
$F(s) = \dfrac{2s+3}{s^2+3s+2} = \dfrac{2s+3}{(s+1)(s+2)}$
$= \dfrac{A}{s+1} + \dfrac{B}{s+2}$
$A = (s+1)F(s)|_{s=-1} = \dfrac{2s+3}{s+2}\bigg|_{s=-1}$
$= \dfrac{-2+3}{-1+2} = 1$
$B = (s+2)F(s)|_{s=-2} = \dfrac{2s+3}{s+1}\bigg|_{s=-2}$
$= \dfrac{-4+3}{-2+1} = 1$
$F(s) = \dfrac{1}{s+1} + \dfrac{1}{s+2}$ 이므로
$\therefore f(t) = \mathcal{L}^{-1}[F(s)] = e^{-t} + e^{-2t}$

예제2 $F(s) = \dfrac{s}{(s+1)(s+2)}$일 때 $f(t)$를 구하면?

① $1 - 2e^{-2t} + e^{-t}$
② $e^{-2t} - 2e^{-t}$
③ $2e^{-2t} + e^{-t}$
④ $2e^{-2t} - e^{-t}$

· 정답 : ④
라플라스 역변환
$F(s) = \dfrac{s}{(s+1)(s+2)} = \dfrac{A}{s+1} + \dfrac{B}{s+2}$
$A = (s+1)F(s)|_{s=-1} = \dfrac{s}{s+2}\bigg|_{s=-1}$
$= \dfrac{-1}{-1+2} = -1$
$B = (s+2)F(s)|_{s=-2} = \dfrac{s}{s+1}\bigg|_{s=-2}$
$= \dfrac{-2}{-2+1} = 2$
$F(s) = \dfrac{2}{s+2} - \dfrac{1}{s+1}$ 이므로
$\therefore f(t) = \mathcal{L}^{-1}[F(s)] = 2e^{-2t} - e^{-t}$

14 전달함수

1. 정의

계의 모든 초기조건은 0으로 하며 계의 입력변수와 출력변수 사이의 전달함수는 임펄스 응답의 라플라스 변환으로 정의한다. 한편 입출력 변수 사이의 전달함수는 출력의 라플라스 변환과 입력의 라플라스 변환과의 비이기도 하다.

입력을 $u(t)$, 출력을 $y(t)$라 하면 $G(s) = \dfrac{Y(s)}{U(s)}$로 표현된다.

2. 전달함수의 요소

요소	전달함수
비례요소	$G(s) = K$
미분요소	$G(s) = Ts$
적분요소	$G(s) = \dfrac{1}{Ts}$
1차 지연 요소	$G(s) = \dfrac{1}{1+Ts}$
2차 지연 요소	$G(s) = \dfrac{\omega_n^2}{s^2 + 2\zeta\omega_n s + \omega_n^2}$
부동작 시간 요소	$G(s) = Ke^{-Ls} = \dfrac{K}{e^{Ls}}$

예제1 전달함수를 정의할 때 옳게 나타낸 것은?
① 모든 초기값을 0으로 한다.
② 모든 초기값을 고려한다.
③ 입력만을 고려한다.
④ 주파수 특성만 고려한다.

- 정답 : ①
전달함수의 정의
계의 모든 초기조건은 0으로 하며 계의 입력변수와 출력변수 사이의 전달함수는 임펄스 응답의 라플라스 변환으로 정의한다. 한편 입출력 변수 사이의 전달함수는 출력의 라플라스 변환과 입력의 라플라스 변환과의 비이기도 하다.
입력을 $u(t)$, 출력을 $y(t)$라 하면 $G(s) = \dfrac{Y(s)}{U(s)}$로 표현된다.

예제2 그림과 같은 블록선도가 의미하는 요소는?

$R(s) \rightarrow \boxed{\dfrac{K}{1+sT}} \rightarrow C(s)$

① 1차 늦은 요소
② 0차 늦은 요소
③ 2차 늦은 요소
④ 1차 빠른 요소

- 정답 : ①
전달함수의 요소

요소	전달함수
1차 지연 요소	$G(s) = \dfrac{1}{1+Ts}$

15 피상전력

1. 피상전력의 절대값
$$|S| = VI = I^2 Z = \frac{V^2}{Z} = \frac{P}{\cos\theta} = \frac{Q}{\sin\theta} = \sqrt{P^2 + Q^2}\ [\text{VA}]$$

2. 피상전력의 복소전력

① $\dot{S} = {}^* VI = P \pm jQ\ [\text{VA}]$ $\begin{cases} +jQ : \text{용량성 무효전력(C부하)} \\ -jQ : \text{유도성 무효전력(L부하)} \end{cases}$

※ $^*V$는 복소전압 V의 공액(또는 켤레)복소수로서 복소수의 허수부 부호를 바꾸거나 극형식의 위상부호를 바꾸어 나타내는 복소수를 의미한다.

② $\dot{S} = VI^* = P \pm jQ\ [\text{VA}]$ $\begin{cases} +jQ : \text{유도성 무효전력(L부하)} \\ -jQ : \text{용량성 무효전력(C부하)} \end{cases}$

여기서, S : 피상전력[VA], V : 전압[V], I : 전류[A], Z : 임피던스[Ω], P : 유효전력[W], Q : 무효전력[Var], $\cos\theta$: 역률, $\dot{S}$: 복소전력,
$^*V$: 전압 V의 켤레복소수, I^* : 전류 I의 켤레복소수

출제빈도
★★★★★

보충학습 문제
관련페이지
42, 45, 46, 47, 48, 49

예제1 역률이 70[%]인 부하에 전압 100[V]를 인가하니 전류 5[A]가 흘렀다. 이 부하의 피상전력 [VA]은?
① 100　　② 200
③ 400　　④ 500

・정답 : ④
$\cos\theta = 0.7$, $V = 100\ [\text{V}]$, $I = 5\ [\text{A}]$이므로
피상전력 $S = VI\ [\text{VA}]$식에 대입하여 풀면
∴ $S = VI = 100 \times 5 = 500\ [\text{VA}]$

예제2 $V = 100 + j30\ [\text{V}]$의 전압을 어떤 회로에 인가하니 $I = 16 + j3\ [\text{A}]$의 전류가 흘렀다. 이 회로에서 소비되는 유효 전력[W] 및 무효 전력 [Var]은?
① 1,690, 180　　② 1,510, 780
③ 1,510, 180　　④ 1,690, 780

・정답 : ①
$\dot{S} = {}^*VI = (100 - j30) \times (16 + j3)$
$= 1,690 - j180\ [\text{VA}]$
∴ $P = 1,690\ [\text{W}]$, $Q = 180\ [\text{Var}]$

예제3 어느 회로의 유효 전력은 300[W], 무효 전력은 400[Var]이다. 이 회로의 피상 전력은 몇 [VA]인가?
① 500　　② 600
③ 700　　④ 350

・정답 : ①
피상전력(S)의 절대값 공식에 대입하여 풀면
$P = 300\ [\text{W}]$, $Q = 400\ [\text{Var}]$이므로
∴ $|S| = VI = \sqrt{P^2 + Q^2}$
$= \sqrt{300^2 + 400^2} = 500\ [\text{VA}]$

예제4 어떤 회로의 인가 전압이 100[V]일 때 유효 전력이 300[W], 무효 전력이 400 [Var]이다. 전류 I[A]는?
① 5　　② 50
③ 3　　④ 4

・정답 : ①
피상전력(S)의 절대값 공식에 대입하여 풀면
$V = 100\ [\text{V}]$, $P = 300\ [\text{W}]$, $Q = 400\ [\text{Var}]$일 때
$|S| = VI = \sqrt{P^2 + Q^2}\ [\text{VA}]$이므로
∴ $I = \dfrac{\sqrt{P^2 + Q^2}}{V} = \dfrac{\sqrt{300^2 + 400^2}}{100} = 5\ [\text{A}]$

16 유효전력

출제빈도
★★★★★

보충학습 문제
관련페이지
42, 47, 48, 49,
51, 52

1. 전압(V), 전류(I), 역률($\cos\theta$)이 주어진 경우

$$P = S\cos\theta = VI\cos\theta = \frac{1}{2}V_m I_m \cos\theta \ [\text{W}]$$

2. R-X 직렬접속된 경우

$$P = I^2 R = \frac{V^2 R}{R^2 + X^2} \ [\text{W}]$$

3. R-X 병렬접속된 경우

$$P = \frac{V^2}{R} \ [\text{W}]$$

여기서, P : 유효전력[W], V : 전압[V], I : 전류[A], $\cos\theta$: 역률, R : 저항[Ω], X : 리액턴스[Ω]

예제1 $R=40[\Omega]$, $L=80[\text{mH}]$의 코일이 있다. 이 코일에 100[V], 60[Hz]의 전압을 가할 때에 소비되는 전력[W]은?

① 100　　　　② 120
③ 160　　　　④ 200

· 정답 : ③

R-X 직렬접속된 경우의 유효전력(P)
$V=100[\text{V}]$, $f=60[\text{Hz}]$이고
$X_L = \omega L = 2\pi f L [\Omega]$이므로

$$P = \frac{V^2 R}{R^2 + X_L^2}$$
$$= \frac{100^2 \times 40}{40^2 + (2\pi \times 60 \times 80 \times 10^{-3})^2} = 160[\text{W}]$$

예제2 어떤 회로에 전압 $\cos(\omega t + \theta)\cos(\omega t + \theta)$를 가했더니 전류 $i(t) = I_m \cos(\omega t + \theta + \phi)$가 흘렀다. 이때 회로에 유입되는 평균 전력은?

① $\frac{1}{4} V_m I_m \cos\phi$　　② $\frac{1}{2} V_m I_m \cos\phi$
③ $\frac{V_m I_m}{\sqrt{2}}$　　④ $V_m I_m \sin\phi$

· 정답 : ②

전압, 전류, 역률이 주어진 경우의 유효전력(P)

$$\therefore P = S\cos\phi = VI\cos\phi = \frac{1}{2}V_m I_m \cos\phi$$

예제3 어느 회로에서 전압과 전류의 실효값이 각각 50[V], 10[A]이고 역률은 0.8이다. 소비전력[W]은?

① 400　　　　② 500
③ 300　　　　④ 800

· 정답 : ①

$V=50[\text{V}]$, $I=10[\text{A}]$, $\cos\theta=0.8$이므로
소비전력 $P=VI\cos\theta[\text{W}]$식에 대입하여 풀면
$\therefore P = VI\cos\theta = 50 \times 10 \times 0.8 = 400[\text{W}]$

예제4 저항 $R=3[\Omega]$과 유도 리액턴스 $X_L=4[\Omega]$이 직렬로 연결된 회로에 $v=100\sqrt{2}\sin\omega t$[V]인 전압을 가하였다. 이 회로에서 소비되는 전력[kW]은?

① 1.2　　　　② 2.2
③ 3.5　　　　④ 4.2

· 정답 : ①

R-X 직렬접속된 경우의 유효전력(P)
$V_m = 100\sqrt{2}[\text{W}]$이므로

$$\therefore P = \frac{V^2 R}{R^2 + X_L^2} = \frac{\left(\frac{V_m}{\sqrt{2}}\right)^2 R}{R^2 + X_L^2}$$
$$= \frac{\left(\frac{100\sqrt{2}}{\sqrt{2}}\right)^2 \times 3}{3^2 + 4^2} = 1,200[\text{W}] = 1.2[\text{kW}]$$

R, L, C 직·병렬 접속

1. R-L-C 직렬접속

① 임피던스(Z)

$$\dot{Z} = R + jX_L - jX_C = R + j\omega L - j\frac{1}{\omega C} = Z\angle\theta \, [\Omega]$$

② 전류

$$I = \frac{E}{Z} \, [A]$$

③ 역률($\cos\theta$)

$$\cos\theta = \frac{R}{Z} = \frac{R}{\sqrt{R^2 + (X_L - X_C)^2}}$$

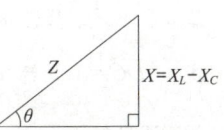

$$e = E_m \sin\omega t \, [V]$$

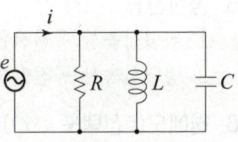

2. R-L-C 병렬접속

① 어드미턴스(Y)

$$\dot{Y} = \frac{1}{R} - j\frac{1}{X_L} + j\frac{1}{X_C} = G - jB_L + jB_C = Y\angle\theta \, [S]$$

콘덕턴스 서셉턴스

② 전류

$$I = YE \, [A]$$

③ 역률($\cos\theta$)

$$\cos\theta = \frac{G}{Y} = \frac{G}{\sqrt{G^2 + (B_L - B_C)^2}}$$

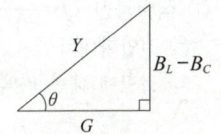

출제빈도
★★★★★

보충학습 문제
관련페이지
28, 33, 35, 36,
37, 38, 40, 41

예제1 $R = 10[\Omega]$, $X_L = 8[\Omega]$, $X_C = 20[\Omega]$이 병렬로 접속된 회로에 80[V]의 교류 전압을 가하면 전원에 몇 [A]의 전류가 흐르게 되는가?

① 20 ② 15
③ 5   ④ 10

· 정답 : ④

R-L-C 병렬회로의 전류

$$\dot{Y} = \frac{1}{R} - j\frac{1}{X_L} + j\frac{1}{X_C} = \frac{1}{10} - j\frac{1}{8} + j\frac{1}{20}$$

$$= \sqrt{\left(\frac{1}{10}\right)^2 + \left(-\frac{1}{8} + \frac{1}{20}\right)^2}$$

$$= 0.125 \, [\mho]$$

$V = 80[V]$ 이므로

$\therefore I = YV = 0.125 \times 80 = 10 \, [A]$

예제2 100[V], 50[Hz]의 교류전압을 저항 100[Ω], 커패시턴스 10[μF]의 직렬 회로에 가할 때 역률은?

① 0.25 ② 0.27
③ 0.3   ④ 0.35

· 정답 : ③

R-C 직렬회로의 역률($\cos\theta$)

$V = 100[V]$, $f = 50[Hz]$, $R = 100[\Omega]$,

$C = 10[\mu F]$, $X_C = \frac{1}{\omega C} = \frac{1}{2\pi f C}[\Omega]$ 이므로

$$\cos\theta = \frac{R}{Z} = \frac{R}{\sqrt{R^2 + X_C^2}}$$

$$= \frac{100}{\sqrt{100^2 + \left(\frac{1}{2\pi \times 50 \times 10 \times 10^{-6}}\right)^2}} = 0.3$$

18 공진

출제빈도
★★★★★

1. 직렬공진시 $Z = R + j(X_L - X_C) = R[\Omega]$ → 최소 임피던스

2. 병렬공진시 $Y = \dfrac{1}{R} - j\left(\dfrac{1}{X_L} - \dfrac{1}{X_C}\right) = \dfrac{1}{R}$ [s] → 최소 어드미턴스

3. 공진조건
   ① $X_L = X_C$ 또는 $X_L - X_C = 0$
   ② $\omega L = \dfrac{1}{\omega C}$ 또는 $\omega L - \dfrac{1}{\omega C} = 0$
   ③ $\omega^2 LC = 1$ 또는 $\omega^2 LC - 1 = 0$

4. 공진주파수 $f = \dfrac{1}{2\pi\sqrt{LC}}$

5. 공진전류
   ① 직렬접속시 공진전류는 최대 전류이다.
   ② 병렬접속시 공진전류는 최소 전류이다.

6. 첨예도(=선택도 : Q)
   ① 직렬공진 $Q = \dfrac{V_L}{V} = \dfrac{V_C}{V} = \dfrac{X_L}{R} = \dfrac{X_C}{R} = \dfrac{1}{R}\sqrt{\dfrac{L}{C}}$
      ㉠ 전압확대비
      ㉡ 저항에 대한 리액턴스비
   ② 병렬공진 $Q = \dfrac{I_L}{I} = \dfrac{I_C}{I} = \dfrac{R}{X_L} = \dfrac{R}{X_C} = R\sqrt{\dfrac{C}{L}}$
      ㉠ 전류확대비
      ㉡ 리액턴스에 대한 저항비

보충학습 문제
관련페이지
32, 38, 39, 40, 41

예제1 R-L-C 직렬회로에서 전압과 전류가 동상이 되기 위해서는? (단, $\omega = 2\pi f$ 이고 f는 주파수이다.)
① $\omega L^2 C^2 = 1$ ② $\omega^2 LC = 1$
③ $\omega LC = 1$ ④ $\omega = LC$

· 정답 : ②
R-L-C 직렬공진 조건
$X_L = X_C$ 또는 $X_L - X_C = 0$
$\omega L = \dfrac{1}{\omega C}$ 또는 $\omega L - \dfrac{1}{\omega C} = 0$
$\omega^2 LC = 1$ 또는 $\omega^2 LC - 1 = 0$

예제2 R-L-C 직렬회로에서 전원 전압을 V라 하고 L 및 C에 걸리는 전압을 각각 V_L 및 V_C라 하면 선택도 Q를 나타내는 것은 어느 것인가? (단, 공진 각주파수는 ω_r이다.)
① $\dfrac{CL}{R}$ ② $\dfrac{\omega_r R}{L}$
③ $\dfrac{V_L}{V}$ ④ $\dfrac{V}{V_C}$

· 정답 : ③
R-L-C 직렬공진시 첨예도 또는 선택도(Q)
$Q = \dfrac{V_L}{V} = \dfrac{V_C}{V} = \dfrac{X_L}{R} = \dfrac{X_C}{R} = \dfrac{1}{R}\sqrt{\dfrac{L}{C}}$

저항의 직·병렬 접속   19

$R = \dfrac{V}{I} [\Omega]$ 식에 의하여 전압이 일정한 병렬회로에서 전류는 저항에 반비례하여 분배되며, 전류가 일정한 직렬회로에서 전압은 저항에 비례하여 분배한다.

1. 저항의 직렬접속

① 합성저항(R) $R = R_1 + R_2 [\Omega]$

② 전전류(I) $I = \dfrac{V_1}{R_1} = \dfrac{V_2}{R_2} = \dfrac{V}{R} = \dfrac{V}{R_1 + R_2}$ [A]

③ 분배전압(V_1, V_2) $V_1 = \dfrac{R_1}{R_1 + R_2} V$ [V], $V_2 = \dfrac{R_2}{R_1 + R_2} V$ [V]

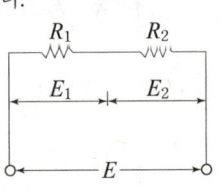

2. 저항의 병렬 접속

① 합성저항(R) $R = \dfrac{1}{\dfrac{1}{R_1} + \dfrac{1}{R_2}} = \dfrac{R_1 R_2}{R_1 + R_2}$ [Ω]

② 전전압(V) $V = R_1 I_1 = R_2 I_2 = RI = \dfrac{R_1 R_2}{R_1 + R_2} I$ [V]

③ 분배전류(I_1, I_2) $I_1 = \dfrac{R_2}{R_1 + R_2} I$ [A], $I_2 = \dfrac{R_1}{R_1 + R_2} I$ [A]

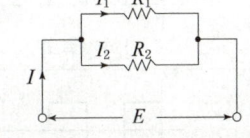

출제빈도
★★★★

보충학습 문제
관련페이지
2, 3, 5, 6, 7, 8, 9, 10

예제1 그림과 같은 회로에서 r_1, r_2에 흐르는 전류의 크기가 1:2의 비율이라면 r_1, r_2의 저항은 각각 몇 [Ω]인가?

① 16, 8
② 24, 12
③ 6, 3
④ 8, 4

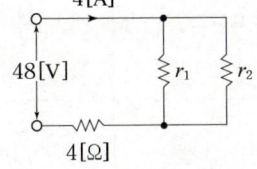

· 정답 : ②

$r_1 = 2 r_2$

$48 = 4 \times \left(4 + \dfrac{r_1 \times r_2}{r_1 + r_2}\right) = 4 \times \left(4 + \dfrac{2 r_2 \times r_2}{2 r_2 + r_2}\right)$

$12 = 4 + \dfrac{2}{3} r_2$ 에서 $r_2 = 12 [\Omega]$

∴ $r_1 = 24 [\Omega]$, $r_2 = 12 [\Omega]$

예제2 그림과 같은 회로에서 저항 R_2에 흐르는 전류 I_2는 얼마인가?

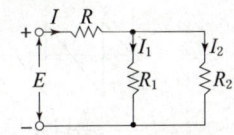

① $\dfrac{R_1 + R_2}{R_1} \cdot I$ ② $\dfrac{R_1 + R_2}{R_2} \cdot I$

③ $\dfrac{R_2}{R_1 + R_2} \cdot I$ ④ $\dfrac{R_1}{R_1 + R_2} \cdot I$

· 정답 : ④

저항 R_1과 R_2가 병렬연결이며 전전류가 I이므로

$I_1 = \dfrac{R_2}{R_1 + R_2} I$ [A], $I_2 = \dfrac{R_1}{R_1 + R_2} I$ [A]

제4과목 회로이론

20 실효값과 평균값

출제빈도
★★★★

파형 및 명칭	실효값(I)	평균값(I_{av})
정현파	$\dfrac{I_m}{\sqrt{2}} = 0.707 I_m$	$\dfrac{2 I_m}{\pi} = 0.637 I_m$
전파정류파	$\dfrac{I_m}{\sqrt{2}} = 0.707 I_m$	$\dfrac{2 I_m}{\pi} = 0.637 I_m$
반파정류파	$\dfrac{I_m}{2} = 0.5 I_m$	$\dfrac{I_m}{\pi} = 0.319 I_m$
구형파	I_m	I_m
반파구형파	$\dfrac{I_m}{\sqrt{2}} = 0.707 I_m$	$\dfrac{I_m}{2} = 0.5 I_m$
톱니파	$\dfrac{I_m}{\sqrt{3}} = 0.577 I_m$	$\dfrac{I_m}{2} = 0.5 I_m$
삼각파	$\dfrac{I_m}{\sqrt{3}} = 0.577 I_m$	$\dfrac{I_m}{2} = 0.5 I_m$
제형파	$\dfrac{\sqrt{5}}{3} I_m = 0.745 I_m$	$\dfrac{2}{3} I_m = 0.667 I_m$

보충학습 문제
관련페이지
14, 17, 20, 21, 22, 23

파형 및 명칭	실효값(I)	평균값(I_{av})
$5 \times 10^4(t-0.02)^2$ 0.02 0.04 0.06 2차 함수 파형	6.32	3.3
10 / 1 2 3 4 5 / 1차 함수 파형	6.67	5

예제1 정현파 교류의 실효값은 최대값과 어떠한 관계가 있는가?

① π배   ② $\dfrac{2}{\pi}$배

③ $\dfrac{1}{\sqrt{2}}$배   ④ $\sqrt{2}$배

· 정답 : ③
정현파 교류의 실효값(I)
$I = \dfrac{I_m}{\sqrt{2}} = 0.707 I_m$ [A]이므로
∴ $\dfrac{1}{\sqrt{2}}$배

예제2 삼각파의 최대값이 1이라면 실효값 및 평균값은 각각 얼마인가?

① $\dfrac{1}{\sqrt{2}}, \dfrac{1}{\sqrt{3}}$ ② $\dfrac{1}{\sqrt{3}}, \dfrac{1}{2}$

③ $\dfrac{1}{\sqrt{2}}, \dfrac{1}{2}$ ④ $\dfrac{1}{\sqrt{2}}, \dfrac{1}{3}$

· 정답 : ②

삼각파의 특성값

실효값	평균값	파고율	파형률
$\dfrac{I_m}{\sqrt{3}}$	$\dfrac{I_m}{2}$	$\sqrt{3}$	$\dfrac{2}{\sqrt{3}}$

$I_m = 1$ [A]일 때
∴ 실효값 $= \dfrac{I_m}{\sqrt{3}} = \dfrac{1}{\sqrt{3}}$,
평균값 $= \dfrac{I_m}{2} = \dfrac{1}{2}$

예제3 정현파 교류 전압 $v = V_m \sin(\omega t + \theta)$ [V]의 평균값은 최대값의 몇(%)인가?

① 약 41.4   ② 약 50
③ 약 63.7   ④ 약 70.7

· 정답 : ③
정현파 교류의 평균값(V_{av})
$V_{av} = \dfrac{2V_m}{\pi} = 0.637 V_m$ [V]이므로
∴ 63.7 [%]

예제4 그림과 같은 파형의 실효값은?

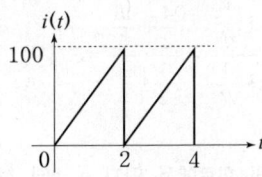

① 47.7   ② 57.7
③ 67.7   ④ 77.5

· 정답 : ②
톱니파의 특성값은 삼각파의 특성값과 같으므로
$I_m = 100$ [A]일 때
∴ 실효값 $= \dfrac{I_m}{\sqrt{3}} = \dfrac{100}{\sqrt{3}} = 57.7$ [A]

21 밀만의 정리

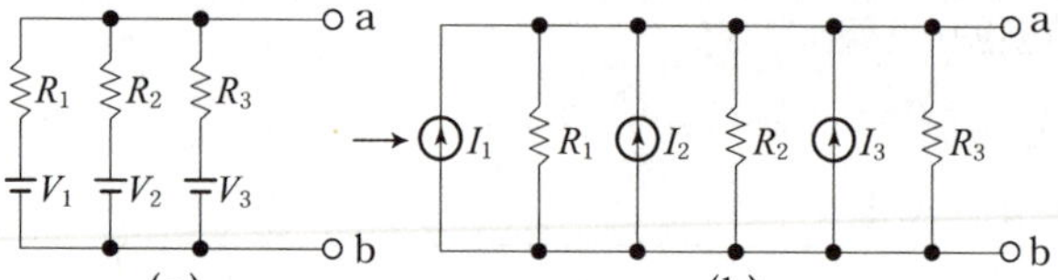

a, b 단자 사이에 걸리는 전압 V_{ab}는

$$V_{ab} = \frac{\dfrac{V_1}{R_1} + \dfrac{V_2}{R_2} + \dfrac{V_3}{R_3}}{\dfrac{1}{R_1} + \dfrac{1}{R_2} + \dfrac{1}{R_3}} = \frac{I_1 + I_2 + I_3}{\dfrac{1}{R_1} + \dfrac{1}{R_2} + \dfrac{1}{R_3}} \text{ [V]}$$

여기서, R_1, R_2, R_3 : 저항[Ω], V_1, V_2, V_3 : 전압[V], I_1, I_2, I_3 : 전류[A]

출제빈도 ★★★★

보충학습 문제 관련페이지
68, 71, 76, 77

예제1 그림에서 단자 a, b에 나타나는 전압 V_{ab}는 약 몇 [V]인가?
① 5.7[V]
② 6.5[V]
③ 4.3[V]
④ 3.4[V]

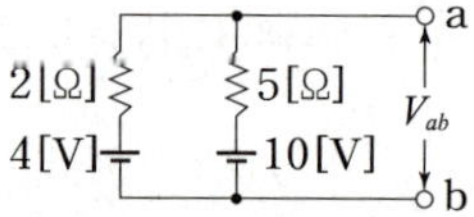

· 정답 : ①
밀만의 정리
$$V_{ab} = \frac{\dfrac{V_1}{R_1} + \dfrac{V_2}{R_2}}{\dfrac{1}{R_1} + \dfrac{1}{R_2}} = \frac{\dfrac{4}{2} + \dfrac{10}{5}}{\dfrac{1}{2} + \dfrac{1}{5}} = 5.7\,[V]$$

예제2 그림의 회로에서 단자 a, b에 걸리는 전압 V_{ab}는 몇 [V]인가?
① 12
② 18
③ 24
④ 36

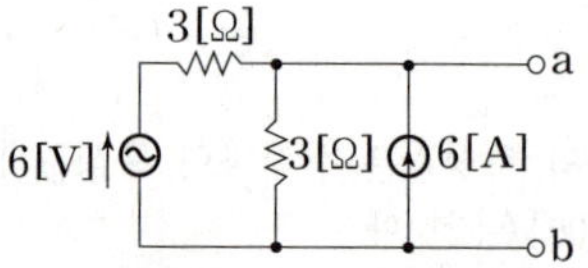

· 정답 : ①
밀만의 정리
$$V_{ab} = \frac{\dfrac{V_1}{R_1} + I_2}{\dfrac{1}{R_1} + \dfrac{1}{R_2}} = \frac{\dfrac{6}{3} + 6}{\dfrac{1}{3} + \dfrac{1}{3}} = 12\,[V]$$

예제3 그림과 같은 회로에서 $E_1 = 110$[V], $E_2 = 120$[V], $R_1 = 1$[Ω], $R_2 = 2$[Ω]일 때 a, b단자에 5[Ω]의 R_3를 접속하면 a, b간의 전압 V_{ab}[V]는?
① 85
② 90
③ 100
④ 105

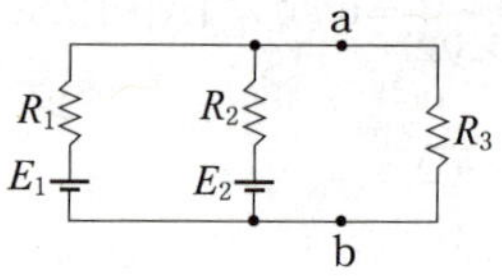

· 정답 : ③
밀만의 정리
$$V_{ab} = \frac{\dfrac{E_1}{R_1} + \dfrac{E_2}{R_2} + \dfrac{E_3}{R_3}}{\dfrac{1}{R_1} + \dfrac{1}{R_2} + \dfrac{1}{R_3}} = \frac{\dfrac{110}{1} + \dfrac{120}{2} + \dfrac{0}{5}}{\dfrac{1}{1} + \dfrac{1}{2} + \dfrac{1}{5}}$$
$$= 100\,[V]$$

22 무손실선로와 무왜형선로

	무손실선로	무왜형선로
조건	$R=0,\ G=0$	· 감쇠량이 최소일 때 · $LG=RC$
특성 임피던스	$Z_0=\sqrt{\dfrac{Z}{Y}}=\sqrt{\dfrac{L}{C}}\ [\Omega]$	$Z_0=\sqrt{\dfrac{Z}{Y}}=\sqrt{\dfrac{L}{C}}\ [\Omega]$
전파정수	$\gamma=\sqrt{ZY}=j\omega\sqrt{LC}$ $\alpha=0,\ \beta=\omega\sqrt{LC}$	$\gamma=\sqrt{ZY}=\sqrt{RG}+j\omega\sqrt{LC}$ $\alpha=\sqrt{RG},\ \beta=\omega\sqrt{LC}$
전파속도	$v=\lambda f=\dfrac{1}{\sqrt{LC}}=\dfrac{\omega}{\beta}$ [m/sec]	$v=\lambda f=\dfrac{1}{\sqrt{LC}}=\dfrac{\omega}{\beta}$ [m/sec]

여기서, R : 저항[Ω], G : 콘덕턴스[S], L : 인덕턴스[H], C : 정전용량[F],
Z_0 : 특성임피던스[Ω], γ : 전파정수, ω : 각주파수[rad/sec], α : 감쇠정수,
β : 위상정수, v : 전파속도[m/sec]

출제빈도 ★★★★

보충학습 문제
관련페이지
157, 158, 159, 160

예제1 무손실 분포정수선로에 대한 설명 중 옳지 않은 것은?
① 전파정수는 $j\omega\sqrt{LC}$ 이다.
② 진행파의 전파속도는 $\sqrt{LC}$ 이다.
③ 특성임피던스는 $\sqrt{\dfrac{L}{C}}$ 이다.
④ 파장은 $\dfrac{1}{f\sqrt{LC}}$ 이다.

· 정답 : ②
무손실선로의 특성
(1) 조건 : $R=0,\ G=0$
(2) 특성임피던스 : $Z_0=\sqrt{\dfrac{L}{C}}\ [\Omega]$
(3) 전파정수 : $\gamma=j\omega\sqrt{LC}=j\beta$
$\quad\quad\quad\quad\alpha=0,\ \beta=\omega\sqrt{LC}$
(4) 전파속도 : $v=\dfrac{1}{\sqrt{LC}}=\lambda f$ [m/sec]

예제2 선로의 분포정수 $R,\ L,\ C,\ G$ 사이에 $\dfrac{R}{L}=\dfrac{G}{C}$ 의 관계가 있으면 전파정수 γ 는?
① $RG+j\omega LC$
② $RG+j\omega CG$
③ $\sqrt{RG}+j\omega\sqrt{LC}$
④ $\sqrt{RL}+j\omega\sqrt{GC}$

· 정답 : ③
무왜형선로의 전파정수(γ)
$\dfrac{R}{L}=\dfrac{G}{C}$ 의 관계는 무왜형선로의 조건에 해당하며 전파정수에 대입하여 식을 전개하면
$\gamma=\alpha+j\beta=\sqrt{RG}+j\omega\sqrt{LC}$ 가 된다.

23 시간추이정리

출제빈도
★★★★

보충학습 문제
관련페이지
182, 187, 188, 189

$\mathcal{L}[f(t \pm T)] = F(s) e^{\pm Ts}$

$f(t)$	$F(s)$
$u(t-a)$	$\dfrac{1}{s} e^{-as}$
$u(t-b)$	$\dfrac{1}{s} e^{-bs}$
$(t-T)u(t-T)$	$\dfrac{1}{s^2} e^{-Ts}$
$\sin\omega\left(t-\dfrac{T}{2}\right)$	$\dfrac{\omega}{s^2+\omega^2} e^{-\dfrac{T}{2}s}$

예제1 다음 파형의 Laplace 변환은?

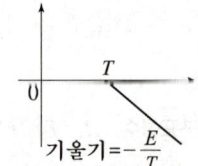

① $\dfrac{E}{Ts} e^{-Ts}$ ② $-\dfrac{E}{Ts} e^{-Ts}$

③ $-\dfrac{E}{Ts^2} e^{-Ts}$ ④ $\dfrac{E}{Ts^2} e^{-Ts}$

· 정답 : ③
시간추이정리의 라플라스 변환
$f(t) = -\dfrac{E}{T}(t-T)u(t-T)$ 일 때

$\therefore \mathcal{L}[f(t)] = \mathcal{L}\left[-\dfrac{E}{T}(t-T)u(t-T)\right]$

$\qquad = \dfrac{-E}{Ts^2} e^{-Ts}$

예제2 그림과 같은 높이가 1인 펄스의 라플라스 변환은?

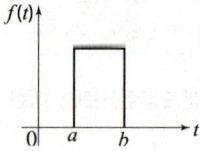

① $\dfrac{1}{s}(e^{-as} + e^{-bs})$

② $\dfrac{1}{s}(e^{-as} - e^{-bs})$

③ $\dfrac{1}{a-b}\left[\dfrac{e^{-as} + e^{-bs}}{s}\right]$

④ $\dfrac{1}{a-b}\left[\dfrac{e^{-as} - e^{-bs}}{s}\right]$

· 정답 : ②
시간추이정리의 라플라스 변환
$f(t) = u(t-a) - u(t-b)$ 일 때
$\therefore \mathcal{L}[f(t)] = \mathcal{L}[r(t-a) - u(t-b)]$

$\qquad = \dfrac{1}{s} e^{-as} - \dfrac{1}{s} e^{-bs}$

$\qquad = \dfrac{1}{s}(e^{-as} - e^{-bs})$

24 복소추이정리

$$\mathcal{L}\left[f(t)\,e^{-at}\right] = F(s+a)$$

$f(t)$	$F(s)$
$t e^{at}$	$\dfrac{1}{(s-a)^2}$
$t e^{-at}$	$\dfrac{1}{(s+a)^2}$
$t^2 e^{at}$	$\dfrac{2}{(s-a)^3}$
$t^2 e^{-at}$	$\dfrac{2}{(s+a)^3}$
$e^{at}\cos\omega t$	$\dfrac{s-a}{(s-a)^2+\omega^2}$
$e^{-at}\cos\omega t$	$\dfrac{s+a}{(s+a)^2+\omega^2}$
$e^{at}\sin\omega t$	$\dfrac{\omega}{(s-a)^2+\omega^2}$
$e^{-at}\sin\omega t$	$\dfrac{\omega}{(s+a)^2+\omega^2}$

출제빈도
★★★★

보충학습 문제
관련페이지
182, 183, 189

예제1 $e^{-2t}\cos 3t$의 라플라스 변환은?

① $\dfrac{s+2}{(s+2)^2+3^2}$ ② $\dfrac{s-2}{(s-2)^2+3^2}$
③ $\dfrac{s}{(s+2)^2+3^2}$ ④ $\dfrac{s}{(s-2)^2+3^2}$

· 정답 : ①
복소추이정리의 라플라스 변환
$f(t)=e^{-2t}\cos 3t$ 일 때

$f(t)$	$F(s)$
$t e^{-at}$	$\dfrac{1}{(s+a)^2}$
$t^2 e^{-at}$	$\dfrac{2}{(s+a)^3}$
$e^{-at}\sin\omega t$	$\dfrac{\omega}{(s+a)^2+\omega^2}$
$e^{-at}\cos\omega t$	$\dfrac{s+a}{(s+a)^2+\omega^2}$

∴ $\mathcal{L}[f(t)] = \mathcal{L}[e^{-2t}\cos 3t] = \dfrac{s+2}{(s+2)^2+3^2}$

예제2 $f(t)=t^2 e^{at}$의 라플라스 변환은?

① $\dfrac{2}{(s-a)^2}$ ② $\dfrac{2}{(s-a)^3}$
③ $\dfrac{2}{(s+a)^2}$ ④ $\dfrac{2}{(s+a)^3}$

· 정답 : ②
복소추이정리의 라플라스 변환
$f(t)=t^2 e^{at}$ 일 때

$f(t)$	$F(s)$
$t e^{at}$	$\dfrac{1}{(s-a)^2}$
$t^2 e^{at}$	$\dfrac{2}{(s-a)^3}$
$e^{at}\sin\omega t$	$\dfrac{\omega}{(s-a)^2+\omega^2}$
$e^{at}\cos\omega t$	$\dfrac{s-a}{(s-a)^2+\omega^2}$

∴ $\mathcal{L}[f(t)] = \mathcal{L}[t^2 e^{at}] = \dfrac{2}{(s-a)^3}$

제4과목 회로이론

25. 초기값 정리와 최종값 정리

출제빈도
★★★★

보충학습 문제
관련페이지
183, 184, 190

1. 초기값 정리

$$\mathcal{L}\left[\frac{df(t)}{dt}\right] = \int_0^\infty \frac{df(t)}{dt} e^{-st} dt = [f(t)e^{-st}]_0^\infty + \int_0^\infty sf(t)e^{-st} dt$$

$$= sF(s) - f(0_+)$$

$$\lim_{s \to \infty}\left[\int_0^\infty \frac{df(t)}{dt} e^{-st} dt\right] = \lim_{s \to \infty}[sF(s) - f(0_+)] = 0$$

$$f(0_+) = \lim_{t \to 0_+} f(t) = \lim_{s \to \infty} sF(s)$$

2. 최종값 정리

$$\mathcal{L}\left[\frac{df(t)}{dt}\right] = sF(s) - f(0_+) = \lim_{s \to 0}\left[\int_0^\infty \frac{df(t)}{dt} e^{-st} dt\right]$$

$$= \int_0^\infty \frac{df(t)}{dt} dt = \lim_{t \to \infty} f(t) - f(0_+)$$

$$= \lim_{s \to 0}[sF(s) - f(0_+)]$$

$$\lim_{t \to \infty} f(t) = \lim_{s \to 0} sF(s)$$

예제1 임의의 함수 $f(t)$에 대한 라플라스 변환 $\mathcal{L}[f(t)] = F(s)$라고 할 때 최종값 정리는?

① $\lim_{s \to 0} F(s)$　　② $\lim_{s \to \infty} sF(s)$
③ $\lim_{s \to \infty} F(s)$　　④ $\lim_{s \to 0} sF(s)$

· 정답 : ④

초기값 정리와 최종값 정리
(1) 초기값 정리
$$f(0_+) = \lim_{t \to 0} f(t) = \lim_{s \to \infty} sF(s)$$
(2) 최종값 정리
$$f(\infty) = \lim_{t \to \infty} f(t) = \lim_{s \to 0} sF(s)$$

예제2 $F(s) = \dfrac{5s+3}{s(s+1)}$의 정상값 $f(\infty)$는?

① 3　　② -3
③ 2　　④ -2

· 정답 : ①

정상값 정리=최종값 정리
$$f(\infty) = \lim_{t \to \infty} f(t) = \lim_{s \to 0} sF(s)$$
$$= \lim_{s \to 0} \frac{s(5s+3)}{s(s+1)}$$
$$= \lim_{s \to 0} \frac{5s+3}{s+1} = \frac{3}{1} = 3$$

R, L, C 회로소자

출제빈도
★★★★

1. 저항(R)
① 전류
  ㉠ 순시값 전류 $i(t) = \dfrac{e(t)}{R} = \dfrac{E_m}{R}\sin\omega t$ [A]
  ㉡ 실효값 전류 $I = \dfrac{E}{R} = \dfrac{E_m}{\sqrt{2}\,R}$ [A]
② 전압과 전류의 위상관계
  ㉠ 전류의 위상과 전압의 위상이 서로 같다.
  ㉡ 동상전류
  ㉢ 순저항 회로

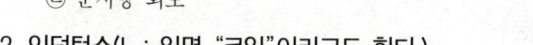

$e = E_m \sin\omega t$ [V]

2. 인덕턴스(L : 일명 "코일"이라고도 한다.)
① 리액턴스(인덕턴스의 저항[Ω] 성분)
  $X_L = \omega L = 2\pi f L$ [Ω]
② 전류
  ㉠ 순시값 전류 $i(t) = \dfrac{1}{L}\int e(t)\,dt = \dfrac{e(t)}{jX_L} = \dfrac{E_m}{\omega L}\sin(\omega t - 90°)$ [A]
  ㉡ 실효값 전류 $I = \dfrac{E}{jX_L} = -j\dfrac{E}{\omega L} = -j\dfrac{E_m}{\sqrt{2}\,\omega L}$ [A]
③ 전압과 전류의 위상관계
  ㉠ 전류의 위상이 전압의 위상보다 90° 뒤진다.
  ㉡ 지상전류
  ㉢ 유도성 회로

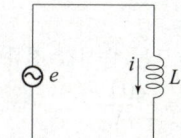

$e = E_m \sin\omega t$ [V]

3. 커패시턴스(C : 일명 "정전용량" 또는 "콘덴서"라고도 한다.)
① 리액턴스(커패시턴스의 저항[Ω] 성분)
  $X_C = \dfrac{1}{\omega C} = \dfrac{1}{2\pi f C}$ [Ω]
② 전류
  ㉠ 순시값 전류 $i(t) = C\dfrac{de(t)}{dt} = \dfrac{e(t)}{-jX_C} = \omega C E_m \sin(\omega t + 90°)$ [A]
  ㉡ 실효값 전류 $I = \dfrac{E}{-jX_C} = j\omega C E = j\dfrac{\omega C E_m}{\sqrt{2}}$ [A]
③ 전압과 전류의 위상관계
  ㉠ 전류의 위상이 전압의 위상보다 90° 앞선다.
  ㉡ 진상전류
  ㉢ 용량성 회로

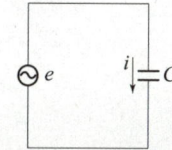

$e = E_m \sin\omega t$ [V]

보충학습 문제 관련페이지
26, 27, 33, 34, 35

예제1 어느 소자에 전압 $e=125\sin 377t$[V]를 인가하니 전류 $i=50\sin 377t$[A]가 흘렀다. 이 소자는 무엇인가?
① 순저항　　② 인덕턴스
③ 커패시턴스　④ 리액턴스

· 정답 : ①
전류의 위상이 전압과 동위상이므로
∴ 순저항 소자이다.

예제2 정전용량 C[F]의 회로에 기전력 $e=E_m\sin\omega t$[V]를 인가할 때 흐르는 전류 i[A]는?

① $\dfrac{E_m}{\omega C}\sin(\omega t+90°)$

② $\dfrac{E_m}{\omega C}\sin(\omega t-90°)$

③ $\omega C E_m \sin(\omega t+90°)$

④ $\omega C E_m \cos(\omega t+90°)$

· 정답 : ③
정전용량에 흐르는 순시값 전류 $i(t)$는
$$i(t)=C\dfrac{de(t)}{dt}=\dfrac{e(t)}{-jX_C}$$
$$=\omega C E_m \sin(\omega t+90°)\,[\text{A}]$$

예제3 자체 인덕턴스[H]인 코일에 100[V], 60[Hz]의 교류전압을 가해서 15[A]의 전류가 흘렀다. 코일의 자체 인덕턴스[H]는?
① 17.6　　② 1.76
③ 0.176　　④ 0.0176

· 정답 : ④
$V=100$[V], $f=60$[Hz], $I=15$[A]에서
$$I=\dfrac{V}{\omega L}=\dfrac{V}{2\pi f L}\,[\text{A}]$$이므로
$$\therefore L=\dfrac{V}{2\pi f I}=\dfrac{100}{2\pi\times 60\times 15}=0.0176\,[\text{H}]$$

예제4 60[Hz], 100[V]의 교류 전압을 어떤 콘덴서에 가할 때 1[A]의 전류가 흐른다면 이 콘덴서의 정전 용량[μF]은?
① 377　　② 265
③ 26.5　　④ 2.65

· 정답 : ③
정전용량에 흐르는 실효값 전류 I는
$f=60$[Hz], $V=100$[V], $I=1$[A]일 때
$$I=\dfrac{E}{-jX_C}=j\omega CE=j\dfrac{\omega C E_m}{\sqrt{2}}\,[\text{A}]$$이므로
$$\therefore C=\dfrac{I}{\omega E}=\dfrac{1}{2\pi\times 60\times 100}\times 10^6$$
$$=26.5\,[\mu\text{F}]$$

파고율과 파형율

1. **파고율**
   교류의 실효값에 대하여 파형의 최대값의 비율

2. **파형률**
   교류의 직류성분값(평균값)에 대하여 교류의 실효값의 비율

   파고율 = $\dfrac{\text{최대값}}{\text{실효값}}$, 파형률 = $\dfrac{\text{실효값}}{\text{평균값}}$

3. **파형별 데이터**

파형 및 명칭	파고율	파형률
정현파	$\sqrt{2} = 1.414$	$\dfrac{\pi}{2\sqrt{2}} = 1.11$
전파정류파	$\sqrt{2} = 1.414$	$\dfrac{\pi}{2\sqrt{2}} = 1.11$
반파정류파	2	$\dfrac{\pi}{2} = 1.57$
구형파	1	1
반파구형파	$\sqrt{2} = 1.414$	$\sqrt{2} = 1.414$
톱니파	$\sqrt{3} = 1.732$	$\dfrac{2}{\sqrt{3}} = 1.155$
삼각파	$\sqrt{3} = 1.732$	$\dfrac{2}{\sqrt{3}} = 1.155$

출제빈도
★★★★

보충학습 문제
관련페이지
16, 19, 20

예제1 파형의 파형률 값이 옳지 않은 것은?
① 정현파의 파형률은 1.414이다.
② 톱니파의 파형률은 1.155이다.
③ 전파 정류파의 파형률은 1.11이다.
④ 반파 정류파의 파형률은 1.571이다.

· 정답 : ①
파형의 파형률

파형	파형률
정현파	$\dfrac{\pi}{2\sqrt{2}}$
반파정류파	$\dfrac{\pi}{2}$
구형파	1
반파구형파	$\sqrt{2}$
톱니파	$\dfrac{2}{\sqrt{3}}$
삼각파	$\dfrac{2}{\sqrt{3}}$

∴ 정현파의 파형률 $= \dfrac{\pi}{2\sqrt{2}} = 1.11$이다.

예제2 그림과 같은 파형의 파고율은?
① 2.828
② 1.732
③ 1.414
④ 1

· 정답 : ④
파형의 파고율

파형	파고율
정현파	$\sqrt{2}$
반파정류파	2
구형파	1
반파구형파	$\sqrt{2}$
톱니파	$\sqrt{3}$
삼각파	$\sqrt{3}$

∴ 파형은 구형파이므로 파고율=1이다.

예제3 그림과 같은 파형의 파고율은?
① $\dfrac{1}{\sqrt{3}}$
② $\dfrac{2}{\sqrt{3}}$
③ $\sqrt{3}$
④ $\sqrt{6}$

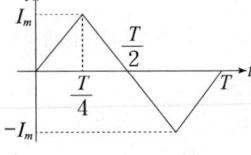

· 정답 : ③
파형의 파고율

파형	파고율
정현파	$\sqrt{2}$
반파정류파	2
구형파	1
반파구형파	$\sqrt{2}$
톱니파	$\sqrt{3}$
삼각파	$\sqrt{3}$

∴ 파형은 삼각파이므로
파고율 $= \sqrt{3}$ 이다.

예제4 파고율이 2가 되는 파형은?
① 정현파   ② 톱니파
③ 반파 정류파   ④ 전파 정류파

· 정답 : ③
파형의 파고율

파형	파고율
정현파	$\sqrt{2}$
반파정류파	2
구형파	1
반파구형파	$\sqrt{2}$
톱니파	$\sqrt{3}$
삼각파	$\sqrt{3}$

28 합성인덕턴스

$$L = L_1 + L_2 + 2M[H] \qquad L = L_1 + L_2 - 2M[H]$$

출제빈도
★★★★

보충학습 문제
관련페이지
57, 58, 59, 60, 62, 63

예제1 5[mH]인 두 개의 자기 인덕턴스가 있다. 결합 계수를 0.2로부터 0.8까지 변화시킬 수 있다면 이것을 접속하여 얻을 수 있는 합성 인덕턴스의 최대값과 최소값은 각각 몇 [mH]인가?
① 18, 2 ② 18, 8
③ 20, 2 ④ 20, 8

· 정답 : ①
$L_1 = L_2 = 5\,[\text{mH}]$, $k = 0.2 \sim 0.8$일 때
$M = k\sqrt{L_1 L_2}$이며 최대값, 최소값은 모두 $k = 0.8$인 경우에 구해지므로
$M = 0.8 \times \sqrt{5 \times 5} = 4\,[\text{mH}]$
최대값 $L_{\max}$, 최소값 $L_{\min}$ 이라 하면
$L_{\max} = L_1 + L_2 + 2M = 5 + 5 + 2 \times 4 = 18\,[\text{mH}]$
$L_{\min} = L_1 + L_2 - 2M = 5 + 5 - 2 \times 4 = 2\,[\text{mH}]$

예제2 그림과 같은 회로에서 a, b간의 합성인덕턴스는?

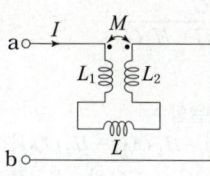

① $L_1 + L_2 + L$
② $L_1 + L_2 - 2M + L$
③ $L_1 + L_2 + 2M + L$
④ $L_1 + L_2 - M + L$

· 정답 : ②
L_1, L_2 코일의 감은 방향이 서로 반대이기 때문에 차동결합이며 이때 합성인덕턴스는
$\therefore L = L_1 + L_2 - 2M + L\,[\text{H}]$

예제3 그림과 같은 회로에서 $L_1 = 6[\text{mH}]$, $R_1 = 4[\Omega]$, $R_2 = 9[\Omega]$, $L_2 = 7[\text{mH}]$, $M = 5[\text{mH}]$이며 L_1과 L_2가 서로 유도 결합되어 있을 때 등가 직렬 임피던스는 얼마인가? (단, $\omega = 100[\text{rad/s}]$이다.)

① $13 + j7.2$
② $13 + j1.3$
③ $13 + j2.3$
④ $13 + j9.4$

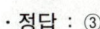

· 정답 : ③
그림은 가동결합 코일이며 직렬접속되어 있으므로
$L = L_1 + L_2 + 2M[\text{H}]$
$R = R_1 + R_2\,[\Omega]$
$\therefore Z = R + j\omega L$
$\quad = (R_1 + R_2) + j\omega(L_1 + L_2 + 2M)$
$\quad = 4 + 9 + j100(6 + 7 + 2 \times 5) \times 10^{-3}$
$\quad = 13 + j2.3\,[\Omega]$

29 블록선도

$B(s) = C(s)H(s)$

$E(s) = R(s) - B(s) = R(s) - C(s)H(s)$

$C(s) = E(s)G(s) = R(s)G(s) - C(s)H(s)G(s)$

$C(s)\{1 + G(s)H(s)\} = R(s)G(s)$

$G_0(s) = \dfrac{C(s)}{R(s)} = \dfrac{G(s)}{1 + G(s)H(s)}$

여기서, $R(s)$: 입력함수, $G(s)$: 전향전달함수, $H(s)$: 피드백요소, $C(s)$: 출력함수, $G_0(s)$: 종합전달함수

출제빈도 ★★★★

보충학습 문제 관련페이지
210, 213, 214, 215, 216

예제1 그림과 같은 블록선도에 대한 등가전달함수를 구하면?

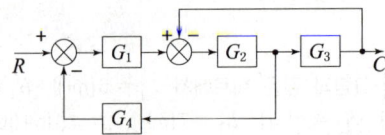

① $\dfrac{G_1G_2G_3}{1 + G_2G_3 + G_1G_2G_4}$

② $\dfrac{G_1G_2G_3}{1 + G_1G_2 + G_1G_2G_3}$

③ $\dfrac{G_1G_2G_4}{1 + G_1G_2 + G_1G_2G_4}$

④ $\dfrac{G_1G_2G_3}{1 + G_2G_3 + G_1G_2G_3}$

· 정답 : ①
블록선도의 전달함수
$C(s) = \left[\left\{R(s) - \dfrac{C(s)}{G_3}G_4\right\}G_1 - C(s)\right]G_2G_3$
$= G_1G_2G_3R(s) - G_1G_2G_4C(s)$
$\quad - G_2G_3C(s)$
$(1 + G_2G_3 + G_1G_2G_4)C(s) = G_1G_2G_3R(s)$
$\therefore G(s) = \dfrac{C(s)}{R(s)} = \dfrac{G_1G_2G_3}{1 + G_2G_3 + G_1G_2G_4}$

예제2 그림과 같은 블록선도에서 등가합성 전달함수 $\dfrac{C}{R}$ 는?

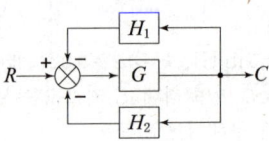

① $\dfrac{H_1 + H_2}{1 + G}$

② $\dfrac{H_1}{1 + H_1H_2H_3}$

③ $\dfrac{G}{1 + H_1 + H_2}$

④ $\dfrac{G}{1 + H_1G + H_2G}$

· 정답 : ④
블록선도의 전달함수
$C(s) = \{R(s) - H_1C(s) - H_2C(s)\}G$
$\quad = GR(s) - H_1GC(s) - H_2GC(s)$
$(1 + H_1G + H_2G)C(s) = GR(s)$
$\therefore G(s) = \dfrac{G}{1 + H_1G + H_2G}$

불평형률과 불평형 전력

1. 불평형률(%UV)

$$\%UV = \frac{역상분}{정상분} \times 100 \, [\%]$$

2. 3상 불평형 전력($\dot{S}$)

$$\dot{S} = P \pm jQ = V_a{}^* I_a + V_b{}^* I_b + V_c{}^* I_c = 3(V_0{}^* I_0 + V_1{}^* I_1 + V_2{}^* I_2) \, [VA]$$

여기서, $\dot{S}$: 피상전력[VA], P : 유효전력[W], Q : 무효전력[Var],
V_a, V_b, V_c : 3상 각상 전압[V], I_a, I_b, I_c : 3상 각 상 전류[A],
V_0, I_0 : 영상분 전압, 영상분 전류, V_1, I_1 : 정상분 전압, 정상분 전류,
V_2, I_2 : 역상분 전압, 역상분 전류

출제빈도
★★★★

보충학습 문제
관련페이지
103, 110, 111, 112

예제1 어느 3상 회로의 선간전압을 측정하니 $V_a = 120[V]$, $V_b = -60 - j80[V]$, $V_c = -60 + j80[V]$이었다. 불평형률[%]은?

① 12 ② 13
③ 14 ④ 15

· 정답 : ②

정상분 전압

$V_1 = \frac{1}{3}(V_a + \angle 120° V_b + \angle -120° V_c)$

$\quad = \frac{1}{3}\{120 + 1\angle 120° \times (-60 - j80)$
$\qquad + 1\angle -120° \times (-60 - j80)\}$

$\quad = 106.2 \, [V]$

역상분 전압

$V_2 = \frac{1}{3}(V_a + \angle -120° V_b + \angle 120° V_c)$

$\quad = \frac{1}{3}\{120 + 1\angle -120° \times (-60 - j80)$
$\qquad + 1\angle 120° \times (-60 + j80)\}$

$\quad = 13.8 \, [V]$

∴ 불평형률 $= \frac{역상분}{정상분} \times 100$

$\qquad = \frac{13.8}{106.2} \times 100 = 13 \, [\%]$

예제2 3상 회로의 선간전압이 각각 80, 50, 50[V] 일 때 전압의 불평형률[%]은?

① 22.7 ② 39.6
③ 45.3 ④ 57.3

· 정답 : ②

$V_a = 80[V]$, $V_b = 50[V]$, $V_c = 50[V]$인 3상 불평형 선간전압에서 $V_a + V_b + V_c = 0[V]$인 V_b, V_c의 전압 벡터는
$V_b = -40 - j30[V]$, $V_c = -40 + j30[V]$
이므로 정상분 전압 V_1은

$V_1 = \frac{1}{3}(V_a + \angle 120° V_b + \angle -120° V_c)$

$\quad = \frac{1}{3}\{80 + 1\angle 120° \times (-40 - j30)$
$\qquad + 1\angle -120° \times (-40 + j30)\}$

$\quad = 57.3 \, [V]$

역상분 전압 V_2는

$V_2 = \frac{1}{3}(V_a + \angle -120° V_b + \angle 120° V_c)$

$\quad = \frac{1}{3}\{80 + 1\angle -120° \times (-40 - j30)$
$\qquad + 1\angle 120° \times (-40 + j30)\}$

$\quad = 22.7 \, [V]$

∴ 불평형률 $= \frac{역상분}{정상분} \times 100$

$\qquad = \frac{22.7}{57.3} \times 100 = 39.6 \, [\%]$

31 전력계법

출제빈도
★★★★

1. 2전력계법

① 전전력
$$P = W_1 + W_2 = \sqrt{3}\,VI\cos\theta\,[W]$$

② 무효전력
$$Q = \sqrt{3}(W_1 - W_2) = \sqrt{3}\,VI\sin\theta\,[Var]$$

③ 피상전력
$$S = 2\sqrt{W_1^2 + W_2^2 - W_1 W_2} = \sqrt{3}\,VI\,[VA]$$

④ 역률
$$\cos\theta = \frac{P}{S}\times 100 = \frac{W_1 + W_2}{2\sqrt{W_1^2 + W_2^2 - W_1 W_2}}\times 100\,[\%]$$

㉠ $W_1 = 2W_2$ 또는 $W_2 = 2W_1$인 경우 $\cos\theta = 0.866 = 86.6\,[\%]$
㉡ $W_1 = 3W_2$ 또는 $W_2 = 3W_1$인 경우 $\cos\theta = 0.75 = 75\,[\%]$
㉢ W_1 또는 W_2 중 어느 하나가 0인 경우 $\cos\theta = 0.5 = 50\,[\%]$

2. 1전력계법

① 진진력
$$P = 2W = \sqrt{3}\,VI\,[W]$$

② 선전류
$$I = \frac{2W}{\sqrt{3}\,V}\,[A]$$

보충학습 문제
관련페이지
94, 95, 96

예제1 단상 전력계 2개로써 평형 3상 부하의 전력을 측정하였더니 각각 300[W]와 600[W]를 나타내었다. 부하 역률은? (단, 전압과 전류는 정현파이다.)

① 0.5 ② 0.577
③ 0.637 ④ 0.866

· 정답 : ④
2전력계의 지시값이 각각 300[W]와 600[W]를 나타내는 경우 $W_1 = 2W_2$ 또는 $W_2 = 2W_1$인 경우에 속하므로
∴ $\cos\theta = 0.866\,[pu] = 86.6\,[\%]$

예제2 선간전압 V[V]인 대칭 3상 전원에 평형 3상 저항 부하 $R[\Omega]$이 그림과 같이 접속되었을 때 a, b 두 상간에 접속된 전력계의 지시값이 W[W]라 하면 c상의 전류[A]는?

① $\dfrac{\sqrt{3}\,W}{V}$

② $\dfrac{3W}{V}$

③ $\dfrac{W}{\sqrt{3}\,V}$

④ $\dfrac{2W}{\sqrt{3}\,V}$

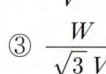

· 정답 : ④
1전력계법에서 선전류
$I = \dfrac{2W}{\sqrt{3}\,V}\,[A]$

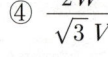

Y-Δ결선 변환

1. $Y \rightarrow \Delta$ 변환

$$Z_{ab} = \frac{Z_a Z_b + Z_b Z_c + Z_c Z_a}{Z_c}$$

$$Z_{bc} = \frac{Z_a Z_b + Z_b Z_c + Z_c Z_a}{Z_a}$$

$$Z_{ca} = \frac{Z_a Z_b + Z_b Z_c + Z_c Z_a}{Z_b}$$

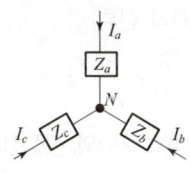

2. $\Delta \rightarrow Y$ 변환

$$Z_a = \frac{Z_{ab} \cdot Z_{ca}}{Z_{ab} + Z_{bc} + Z_{ca}}$$

$$Z_b = \frac{Z_{ab} \cdot Z_{bc}}{Z_{ab} + Z_{bc} + Z_{ca}}$$

$$Z_c = \frac{Z_{bc} \cdot Z_{ca}}{Z_{ab} + Z_{bc} + Z_{ca}}$$

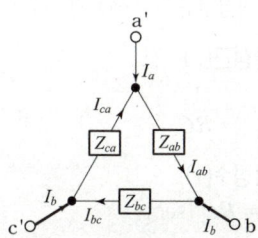

여기서, Z_a, Z_b, Z_c : Y결선 한 상의 임피던스[Ω],
Z_{ab}, Z_{bc}, Z_{ca} : Δ결선 한 상의 임피던스[Ω]

32

출제빈도
★★★★

보충학습 문제
관련페이지
83, 86, 97, 98, 99

예제1 그림과 같은 부하에 전압 $V = 100$[V]의 대칭 3상 전압을 인가할 때 선전류 I는?

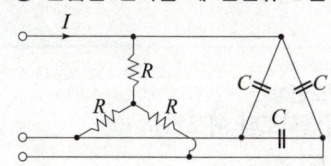

① $\frac{100}{\sqrt{3}}\left(\frac{1}{R} + j3\omega C\right)$

② $100\left(\frac{1}{R} + j\sqrt{3}\,\omega C\right)$

③ $\frac{100}{\sqrt{3}}\left(\frac{1}{R} + j\omega C\right)$

④ $100\left(\frac{1}{R} + j\omega C\right)$

· 정답 : ①

선전류 계산

Y결선된 저항 R에 의한 선전류 I_Y, Δ결선된 정전용량 C에 의해 선전류 I_Δ라 하면

$$I_Y = \frac{V_L}{\sqrt{3}\,Z} = \frac{100}{\sqrt{3}\,R}[A]$$

$$I_\Delta = \frac{\sqrt{3}\,V_L}{Z} = \frac{\sqrt{3}\,V_L}{\frac{1}{\omega C}} = 100\sqrt{3}\,\omega C[A]$$

저항에 흐르는 전류는 유효분이며, 정전용량에 흐르는 전류는 90° 앞선 진상전류이므로

$$\therefore\ I_L = I_Y + jI_\Delta = \frac{100}{\sqrt{3}\,R} + j100\sqrt{3}\,\omega C$$

$$= \frac{100}{\sqrt{3}}\left(\frac{1}{R} + j3\omega C\right)[A]$$

제4과목 회로이론

33 R-C 과도현상

1. S를 단자 ①로 ON하면
   ① t초에서의 전류
   $$i(t) = \frac{E}{R} e^{-\frac{1}{RC}t} \text{ [A]}$$

   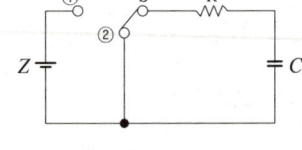

   ② 초기전류($t=0$)와 정상전류($t=\infty$)
   ㉠ 초기전류($t=0$) $i(0) = \frac{E}{R}$ [A]
   ㉡ 정상전류($t=\infty$) $i(\infty) = 0$ [A]

   ③ 특성근(s)
   $$s = -\frac{1}{RC}$$

   ④ 시정수(τ)
   $$\tau = RC \text{ [sec]}$$

   ⑤ C의 단자전압(E_C)과 충전된 전하량(Q)
   $$E_C = \frac{1}{C}\int_0^t i(t)dt = Z\left(1 - e^{-\frac{1}{RC}t}\right) \text{[V]}, \quad Q = CE\left(1 - e^{-\frac{1}{RC}t}\right) \text{[C]}$$

2. S를 단자 ②로 OFF하면 t초에서의 전류
   $$i(t) = -\frac{E}{R} e^{-\frac{1}{RC}t} \text{ [A]}$$

[예제1] 그림과 같은 회로에 $t=0$ 에서 s를 닫을 때의 방전 과도전류 $i(t)$ [A]는?

① $\frac{Q}{RC} e^{-\frac{t}{RC}}$

② $-\frac{Q}{RC} e^{\frac{t}{RC}}$

③ $\frac{Q}{RC}(1 + e^{\frac{t}{RC}})$

④ $-\frac{1}{RC}(1 - e^{-\frac{t}{RC}})$

· 정답 : ①

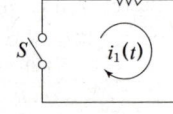

R-C 과도현상
R-C직렬회로의 과도전류 $i(t)$
$i(t) = \frac{E}{R} e^{-\frac{1}{RC}t}$ [A]이며 기전력을 인가한 경우의 충전전류이다. 기전력이 제거되고 난 후에 방전전류는 충전 시 흐르는 전류와 크기는 같고 방향이 반대이므로 전류부호가 음(-)이 되어야 하나 이 문제의 전류방향이 콘덴서 부호와 일치하는 방전전류를 가리키므로 음(-) 부호를 붙이지 않아야 한다.

$E = \frac{Q}{C}$ [V] 식을 대입하여 구하면

∴ $i(t) = \frac{E}{R} e^{-\frac{1}{RC}t} = \frac{Q}{RC} e^{-\frac{1}{RC}t}$ [A]

L-C 과도현상 34

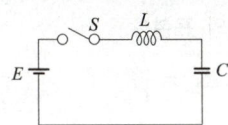

1. S를 ON하고 t초 후에 전류는

$$i(t) = \frac{E}{\sqrt{\frac{L}{C}}} \sin \frac{1}{\sqrt{LC}} t \; [A] : 불변진동 전류$$

2. L, C 단자전압의 범위

   ① L단자전압의 범위
   $$-E \leq E_L \leq +E \; [V]$$

   ② C단자전압의 범위
   $$0 \leq E_C \leq 2E \; [V]$$

여기서, $i(t)$: 과도전류[A], E : 직류전압[V], L : 인덕턴스[H], C : 정전용량[F],
E_L : L의 단자전압[V], E_C : C의 단자전압[V]

출제빈도
★★★★

보충학습 문제
관련페이지
165, 176

예제1 그림과 같은 직류 LC 직렬회로에 대한 설명 중 옳은 것은?

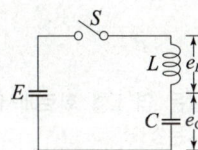

① e_L은 진동함수이나 e_C는 진동하지 않는다.
② e_L의 최대치는 $2E$까지 될 수 있다.
③ e_C의 최대치가 $2E$까지 될 수 있다.
④ C의 충전전하 q는 시간 t에 무관하다.

· 정답 : ③
LC 과도현상의 LC 단자전압이 범위
(1) L단자전압의 범위
$$-E \leq E_L \leq +E \; [V]$$
(2) C단자전압의 범위
$$0 \leq E_C \leq 2E \; [V]$$

예제2 그림과 같은 회로에서 정전 용량 C[F]를 충전한 후 스위치 S를 닫아 이것을 방전하는 경우의 과도 전류는? (단, 회로에는 저항이 없다.)

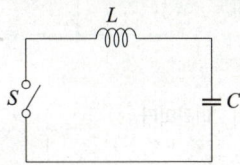

① 불변의 진동 전류
② 감쇠하는 전류
③ 감쇠하는 진동 전류
④ 일정값까지 증가하여 그 후 감쇠하는 전류

· 정답 : ①
L-C 과도현상
L-C 직렬연결에서 회로에 흐르는 전류 $i(t)$는 $i(t) = \frac{E}{\sqrt{\frac{L}{C}}} \sin \frac{1}{\sqrt{LC}} t \; [A]$이며 불변진동전류이다.

35 Z파라미터

1. Z 파라미터의 4단자 정수로의 표현

$Z_{11} = \dfrac{A}{C}$, $Z_{12} = Z_{21} = \dfrac{1}{C}$, $Z_{22} = \dfrac{D}{C}$

2. T형과 L형 회로망의 Z파라미터

회로망 / Z파라미터	(T형)	(역L형 Z_2 직렬)	(L형 Z_1 직렬)
Z_{11}	$Z_1 + Z_3$	$Z_1 + Z_2$	Z_1
$Z_{12} = Z_{21}$	Z_3	Z_2	Z_1
Z_{22}	$Z_2 + Z_3$	Z_2	$Z_1 + Z_2$

여기서, Z_{11}, Z_{12}, Z_{21}, Z_{22} : Z파라미터, A, C, D : 4단자 정수,
Z_1, Z_2, Z_3 : 회로망 임피던스[Ω]

출제빈도 ★★★★

보충학습 문제 관련페이지 136, 149, 150

예제1 그림과 같은 T형 4단자 회로망의 임피던스 파라미터 Z_{11}은?

① $Z_b - Z_c$
② $Z_a + Z_c$
③ $Z_a + Z_b$
④ Z_b

· 정답 : ②
T형 회로망의 Z파라미터
$\begin{bmatrix} Z_{11} & Z_{12} \\ Z_{21} & Z_{22} \end{bmatrix} = \begin{bmatrix} Z_a + Z_c & Z_c \\ Z_c & Z_b + Z_c \end{bmatrix}$
∴ $Z_{11} = Z_a + Z_c$ [Ω]

예제2 그림과 같은 회로에서 Z_{21}은?

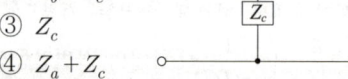

① $Z_a + Z_b$
② $Z_b + Z_c$
③ Z_c
④ $Z_a + Z_c$

· 정답 : ③

T형 회로망의 Z파라미터
$\begin{bmatrix} Z_{11} & Z_{12} \\ Z_{21} & Z_{22} \end{bmatrix} = \begin{bmatrix} Z_a + Z_c & Z_c \\ Z_c & Z_b + Z_c \end{bmatrix}$
∴ $Z_{21} = Z_c$ [Ω]

예제3 그림과 같은 역 L형 회로에서 임피던스 파라미터 중 Z_{22}는?

① Z_2
② $-Z_2$
③ $Z_1 - Z_2$
④ $Z_1 + Z_2$

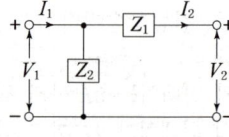

· 정답 : ④
L형 회로망의 Z파라미터
$\begin{bmatrix} Z_{11} & Z_{12} \\ Z_{21} & Z_{22} \end{bmatrix} = \begin{bmatrix} Z_2 & Z_2 \\ Z_2 & Z_1 + Z_2 \end{bmatrix}$
∴ $Z_{22} = Z_1 + Z_2$ [Ω]

Y파라미터

1. Y파라미터의 4단자 정수로의 표현

$Y_{11} = \dfrac{D}{B}$, $Y_{12} = Y_{21} = \pm \dfrac{1}{B}$, $Y_{22} = \dfrac{A}{B}$

2. π형과 L형 회로망의 Y파라미터

회로망 Y파라미터	![π1]	![L1]	![L2]
Y_{11}	$Y_1 + Y_2$	Y_1	$Y_1 + Y_2$
$Y_{12} = Y_{21}$	Y_2	$\pm Y_1$	$\pm Y_2$
Y_{22}	$Y_2 + Y_3$	$Y_1 + Y_2$	Y_2

출제빈도
★★★★

보충학습 문제
관련페이지
137, 150, 151

예제1 그림과 같은 4단자 회로의 어드미턴스 파라미터 Y_{11}은 어느 것인가?

① Y_a
② $-Y_b$
③ $Y_a + Y_b$
④ $Y_b + Y_c$

· 정답 : ③
Y파라미터 Y_{11}, Y_{12}, Y_{21}, Y_{22}를 표현하면
$Y_{11} = Y_a + Y_b$
$Y_{12} = Y_{21} = -Y_b$
$Y_{22} = Y_b + Y_c$

예제2 그림과 같은 π형 4단자 회로의 어드미턴스 상수 중 $Y_{22}[℧]$는?

① 5
② 6
③ 9
④ 11

· 정답 : ③

π형 회로망의 Y파라미터
$\begin{bmatrix} Y_{11} & Y_{12} \\ Y_{21} & Y_{22} \end{bmatrix} = \begin{bmatrix} Y_a + Y_b & \pm Y_b \\ \pm Y_b & Y_b + Y_c \end{bmatrix}$
$= \begin{bmatrix} 3+2 & 3 \\ 3 & 3+6 \end{bmatrix} = \begin{bmatrix} 5 & 3 \\ 3 & 9 \end{bmatrix}$
$\therefore Y_{22} = 9 [℧]$

예제3 그림과 같은 π형 회로에 있어서 어드미턴스 파라미터 중 Y_{21}은 어느 것인가?

① $Y_a + Y_b$
② $Y_a + Y_c$
③ Y_b
④ $-Y_a$

· 정답 : ④
π형 회로의 Y파라미터
$\begin{bmatrix} Y_{11} & Y_{12} \\ Y_{21} & Y_{22} \end{bmatrix} = \begin{bmatrix} Y_a + Y_b & \pm Y_a \\ \pm Y_a & Y_a + Y_c \end{bmatrix}$
$\therefore Y_{21} = +Y_a$ 또는 $-Y_a$

37. 4단자 정수의 성질 및 차원과 기계적 특성

출제빈도
★★★

1. 4단자정수의 성질 및 차원

① $A = \dfrac{V_1}{V_2}\bigg|_{I_2=0}$ ⇒ 전압이득 또는 입·출력 전압비(변압기의 권수비)

② $B = \dfrac{V_1}{I_2}\bigg|_{V_2=0}$ ⇒ 임피던스 차원(자이레이터의 저항)

③ $C = \dfrac{I_1}{V_2}\bigg|_{I_2=0}$ ⇒ 어드미턴스 차원(자이레이터 저항의 역수)

④ $D = \dfrac{I_1}{I_2}\bigg|_{V_2=0}$ ⇒ 전류이득 또는 입·출력 전류비(변압기 권수비의 역수)

2. 4단자 정수의 기계적 특성

① 변압기

회로망 4단자정수	N	$n_1 : n_2$	$n : 1$	$1 : n$
A	N	$\dfrac{n_1}{n_2}$	n	$\dfrac{1}{n}$
B	0	0	0	0
C	0	0	0	0
D	$\dfrac{1}{N}$	$\dfrac{n_2}{n_1}$	$\dfrac{1}{n}$	n

※ 변압기의 1, 2차 권수의 비를 N이라 할 때 $N = \dfrac{n_1}{n_2}$이므로 4단자 정수로의 표현은 위의 표와 같이 전개된다.

② 자이레이터

회로망 4단자정수	a	r	r_1, r_2
A	0	0	0
B	a	r	$\sqrt{r_1 r_2}$
C	$\dfrac{1}{a}$	$\dfrac{1}{r}$	$\dfrac{1}{\sqrt{r_1 r_2}}$
D	0	0	0

※ 자이레이터의 1, 2차 저항의 계수를 자이레이터 저항 a(또는 r)라 할 때 $a = r = \sqrt{r_1 r_2}$ 이므로 4단자 정수로의 표현은 위의 표와 같이 전개된다.

보충학습 문제
관련페이지
134, 138, 141,
142, 143

[예제1] 4단자 정수 A, B, C, D 중에서 전달 임피던스 차원을 갖는 정수는?

① B ② A
③ C ④ D

· 정답 : ①

4단자 정수의 성질 및 차원
(1) A : 전압이득 또는 입·출력 전압비
(2) B : 임피던스 차원
(3) C : 어드미턴스 차원
(4) D : 전류이득 또는 입·출력 전류비

[예제3] 4단자 회로망에 있어서 출력 단자 단락시 입력 전류와 출력 전류의 비를 나타내는 것은?

① A ② B
③ C ④ D

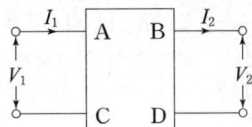

· 정답 : ④

4단자 정수의 성질 및 차원
D : 전류이득 또는 입·출력 전류비

[예제2] 다음 결합 회로의 4단자 정수 A, B, C, D 파라미터 행렬은?

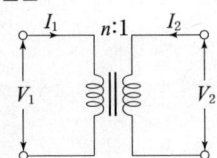

① $\begin{bmatrix} n & 0 \\ 0 & \dfrac{1}{n} \end{bmatrix}$ ② $\begin{bmatrix} 1 & n \\ \dfrac{1}{n} & 0 \end{bmatrix}$

③ $\begin{bmatrix} 0 & n \\ \dfrac{1}{n} & 1 \end{bmatrix}$ ④ $\begin{bmatrix} \dfrac{1}{n} & 0 \\ 0 & n \end{bmatrix}$

· 정답 : ①

4단자 정수의 기계적 특성

변압기 권수비 $N = \dfrac{n_1}{n_2} = \dfrac{n}{1} = n$ 이므로

$\begin{bmatrix} A & B \\ C & D \end{bmatrix} = \begin{bmatrix} N & 0 \\ 0 & \dfrac{1}{N} \end{bmatrix} = \begin{bmatrix} \dfrac{n_1}{n_2} & 0 \\ 0 & \dfrac{n_2}{n_1} \end{bmatrix}$

$= \begin{bmatrix} n & 0 \\ 0 & \dfrac{1}{n} \end{bmatrix}$

[예제4] 그림과 같은 이상 변압기의 4단자 정수 A, B, C, D는 어떻게 표시되는가?

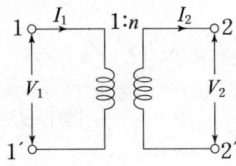

① $n, 0, 0, \dfrac{1}{n}$ ② $\dfrac{1}{n}, 0, 0, \dfrac{1}{n}$

③ $\dfrac{1}{n}, 0, 0, n$ ④ $n, 0, 1, \dfrac{1}{n}$

· 정답 : ③

4단자 정수의 기계적 특성

변압기 권수비 $N = \dfrac{n_1}{n_2} = \dfrac{1}{n}$ 이므로

$\begin{bmatrix} A & B \\ C & D \end{bmatrix} = \begin{bmatrix} N & 0 \\ 0 & \dfrac{1}{N} \end{bmatrix} = \begin{bmatrix} \dfrac{n_1}{n_2} & 0 \\ 0 & \dfrac{n_2}{n_1} \end{bmatrix}$

$= \begin{bmatrix} \dfrac{1}{n} & 0 \\ 0 & n \end{bmatrix}$

38 정저항 회로

출제빈도
★★★

임피던스의 허수부가 어떤 주파수에 관해서도 언제나 0이 되고 실수부도 주파수에 무관하여 항상 일정하게 되는 회로를 "정저항 회로"라 한다.

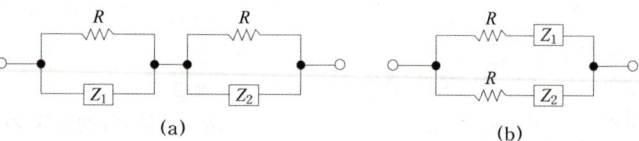

(a)   (b)

1. 정저항 조건식

   $R^2 = Z_1 Z_2$

2. $Z_1 = j\omega L$, $Z_2 = \dfrac{1}{j\omega C}$ 인 경우

   $R^2 = Z_1 Z_2 = j\omega L \times \dfrac{1}{j\omega C} = \dfrac{L}{C}$

   $R^2 = Z_1 Z_2 = \dfrac{L}{C}$

   $R = \sqrt{\dfrac{L}{C}}\ [\Omega],\ L = CR^2\ [H],\ C = \dfrac{L}{R^2}\ [F]$

   여기서, R : 저항[Ω], Z_1, Z_2 : 임피던스[Ω], L : 인덕턴스[H],
   C : 정전용량[F], ω : 각주파수[rad/sec]

보충학습 문제
관련페이지
127, 131, 132

예제1 그림과 같은 회로의 임피던스가 R이 되기 위한 조건은?

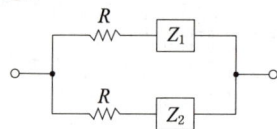

① $Z_1 Z_2 = R$ ② $\dfrac{Z_1}{Z_2} = R^2$

③ $Z_1 Z_2 = R^2$ ④ $\dfrac{Z_2}{Z_1} = R^2$

· 정답 : ③
정저항 조건식

(1) $R^2 = Z_1 Z_2 = \dfrac{L}{C}$

(2) $R = \sqrt{\dfrac{L}{C}}\ [\Omega],\ L = CR^2\ [H],$
   $C = \dfrac{L}{R^2}\ [F]$

예제2 그림과 같은 회로가 정저항 회로가 되기 위한 저항 R의 값은?

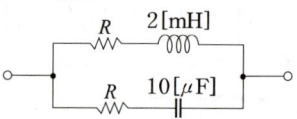

① 8[Ω]   ② 14[Ω]
③ 20[Ω]   ④ 28[Ω]

· 정답 : ②
정저항 조건식
$L = 2\ [\text{mH}],\ C = 10\ [\mu\text{F}]$
$R = \sqrt{\dfrac{L}{C}} = \sqrt{\dfrac{2 \times 10^{-3}}{10 \times 10^{-6}}} = 14\ [\Omega]$

무효전력

39

1. 무효전력(Q)

① 전압(V), 전류(I), 역률($\cos\theta$)이 주어진 경우

$$Q = S\sin\theta = VI\sin\theta = \frac{1}{2}V_m I_m \sin\theta \text{ [Var]}$$

주어진 역률($\cos\theta$)을 무효율($\sin\theta$)로 환산하면 $\sin\theta = \sqrt{1-\cos^2\theta}$ 이다.

② R-X 직렬접속된 경우

$$Q = I^2 X = \frac{V^2 X}{R^2 + X^2} \text{ [Var]}$$

③ R-X 병렬접속된 경우

$$Q = \frac{V^2}{X} \text{ [Var]}$$

2. 피타고라스 정리 적용

$$S = \sqrt{P^2 + Q^2} \text{ [VA]}, \quad P = \sqrt{S^2 - Q^2} \text{ [W]},$$
$$Q = \sqrt{S^2 - P^2} \text{ [Var]}$$

여기서, Q : 무효전력[Var], V : 전압[V], I : 전류[A], $\cos\theta$: 역률, R : 저항[Ω], X : 리액턴스[Ω], S : 피상전력[VA], P : 유효전력[W]

출제빈도
★★★

보충학습 문제
관련페이지
43, 47, 48, 49, 50, 51, 55

예제1 100[V], 800[W], 역률 80[%]인 회로의 리액턴스는 몇 [Ω]인가?

① 12　　② 10
③ 8　　　④ 6

· 정답 : ④

전력의 피타고라스 정리를 적용하기 위해서 먼저 전류가 계산되어야 한다.
$V = 100$ [V], $P = 800$ [W], $\cos\theta = 0.8$ 일 때 $P = VI\cos\theta$ [W] 식에서
$I = \dfrac{P}{V\cos\theta} = \dfrac{800}{100 \times 0.8} = 10$ [A]이므로
$S = VI$ [VA],
$Q = I^2 X = \sqrt{S^2 - P^2} = \sqrt{(VI)^2 - P^2}$ [Var]
$\therefore X = \dfrac{\sqrt{(VI)^2 - P^2}}{I^2}$
$= \dfrac{\sqrt{(100 \times 10)^2 - 800^2}}{10^2}$
$= 6$ [Ω]

예제2 역률 60[%]인 부하의 유효 전력이 120 [kW]일 때 무효 전력은[kVar]은?

① 40　　② 80
③ 120　　④ 160

· 정답 : ④

피상전력의 절대값 식에서
$\cos\theta = 0.6$, $P = 120$ [kW] 일 때
$|S| = VI = \dfrac{P}{\cos\theta} = \dfrac{Q}{\sin\theta}$ [VA]이므로
$\therefore Q = P\dfrac{\sin\theta}{\cos\theta} = P \cdot \dfrac{\sqrt{1-\cos^2\theta}}{\cos\theta} = P\tan\theta$
$= 120 \times \dfrac{\sqrt{1-0.6^2}}{0.6} = 160$ [kW]

40 구동점 임피던스 계산

$j\omega = s$로 표현하고 구동점 리액턴스는 각각 $j\omega L = sL\,[\Omega]$, $\dfrac{1}{j\omega C} = \dfrac{1}{sC}\,[\Omega]$으로 나타낸다.

1. R, L, C 직렬회로의 구동점 임피던스 : $Z(s)$

$$Z(s) = R + Ls + \frac{1}{Cs}\,[\Omega]$$

2. R, L, C 병렬회로의 구동점 임피던스 : $Z(s)$

$$Y(s) = \frac{1}{R} + \frac{1}{Ls} + Cs\,[S]$$

$$Z(s) = \frac{1}{Y(s)} = \frac{1}{\dfrac{1}{R} + \dfrac{1}{Ls} + Cs}\,[\Omega]$$

여기서, ω : 각주파수[rad/sec], R : 저항[Ω], L : 인덕턴스[H], C : 정전용량[F], $Z(s)$: 구동점 임피던스[Ω], $Y(s)$: 구동점 어드미턴스[S]

출제빈도 ★★★

보충학습 문제 관련페이지
126, 128, 129, 130, 131, 132, 133

예제1 리액턴스 함수가 $Z(\lambda) = \dfrac{4\lambda}{\lambda^2 + 9}$로 표시되는 리액턴스 2단자망은 다음 중 어느 것인가?

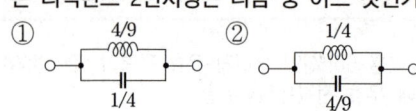

· 정답 : ①

$$Z(\lambda) = \frac{4\lambda}{\lambda^2+9} = \frac{1}{\dfrac{\lambda^2+9}{4\lambda}} = \frac{1}{\dfrac{\lambda}{4} + \dfrac{9}{4\lambda}}$$

$$= \frac{1}{\dfrac{1}{4}\lambda + \dfrac{1}{\dfrac{4}{9}\lambda}} = \frac{1}{Cs + \dfrac{1}{Ls}}\,[\Omega]$$

$C = \dfrac{1}{4}$ [F], $L = \dfrac{4}{9}$ [H]

∴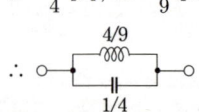

예제2 그림과 같은 회로의 2단자 임피던스 $Z(s)$는? 단, $s = j\omega$이다.

① $\dfrac{s}{s^2+1}$
② $\dfrac{0.5s}{s^2+1}$
③ $\dfrac{3s}{s^2+1}$
④ $\dfrac{2s}{s^2+1}$

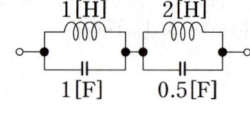

· 정답 : ③

L, C 병렬회로의 구동점 임피던스 $Z(s)$

$$Z(s) = \frac{1}{\dfrac{1}{L_1 s} + C_1 s} + \frac{1}{\dfrac{1}{L_2 s} + C_2 s}$$

$$= \frac{1}{\dfrac{1}{s} + s} + \frac{1}{\dfrac{1}{2s} + 0.5s}$$

$$= \frac{s}{s^2+1} + \frac{2s}{s^2+1} = \frac{3s}{s^2+1}$$

3상 V결선의 특징

단상변압기 3대로 Δ결선 운전 중 1대 고장으로 나머지 2대로 3상부하를 운전할 수 있는 결선

1. V결선의 출력
$P = \sqrt{3}\, V_L I_L \cos\theta\,[W]$, $S = \sqrt{3} \times TR\ 1대\ 용량\,[VA]$

여기서, P: V결선 출력[W], S: 피상전력[VA], V_L: 선간전압[V], I_L: 선전류[A], $\cos\theta$: 역률

2. V결선의 출력비
Δ결선으로 운전하는 경우에 비해서 V결선으로 운전할 때의 비율

$$\therefore \frac{S_V}{S_\Delta} = \frac{\sqrt{3} \times TR\ 1대\ 용량}{3 \times TR\ 1대\ 용량} = \frac{1}{\sqrt{3}} = 0.577$$

3. V결선의 이용률
$$\therefore \frac{S_V}{변압기\ 총용량} = \frac{\sqrt{3} \times TR\ 1대\ 용량}{2 \times TR\ 1대\ 용량} = \frac{\sqrt{3}}{2} = 0.866$$

41

출제빈도
★★★

보충학습 문제
관련페이지
83, 93

예제1 V결선의 출력은 $P = \sqrt{3}\, VI\cos\theta$로 표시된다. 여기서 V, I는?
① 선간전압, 상전류
② 상전압, 선간전류
③ 선간전압, 선전류
④ 상전압, 상전류

· 정답 : ③
V결선의 출력
V결선의 출력을 P라 하면
$P = \sqrt{3}\, VI\cos\theta = \sqrt{3}\, V_L I_L \cos\theta\,[W]$이다.
여기서, V_L은 선간전압, I_L은 선전류이다.

예제2 단상 변압기 3대(100[kVA]×3)로 Δ결선하여 운전 중 1대 고장으로 V결선한 경우의 출력[kVA]은?
① 100 [kVA]   ② 100√3 [kVA]
③ 245 [kVA]   ④ 300 [kVA]

· 정답 : ②
V결선의 출력
$P_V = \sqrt{3} \times 변압기\ 1대\ 용량$
$= 100\sqrt{3}\,[kVA]$

예제3 단상 변압기 3대(50[kVA]×3)를 Δ결선하여 부하에 전력을 공급하고 있다. 변압기 1대의 고장으로 V결선으로 한 경우 공급할 수 있는 전력과 고장 전 전력과의 비율[%]은?
① 57.7   ② 66.7
③ 75.0   ④ 86.6

· 정답 : ①
V결선의 출력비는 Δ결선으로 운전하는 경우에 비해서 V결선으로 운전하는 경우의 출력의 비를 의미하며
$$\frac{S_V}{S_\Delta} = \frac{\sqrt{3} \times TR\ 1대\ 용량}{3 \times TR\ 1대\ 용량}$$
$$= \frac{1}{\sqrt{3}} = 0.577 = 57.7\,[\%]$$

42 n상 다상교류의 특징

출제빈도
★★★

1. 성형결선과 환상결선의 특징

특징 \ 종류	성형결선	환상결선
선간전압(V_L)과 상전압(V_P) 관계	$V_L = 2\sin\dfrac{\pi}{n} V_P [\text{V}]$	$V_L = V_P [\text{V}]$
선전류(I_L)와 상전류(I_P) 관계	$I_L = I_P [\text{A}]$	$I_L = 2\sin\dfrac{\pi}{n} I_P [\text{A}]$
위상관계	$\dfrac{\pi}{2}\left(1-\dfrac{2}{n}\right)$	$\dfrac{\pi}{2}\left(1-\dfrac{2}{n}\right)$
소비전력(P_n)	$P_n = \dfrac{n}{2\sin\dfrac{\pi}{n}} V_L I_L \cos\theta [\text{W}]$	$P_n = \dfrac{n}{2\sin\dfrac{\pi}{n}} V_L I_L \cos\theta [\text{W}]$

① 5상 성형결선에서 선간전압과 상전압의 위상차는
$\theta = \dfrac{\pi}{2}\left(1-\dfrac{2}{n}\right) = \dfrac{\pi}{2}\left(1-\dfrac{2}{5}\right) = 54°$

② 대칭 6상 환상결선인 경우 선전류와 상전류의 크기 관계는
$I_L = 2\sin\dfrac{\pi}{n} I_P = 2\sin\dfrac{\pi}{6} I_P = I_P [\text{A}]$

2. 회전자계의 모양

① 대칭 n상 회전자계

각 상의 모든 크기가 같으며 각 상간 위상차가 $\dfrac{2\pi}{n}$로 되어 회전자계의 모양은 원형을 그린다.

② 비대칭 n상 회전자계

각 상의 크기가 균등하지 못하여 각 상간 위상차는 $\dfrac{2\pi}{n}$로 될 수 없기 때문에 회전자계의 모양은 타원형을 그린다.

보충학습 문제
관련페이지
80, 81, 87, 88, 101

예제1 대칭 5상 기전력의 선간 전압과 상전압의 위상차는 얼마인가?
① 27° ② 36°
③ 54° ④ 72°

· 정답 : ③
대칭 n상에서 선간전압과 상전압의 위상차는 $\dfrac{\pi}{2}\left(1-\dfrac{2}{n}\right)$이고 대칭 5상은 $n=5$일 때이므로
∴ $\dfrac{\pi}{2}\left(1-\dfrac{2}{n}\right) = \dfrac{\pi}{2}\left(1-\dfrac{2}{5}\right) = 54°$

예제2 대칭 6상식의 성형 결선의 전원이 있다. 상전압이 100[V]이면 선간 전압[V]은 얼마인가?
① 600 ② 300
③ 220 ④ 100

· 정답 : ④
선간전압을 V_L, 상전압을 V_P라 하면 대칭 6상 성형결선에서는 $V_L = V_P [\text{V}]$이므로
∴ $V_L = V_P = 100 [\text{V}]$

중첩의 원리 43

여러 개의 전원을 이용하는 하나의 회로망에서 임의의 지로에 흐르는 전류를 구하기 위해서 전원 각각 단독으로 존재하는 경우의 회로를 해석하여 계산된 전류의 대수의 합을 한다.

※ 중첩의 원리는 선형회로에서만 적용이 가능하며, 또한 전원을 제거하는 경우에는 전압원은 단락, 전류원은 개방을 하여야 한다.

출제빈도
★★★

보충학습 문제
관련페이지
67, 72, 73

예제1 여러 개의 기전력을 포함하는 선형 회로망 내의 전류 분포는 각 기전력이 단독으로 그 위치에 있을 때 흐르는 전류 분포의 합과 같다는 것은?
① 키르히호프(Kirchhoff) 법칙이다.
② 중첩의 원리이다.
③ 테브난(Thevenin)의 정리이다.
④ 노오튼(Norton)의 정리이다.

· 정답 : ②

중첩의 원리란 여러 개의 전원을 이용하는 하나의 회로망에서 임의의 지로에 흐르는 전류를 구하기 위해서 전원 각각 단독으로 존재하는 경우의 회로를 해석하여 계산된 전류의 대수의 합을 말한다. 중첩의 원리는 선형 회로에서만 적용할 수 있다.

예제2 그림과 같은 회로에서 15[Ω]의 저항에 흐르는 전류는 몇 [A]인가?
① 4
② 6
③ 8
④ 10

· 정답 : ①

(전압원 단락) 60[V]의 전압원을 단락하면 15[Ω] 저항에는 전류가 흐르지 않는다.
$I_1 = 0[A]$
(전류원 개방) 5[A], 20[A] 전류원을 모두 개방하면 60[V]와 15[Ω]이 직렬접속이 되어
$I_2 = \frac{60}{15} = 4[A]$ 가 된다.
∴ $I = I_1 + I_2 = 0 + 4 = 4[A]$

예제3 선형 회로에 가장 관계가 있는 것은?
① 키르히호프의 법칙
② 중첩의 원리
③ $V = RI^2$
④ 패러데이의 전자 유도 법칙

· 정답 : ②

중첩의 원리란 여러 개의 전원을 이용하는 하나의 회로망에서 임의의 지로에 흐르는 전류를 구하기 위해서 전원 각각 단독으로 존재하는 경우의 회로를 해석하여 계산된 전류의 대수의 합을 말한다. 중첩의 원리는 선형 회로에서만 적용할 수 있다.

예제4 그림과 같은 회로에서 15[Ω]에 흐르는 전류는 몇 [A]인가?
① 4
② 8
③ 10
④ 20

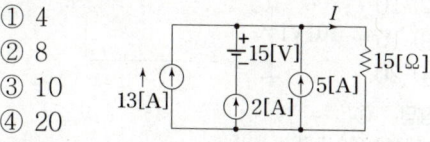

· 정답 : ④
중첩의 원리
(1) 전압원 단락 : 15[V]의 전압원이 단락되면 15[Ω]에 흐르는 전류는 전류원 3개의 전류합이므로 $I_1 = 13 + 2 + 5 = 20[A]$이다.
(2) 전류원 개방 : 13[A], 2[A], 5[A] 전류원을 모두 개방하면 15[V] (−)극성의 회로가 단선되어 전류 $I_2 = 0[A]$이 된다.
∴ $I = I_1 + I_2 = 20 + 0 = 20[A]$

44 최대전송전력

출제빈도
★★★

회로	내용	조건	최대전력
(E, r, R 회로)		$R = r$	$P_m = \dfrac{E^2}{4R}$
(V, C, R 회로)		$R = X_C = \dfrac{1}{\omega C}$	$P_m = \dfrac{1}{2}\omega C V^2$
(V, Z_g, Z_L 회로)		$Z_L = Z_g{}^*$	$P_m = \dfrac{V^2}{4R}$

여기서, R: 부하저항[Ω], r: 내부저항[Ω], P_m: 최대전송전력[W], C: 정전용량[F], X_C: 리액턴스[Ω], Z_L: 부하임피던스[Ω], Z_g: 내부임피던스[Ω], $Z_g{}^*$: Z_g의 켤레복소수

보충학습 문제
관련페이지
43, 52, 53, 54

예제1 다음 회로에서 부하 R_L에 최대 전력이 공급될 때의 전력 값이 5[W]라고 할 때 $R_L + R_i$의 값은 몇 [Ω]인가?

① 5
② 10
③ 15
④ 20

· 정답 : ②

최대전력전송조건
최대전력을 공급하기 위한 조건은 $R_L = R_i$이며 이 때 최대전력 P_m은
$P_m = \dfrac{E^2}{4R_L}$ [W]이므로
$P_m = 5$[W], $E = 10$[V]일 때
$R_L = \dfrac{E^2}{4P_m} = \dfrac{10^2}{4 \times 5} = 5$[Ω]이다.
∴ $R_L + R_i = 5 + 5 = 10$ [Ω]

예제2 내부 임피던스가 $0.3 + j2$[Ω]인 발전기에 임피던스가 $1.7 + j3$[Ω]인 선로를 연결하여 전력을 공급한다. 부하 임피던스가 몇 [Ω]일 때 최대전력이 전달되겠는가?

① 2[Ω]
② $\sqrt{29}$[Ω]
③ $2 - j5$[Ω]
④ $2 + j5$[Ω]

· 정답 : ③

최대전력전달조건
발전기 내부임피던스 Z_g, 선로측 임피던스 Z_ℓ이라 하면 전원측 내부임피던스 합 Z_o는
$Z_o = Z_g + Z_\ell = 0.3 + j2 + 1.7 + j3$
$= 2 + j5$[Ω]
최대전력전달조건은 부하임피던스 Z_L이
$Z_L = Z_o{}^*$[Ω]이어야 하므로(여기서 $Z_o{}^*$는 Z_o의 켤레복소수이다.)
∴ $Z_L = (2 + j5)^* = 2 - j5$[Ω]

a상 기준으로 해석한 대칭분

V_a, $V_b = a^2 V_a$, $V_c = a V_a$ 이므로

1. 영상분 전압(V_0)

$$V_0 = \frac{1}{3}(V_a + V_b + V_c) = \frac{1}{3}(V_a + a^2 V_a + a V_a) = 0\,[\mathrm{V}]$$

2. 정상분 전압(V_1)

$$V_1 = \frac{1}{3}(V_a + a V_b + a^2 V_c) = \frac{1}{3}(V_a + a^3 V_a + a^3 V_a) = V_a\,[\mathrm{V}]$$

3. 역상분 전압(V_2)

$$V_2 = \frac{1}{3}(V_a + a^2 V_b + a V_c) = \frac{1}{3}(V_a + a^4 V_a + a^2 V_a) = 0\,[\mathrm{V}]$$

- $a^3 = 1$
- $a^4 = a^3 \times a = a$
- $1 + a + a^2 = 0$

출제빈도
★★★

보충학습 문제
관련페이지
103, 111, 112

[예제1] 대칭 3상 전압이 V_a, $V_b = a^2 V_a$, $V_c = a V_a$ 일 때, a상을 기준으로 한 대칭분을 구할 때 영상분은?

① V_a
② $\frac{1}{3} V_a$
③ 0
④ $V_a + V_b + V_c$

· 정답 : ③
a상을 기준으로 해석한 대칭분
$V_0 = 0\,[\mathrm{V}]$, $V_1 = V_a\,[\mathrm{V}]$, $V_2 = 0\,[\mathrm{V}]$

[예제2] 대칭 3상 전압이 a상 $V_a[\mathrm{V}]$, b상 $V_b = a^2 V_a[\mathrm{V}]$, c상 $V_c = a V_a[\mathrm{V}]$일 때 a상을 기준으로 한 대칭분 전압 중 정상분 V_1은 어떻게 표시되는가?

① $\frac{1}{3} V_a$
② V_a
③ $a V_a$
④ $a^2 V_a$

· 정답 : ②
a상을 기준으로 해석한 대칭분
$V_0 = 0\,[\mathrm{V}]$, $V_1 = V_a\,[\mathrm{V}]$, $V_2 = 0\,[\mathrm{V}]$

[예제3] 대칭 3상 전압이 V_a, $V_b = a^2 V_a$, $V_c = a V_a$일 때 a상을 기준으로 한 각 대칭분 V_0, V_1, V_2는?

① 0, V_a, 0
② $a^2 V_a$, $a V_a$, V_a
③ $\frac{1}{3}(V_a + V_b + V_c)$,
   $\frac{1}{3}(V_a + a^2 V_b + a V_c)$,
   $\frac{1}{3}(V_a + a V_b + a^2 V_c)$
④ $\frac{1}{3}(V_a + V_b + V_c)$,
   $\frac{1}{3}(V_a + a V_b + a^2 V_c)$,
   $\frac{1}{3}(V_a + a^2 V_b + a V_c)$

· 정답 : ①
a상을 기준으로 해석한 대칭분
(1) 영상분 전압 : $V_0 = 0\,[\mathrm{V}]$
(2) 정상분 전압 : $V_1 = V_a\,[\mathrm{V}]$
(3) 역상분 전압 : $V_2 = 0\,[\mathrm{V}]$

46 푸리에 급수

출제빈도
★★★

기본파에 고조파가 포함된 비정현파를 여러 개의 정현파의 합으로 표시하는 방법을 "푸리에 급수"라 한다.

1. 푸리에 급수 정의식

$$f(t) = a_0 + \sum_{n=1}^{\infty} a_n \cos n\omega t + \sum_{n=1}^{\infty} b_n \sin n\omega t$$

2. 비정현파에 포함된 요소

① 직류분 또는 평균치 : a_0

② 기본파 : $a_1 \cos \omega t + b_1 \sin \omega t$

③ 고조파 : $\sum_{n=2}^{\infty} a_n \cos n\omega t + \sum_{n=2}^{\infty} b_n \sin n\omega t$

∴ 직류분+기본파+고조파

3. 주기적인 구형파 신호의 푸리에 급수

$$f(t) = \frac{4I_m}{\pi}\left(\sin \omega t + \frac{1}{3}\sin 3\omega t + \frac{1}{5}\sin 5\omega t + \frac{1}{7}\sin 7\omega t + \cdots\right)$$

∴ 기수(홀수)차로 구성된 무수히 많은 주파수 성분의 합성

보충학습 문제
관련페이지
114, 119

예제1 비정현파를 나타내는 식은?

① 기본파+고조파+직류분
② 기본파+직류분-고조파
③ 직류분+고조파-기본파
④ 교류분+기본파+고조파

· 정답 : ①

비정현파에 포함된 요소
(1) 직류분 또는 평균치 : a_0
(2) 기본파 : $a_1 \cos \omega t + b_1 \sin \omega t$
(3) 고조파 : $\sum_{n=2}^{\infty} a_n \cos n\omega t + \sum_{n=2}^{\infty} b_n \sin n\omega t$

∴ 직류분 + 기본파 + 고조파

예제2 비정현파의 푸리에 급수에 의한 전개에서 옳게 전개한 $f(t)$는?

① $\sum_{n=1}^{\infty} a_n \sin n\omega t + \sum_{n=1}^{\infty} b_n \sin n\omega t$

② $\sum_{n=1}^{\infty} a_n \sin n\omega t + \sum_{n=1}^{\infty} b_n \cos n\omega t$

③ $a_0 + \sum_{n=1}^{\infty} a_n \cos n\omega t + \sum_{n=1}^{\infty} b_n \sin n\omega t$

④ $\sum_{n=1}^{\infty} a_n \cos n\omega t + \sum_{n=1}^{\infty} b_n \cos n\omega t$

· 정답 : ③

푸리에 급수의 정의식 $f(t)$는

∴ $f(t) = a_0 + \sum_{n=1}^{\infty} a_n \cos n\omega t + \sum_{n=1}^{\infty} b_n \sin n\omega t$

47 발전기 기본식 및 지락고장의 특징

1. 발전기 기본식

$$\begin{cases} V_0 = -Z_0 I_o \text{ [V]} \\ V_1 = E_a - Z_1 I_1 \text{ [V]} \\ V_2 = -Z_2 I_2 \text{ [V]} \end{cases}$$

2. 지락 고장의 특징

① 1선 지락 사고시 $I_0 = I_1 = I_2 \neq 0$이다.
② 2선 지락 사고시 $V_0 = V_1 = V_2 \neq 0$이다.

출제빈도
★★★

보충학습 문제
관련페이지
112

[예제1] 전류의 대칭분을 I_0, I_1, I_2, 유기기전력 및 단자전압의 대칭분을 E_a, E_b, E_c 및 V_0, V_1, V_2라 할 때 3상 교류 발전기의 기본식 중 정상분 V_1의 값은?

① $-Z_0 I_0$　　② $-Z_2 I_2$
③ $E_a - Z_1 I_1$　　④ $E_b - Z_2 I_2$

· 정답 : ③
발전기 기본식
$V_0 = -Z_0 I_0$ [V]
$V_1 = E_a - Z_1 I_1$ [V]
$V_2 = -Z_2 I_2$ [V]

[예제3] 대칭 3상 교류 발전기의 기본식 중 알맞게 표현된 것은? (단, V_0는 영상분 전압, V_1은 정상분 전압, V_2는 역상분 전압이다.)

① $V_0 = E_0 - Z_0 I_0$　　② $V_1 = -Z_1 I_0$
③ $V_2 = Z_2 I_2$　　④ $V_1 = E_a - Z_1 I_1$

· 정답 : ④
발전기 기본식
$V_0 = -Z_0 I_0$ [V]
$V_1 = E_a - Z_1 I_1$ [V]
$V_2 = -Z_2 I_2$ [V]

[예제2] 단자전압의 각 대칭분 V_0, V_1, V_2가 0이 아니고 같게 되는 고장의 종류는?

① 1선 지락　　② 선간 단락
③ 2선 지락　　④ 3선 단락

· 정답 : ③
지락 고장의 특징
(1) 1선 지락 사고
  $I_0 = I_1 = I_2 \neq 0$
(2) 2선 지락 사고
  $V_0 = V_1 = V_2 \neq 0$

48 미분방정식의 라플라스 변환 및 전달함수

출제빈도
★★

보충학습 문제
관련페이지
194, 207, 208

1. 실미분정리와 실적분정리

① 실미분정리

$$\mathcal{L}\left[\frac{d^n f(t)}{dt^n}\right] = s^n F(s) - s^{n-1} f(0_+) - s^{n-2} f'(0_+) \cdots\cdots f^{n-1}(0_+)$$

② 실적분정리

$$\mathcal{L}\left[\int\int\cdots\int f(t)\,dt^n\right] = \frac{1}{s^n}F(s) + \frac{1}{s^n}f^{(-1)}(0_+) + \cdots + \frac{1}{s}f^{(-n)}(0_+)$$

2. 복소미분정리

$$\mathcal{L}[t^n f(t)] = (-1)^n \frac{d^n}{ds^n} F(s)$$

예제1 어떤 계의 임펄스응답(impulse response)이 정현파신호 $\sin t$일 때, 이 계의 전달함수와 미분방정식을 구하면?

① $\dfrac{1}{s^2+1}$, $\dfrac{d^2y}{dt^2} + y = x$

② $\dfrac{1}{s^2-1}$, $\dfrac{d^2y}{dt^2} + 2y = 2x$

③ $\dfrac{1}{2s+1}$, $\dfrac{d^2y}{dt^2} - y = x$

④ $\dfrac{1}{2s^2-1}$, $\dfrac{d^2y}{dt^2} - 2y = 2x$

· 정답 : ①

임펄스 응답과 전달함수
임펄스 응답이란 입력함수가 임펄스 함수로 주어질 때 나타나는 출력함수를 말한다.
입력 $x(t)$, 출력 $y(t)$, 전달함수 $G(s)$라 하면
$x(t) = \delta(t)$이므로
$X(s) = 1$, $Y(s) = G(s)X(s) = G(s)$
$y(t) = \sin t$이므로
∴ $G(s) = \dfrac{Y(s)}{X(s)} = \mathcal{L}^{-1}[y(t)] = \dfrac{1}{s^2+1}$

또한 $s^2 Y(s) + Y(s) = X(s)$의 양 변을 모두 라플라스 역변환하면

∴ $\dfrac{d^2y(t)}{dt^2} + y(t) = x(t)$

예제2 $\dfrac{di(t)}{dt} + 4i(t) + 4\int i(t)dt = 50u(t)$를 라플라스 변환하여 풀면 전류는?

(단, $t=0$에서 $i(0)=0$, $\displaystyle\int_{-\infty}^{0} i(t) = 0$이다.)

① $50e^{2t}(1+t)$ ② $e^t(1+5t)$

③ $1/4(1-e^t)$ ④ $50te^{-2t}$

· 정답 : ④

라플라스 역변환

$\dfrac{di(t)}{dt} + 4i(t) + 4\int i(t)dt = 50u(t)$의 양 변을 모든 초기조건을 영(0)으로 하고 실미분정리와 실적분정리를 이용하여 라플라스 변환하면

$sI(s) + 4I(s) + \dfrac{4}{s}I(s) = \dfrac{50}{s}$

$I(s) = \dfrac{50}{s\left(s+4+\dfrac{4}{s}\right)} = \dfrac{50}{s^2+4s+4}$

$= \dfrac{50}{(s+2)^2}$

∴ $i(t) = \mathcal{L}^{-1}[I(s)] = 50te^{-2t}$

보상회로

1. 진상보상회로
출력전압의 위상이 입력전압의 위상보다 앞선 회로이다.
$$G(s) = \frac{s+b}{s+a} \approx Ts \; : \; 미분회로$$
∴ 전달함수가 미분회로인 경우 진상보상회로가 되며 $a > b$인 조건을 만족해야 한다.
또한 미분회로는 속응성(응답속도)을 개선하기 위하여 진동을 억제한다.

2. 지상보상회로
출력전압의 위상이 입력전압의 위상보다 뒤진 회로이다.
$$G(s) = \frac{s+b}{s+a} \approx \frac{1}{Ts} \; : \; 적분회로$$
∴ 전달함수가 적분회로인 경우 지상보상회로가 되며 $a < b$인 조건을 만족해야 한다.
또한 적분회로는 잔류편차를 제거하여 정상특성을 개선한다.

출제빈도
★★

보충학습 문제
관련페이지
206, 207

예제1 그림의 회로에서 입력전압의 위상은 출력전압보다 어떠한가?

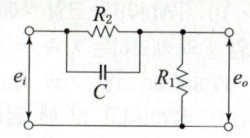

① 앞선다.
② 뒤진다.
③ 같다.
④ 정수에 따라 앞서기도 하고 뒤지기도 한다.

· 정답 : ②

$$G(s) = \frac{s + \dfrac{R_2}{R_1 R_2 C}}{s + \dfrac{R_1 + R_2}{R_1 R_2 C}} = \frac{s+b}{s+a}$$

$a = \dfrac{R_1 + R_2}{R_1 R_2 C}, \; b = \dfrac{R_2}{R_1 R_2 C}$ 일 때

∴ $a > b$이므로 미분회로이며 진상보상회로이고 출력전압의 위상이 앞선 회로이므로 입력전압의 위상이 뒤진 회로이다.

예제2 그림의 회로에서 입력전압의 위상은 출력전압보다 어떠한가?

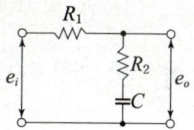

① 앞선다.
② 뒤진다.
③ 같다.
④ 정수에 따라 앞서기도 하고 뒤지기도 한다.

· 정답 : ①

$$G(s) = \frac{s + \dfrac{1}{R_2 C}}{s + \dfrac{1}{(R_1 + R_2)C}} = \frac{s+b}{s+a}$$

$a = \dfrac{1}{(R_1 + R_2)C}, \; b = \dfrac{1}{R_2 C}$ 일 때

∴ $a < b$이므로 적분회로이며 지상보상회로이고 출력전압의 위상이 뒤진 회로이므로 입력전압의 위상이 앞선 회로이다.

50 결합계수

출제빈도
★★

보충학습 문제
관련페이지
57, 61, 62

두 개의 코일이 결합하여 어느 한쪽 코일에 자속 $\phi_1 = \phi_{11} + \phi_{12}$[Wb]이 쇄교되고 다른 한쪽 코일에 자속 $\phi_2 = \phi_{22} + \phi_{21}$[Wb]이 쇄교되는 경우 누설자속 ϕ_{11}, ϕ_{22}의 감소에 따라 결정되는 결합계수를 말한다.

$$k = \frac{\sqrt{\phi_{12}\,\phi_{21}}}{\sqrt{\phi_1\,\phi_2}} = \frac{M}{\sqrt{L_1\,L_2}}$$

여기서, k : 결합계수, M : 상호인덕턴스[H], L_1, L_2 : 자기인덕턴스[H]

예제1 인덕턴스 L_1, L_2가 각각 3[mH], 6[mH]인 두 코일간의 상호 인덕턴스 M이 4[mH]라고 하면 결합 계수 k는?

① 약 0.94 ② 약 0.44
③ 약 0.89 ④ 약 1.12

· 정답 : ①
두 개의 코일에 의한 결합계수공식은 다음과 같다.

$k = \frac{\sqrt{\phi_{12}\phi_{21}}}{\sqrt{\phi_1\phi_2}} = \frac{M}{\sqrt{L_1 L_2}}$ 식에서

$L_1 = 3$[mH], $L_2 = 6$[mH],
$M = 4$[mH]일 때

∴ $k = \frac{4}{\sqrt{3 \times 6}} = 0.94$

예제2 코일 ①의 권수 $N_1 = 50$회, 코일 ②의 권수 $N_2 = 500$회이다. 코일 ①에 1[A]의 전류를 흘렸을 때 코일 ①과 쇄교하는 자속 $\phi_1 = \phi_{11} + \phi_{12} = 6 \times 10^{-4}$[Wb]이고, 코일 ②와 쇄교하는 자속 $\phi_{12} = 5.5 \times 10^{-4}$[Wb]이다. 코일 ②에 1[A]를 흘렸을 때 코일 ②와 쇄교하는 자속 $\phi_2 = \phi_{21} + \phi_{22} = 6 \times 10^{-3}$[Wb]이고, 코일 ①과 쇄교하는 자속 $\phi_{21} = 5.5 \times 10^{-3}$[Wb]라고 할 때 결합계수 k의 값은?

① 약 0.917 ② 약 1
③ 약 0.817 ④ 약 0.717

· 정답 : ①
두 개의 코일에 의한 결합계수 공식에 대입하여 풀면

$k = \frac{\sqrt{\phi_{12}\,\phi_{21}}}{\sqrt{\phi_1\,\phi_2}} = \frac{\sqrt{5.5 \times 10^{-4} \times 5.5 \times 10^{-3}}}{\sqrt{6 \times 10^{-4} \times 6 \times 10^{-3}}}$
$= 0.917$

유기기전력

1. 코일이 독립된 경우

$e_1 = L_1 \dfrac{di_1}{dt}$ [V], $e_2 = L_2 \dfrac{di_2}{dt}$ [V]

2. 코일이 결합된 경우

$e_2 = \pm M \dfrac{di_1}{dt}$ [V]

여기서, e_1, e_2 : 유기기전력[V], L_1, L_2 : 자기인덕턴스[H], M : 상호인덕턴스[H], i_1, i_2 : 전류[A]

출제빈도
★★

보충학습 문제
관련페이지
56, 61

예제1 상호 인덕턴스 100[mH]인 회로의 1차 코일에 3[A]의 전류가 0.3초 동안에 18[A]로 변화할 때 2차 유도 기전력[V]은?

① 5   ② 6
③ 7   ④ 8

· 정답 : ①

2차 유도 기전력은

$e_2 = M \dfrac{di_1}{dt}$ [V] 식으로 표현되므로

$M = 100$ [mH], $di_1 = 18 - 3 = 15$ [A], $dt = 0.3$ [s]

∴ $e_2 = 100 \times 10^{-3} \times \dfrac{18-3}{0.3} = 5$ [V]

예제2 두 코일이 있다. 한 코일의 전류가 매초 20[A]의 비율로 변화할 때 다른 코일에는 10[V]의 기전력이 발생하였다면 두 코일의 상호인덕턴스[H]는 얼마인가?

① 0.25[H]   ② 0.5[H]
③ 0.75[H]   ④ 1.25[H]

· 정답 : ②

2차 유도 기전력은

$e_2 = M \dfrac{di_1}{dt}$ [V] 식으로 표현되므로

$dt = 1$ [sec], $di = 20$ [A], $e = 10$ [V]일 때

∴ $M = e_2 \dfrac{dt}{di_1} = 10 \times \dfrac{1}{20} = 0.5$ [H]

52 n고조파 전류의 실효값

$$I_n = \frac{E_{mn}}{\sqrt{2} \times \sqrt{R^2 + \left(nX_L - \frac{X_C}{n}\right)^2}} \text{[A]}$$

여기서, I_n : n고조파 전류의 실효값[A], E_{mn} : n고조파 전압의 최대값[V], R : 저항[Ω], X_L : 유도리액턴스[Ω], X_C : 용량리액턴스[Ω], n : 고조파 차수

출제빈도
★★

보충학습 문제
관련페이지
116, 124

예제1 $e = 200\sqrt{2}\sin\omega t + 100\sqrt{2}\sin 3\omega t + 50\sqrt{2}\sin 5\omega t$[V]인 전압을 R-L 직렬회로에 가할 때 제3고조파 전류의 실효값[A]은?
(단, $R = 8[\Omega]$, $\omega L = 2[\Omega]$이다.)

① 10　　　② 14
③ 20　　　④ 28

· 정답 : ①
제3고조파 전류의 실효값 I_3는 $V_{m3} = 100\sqrt{2}$[V]이므로

$$\therefore I_3 = \frac{V_{m3}}{\sqrt{2} \times \sqrt{R^2 + (3\omega L)^2}}$$
$$= \frac{100\sqrt{2}}{\sqrt{2} \times \sqrt{8^2 + 6^2}}$$
$$= 10 \text{[A]}$$

예제2 R-C 직렬회로의 양단에 $v = 50 + 141.1\sin 2\omega t + 212.1\sin 4\omega t$[V]인 전압을 인가할 때 제2고조파 전류의 실효값은 몇 [A]인가?
(단, $R = 8[\Omega]$, $\frac{1}{\omega C} = 12[\Omega]$이다.)

① 6　　　② 8
③ 10　　　④ 12

· 정답 : ③
2고조파 전류의 실효값
$V_{m2} = 141.4$[V]이므로

$$I_2 = \frac{V_{m2}}{\sqrt{2} \times \sqrt{R^2 + \left(\frac{1}{2\omega C}\right)^2}}$$
$$= \frac{141.4}{\sqrt{2} \times \sqrt{8^2 + \left(\frac{12}{2}\right)^2}}$$
$$= 10 \text{[A]}$$

분포정수회로

장거리 송전선로에 선로정수로 표현하고 있는 R, L, C, G가 고르게 분포되어 있다 가정하여 전압, 전류에 대한 기본방정식을 세워 송전계통의 특성을 해석하는데 필요한 회로를 말한다.

※ 송전선로의 직렬임피던스는 $Z = R + j\omega L$ [Ω/Km], 병렬어드미턴스는 $Y = G + j\omega C$ [S/Km]로 표현한다.

출제빈도
★★

1. 특성임피던스(Z_0)

$$Z_0 = \sqrt{\frac{Z}{Y}} = \sqrt{\frac{R+j\omega L}{G+j\omega C}} \ [\Omega]$$

2. 전파정수(γ)

$$\gamma = \sqrt{ZY} = \sqrt{(R+j\omega L)(G+j\omega C)} = \alpha + j\beta$$

3. 전파속도(v)

$$v = \lambda f = \frac{1}{\sqrt{LC}} = \frac{\omega}{\beta} \ [\text{m/sec}]$$

여기서, R : 저항[Ω], L : 인덕턴스[H], C : 정전용량[F], G : 콘덕턴스[S], Z_0 : 특성임피던스[Ω], γ : 전파정수, α : 감쇠정수, β 위상정수, v : 전파속도

보충학습 문제 관련페이지
156, 158, 159

예제1 단위 길이당 임피던스 및 어드미턴스가 각각 Z 및 Y인 전송선로의 전파정수 γ는?

① $\sqrt{\frac{Z}{Y}}$ ② $\sqrt{\frac{Y}{Z}}$
③ $\sqrt{YZ}$ ④ YZ

· 정답 : ③
전파정수(γ)
$\gamma = \sqrt{ZY} = \sqrt{(R+j\omega L)(G+j\omega C)}$

예제2 단위 길이당 임피던스 및 어드미턴스가 각각 Z 및 Y인 전송선로의 특성임피던스는?

① $\sqrt{ZY}$ ② $\sqrt{\frac{Z}{Y}}$
③ $\sqrt{\frac{Y}{Z}}$ ④ $\frac{Y}{Z}$

· 정답 : ②
특성임피던스(Z_s)
$Z_0 = \sqrt{\frac{Z}{Y}} = \sqrt{\frac{R+j\omega L}{G+j\omega C}} \ [\Omega]$

예제3 분포정수회로에서 선로의 특성임피던스를 Z_0, 전파정수를 γ라 할 때 선로의 직렬 임피던스 Z는?

① $\frac{Z_0}{\gamma}$ ② $\frac{\gamma}{Z_0}$
③ $\sqrt{\gamma Z_0}$ ④ γZ_0

· 정답 : ④
분포정수회로의 특성
직렬 임피던스 Z, 병렬 어드미턴스 Y라 하면
$Z_0 = \sqrt{\frac{Z}{Y}}$, $\gamma = \sqrt{ZY}$이므로
∴ $Z = Z_0 \gamma$ [Ω], $Y = \frac{\gamma}{Z_0}$ [℧]

54 복소수 연산

$\dot{A} = a_1 + jb_1 = A\angle\theta_1$, $\dot{B} = a_2 + jb_2 = B\angle\theta_2$

복소수의 연산 중 합(+)과 차(-)는 실수와 허수로 표현함이 간편하며 곱(×)과 나누기(÷)는 극형식으로 표현함이 간편하다.

1. 복소수의 합(+)과 차(-)

$\dot{A} \pm \dot{B} = (a_1 + jb_1) \pm (a_2 + jb_2) = (a_1 \pm a_2) + j(b_1 \pm b_2)$

2. 복소수의 곱(×)과 나누기(÷)

$\dot{A} \times \dot{B} = A\angle\theta_1 \times B\angle\theta_2 = AB\angle(\theta_1 + \theta_2)$

$\dfrac{\dot{A}}{\dot{B}} = \dfrac{A\angle\theta_1}{B\angle\theta_2} = \dfrac{A}{B}\angle(\theta_1 - \theta_2)$

3. 극형식의 절대값 합성

$\dot{A} = A\angle\theta_1$, $\dot{B} = B\angle\theta_2$ 일 때

① $\theta_1 = \theta_2$ 인 경우 $|\dot{A} + \dot{B}| = A + B$

② θ_1과 θ_2 위상차가 90° 인 경우 $|\dot{A} + \dot{B}| = \sqrt{A^2 + B^2}$

③ θ_1과 θ_2 위상차가 θ인 경우 $|\dot{A} + \dot{B}| = \sqrt{A^2 + B^2 + 2AB\cos\theta}$

예제1 $v_1 = 10\sin\left(\omega t + \dfrac{\pi}{3}\right)$ 와 $v_2 = 20\sin\left(\omega t + \dfrac{\pi}{6}\right)$ 의 합성 전압의 순시값 v는 약 몇 [V]인가?

① $29.1\sin(\omega t + 40°)$
② $20.6\sin(\omega t + 40°)$
③ $29.1\sin(\omega t + 50°)$
④ $20.6\sin(\omega t + 50°)$

· 정답 : ①

$\dot{V}_{m1} = 10\angle 60°$, $\dot{V}_{m2} = 20\angle 30°$ 이므로
$\dot{V}_{m1} + \dot{V}_{m2} = 10\angle 60° + 20\angle 30°$
$\qquad\qquad = 29.1\angle 40$ [V] 가 된다.
$\therefore v = v_1 + v_2 = 29.1\sin(\omega t + 40°)$

예제2 복소수 $I_1 = 10\angle\tan^{-1}\dfrac{4}{3}$, $I_2 = 10\angle\tan^{-1}\dfrac{3}{4}$ 일 때 $I = I_1 + I_2$ 는 얼마인가?

① $-2 + j2$
② $14 + j14$
③ $14 + j4$
④ $14 + j3$

· 정답 : ②

$I = I_1 + I_2 = 10\angle\tan^{-1}\dfrac{4}{3} + 10\angle\tan^{-1}\dfrac{3}{4}$
$= 10\left\{\cos\left(\tan^{-1}\dfrac{4}{3}\right) + j\sin\left(\tan^{-1}\dfrac{4}{3}\right)\right\}$
$\quad + 10\left\{\cos\left(\tan^{-1}\dfrac{3}{4}\right) + j\sin\left(\tan^{-1}\dfrac{3}{4}\right)\right\}$
$= 14 + j14$ [A]

55 가역정리

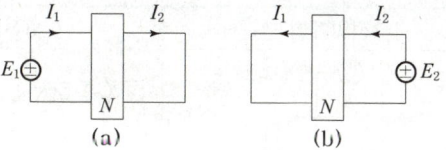

그림 (a), (b) 모두가 같은 회로망에서 해석하는 경우로서 다음 식이 성립하는 경우를 가역정리라 한다.

$E_1 I_1 = E_2 I_2$

여기서, E_1, E_2 : 1, 2차 전압, I_1, I_2 : 1, 2차 전류

출제빈도
★★

보충학습 문제
관련페이지
77, 78

예제1 그림과 같은 회로 (a) 및 (b)에서 $I_1 = I_2$가 되려면?

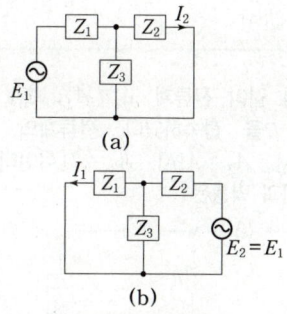

① 보상 정리가 성립한다.
② 중첩의 원리가 성립한다.
③ 노튼의 정리가 성립한다.
④ 가역 정리가 성립한다.

· 정답 : ④
가역정리
동일 회로망의 양단(1차, 2차)에 가해지는 전압 E_1, E_2에 의한 전류를 I_1, I_2라 할 때 $E_1 I_1 = E_2 I_2$가 성립되는 회로를 가역정리라 한다. 그림 (b)에서 $E_1 = E_2$이므로 $I_1 = I_2$는 성립할 수 있다.

예제2 그림과 같은 선형 회로망에서 단자 a, b간에 100[V]의 전압을 가할 때 단자 c, d에 흐르는 전류가 5[A]였다. 반대로 같은 회로에서 c, d간에 50[V]를 가하면 a, b에 흐르는 전류[A]는?

① 2.5
② 10
③ 5
④ 50

· 정답 : ①
가역정리
$E_1 = 100\,[\text{V}]$, $E_2 = 50\,[\text{V}]$,
$I_2 = 5\,[\text{A}]$일 때 $E_1 I_1 = E_2 I_2$이므로

$\therefore\ I_1 = \dfrac{E_2 I_2}{E_1} = \dfrac{50 \times 5}{100} = 2.5\,[\text{A}]$

56 3전압계법, 3전류계법

출제빈도
★★

보충학습 문제
관련페이지
54

명칭	3전압계법	3전류계법
회로 내용	(회로도)	(회로도)
역률	$\cos\theta = \dfrac{V_3{}^2 - V_1{}^2 - V_2{}^2}{2V_1 V_2}$	$\cos\theta = \dfrac{A_1{}^2 - A_2{}^2 - A_3{}^2}{2A_2 A_3}$
부하전력	$P = \dfrac{1}{2R}(V_3{}^2 - V_1{}^2 - V_2{}^2)$	$P = \dfrac{R}{2}(A_1{}^2 - A_2{}^2 - A_3{}^2)$

여기서, $\cos\theta$: 역률, V_1, V_2, V_3 : 전압계 지시값[V], P : 부하전력[W],
R : 저항[Ω], A_1, A_2, A_3 : 전원 지시값[A]

예제1 그림과 같은 회로에서 전압계 3개로 단상 전력을 측정하고자 할 때 유효전력은?

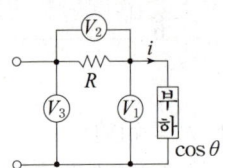

① $\dfrac{1}{2R}(V_3{}^2 - V_1{}^2 - V_2{}^2)$

② $\dfrac{1}{2R}(V_3{}^2 - V_1{}^2)$

③ $\dfrac{R}{2}(V_3{}^2 - V_1{}^2 - V_2{}^2)$

④ $\dfrac{R}{2}(V_2{}^2 - V_1{}^2 - V_3{}^2)$

· **정답** : ①
3전압계법의 역률과 부하전력
(1) 역률 $\cos\theta = \dfrac{V_3{}^2 - V_1{}^2 - V_2{}^2}{2V_1 V_2}$
(2) 부하전력 $P = \dfrac{1}{2R}(V_3{}^2 - V_1{}^2 - V_2{}^2)$ [W]

예제2 그림과 같이 전류계 A_1, A_2, A_3, 25[Ω]의 저항 R을 접속하였다. 전류계의 지시는 $A_1 = 10$[A], $A_2 = 4$[A], $A_3 = 7$[A]이다. 부하의 전력[W]과 역률은?

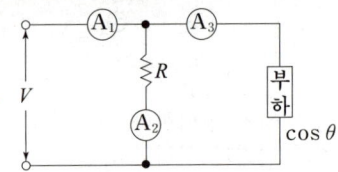

① $P = 437.5$, $\cos\theta = 0.625$

② $P = 437.5$, $\cos\theta = 0.547$

③ $P = 487.5$, $\cos\theta = 0.647$

④ $P = 507.5$, $\cos\theta = 0.747$

· **정답** : ①
3전류계법의 역률과 부하전력
(1) 역률 $\cos\theta = \dfrac{A_1{}^2 - A_2{}^2 - A_3{}^2}{2A_2 A_3}$
(2) 부하전력 $P = \dfrac{R}{2}(A_1{}^2 - A_2{}^2 - A_3{}^2)$ [W]

∴ $P = \dfrac{25}{2} \times (10^2 - 4^2 - 7^2) = 437.5$ [W]

∴ $\cos\theta = \dfrac{10^2 - 4^2 - 7^2}{2 \times 4 \times 7} = 0.625$

57 브리지회로

	휘스톤브리지회로	캠벨브리지회로
	(회로도)	(회로도)
평형조건	① 절점 a, b의 전위가 같다. ② 검류계(G)에 전류가 흐르지 않는다. ③ $Z_1 Z_3 = Z_2 Z_4$	① $I_2 = 0$이 된다. ② $\omega^2 MC = 1$ ③ $f = \dfrac{1}{2\pi\sqrt{MC}}$

여기서, $Z_1,\ Z_2,\ Z_3,\ Z_4$: 임피던스[Ω], ω : 각주파수[rad/sec], M : 상호인덕턴스[H], C : 정전용량[F], f : 주파수[Hz]

출제빈도 ★

보충학습 문제 관련페이지 63, 64

예제1 그림과 같은 회로에서 절점 a와 절점 b의 전압이 같을 조건은?

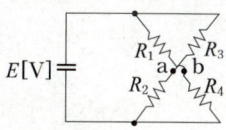

① $R_1 R_2 = R_3 R_4$
② $R_1 + R_3 = R_2 R_4$
③ $R_1 R_3 = R_2 R_4$
④ $R_1 R_2 = R_3 + R_4$

· 정답 : ①
휘스톤브리지 평형조건
(1) 절점 $a,\ b$의 전위가 같다.
(2) $R_1 R_2 = R_3 R_4$

예제2 그림과 같은 캠벨 브리지(Campbell bridge) 회로에서 I_2가 0이 되기 위한 C의 값은?

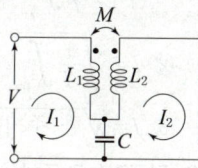

① $\dfrac{1}{\omega L}$ ② $\dfrac{1}{\omega^2 L}$
③ $\dfrac{1}{\omega M}$ ④ $\dfrac{1}{\omega^2 M}$

· 정답 : ④
캠벨브리지 평형조건
(1) $I_2 = 0$이 된다.
(2) $\omega^2 MC = 1$
(3) $f = \dfrac{1}{2\pi\sqrt{MC}}$
∴ $C = \dfrac{1}{\omega^2 M}$

58 교류의 표현

출제빈도
★

교류발전기의 전기자 1도체가 1회전할 때 시간에 대하여 주기적으로 정현파를 그리며 나타나는데 이 때 교류의 표현을 정현파 교류라 하며 다음과 같은 종류로 분류하여 적용한다.

1. 순시값(=순시치 : 교류의 파형을 식으로 표현할 때 호칭)
   - E_m, I_m은 파형의 최대치를 표현하며 $\sin \omega t$는 정현파형을 나타내고 θ_e, θ_i는 전압, 전류 파형의 위상각을 의미한다. 그리고 소문자 알파벳으로 표현하는 $e(t)$, $i(t)$를 전압, 전류의 순시값이라 한다.
   - 각속도(=각주파수 : ω)

$$\omega = \frac{\theta}{t} = \frac{2\pi}{T} = 2\pi f \text{ [rad/sec]}$$

① 전압의 순시값 : $e(t)$
$e(t) = E_m \sin(\omega t + \theta_e)$ [V]

② 전류의 순시값 : $i(t)$
$i(t) = I_m \sin(\omega t + \theta_i)$ [A]

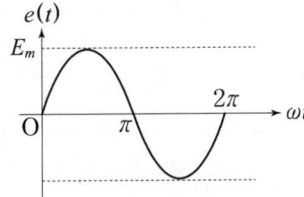

2. 실효값(=실효치 : 교류의 크기를 숫자로 표현할 때 호칭 : I)

① $I^2 = \frac{1}{T} \int_0^T i(t)^2 dt$

② $I = \sqrt{\frac{1}{T} \int_0^T i(t)^2 dt}$

③ $I = \sqrt{\text{한 주기 동안의 } i(t)^2 \text{의 평균값}}$

3. 평균값(=평균치 : 교류의 직류 성분값 : I_{av})

$$I_{av} = \frac{1}{T} \int_0^T i(t) \, dt$$

정현파 교류는 한주기 내에서 반주기마다 주기적으로 정(+), 부(-)로 변화하므로 한 주기 내에서의 평균값을 구하면 영(0)으로 된다. 따라서 교류의 직류성분값(평균값)을 구하기 위해서는 반주기까지 계산하여야 한다.

보충학습 문제
관련페이지
12, 13

예제1 교류 전류는 크기 및 방향이 주기적으로 변한다. 한 주기의 평균값은?

① 0   ② $\frac{2}{\pi}$

③ $\frac{2I_m}{\pi}$ ④ $\frac{I_m}{\sqrt{2}}$

・정답 : ①

교류의 한 주기(T)는 2π이므로

$I_{av} = \frac{1}{T} \int_0^T i \, dt = \frac{1}{2\pi} \int_0^{2\pi} I_m \sin \omega t \, d\omega t$

$= \frac{I_m}{2\pi} [-\cos \omega t]_0^{2\pi} = \frac{I_m}{2\pi}(-1+1) = 0$ [A]

∴ 교류의 평균값은 한 주기에서는 0으로 계산되므로 반 주기 동안만 주기로 하여 계산해야 한다.

물리계와의 대응관계

1. 직선계

질량 M, 마찰 저항 계수 B, 스프링 상수 K라 할 때, 입력 $f(t)$에 대한 출력 $y(t)$의 변화는 속도변수 $v(t)$에 대하여 다음과 같은 식으로 표현된다.

$$f(t) = Bv(t) + M\frac{dv(t)}{dt} + K\int v(t)\,dt$$

$$v(t) = \frac{dy(t)}{dt}$$

$$f(t) = M\frac{d^2y(t)}{dt^2} + B\frac{dy(t)}{dt} + Ky(t)$$

양변 라플라스 변환하여 전개하면

$$F(s) = Ms^2Y(s) + BsY(s) + KY(s)$$

$$G(s) = \frac{Y(s)}{F(s)} = \frac{1}{Ms^2 + Bs + K}$$

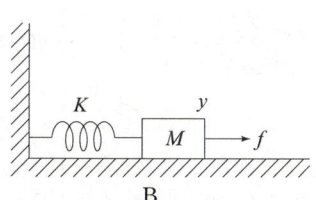

출제빈도
★

2. 회전계

관성 모멘트 J, 마찰 저항 계수 B, 스프링 상수 K라 하면 입력 $\tau(t)$에 대한 출력 $\theta(t)$의 변화는 각속도 변수 $\omega(t)$에 대하여 다음과 같은 식으로 표현된다.

$$\tau(t) = B\omega(t) + J\frac{d\omega(t)}{dt} + K\int \omega(t)\,dt$$

$$\omega(t) = \frac{d\theta(t)}{dt}$$

$$\tau(t) = J\frac{d^2\theta(t)}{dt^2} + B\frac{d\theta(t)}{dt} + K\theta(t)$$

양변 라플라스 변환하여 전개하면

$$T(s) = Js^2\theta(s) + Bs\theta(s) + K\theta(s)$$

$$G(s) = \frac{\theta(s)}{T(s)} = \frac{1}{Js^2 + Bs + K}$$

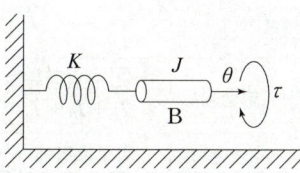

보충학습 문제
관련페이지
197, 198

예제1 그림과 같은 기계적인 회전운동계에서 토크 $\tau(t)$를 입력으로, 변위 $\theta(t)$를 출력으로 하였을 때의 전달함수는?

① $\dfrac{1}{Js^2 + Bs + K}$

② $Js^2 + Bs + K$

③ $\dfrac{s}{Js^2 + Bs + K}$

④ $\dfrac{Js^2 + Bs + K}{s}$

· 정답 : ①

회전계의 전달함수

$$\tau(t) = B\omega(t) + J\frac{d\omega(t)}{dt} + K\int \omega(t)\,dt$$

$$\omega(t) = \frac{d\theta(t)}{dt}$$

$$\tau(t) = J\frac{d^2\theta(t)}{dt^2} + B\frac{d\theta(t)}{dt} + K\theta(t)$$

양 변을 라플라스 변환하여 전개하면

$$T(s) = Js^2\theta(s) + Bs\theta(s) + K\theta(s)$$
$$= (Js^2 + Bs + K)\theta(s)$$

$$\therefore G(s) = \frac{\theta(s)}{T(s)} = \frac{1}{Js^2 + Bs + K}$$

60. 이상적인 전압원과 전류원, 키르히호프법칙

1. 이상적인 전압원과 전류원

이상적인 전압원	이상적인 전류원
① 실제적인 전압원 $E = V + rI_L$ [V]	① 실제적인 전류원 $I = I_L + \dfrac{V}{r}$ [A]
② 이상적인 전압원 $E = V$ [V]	② 이상적인 전류원 $I = I_L$ [A]
③ 이상적인 전압원 조건 $r = 0\,[\Omega]$	③ 이상적인 전류원 조건 $r = \infty\,[\Omega]$

2. 키르히호프법칙

	제1법칙(KCL)	제2법칙(KVL)
방정식	① $\sum$유입전류 $= \sum$유출전류 ② $I_1 + I_2 + I_3 = I_4 + I_5$	① $\sum$기전력 $= \sum$전압강하 ② $V_1 - V_2 = R_1 I + R_2 I$
적용범위	회로조건에 구애받지 않는다.	회로조건에 구애받지 않는다.

예제1 이상적인 전압, 전류원에 관하여 옳은 것은?

① 전압원의 내부 저항은 ∞이고 전류원의 내부 저항은 0이다.
② 전압원의 내부 저항은 0이고 전류원의 내부 저항은 ∞이다.
③ 전압, 전류원의 내부 저항은 흐르는 전류에 따라 변한다.
④ 전압원의 내부 저항은 일정하고 전류원의 내부 저항은 일정하지 않다.

• 정답 : ②
이상적인 전압원이 되기 위한 조건은 내부저항이 0이거나 매우 작아야 하며 이상적인 전류원이 되기 위한 조건은 내부저항이 ∞이거나 매우 커야 한다.

예제2 전류원의 내부저항에 관하여 맞는 것은?

① 전류공급을 받는 회로의 구동점 임피던스와 같아야 한다.
② 클수록 이상적이다.
③ 경우에 따라 다르다.
④ 작을수록 이상적이다.

• 정답 : ②
이상적인 전원특성
이상적인 전압원이 되기 위한 조건은 내부저항이 0이거나 매우 작아야 하며 이상적인 전류원이 되기 위한 조건은 내부저항이 ∞이거나 매우 커야 한다.

복소수 표현

1. 복소수를 극형식으로 변환

$a + jb = A(\cos\theta + j\sin\theta) = A\angle\theta$ 인 경우 $A = \sqrt{a^2 + b^2}$

$\cos\theta = \dfrac{a}{\sqrt{a^2+b^2}} = \dfrac{a}{A}$, $\sin\theta = \dfrac{b}{\sqrt{a^2+b^2}} = \dfrac{b}{A}$,

$\theta = \cos^{-1}\left(\dfrac{a}{A}\right) = \sin^{-1}\left(\dfrac{b}{A}\right)$

$1 + j\sqrt{3} = A(\cos\theta + j\sin\theta) = A\angle\theta$ 라 놓으면 $A = \sqrt{1^2 + (\sqrt{3})^2} = 2$

$\cos\theta = \dfrac{1}{2}$, $\sin\theta = \dfrac{\sqrt{3}}{2}$ 이므로 $\theta = 60°$ 임을 알 수 있다.

$\therefore 1 + j\sqrt{3} = 2(\cos 60° + j\sin 60°) = 2\angle 60°$

2. 극형식을 복소수로 변환

$A\angle\theta = A(\cos\theta + j\sin\theta) = a + jb$ 인 경우

$a = A\cos\theta$, $b = A\sin\theta$

$100\angle 60° = A(\cos\theta + j\sin\theta) = a + jb$ 라 놓으면

$a = A\cos\theta = 100\cos 60° = 50$

$b = A\sin\theta = 100\sin 60° = 50\sqrt{3}$

$\therefore 100\angle 60° = 100(\cos 60° + j\sin 60°) = 50 + j50\sqrt{3}$

출제빈도
★

보충학습 문제
관련페이지
24, 33

예제1 정현파 전류 $i = 10\sqrt{2}\sin\left(\omega t + \dfrac{\pi}{3}\right)$ [A]를 복소수의 극좌표형으로 표시하면?

① $10\sqrt{2} \angle \dfrac{\pi}{3}$ ② $10\angle 0$

③ $10\angle \dfrac{\pi}{3}$ ④ $10\angle -\dfrac{\pi}{3}$

· 정답 : ③

$i(t) = I_m \sin(\omega t + \theta) = 10\sqrt{2}\sin\left(\omega t + \dfrac{\pi}{3}\right)$ [A] 에서

전류의 최대값 $I_m = 10\sqrt{2}$,

위상각 $\theta = \dfrac{\pi}{3}$ 이므로 전류의 복소수 극형식은

$\dot{I} = I\angle\theta = \dfrac{I_m}{\sqrt{2}}\angle\theta$ 에 대입하여 풀면

$\therefore \dot{I} = \dfrac{10\sqrt{2}}{\sqrt{2}}\angle \dfrac{\pi}{3} = 10\angle \dfrac{\pi}{3}$

예제2 어떤 회로에 $i = 10\sin\left(314t - \dfrac{\pi}{6}\right)$ [A]의 전류가 흐른다. 이를 복소수 [A]로 표시하면?

① $6.12 - j3.54$ ② $17.32 - j5$

③ $3.54 - j6.12$ ④ $5 - j17.32$

· 정답 : ①

$i(t) = I_m \sin(\omega t + \theta)$

$= 10\sin\left\{314t + \left(-\dfrac{\pi}{6}\right)\right\}$ [A] 에서

$I_m = 10$, $\theta = \dfrac{\pi}{6} = -30°$ 이므로

$\dot{I} = \dfrac{I_m}{\sqrt{2}}\angle\theta = \dfrac{10}{\sqrt{2}}\angle -30°$

$= \dfrac{10}{\sqrt{2}}\{\cos(-30°) + j\sin(-30°)\}$

$= \dfrac{10}{\sqrt{2}}(\cos 30° - j\sin 30°)$

$= 6.12 - j3.54$ [A]

62 신호흐름선도

출제빈도
★

보충학습 문제
관련페이지
211, 215, 216

메이슨 공식

$$\Delta = 1 - \sum_i L_{i1} + \sum_j L_{j2} - \sum_k L_{k3} + \cdots$$

$L_{mr} = r$개의 비접촉 루프의 가능한 m번째 조합의 이득 곱. (신호흐름선도의 두 부분의 공통마디를 공유하지 않으면 비접촉이라 한다.)

$\Delta = 1 - ($모든 각각의 루프이득의 합$) + $두 개의 비접촉 루프의 가능한 모든 조합의 이득 곱의 합$ - ($세 개의 $\cdots) + \cdots$

$\Delta_k = k$번째 전방경로와 접촉하지 않는 신호흐름선도에 대한 Δ

$M_k = $입력과 출력 사이의 k번째 전방경로의 이득

$$G_0(s) = \frac{C(s)}{R(s)} = \sum_{k=1}^{N} \frac{M_k \Delta_k}{\Delta}$$

여기서, $G_0(s)$: 종합전달함수, $R(s)$: 입력함수, $C(s)$: 출력함수

예제1 다음 그림의 신호흐름선도에서 $\dfrac{C}{R}$ 는?

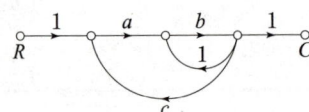

① $\dfrac{ab}{1+b-abc}$ ② $\dfrac{ab}{1-b-abc}$

③ $\dfrac{ab}{1-b+abc}$ ④ $\dfrac{ab}{1-ab+abc}$

· 정답 : ②

신호흐름선도의 전달함수(메이슨 정리)

$L_{11} = b \times 1 = b, \quad L_{12} = a \times b \times c = abc$

$\Delta = 1 - (L_{11} + L_{12}) = 1 - (b + abc)$
$\quad = 1 - b - abc$

$M_1 = 1 \times a \times b \times 1 = ab, \quad \Delta_1 = 1$

$\therefore G(s) = \dfrac{M_1 \Delta_1}{\Delta} = \dfrac{ab}{1-b-abc}$

예제2 그림과 같은 신호흐름선도에서 $\dfrac{C}{R}$ 의 값은?

① $-\dfrac{1}{41}$

② $-\dfrac{3}{41}$

③ $-\dfrac{5}{41}$

④ $-\dfrac{6}{41}$

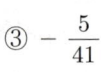

· 정답 : ④

신호흐름선도의 전달함수(메이슨 정리)

$L_{11} = 4 \times 3 = 12$

$L_{12} = 5 \times 2 \times 3 = 30$

$\Delta = 1 - (L_{11} + L_{12}) = 1 - (12 + 30) = -41$

$M_1 = 2 \times 3 = 6, \quad \Delta_1 = 1$

$\therefore G(s) = \dfrac{M_1 \Delta_1}{\Delta} = -\dfrac{6}{41}$

63 반사계수(ρ) 및 정재파비(s)

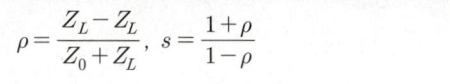

여기서, ρ: 반사계수, s: 정재파비, Z_0: 특성임피던스, Z_L: 부하임피던스

출제빈도
★

예제1 어떤 무손실 전송선로의 인덕턴스가 1[μH/m]이고 커패시턴스가 400[pF/m]일 때 250[Ω]인 부하를 수전단에 연결하면 이곳에서의 반사계수는?

① $\frac{2}{3}$　　　　② $\frac{1}{3}$
③ $\frac{1}{2}$　　　　④ 1

· 정답 : ①
송선로의 반사계수(ρ)
특성임피던스
$Z_0 = \sqrt{\dfrac{L}{C}} = \sqrt{\dfrac{1\times 10^{-6}}{400\times 10^{-12}}} = 50\,[\Omega]$ 이므로
$\therefore \rho = \dfrac{Z_L - Z_0}{Z_L + Z_0} = \dfrac{250 - 50}{250 + 50} = \dfrac{2}{3}$

예제2 전송선로의 특성임피던스가 50[Ω], 부하저항이 150[Ω]이라면 부하에서의 반사계수는?

① 0　　　　② 0.5
③ 0.3　　　④ 1

· 정답 : ②
전송선로의 반사계수(ρ)
특성임피던스 Z_0, 부하임피던스 Z_L이라 하면
$\therefore \rho = \dfrac{Z_L - Z_0}{Z_L + Z_0} = \dfrac{150 - 50}{150 + 50} = 0.5$

예제3 전송회로에서 특성임피던스 Z_0와 부하저항 Z_r가 같으면 부하에서의 반사계수는?

① 1　　　　② 0.5
③ 0.3　　　④ 0

· 정답 : ④
전송선로의 반사계수(ρ)
특성임피던스 Z_0, 부하임피던스 Z_L이라 하면
$Z_0 = Z_L$인 경우
$\therefore \rho = \dfrac{Z_L - Z_0}{Z_L + Z_0} = 0$

예제4 전송선로의 특성임피던스가 100[Ω]이고, 부하저항이 400[Ω]일 때 전압 정재파비 S는 얼마인가?

① 0.25　　② 0.6
③ 1.67　　④ 4

· 정답 : ④
반사계수(ρ)와 정재파비(s)
$\rho = \dfrac{Z_L - Z_o}{Z_L + Z_o},\ s = \dfrac{1+\rho}{1-\rho}$ 식에서
$Z_o = 100\,[\Omega]$, $Z_L = 400\,[\Omega]$이므로
$\rho = \dfrac{Z_L - Z_o}{Z_L + Z_o} = \dfrac{400 - 100}{400 + 100} = 0.6$
$\therefore s = \dfrac{1+\rho}{1-\rho} = \dfrac{1+0.6}{1-0.6} = 4$

핵심포켓북(동영상강의 제공)

제5과목
전기설비기술기준
(한국전기설비규정[KEC])

■ **핵심요약정리**
1. 총칙
2. 저압 및 고압·특고압 전기설비
3. 발전소, 변전소, 개폐소 등의 전기설비
4. 전선로
5. 옥내배선 및 조명설비
6. 기타 전기철도설비 및 분산형 전원설비

01 총칙

1. 전압의 구분
① 저압 : 교류는 1 [kV] 이하, 직류는 1.5 [kV] 이하인 것.
② 고압 : 교류는 1 [kV]를, 직류는 1.5 [kV]를 초과하고, 7 [kV] 이하인 것.
③ 특고압 : 7 [kV]를 초과하는 것.

2. 용어의 정의
① "가공인입선"이란 가공전선로의 지지물로부터 다른 지지물을 거치지 아니하고 수용장소의 붙임점에 이르는 가공전선을 말한다.
② "계통연계"란 둘 이상의 전력계통 사이를 전력이 상호 융통될 수 있도록 선로를 통하여 연결하는 것으로 전력계통 상호간을 송전선, 변압기 또는 직류-교류 변환설비 등에 연결하는 것. 계통연락이라고도 한다.
③ "계통외도전부(Extraneous Conductive Part)"란 전기설비의 일부는 아니지만 지면에 전위 등을 전해줄 위험이 있는 도전성 부분을 말한다.
④ "계통접지(System Earthing)"란 전력계통에서 돌발적으로 발생하는 이상현상에 대비하여 대지와 계통을 연결하는 것으로, 중성점을 대지에 접속하는 것을 말한다.
⑤ "관등회로"란 방전등용 안정기 또는 방전등용 변압기로부터 방전관까지의 전로를 말한다.
⑥ "단독운전"이란 전력계통의 일부가 전력계통의 전원과 전기적으로 분리된 상태에서 분산형전원에 의해서만 운전되는 상태를 말한다.
⑦ "등전위본딩(Equipotential Bonding)"이란 등전위를 형성하기 위해 도전부 상호간을 전기적으로 연결하는 것을 말한다.
⑧ "리플프리(Ripple-free)직류"란 교류를 직류로 변환할 때 리플성분의 실효값이 10 [%] 이하로 포함된 직류를 말한다.
⑨ "보호도체(PE, Protective Conductor)"란 감전에 대한 보호 등 안전을 위해 제공되는 도체를 말한다.
⑩ "분산형 전원"이란 중앙급전 전원과 구분되는 것으로서 전력소비지역 부근에 분산하여 배치 가능한 전원을 말한다. 상용전원의 정전시에만 사용하는 비상용 예비전원은 제외하며, 신·재생에너지 발전설비, 전기저장장치 등을 포함한다.
⑪ "서지보호장치(SPD, Surge Protective Device)"란 과도 과전압을 제한하고 서지전류를 분류하기 위한 장치를 말한다.
⑫ "스트레스전압(Stress Voltage)"이란 지락고장 중에 접지부분 또는 기기나 장치의 외함과 기기나 장치의 다른 부분 사이에 나타나는 전압을 말한다.
⑬ "전기철도용 급전선"이란 전기철도용 변전소로부터 다른 전기철도용 변전소 또는 전차선에 이르는 전선을 말한다.
⑭ "제2차 접근상태"란 가공 전선이 다른 시설물과 접근하는 경우에 그 가공 전선이 다른 시설물의 위쪽 또는 옆쪽에서 수평 거리로 3 [m] 미만인 곳에 시설되는 상태를 말한다.

⑮ "지중관로"란 지중 전선로·지중 약전류 전선로·지중 광섬유 케이블 선로·지중에 시설하는 수관 및 가스관과 이와 유사한 것 및 이들에 부속하는 지중함 등을 말한다.
⑯ "특별저압(ELV, Extra Low Voltage)"이란 인체에 위험을 초래하지 않을 정도의 저압을 말한다. 특별저압 계통의 전압한계는 교류 50 [V], 직류 120 [V] 이하이어야 하며 여기서 SELV(Safety Extra Low Voltage)는 비접지회로에 해당되며, PELV(Protective Extra Low Voltage)는 접지회로에 해당된다.
⑰ "충전부(Live Part)"란 통상적인 운전 상태에서 전압이 걸리도록 되어 있는 도체 또는 도전부를 말한다. 중성선을 포함하나 PEN 도체, PEM 도체 및 PEL 도체는 포함하지 않는다.

3. 전선의 종류

(1) 절연전선
① 저압 절연전선은 450/750 [V] 비닐절연전선·450/750 [V] 저독성 난연 폴리올레핀 절연전선·450/750 [V] 저독성 난연 가교폴리올레핀 절연전선·450/750 [V] 고무절연전선을 사용하여야 한다.
② 고압·특고압 절연전선은 KS에 적합한 또는 동등 이상의 전선을 사용하여야 한다.

(2) 저압케이블
① 저압인 전로(전기기계기구 안의 전로를 제외한다)의 전선으로 사용하는 케이블은 0.6/1 [kV] 연피(鉛皮)케이블, 클로로프렌외장(外裝)케이블, 비닐외장케이블, 폴리에틸렌외장케이블, 무기물 절연케이블, 금속외장케이블, 저독성 난연 폴리올레핀외장케이블, 300/500 [V] 연질 비닐시스케이블, ②에 따른 유선텔레비전용 급전겸용 동축 케이블(그 외부도체를 접지하여 사용하는 것에 한한다)을 사용하여야 한다. 다만, 다음의 케이블을 사용하는 경우에는 예외로 한다.
(ㄱ) 작업선 등의 실내 배선공사에 따른 선박용 케이블
(ㄴ) 엘리베이터 등의 승강로 안의 저압 옥내배선 등의 시설에 따른 엘리베이터용 케이블
(ㄷ) 통신용 케이블
(ㄹ) 용접용 케이블
(ㅁ) 발열선 접속용 케이블
(ㅂ) 물밑케이블
② 유선텔레비전용 급전겸용 동축케이블은 [CATV용(급전겸용) 알루미늄 파이프형 동축케이블]에 적합한 것을 사용한다.

(3) 고압 및 특고압케이블
① 고압 전로(전기기계기구 안의 전로를 제외한다)의 전선으로 사용하는 케이블은 연피케이블·알루미늄피케이블·클로로프렌외장케이블·비닐외장케이블·폴리에틸렌외장케이블·저독성 난연 폴리올레핀외장케이블·콤바인덕트케이블 또는 KS에서 정하는 성능 이상의 것을 사용하여야 한다.
② 특고압 전로(전기기계기구 안의 전로를 제외한다)의 전선으로 사용하는 케이블은 절연체가 에틸렌프로필렌고무혼합물 또는 가교폴리에틸렌 혼합물인 케이블로서 선심 위에 금속제의 전기적 차폐층을 설치한 것이거나 파이프형 압력 케이블·연피케이블·알루미늄피케이블 그 밖의 금속피복을 한 케이블을 사용하여야 한다.

③ 특고압 전로의 다중접지 지중 배전계통에 사용하는 동심중성선 전력케이블은 충실외피를 적용한 충실 케이블과 충실외피를 적용하지 않은 케이블의 두 가지 유형이 있으며, 최고전압은 25.8 [kV] 이하일 것.

4. 전선의 접속

전선을 접속하는 경우에는 옥외등 또는 소세력 회로의 규정에 의하여 시설하는 경우 이외에는 전선의 전기저항을 증가시키지 아니하도록 접속하여야 하며, 또한 다음에 따라야 한다.
① 나전선 상호 또는 나전선과 절연전선 또는 캡타이어 케이블과 접속하는 경우
   (ㄱ) 전선의 세기[인장하중(引張荷重)으로 표시한다. 이하 같다.]를 20 [%] 이상 감소시키지 아니할 것. (또는 80 [%] 이상 유지할 것.)
   (ㄴ) 접속부분은 접속관 기타의 기구를 사용할 것.
② 절연전선 상호 · 절연전선과 코드, 캡타이어케이블과 접속하는 경우에는 ①의 규정에 준하는 이외에 접속되는 절연전선의 절연물과 동등 이상의 절연성능이 있는 접속기를 사용하거나 접속부분을 그 부분의 절연전선의 절연물과 동등 이상의 절연효력이 있는 것으로 충분히 피복할 것.
③ 코드 상호, 캡타이어 케이블 상호 또는 이들 상호를 접속하는 경우에는 코드 접속기 · 접속함 기타의 기구를 사용할 것.
④ 도체에 알루미늄(알루미늄 합금을 포함한다. 이하 같다)을 사용하는 전선과 동(동합금을 포함한다.)을 사용하는 전선을 접속하는 등 전기 화학적 성질이 다른 도체를 접속하는 경우에는 접속무분에 전기적 부식(電氣的腐蝕)이 생기지 않도록 할 것.
⑤ 두 개 이상의 전선을 병렬로 사용하는 경우
   (ㄱ) 병렬로 사용하는 각 전선의 굵기는 동선 50 [mm^2] 이상 또는 알루미늄 70 [mm^2] 이상으로 하고, 전선은 같은 도체, 같은 재료, 같은 길이 및 같은 굵기의 것을 사용할 것.
   (ㄴ) 같은 극의 각 전선은 동일한 터미널러그에 완전히 접속할 것.
   (ㄷ) 같은 극인 각 전선의 터미널러그는 동일한 도체에 2개 이상의 리벳 또는 2개 이상의 나사로 접속할 것.
   (ㄹ) 병렬로 사용하는 전선에는 각각에 퓨즈를 설치하지 말 것.
   (ㅁ) 교류회로에서 병렬로 사용하는 전선은 금속관 안에 전자적 불평형이 생기지 않도록 시설할 것.

5. 전로의 절연

전로는 다음 이외에는 대지로부터 절연하여야 한다.
① 각종 접지공사의 접지점
② 다음과 같이 절연할 수 없는 부분
   (ㄱ) 시험용 변압기, 기구 등의 전로의 절연내력 단서에 규정하는 전력선 반송용 결합 리액터, 전기울타리의 시설에 규정하는 전기울타리용 전원장치, 엑스선발생장치, 전기부식방지 시설에 규정하는 전기부식방지용 양극, 단선식 전기철도의 귀선 등 전로의 일부를 대지로부터 절연하지 아니하고 전기를 사용하는 것이 부득이한 것.
   (ㄴ) 전기욕기 · 전기로 · 전기보일러 · 전해조 등 대지로부터 절연하는 것이 기술상 곤란한 것.

6. 전로의 절연저항 및 절연내력

① 사용전압이 저압인 전로의 절연성능은 기술기준 제52조를 충족하여야 한다. 다만, 저압 전로에서 정전이 어려운 경우 등 절연저항 측정이 곤란한 경우에는 누설전류를 1 [mA] 이하이면 그 전로의 절연성능은 적합한 것으로 본다.

참고 기술기준 제52조 저압전로의 절연성능

전기사용 장소의 사용전압이 저압인 전로의 전선 상호간 및 전로와 대지 사이의 절연저항은 개폐기 또는 과전류차단기로 구분할 수 있는 전로마다 다음 표에서 정한 값 이상이어야 한다. 다만, 전선 상호간의 절연저항은 기계기구를 쉽게 분리가 곤란한 분기회로의 경우 기기 접속 전에 측정할 수 있다.

또한, 측정시 영향을 주거나 손상을 받을 수 있는 SPD 또는 기타 기기 등은 측정 전에 분리시켜야 하고, 부득이하게 분리가 어려운 경우에는 시험전압을 250 [V] DC로 낮추어 측정할 수 있지만 절연저항 값은 1 [MΩ] 이상이어야 한다.

전로의 사용전압 [V]	DC 시험전압 [V]	절연저항 [MΩ]
SELV 및 PELV	250	0.5
FELV, 500 [V] 이하	500	1.0
500 [V] 초과	1,000	1.0

[주] 특별저압(extra low voltage : 2차 전압이 AC 50 [V], DC 120 [V] 이하)으로 SELV (비접지회로 구성) 및 PELV(접지회로 구성)은 1차와 2차가 전기적으로 절연된 회로, FELV는 1차와 2차가 전기적으로 절연되지 않은 회로

② 고압 및 특고압의 전로는 아래 표에서 정한 시험전압을 전로와 대지 사이(다심케이블은 심선 상호 간 및 심선과 대지 사이)에 연속하여 10분간 가하여 절연내력을 시험하였을 때에 이에 견디어야 한다. 다만, 전선에 케이블을 사용하는 교류 전로로서 아래 표에서 정한 시험전압의 2배의 직류전압을 연속하여 10분간 가하여 절연내력을 시험하였을 때에 이에 견디는 것에 대하여는 그러하지 아니하다.

전로의 최대사용전압		시험전압	최저시험전압
7 [kV] 이하		1.5배	–
7 [kV] 초과 60 [kV] 이하		1.25배	10.5 [kV]
7 [kV] 초과 25 [kV] 이하 중성점 다중접지		0.92배	–
60 [kV] 초과	비접지	1.25배	–
60 [kV] 초과 170 [kV] 이하	접지	1.1배	75 [kV]
	직접접지	0.72배	–
170 [kV] 초과	직접접지	0.64배	–

③ 회전기 및 정류기는 아래 표에서 정한 시험방법으로 절연내력을 시험하였을 때 이에 견디어야 한다. 다만, 회전변류기 이외의 교류의 회전기로 아래 표에서 정한 시험전압의 1.6배의 직류전압으로 절연내력을 시험하였을 때 이에 견디는 것을 시설하는 경우에는 그러하지 아니하다.

구분 종류		최대사용전압	시험전압	시험방법
회전기	발전기, 전동기, 조상기, 기타 회전기	7 [kV] 이하	1.5배 (최저 500 [V])	권선과 대지 사이에 연속하여 10분간 가한다.
		7 [kV] 초과	1.25배 (최저 10.5 [kV])	
	회전변류기		직류 측의 최대사용전압의 1배 (최저 500 [V])	
정류기		60 [kV] 이하	직류 측의 최대사용전압의 1배 (최저 500[V])	충전부분과 외함 간에 연속하여 10분간 가한다.
		60 [kV] 초과	교류 측의 최대사용전압의 1.1배	교류측 및 직류 고전압측 단자와 대지 사이에 연속하여 10분간 가한다.

④ 연료전지 및 태양전지 모듈은 최대사용전압의 1.5배의 직류전압 또는 1배의 교류전압(500 [V] 이상일 것)을 충전부분과 대지사이에 연속하여 10분간 가하여 절연내력을 시험하였을 때에 이에 견디는 것이어야 한다.

⑤ 변압기의 전로는 아래 표에서 정하는 시험전압 및 시험방법으로 절연내력을 시험하였을 때 이에 견디어야 한다.

권선의 최대사용전압	시험전압	시험방법
7 [kV] 이하	1.5배 (최저 500 [V])	시험되는 권선과 다른 권선, 철심 및 외함 간에 시험전압을 연속하여 10분간 가한다.
	중성점 다중접지 전로에 접속시 0.92배 (최저 500 [V])	
7 [kV] 초과 25 [kV] 이하 중성점 다중접지식 전로에 접속	0.92배	

권선의 최대사용전압	시험전압	시험방법
7 [kV] 초과 60 [kV] 이하	1.25배 (최저 10.5 [kV])	
60 [kV] 초과 비접지식 선로에 접속	1.25배	
60 [kV] 초과 접지식 전로에 접속, 성형결선의 중성점, 스콧결선의 T좌권선과 주좌권선의 접속점에 피뢰기를 시설	1.1배 (최저 75 [kV])	시험되는 권선의 중성점단자(스콧결선의 경우에는 T좌권선과 주좌권선의 접속점 단자) 이외의 임의의 1단자, 다른 권선(다른 권선이 2개 이상 있는 경우에는 각권선)의 임의의 1단자, 철심 및 외함을 접지하고 시험되는 권선의 중성점 단자 이외의 각 단자에 3상 교류의 시험전압을 연속하여 10분간 가한다.
60 [kV] 초과 직접접지식 전로에 접속, 170 [kV] 초과하는 권선에는 그 중성점에 피뢰기를 시설	0.72배	시험되는 권선의 중성점단자, 다른 권선(다른 권선이 2개 이상 있는 경우에는 각 권선)의 임의의 1단자, 철심 및 외함을 접지하고 시험되는 권선의 중성점 단자 이외의 임의의 1단자와 대지 사이에 시험전압을 연속하여 10분간 가한다. 이 경우에 중성점에 피뢰기를 시설하는 것에 있어서는 다시 중성점 단자의 대지 간에 최대사용전압의 0.3배의 전압을 연속하여 10분간 가한다.
170 [kV] 초과 직접접지식 전로에 접속	0.64배	시험되는 권선의 중성점 단자, 다른 권선(다른 권선이 2개 이상 있는 경우에는 각 권선)의 임의의 1단자, 철심 및 외함을 접지하고 시험되는 권선의 중성점 단자 이외의 임의의 1단자와 대지 사이에 시험전압을 연속하여 10분간 가한다.

⑥ 개폐기·차단기·전력용 커패시터·유도전압조정기·계기용변성기 기타의 기구의 전로 및 발전소·변전소·개폐소 또는 이에 준하는 곳에 시설하는 기계기구의 접속선 및 모선은 아래 표에서 정하는 시험전압을 충전 부분과 대지 사이(다심케이블은 심선 상호 간 및 심선과 대지 사이)에 연속하여 10분간 가하여 절연내력을 시험하였을 때에 이에 견디어야 한다. 다만 전선에 케이블을 사용하는 기계기구의 교류의 접속선 또는 모선으로서 아래 표에서 정한 시험전압의 2배의 직류전압을 연속하여 10분간 가하여 절연내력을 시험하였을 때에 이에 견디도록 시설할 때에는 그러하지 아니하다.

전로의 최대사용전압		시험전압	최저시험전압
7 [kV] 이하		1.5배	500 [V]
7 [kV] 초과 60 [kV] 이하		1.25배	10.5 [kV]
7 [kV] 초과 25 [kV] 이하 중성점 다중접지		0.92배	–
60 [kV] 초과	비접지	1.25배	–
60 [kV] 초과 170 [kV] 이하	접지	1.1배	75 [kV]
	직접접지	0.72배	–
170 [kV] 초과	직접접지	0.64배	–

7. 접지시스템

(1) 접지시스템의 구분 및 종류
 ① 접지시스템은 계통접지, 보호접지, 피뢰시스템접지 등으로 구분한다.
 ② 접지시스템의 시설 종류에는 단독접지, 공통접지, 통합접지가 있다.

(2) 접지시스템의 구성요소
 ① 접지시스템은 접지극, 접지도체, 보호도체 및 기타 설비로 구성한다.
 ② 접지극은 접지도체를 사용하여 주접지단자에 연결하여야 한다.

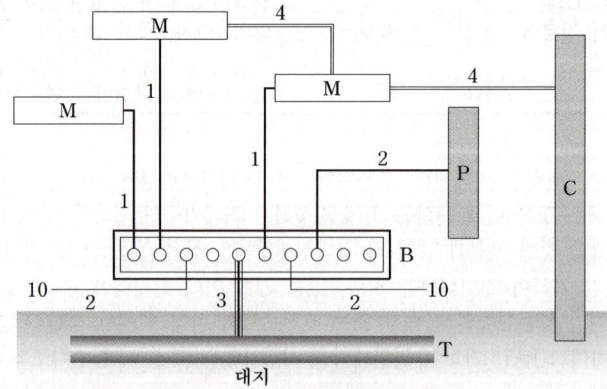

1 : 보호도체(PE)
2 : 주 등전위본딩용 선
3 : 접지도체
4 : 보조 등전위본딩용 선
10 : 기타 기기(예: 통신설비)
B : 주접지단자
M : 전기기구의 노출 도전성부분
C : 철골, 금속닥트의 계통외 도전성부분
P : 수도관, 가스관 등 금속배관
T : 접지극

(3) 접지극의 매설은 다음에 의한다.
   ① 접지극은 매설하는 토양을 오염시키지 않아야 하며, 가능한 다습한 부분에 설치한다.
   ② 접지극은 동결 깊이를 감안하여 시설하되 고압 이상의 전기설비와 변압기 중성점 접지에 의하여 시설하는 접지극의 매설깊이는 지표면으로부터 지하 0.75 [m] 이상으로 한다.
   ③ 접지도체를 철주 기타의 금속체를 따라서 시설하는 경우에는 접지극을 철주의 밑면으로부터 0.3 [m] 이상의 깊이에 매설하는 경우 이외에는 접지극을 지중에서 그 금속체로부터 1 [m] 이상 떼어 매설하여야 한다.

(4) 수도관 등을 접지극으로 사용하는 경우는 다음에 의한다.
   ① 지중에 매설되어 있고 대지와의 전기저항 값이 3 [Ω] 이하의 값을 유지하고 있는 금속제 수도 관로가 다음에 따르는 경우 접지극으로 사용이 가능하다.
     (ㄱ) 접지도체와 금속제 수도관로의 접속은 안지름 75 [mm] 이상인 부분 또는 여기에서 분기한 안지름 75 [mm] 미만인 분기점으로부터 5 [m] 이내의 부분에서 하여야 한다. 다만, 금속제 수도관로와 대지 사이의 전기저항 값이 2 [Ω] 이하인 경우에는 분기점으로부터의 거리는 5 [m] 을 넘을 수 있다.
     (ㄴ) 접지도체와 금속제 수도관로의 접속부를 수도계량기로부터 수도 수용가측에 설치하는 경우에는 수도계량기를 사이에 두고 양측 수도관로를 등전위 본딩 하여야 한다.
     (ㄷ) 접지도체와 금속제 수도관로의 접속부를 사람이 접촉할 우려가 있는 곳에 설치하는 경우에는 손상을 방지하도록 방호장치를 설치하여야 한다.
     (ㄹ) 접지도체와 금속제 수도관로의 접속에 사용하는 금속제는 접속부에 전기적 부식이 생기지 않아야 한다.
   ② 건축물·구조물의 철골 기타의 금속제는 이를 비접지식 고압전로에 시설하는 기계기구의 철대 또는 금속제 외함의 접지공사 또는 비접지식 고압전로와 저압전로를 결합하는 변압기의 저압전로의 접지공사의 접지극으로 사용할 수 있다. 다만, 대지와의 사이에 전기저항 값이 2 [Ω] 이하인 값을 유지하는 경우에 한한다.

(5) 접지도체의 선정
   ① 접지도체의 단면적은 보호도체 최소 단면적에 의하며 큰 고장전류가 접지도체를 통하여 흐르지 않을 경우 접지도체의 최소 단면적은 다음과 같다.
     (ㄱ) 구리는 6 [mm^2] 이상
     (ㄴ) 철제는 50 [mm^2] 이상
   ② 접지도체에 피뢰시스템이 접속되는 경우, 접지도체의 단면적은 구리 16 [mm^2] 또는 철 50 [mm^2] 이상으로 하여야 한다.

(6) 접지도체의 보호
   접지도체는 지하 0.75 [m] 부터 지표상 2 [m] 까지 부분은 합성수지관(두께 2 [mm] 미만의 합성 수지제 전선관 및 가연성 콤바인덕트관은 제외한다) 또는 이와 동등 이상의 절연효과와 강도를 가지는 몰드로 덮어야 한다.

(7) 접지도체의 굵기는 (1)의 ①에서 정한 것 이외에 고장시 흐르는 전류를 안전하게 통할 수 있는 것으로서 다음에 의한다.
① 특고압·고압 전기설비용 접지도체는 단면적 6 [mm^2] 이상의 연동선 또는 동등 이상의 단면적 및 강도를 가져야 한다.
② 중성점 접지용 접지도체는 공칭단면적 16 [mm^2] 이상의 연동선 또는 동등 이상의 단면적 및 세기를 가져야 한다. 다만, 다음의 경우에는 공칭단면적 6 [mm^2] 이상의 연동선 또는 동등 이상의 단면적 및 강도를 가져야 한다.
(ㄱ) 7 [kV] 이하의 전로
(ㄴ) 사용전압이 25 [kV] 이하인 특고압 가공전선로. 다만, 중성선 다중접지식의 것으로서 전로에 지락이 생겼을 때 2초 이내에 자동적으로 이를 전로로부터 차단하는 장치가 되어 있는 것.
③ 이동하여 사용하는 전기기계기구의 금속제 외함 등의 접지시스템의 경우는 다음의 것을 사용하여야 한다.
(ㄱ) 특고압·고압 전기설비용 접지도체 및 중성점 접지용 접지도체는 클로로프렌 캡타이어케이블(3종 및 4종) 또는 클로로설포네이트 폴리에틸렌 캡타이어케이블(3종 및 4종)의 1개 도체 또는 다심 캡타이어케이블의 차폐 또는 기타의 금속체로 단면적이 10 [mm^2] 이상인 것을 사용한다.
(ㄴ) 저압 전기설비용 접지도체는 다심 코드 또는 다심 캡타이어케이블의 1개 도체의 단면적이 0.75 [mm^2] 이상인 것을 사용한다. 다만, 기타 유연성이 있는 연동연선은 1개 도체의 단면적이 1.5 [mm^2] 이상인 것을 사용한다.

(8) 보호도체의 최소 단면적은 아래 표에 따라 선정할 수 있다.

선도체의 단면적 S ([mm^2], 구리)	보호도체의 최소 단면적([mm^2], 구리)	
	보호도체의 재질	
	선도체와 같은 경우	선도체와 다른 경우
$S \leq 16$	S	$\dfrac{k_1}{k_2} \times S$
$16 < S \leq 35$	16^a	$\dfrac{k_1}{k_2} \times 16$
$S > 35$	$\dfrac{S^a}{2}$	$\dfrac{k_1}{k_2} \times \dfrac{S}{2}$

여기서,
-k_1 : 선도체에 대한 k 값
-k_2 : 보호도체에 대한 k 값
-a : PEN 도체의 최소단면적은 중성선과 동일하게 적용한다.

9. 변압기 중성점 접지

① 변압기의 중성점 접지저항 값은 다음에 의한다.
  (ㄱ) 일반적으로 변압기의 고압·특고압측 전로 1선 지락전류로 150을 나눈 값과 같은 저항 값 이하로 한다.
  (ㄴ) 변압기의 고압·특고압측 선로 또는 사용전압이 35 [kV] 이하의 특고압 권선가 저압측 권선과 혼촉하고 저압전로의 대지전압이 150 [V]를 초과하는 경우의 저항 값은 1초 초과 2초 이내에 고압·특고압 전로를 자동으로 차단하는 장치를 설치할 때는 300을 나눈 값 이하 또는 1초 이내에 고압·특고압 전로를 자동으로 차단하는 장치를 설치할 때는 600을 나눈 값 이하로 한다.
② 전로의 1선 지락전류는 실측값에 의한다. 다만, 실측이 곤란한 경우에는 선로정수 등으로 계산한 값에 의한다.

10. 기계기구의 철대 및 외함의 접지를 생략할 수 있는 경우

① 사용전압이 직류 300 [V] 또는 교류 대지전압이 150 [V] 이하인 기계기구를 건조한 곳에 시설하는 경우
② 저압용의 기계기구를 건조한 목재의 마루 기타 이와 유사한 절연성 물건 위에서 취급하도록 시설하는 경우
③ 저압용이나 고압용의 기계기구, 특고압 전선로에 접속하는 특고압 배전용변압기나 이에 접속하는 전선에 시설하는 기계기구 또는 특고압 가공전선로의 전로에 시설하는 기계기구를 사람이 쉽게 접촉할 우려가 없도록 목주 기타 이와 유사한 것 위에 시설하는 경우
④ 철대 또는 외함의 주위에 적당한 절연대를 설치하는 경우
⑤ 외함이 없는 계기용변성기가 고무·합성수지 기타의 절연물로 피복한 것일 경우
⑥ 「전기용품 및 생활용품 안전관리법」의 적용을 받는 2중 절연구조로 되어 있는 기계기구를 시설하는 경우
⑦ 저압용 기계기구에 전기를 공급하는 전로의 전원측에 절연변압기(2차 전압이 300 [V] 이하이며, 정격용량이 3 [kVA] 이하인 것에 한한다)를 시설하고 또한 그 절연변압기의 부하측 전로를 접지하지 않은 경우
⑧ 물기 있는 장소 이외의 장소에 시설하는 저압용의 개별 기계기구에 전기를 공급하는 전로에 「전기용품 및 생활용품 안전관리법」의 적용을 받는 인체감전보호용 누전차단기(정격감도전류가 30 [mA] 이하, 동작시간이 0.03초 이하의 전류동작형에 한한다)를 시설하는 경우
⑨ 외함을 충전하여 사용하는 기계기구에 사람이 접촉할 우려가 없도록 시설하거나 절연대를 시설하는 경우

11. 피뢰시스템

(1) 적용범위
  다음에 시설되는 피뢰시스템에 적용한다.
  ① 전기전자설비가 설치된 건축물·구조물로서 낙뢰로부터 보호가 필요한 것 또는 지상으로부터 높이가 20 [m] 이상인 것
  ② 전기설비 및 전자설비 중 낙뢰로부터 보호가 필요한 설비

(2) 피뢰시스템의 구성
① 직격뢰로부터 대상물을 보호하기 위한 외부 피뢰시스템
② 간접뢰 및 유도뢰로부터 대상물을 보호하기 위한 내부 피뢰시스템

(3) 접지극 시스템
① 뇌전류를 대지로 방류시키기 위한 접지극 시스템은 A형 접지극(수평 또는 수직접지극) 또는 B형 접지극(환상도체 또는 기초 접지극) 중 하나 또는 조합하여 시설할 수 있다.
② 접지극 시스템의 접지저항이 10 [Ω] 이하인 경우 최소 길이 이하로 할 수 있다.
③ 접지극은 다음에 따라 시설한다.
 (ㄱ) 지표면에서 0.75 [m] 이상 깊이로 매설하여야 한다. 다만, 필요시는 해당 지역의 동결심도를 고려한 깊이로 할 수 있다.
 (ㄴ) 대지가 암반지역으로 대지저항이 높거나 건축물·구조물이 전자통신 시스템을 많이 사용하는 시설의 경우에는 환상도체 접지극 또는 기초 접지극으로 한다.
 (ㄷ) 접지극 재료는 대지에 환경오염 및 부식의 문제가 없어야 한다.
 (ㄹ) 철근콘크리트 기초 내부의 상호 접속된 철근 또는 금속제 지하구조물 등 자연적 구성부재는 접지극으로 사용할 수 있다.

memo

02 저압 및 고압·특고압 전기설비

1. 저압 전기설비의 계통접지 방식

(1) 계통접지의 구성

① 저압전로의 보호도체 및 중성선의 접속 방식에 따라 접지계통은 다음과 같이 분류한다.
  (ㄱ) TN 계통
  (ㄴ) TT 계통
  (ㄷ) IT 계통

② 계통접지에서 사용되는 문자의 정의
  (ㄱ) 제1문자 : 전원계통과 대지의 관계

문자	설명
T	한 점을 대지에 직접 접속
I	모든 충전부를 대지와 절연시키거나 높은 임피던스를 통하여 한 점을 대지에 직접 접속

  (ㄴ) 제2문자 : 전기설비의 노출도전부와 대지의 관계

문자	설명
T	노출도전부를 대지로 직접 접속. 전원계통의 접지와는 무관
N	노출도전부를 전원계통의 접지점(교류 계통에서는 통상적으로 중성점, 중성점이 없을 경우는 선도체)에 직접 접속

  (ㄷ) 그 다음 문자(문자가 있을 경우) : 중성선과 보호도체의 배치

문자	설명
S	중성선 또는 접지된 선도체 외에 별도의 도체에 의해 제공되는 보호 기능
C	중성선과 보호 기능을 한 개의 도체로 겸용(PEN 도체)

③ 각 계통에서 나타내는 그림의 기호는 다음과 같다.

문자	설명
─/─•─	중성선(N), 중간도체(M)
─/───	보호도체(PE)
─/─•─	중성선과 보호도체겸용(PEN)

(2) TN 계통
전원측의 한 점을 직접접지하고 설비의 노출도전부를 보호도체로 접속시키는 방식으로 중성선 및 보호도체(PE 도체)의 배치 및 접속방식에 따라 다음과 같이 분류한다.
① TN-S 계통은 계통 전체에 대해 별도의 중성선 또는 PE 도체를 사용하며, 배전계통의 PE 도체를 추가로 접지할 수 있다.
 (ㄱ) 계통 내에서 별도의 중성선과 보호도체가 있는 TN-S 계통
 (ㄴ) 계통 내에서 접지된 보호도체는 있으나 중성선의 배선이 없는 TN-S 계통
 (ㄷ) 계통 내에서 별도의 접지된 선도체와 보호도체가 있는 TN-S 계통
② TN-C 계통은 그 계통 전체에 대해 중성선과 보호도체의 기능을 동일도체로 겸용한 PEN 도체를 사용하며, 배전계통의 PEN 도체를 추가로 접지할 수 있다.
③ TN-C-S 계통은 계통의 일부분에서 PEN 도체를 사용하거나, 중성선과 별도의 PE 도체를 사용하는 방식이 있으며, 배전계통의 PEN 도체와 PE 도체를 추가로 접지할 수 있다.

(3) TT 계통
전원측의 한 점을 직접접지하고 설비의 노출도전부는 전원의 접지전극과 전기적으로 독립적인 접지극에 접속시키며, 배전계통의 PE 도체를 추가로 접지할 수 있다.
① 설비 전체에서 별도의 중성선과 보호도체가 있는 TT 계통
② 설비 전체에서 접지된 보호도체가 있으나 배전용 중성선이 없는 TT 계통

(4) IT 계통
① 충전부 전체를 대지로부터 절연시키거나, 한 점을 임피던스를 통해 대지에 접속시킨다. 전기설비의 노출도전부를 단독 또는 일괄적으로 계통의 PE 도체에 접속시킨다. 배전계통에서 추가접지가 가능하다.
② 계통은 충분히 높은 임피던스를 통하여 접지할 수 있다. 이 접속은 중성점, 인위적 중성점, 선도체 등에서 할 수 있다. 중성선은 배선할 수도 있고, 배선하지 않을 수도 있다.
 (ㄱ) 계통 내의 모든 노출도전부가 보호도체에 의해 접속되어 일괄 접지된 IT 계통
 (ㄴ) 노출도전부가 조합으로 또는 개별로 접지된 IT 계통

2. 저압 전기설비의 안전을 위한 보호
(1) 감전에 대한 보호
① 누전차단기의 시설
 금속제 외함을 가지는 사용전압이 50 [V]를 초과하는 저압의 기계 기구로서 사람이 쉽게 접촉할 우려가 있는 곳에 시설하는 것에 전기를 공급하는 전로. 다만, 다음의 어느 하나에 해당하는 경우에는 적용하지 않는다.
 (ㄱ) 기계기구를 발전소·변전소·개폐소 또는 이에 준하는 곳에 시설하는 경우
 (ㄴ) 기계기구를 건조한 곳에 시설하는 경우
 (ㄷ) 대지전압이 150 [V] 이하인 기계기구를 물기가 있는 곳 이외의 곳에 시설하는 경우
 (ㄹ) 「전기용품 및 생활용품 안전관리법」의 적용을 받는 이중 절연구조의 기계기구를 시설하는 경우

(ㅁ) 그 전로의 전원측에 절연변압기(2차 전압이 300 [V] 이하인 경우에 한한다)를 시설하고 또한 그 절연변압기의 부하측의 전로에 접지하지 아니하는 경우
(ㅂ) 기계기구가 고무·합성수지 기타 절연물로 피복된 경우
(ㅅ) 기계기구가 유도전동기의 2차측 전로에 접속되는 것일 경우
(ㅇ) 기계기구내에 「전기용품 및 생활용품 안전관리법」의 적용을 받는 누전차단기를 설치하고 또한 기계기구의 전원 연결선이 손상을 받을 우려가 없도록 시설하는 경우

② 기능적 특별저압(FELV)
기능상의 이유로 교류 50 [V], 직류 120 [V] 이하인 공칭전압을 사용하지만, SELV 또는 PELV에 대한 모든 요구조건이 충족되지 않고 SELV와 PELV가 필요치 않은 경우에는 기본보호 및 고장보호의 보장을 위해 다음에 따라야 한다. 이러한 조건의 조합을 FELV라 한다.
(ㄱ) 기본보호는 전원의 1차 회로의 공칭전압에 대응하는 기본절연과 격벽 또는 외함
(ㄴ) 고장보호는 1차 회로가 전원의 자동차단에 의한 보호가 될 경우 FELV 회로 기기의 노출도전부는 전원의 1차 회로의 보호도체에 접속하여야 한다.
(ㄷ) FELV 계통의 전원은 최소한 단순 분리형 변압기 또는 SELV와 PELV용 전원에 의한다. 만약 FELV 계통이 단권변압기 등과 같이 최소한의 단순 분리가 되지 않은 기기에 의해 높은 전압계통으로부터 공급되는 경우 FELV 계통은 높은 전압계통의 연장으로 간주되고 높은 전압계통에 적용되는 보호방법에 의해 보호해야 한다.
(ㄹ) FELV 계통용 플러그와 콘센트는 다음의 모든 요구사항에 부합하여야 한다.
 · 플러그는 다른 전압 계통의 콘센트에 꽂을 수 없어야 한다.
 · 콘센트는 다른 전압 계통의 플러그를 수용할 수 없어야 한다.
 · 콘센트는 보호도체에 접속하여야 한다.

③ SELV와 PELV를 적용한 특별저압에 의한 보호
(ㄱ) 특별저압 계통의 전압한계는 교류 50 [V] 이하, 직류 120 [V] 이하이어야 한다.
(ㄴ) 특별저압 회로를 제외한 모든 회로로부터 특별저압 계통을 보호 분리하고, 특별저압 계통과 다른 특별저압 계통 간에는 기본절연을 하여야 한다.
(ㄷ) SELV 계통과 대지간의 기본절연을 하여야 한다.
(ㄹ) SELV와 PELV용 전원
 · 안전절연변압기 전원
 · 안전절연변압기 및 이와 동등한 절연의 전원
 · 축전지 및 디젤발전기 등과 같은 독립전원
 · 내부고장이 발생한 경우에도 출력단자의 전압이 특별저압 계통의 전압한계에 규정된 값을 초과하지 않도록 적절한 표준에 따른 전자장치
 · 저압으로 공급되는 안전절연변압기, 이중 또는 강화절연 된 전동발전기 등 이동용 전원
(ㅁ) SELV와 PELV 계통의 플러그와 콘센트는 다음에 따라야 한다.
 · 플러그는 다른 전압 계통의 콘센트에 꽂을 수 없어야 한다.
 · 콘센트는 다른 전압 계통의 플러그를 수용할 수 없어야 한다.

- SELV 계통에서 플러그 및 콘센트는 보호도체에 접속하지 않아야 한다.(단, FELV 계통용 콘센트는 보호도체에 접속하여야 한다.)
(ㅂ) SELV 회로의 노출도전부는 대지 또는 다른 회로의 노출도전부나 보호도체에 접속하지 않아야 한다.
(ㅅ) 건조한 상태에서 다음의 경우는 기본보호를 하지 않아도 된다.
- SELV 회로에서 공칭전압이 교류 25 [V] 또는 직류 60 [V]를 초과하지 않는 경우
- PELV 회로에서 공칭전압이 교류 25 [V] 또는 직류 60 [V]를 초과하지 않고 노출도전부 및 충전부가 보호도체에 의해서 주접지단자에 접속된 경우
(ㅇ) SELV 또는 PELV 계통의 공칭전압이 교류 12 [V] 또는 직류 30 [V]를 초과하지 않는 경우에는 기본보호를 하지 않아도 된다.

| 용어 |
① 특별저압 : 인체에 위험을 초래하지 않을 정도의 저압
② SELV(Safety Extra-Low Voltage) : 비접지회로에 해당
③ PELV(Protective Extra-Low Voltage) : 접지회로에 해당

(2) 과전류에 대한 보호
 ① 보호장치의 종류 및 특성
  (ㄱ) 과부하전류 및 단락전류 겸용 보호장치 - 보호장치 설치 점에서 예상되는 단락전류를 포함한 모든 과전류를 차단 및 투입할 수 있는 능력이 있어야 한다.
  (ㄴ) 과부하전류 전용 보호장치 - 차단용량은 그 설치 점에서의 예상 단락전류 값 미만으로 할 수 있다.
  (ㄷ) 단락전류 전용 보호장치 - 과부하 보호를 별도의 보호장치에 의하거나, 과부하 보호장치의 생략이 허용되는 경우에 설치할 수 있다. 이 보호장치는 예상 단락전류를 차단할 수 있어야 하며, 차단기인 경우에는 이 단락전류를 투입할 수 있는 능력이 있어야 한다.
 ② 보호장치의 특성
  (ㄱ) 과전류차단기로 저압전로에 사용하는 범용의 퓨즈

정격전류의 구분	시간	정격전류의 배수	
		불용단전류	용단전류
4 [A] 이하	60분	1.5배	2.1배
4 [A] 초과 16 [A] 미만	60분	1.5배	1.9배
16 [A] 이상 63 [A] 이하	60분	1.25배	1.6배
63 [A] 초과 160 [A] 이하	120분	1.25배	1.6배
160 [A] 초과 400 [A] 이하	180분	1.25배	1.6배
400 [A] 초과	240분	1.25배	1.6배

(ㄴ) 과전류차단기로 저압전로에 사용하는 산업용 배선용차단기와 주택용 배선용차단기

종류	정격전류의 구분	시간	정격전류의 배수(모든 극에 통전)	
			부동작 전류	동작 전류
산업용 배선용차단기	63 [A] 이하	60분	1.05배	1.3배
	63 [A] 초과	120분	1.05배	1.3배
주택용 배선용차단기	63 [A] 이하	60분	1.13배	1.45배
	63 [A] 초과	120분	1.13배	1.45배

③ 과부하 전류에 대한 보호
  (ㄱ) 과부하 보호장치의 설치위치
    과부하 보호장치는 전로 중 도체의 단면적, 특성, 설치방법, 구성의 변경으로 도체의 허용전류 값이 줄어드는 곳(이하 분기점이라 함)에 설치하여야 한다.
  (ㄴ) 과부하 보호장치의 설치 위치의 예외
    과부하 보호장치는 분기점에 설치하여야 하나, 분기점과 분기회로의 과부하 보호장치의 설치점 사이의 배선 부분에 다른 분기회로나 콘센트 회로가 접속되어 있지 않고, 다음 중 하나를 만족하는 경우는 변경이 있는 배선에 설치할 수 있다.
  · 분기회로의 과부하 보호장치의 전원측에 다른 분기회로 또는 콘센트의 접속이 없고 단락전류에 대한 보호의 요구사항에 따라 분기회로에 대한 단락보호가 이루어지고 있는 경우, 분기회로의 과부하 보호장치는 분기회로의 분기점으로부터 부하측으로 거리에 구애 받지 않고 이동하여 설치할 수 있다.
  · 분기회로의 보호장치는 전원측에서 보호장치의 분기점 사이에 다른 분기회로 또는 콘센트의 접속이 없고, 단락의 위험과 화재 및 인체에 대한 위험성이 최소화 되도록 시설된 경우, 분기회로의 보호장치는 분기회로의 분기점으로부터 3 [m]까지 이동하여 설치할 수 있다.
  (ㄷ) 과부하 보호장치의 생략(일반사항)
  · 분기회로의 전원측에 설치된 보호장치에 의하여 분기회로에서 발생하는 과부하에 대해 유효하게 보호되고 있는 분기회로
  · 단락보호가 되고 있으며, 분기점 이후의 분기회로에 다른 분기회로 및 콘센트가 접속되지 않는 분기회로 중, 부하에 설치된 과부하 보호장치가 유효하게 동작하여 과부하전류가 분기회로에 전달되지 않도록 조치를 하는 경우
  · 통신회로용, 제어회로용, 신호회로용 및 이와 유사한 설비
  (ㄹ) 안전을 위해 과부하 보호장치를 생략할 수 있는 경우
    사용 중 예상치 못한 회로의 개방이 위험 또는 큰 손상을 초래할 수 있는 경우로서 다음과 같은 부하에 전원을 공급하는 회로에 대해서는 과부하 보호장치를 생략할 수 있다.
  · 회전기의 여자회로
  · 전자석 크레인의 전원회로

- 전류변성기의 2차회로
- 소방설비의 전원회로
- 안전설비(주거침입경보, 가스누출경보 등)의 전원회로

④ 단락전류에 대한 보호
  (ㄱ) 예상 단락전류의 결정
   설비의 모든 관련 지점에서의 예상 단락전류를 결정해야 한다. 이는 계산 또는 측정에 의하여 수행할 수 있다.
  (ㄴ) 단락 보호장치의 설치위치
   - 단락전류 보호장치는 분기점에 설치해야 한다. 다만, 분기회로의 단락보호장치 설치점과 분기점 사이에 다른 분기회로 또는 콘센트의 접속이 없고 단락, 화재 및 인체에 대한 위험이 최소화될 경우, 분기회로의 단락 보호장치는 분기점으로부터 3 [m] 까지 이동하여 설치할 수 있다.
   - 도체의 단면적이 줄어들거나 다른 변경이 이루어진 분기회로의 시작점과 이 분기회로의 단락 보호장치 사이에 있는 도체가 전원측에 설치되는 보호장치에 의해 단락보호가 되는 경우에, 분기회로의 단락 보호장치는 분기점으로부터 거리제한이 없이 설치할 수 있다. 단, 전원측 단락 보호장치는 부하측 배선에 대하여 단락보호장치의 특성에 단락보호를 할 수 있는 특징을 가져야 한다.
  (ㄷ) 단락 보호장치의 생략
   배선을 단락위험이 최소화할 수 있는 방법과 가연성 물질 근처에 설치하지 않는 조건이 모두 충족되면 다음과 같은 경우 단락 보호장치를 생략할 수 있다.
   - 발전기, 변압기, 정류기, 축전지와 보호장치가 설치된 제어반을 연결하는 도체
   - 전원차단이 설비의 운전에 위험을 가져올 수 있는 회로
   - 특정 측정회로

3. 저압전로 중의 개폐기 및 과전류차단장치의 시설
(1) 저압전로 중 또는 저압 옥내전로 인입구에서의 개폐기의 시설
  ① 저압전로 중에 개폐기를 시설하는 경우에는 그 곳의 각 극에 설치하여야 한다.
  ② 사용전압이 다른 개폐기는 상호 식별이 용이하도록 시설하여야 한다.
  ③ 저압 옥내전로(화약류 저장소에 시설하는 것을 제외한다)에는 인입구에 가까운 곳으로서 쉽게 개폐할 수 있는 곳에 개폐기(개폐기의 용량이 큰 경우에는 적정 회로로 분할하여 각 회로별로 개폐기를 시설할 수 있다. 이 경우에 각 회로별 개폐기는 집합하여 시설하여야 한다)를 각 극에 시설하여야 한다.
  ④ 사용전압이 400 [V] 이하인 옥내전로로서 다른 옥내전로(정격전류 16 [A] 이하인 과전류차단기 또는 정격전류 16 [A]를 초과하고 20 [A] 이하인 배선용차단기로 보호되고 있는 것에 한한다)에 접속하는 길이 15 [m] 이하의 전로에서 전기의 공급을 받는 것은 ③의 규정에 의하지 아니할 수 있다.

(2) 저압전로 중의 전동기 보호용 과전류 보호장치의 시설
① 과전류차단기로 저압전로에 시설하는 과부하 보호장치(전동기가 손상될 우려가 있는 과전류가 발생했을 경우에 자동적으로 이것을 차단하는 것에 한한다)와 단락보호 전용 차단기 또는 과부하 보호장치와 단락보호 전용 퓨즈를 조합한 장치는 전동기에만 연결하는 저압전로에 사용하고 다음 각각에 적합한 것이어야 한다.
  (ㄱ) 과부하 보호장치, 단락보호 전용 차단기 및 단락보호 전용 퓨즈는 「전기용품 및 생활용품 안전관리법」에 적용을 받는 것 이외에는 한국산업표준(이하 "KS"라 한다)에 적합하여야 하며, 다음에 따라 시설할 것.
    · 과부하 보호장치로 전자접촉기를 사용할 경우에는 반드시 과부하 계전기가 부착되어 있을 것.
    · 단락보호 전용 차단기의 단락동작 설정 전류값은 전동기의 기동방식에 따른 기동돌입전류를 고려할 것.
    · 단락보호 전용 퓨즈는 아래 표의 용단 특성에 적합한 것일 것.

정격전류의 배수	불용단시간	용단시간
4 배	60초 이내	–
6.3 배	–	60초 이내
8 배	0.5초 이내	–
10 배	0.2초 이내	–
12.5 배	–	0.5초 이내
19 배	–	0.1초 이내

  (ㄴ) 과부하 보호장치와 단락보호 전용 차단기 또는 단락보호 전용 퓨즈를 하나의 전용함 속에 넣어 시설한 것일 것.
  (ㄷ) 과부하 보호장치가 단락전류에 의하여 손상되기 전에 그 단락전류를 차단하는 능력을 가진 단락보호 전용 차단기 또는 단락보호 전용 퓨즈를 시설한 것일 것.
  (ㄹ) 과부하 보호장치와 단락보호 전용 퓨즈를 조합한 장치는 단락보호 전용 퓨즈의 정격전류가 과부하 보호장치의 설정 전류(setting current) 값 이하가 되도록 시설한 것(그 값이 단락보호 전용 퓨즈의 표준 정격에 해당하지 아니하는 경우는 단락보호 전용 퓨즈의 정격전류가 그 값의 바로 상위의 정격이 되도록 시설한 것을 포함한다)일 것.
② 저압 옥내에 시설하는 보호장치의 정격전류 또는 전류 설정값은 전동기 등이 접속되는 경우에는 그 전동기의 기동방식에 따른 기동전류와 다른 전기사용기계기구의 정격전류를 고려하여 선정하여야 한다.
③ 옥내에 시설하는 전동기(정격 출력이 0.2 [kW] 이하인 것을 제외한다)에는 전동기가 손상될 우려가 있는 과전류가 생겼을 때에 자동적으로 이를 저지하거나 이를 경보하는 장치를 하여야 한다. 다만, 다음의 어느 하나에 해당하는 경우에는 그러하지 아니하다.
  (ㄱ) 전동기를 운전 중 상시 취급자가 감시할 수 있는 위치에 시설하는 경우

㈐ 전동기의 구조나 부하의 성질로 보아 전동기가 손상될 수 있는 과전류가 생길 우려가 없는 경우
㈑ 단상전동기로서 그 전원측 전로에 시설하는 과전류차단기의 정격전류가 16 [A] (배선용차단기는 20 [A]) 이하인 경우

4. 혼촉에 의한 위험방지시설

(1) 고압 또는 특고압과 저압의 혼촉에 의한 위험방시 시설

① 고압전로 또는 특고압전로와 저압전로를 결합하는 변압기(철도 또는 궤도의 신호용 변압기를 제외한다)의 저압측의 중성점에는 변압기 중성점 접지규정에 의하여 접지공사(사용전압이 35 [kV] 이하의 특고압전로로서 전로에 지락이 생겼을 때에 1초 이내에 자동적으로 이를 차단하는 장치가 되어 있는 것 및 사용전압이 15 [kV] 이하 또는 사용전압이 15 [kV]를 초과하고 25 [kV] 이하인 중성선 다중접지식의 것으로서 전로에 지락이 생겼을 때 2초 이내에 자동적으로 이를 전로로부터 차단장치가 되어 있는 특고압 가공전선로의 전로 이외의 특고압전로와 저압전로를 결합하는 경우에 계산된 접지저항 값이 10 [Ω]을 넘을 때에는 접지저항 값이 10 [Ω] 이하인 것에 한한다)를 하여야 한다. 다만, 저압전로의 사용전압이 300 [V] 이하인 경우에 그 접지공사를 변압기의 중성점에 하기 어려울 때에는 저압측의 1단자에 시행할 수 있다.

② ①항의 접지공사는 변압기의 시설장소마다 시행하여야 한다. 다만, 토지의 상황에 의하여 변압기의 시설장소에서 접지저항 값을 얻기 어려운 경우, 인장강도 5.26 [kN] 이상 또는 지름 4 [mm] 이상의 가공 접지도체를 저압가공전선에 관한 규정에 준하여 시설할 때에는 변압기의 시설장소로부터 200 [m]까지 떼어놓을 수 있다.

③ ①항의 접지공사를 하는 경우에 토지의 상황에 의하여 ②의 규정에 의하기 어려울 때에는 다음에 따라 가공공동지선(架空共同地線)을 설치하여 2 이상의 시설장소에 접지공사를 할 수 있다.
　㈀ 가공공동지선은 인장강도 5.26 [kN] 이상 또는 지름 4 [mm] 이상의 경동선을 사용하여 저압 가공전선에 관한 규정에 준하여 시설할 것.
　㈁ 접지공사는 각 변압기를 중심으로 하는 지름 400 [m] 이내의 지역으로서 그 변압기에 접속되는 전선로 바로 아래의 부분에서 각 변압기의 양쪽에 있도록 할 것.
　㈂ 가공공동지선과 대지 사이의 합성 전기저항 값은 1 [km]를 지름으로 하는 지역 안마다 접지저항 값을 가지는 것으로 하고 또한 각 접지도체를 가공공동지선으로부터 분리하였을 경우의 각 접지도체와 대지 사이의 전기저항 값은 300 [Ω] 이하로 할 것.

(2) 혼촉방지판이 있는 변압기에 접속하는 저압 옥외전선의 시설 등

고압전로 또는 특고압전로와 비접지식의 저압전로를 결합하는 변압기(철도 또는 궤도의 신호용 변압기를 제외한다)로서 그 고압권선 또는 특고압권선과 저압권선 간에 금속제의 혼촉방지판(混觸防止板)이 있고 또한 그 혼촉방지판에 변압기 중성점 접지규정에 의하여 접지공사[(1)항 ①의 조건과 같다]를 한 것에 접속하는 저압전선을 옥외에 시설할 때에는 다음에 따라 시설하여야 한다.
① 저압전선은 1구내에만 시설할 것.
② 저압 가공전선로 또는 저압 옥상전선로의 전선은 케이블일 것.
③ 저압 가공전선과 고압 또는 특고압의 가공전선을 동일 지지물에 시설하지 아니할 것. 다만, 고압 가공전선로 또는 특고압 가공전선로의 전선이 케이블인 경우에는 그러하지 아니하다.

(3) 특고압과 고압의 혼촉 등에 의한 위험방지 시설

변압기에 의하여 특고압전로에 결합되는 고압전로에는 사용전압의 3배 이하인 전압이 가하여진 경우에 방전하는 장치를 그 변압기의 단자에 가까운 1극에 설치하여야 한다. 다만, 사용전압의 3배 이하인 전압이 가하여진 경우에 방전하는 피뢰기를 고압전로의 모선의 각상에 시설하거나 특고압권선과 고압권선 간에 혼촉방지판을 시설하여 접지저항 값이 10 [Ω] 이하인 접지공사를 한 경우에는 그러하지 아니하다.

5. 전로의 중성점의 접지

(1) 전로의 중성점 접지 목적
① 전로의 보호 장치의 확실한 동작의 확보
② 이상 전압의 억제
③ 대지전압의 저하

(2) 특히 필요한 경우에 전로의 중성점에 접지공사를 할 경우에는 다음에 따라야 한다.
① 접지극은 고장시 그 근처의 대지 사이에 생기는 전위차에 의하여 사람이나 가축 또는 다른 시설물에 위험을 줄 우려가 없도록 시설할 것.
② 접지도체는 공칭단면적 16 [mm²] 이상의 연동선 또는 이와 동등 이상의 세기 및 굵기의 쉽게 부식하지 아니하는 금속선(저압 전로의 중성점에 시설하는 것은 공칭단면적 6 [mm²] 이상의 연동선 또는 이와 동등 이상의 세기 및 굵기의 쉽게 부식하지 않는 금속선)으로서 고장시 흐르는 전류가 안전하게 통할 수 있는 것을 사용하고 또한 손상을 받을 우려가 없도록 시설할 것.
③ 접지도체에 접속하는 저항기·리액터 등은 고장시 흐르는 전류를 안전하게 통할 수 있는 것을 사용할 것.
④ 접지도체·저항기·리액터 등은 취급자 이외의 자가 출입하지 아니하도록 설비한 곳에 시설하는 경우 이외에는 사람이 접촉할 우려가 없도록 시설할 것.

(3) 중성점 고저항 접지계통

지락전류를 제한하기 위하여 저항기를 사용하는 중성점 고저항 접지설비는 다음에 따를 경우 300 [V] 이상 1 [kV] 이하의 3상 교류계통에 적용할 수 있다.
① 계통에 지락검출장치가 시설될 것.
② 전압선과 중성선 사이에 부하가 없을 것.
③ 고저항 중성점 접지계통은 다음에 적합할 것.
  (ㄱ) 접지저항기는 계통의 중성점과 접지극 도체와의 사이에 설치할 것. 중성점을 얻기 어려운 경우에는 접지변압기에 의한 중성점과 접지극 도체 사이에 접지저항기를 설치한다.
  (ㄴ) 변압기 또는 발전기의 중성점에서 접지저항기에 접속하는 점까지의 중성선은 동선 10 [mm²] 이상, 알루미늄선 또는 동복 알루미늄선은 16 [mm²] 이상의 절연전선으로서 접지저항기의 최대정격전류 이상일 것.
  (ㄷ) 계통의 중성점은 접지저항기를 통하여 접지할 것.
  (ㄹ) 변압기 또는 발전기의 중성점과 접지저항기 사이의 중성선은 별도로 배선할 것.

6. 고압, 특고압 기계 및 기구 시설

(1) 특고압용 변압기의 시설 장소
특고압용 변압기는 발전소·변전소·개폐소 또는 이에 준하는 곳에 시설하여야 한다. 다만, 다음의 변압기는 각각의 규정에 따라 필요한 장소에 시설할 수 있다.
① 아래 (2)항에 따라 시설하는 배전용 변압기
② 15 [kV] 이하 및 15 [kV] 초과 25 [kV] 이하인 다중접지방식 특고압 가공전선로에 접속하는 변압기
③ 교류식 전기철도용 신호회로 등에 전기를 공급하기 위한 변압기

(2) 특고압 배전용 변압기의 시설
특고압 전선로(위의 (1)의 ②항에서 정하는 특고압 가공전선로를 제외한다)에 접속하는 배전용 변압기(발전소·변전소·개폐소 또는 이에 준하는 곳에 시설하는 것을 제외한다)를 시설하는 경우에는 특고압 전선에 특고압 절연전선 또는 케이블을 사용하고 또한 다음에 따라야 한다.
① 변압기의 1차 전압은 35 [kV] 이하, 2차 전압은 저압 또는 고압일 것.
② 변압기의 특고압측에 개폐기 및 과전류차단기를 시설할 것.
③ 변압기의 2차 전압이 고압인 경우에는 고압측에 개폐기를 시설하고 또한 쉽게 개폐할 수 있도록 할 것.

(3) 특고압을 직접 저압으로 변성하는 변압기의 시설
특고압을 직접 저압으로 변성하는 변압기는 다음의 것 이외에는 시설하여서는 아니 된다.
① 전기로 등 전류가 큰 전기를 소비하기 위한 변압기
② 발전소·변전소·개폐소 또는 이에 준하는 곳의 소내용 변압기
③ 위의 (1)의 ②항에서 규정하는 특고압 전선로에 접속하는 변압기
④ 사용전압이 35 [kV] 이하인 변압기로서 그 특고압측 권선과 저압측 권선이 혼촉한 경우에 자동적으로 변압기를 전로로부터 차단하기 위한 장치를 설치한 것.
⑤ 사용전압이 100 [kV] 이하인 변압기로서 그 특고압측 권선과 저압측 권선 사이에 변압기 중성점 접지 규정에 의하여 접지공사(접지저항 값이 10 [Ω] 이하인 것에 한한다)를 한 금속제의 혼촉방지판이 있는 것.
⑥ 교류식 전기철도용 신호회로에 전기를 공급하기 위한 변압기

(4) 고압 및 특고압용 기계기구의 시설
① 고압 및 특고압용 기계기구는 다음의 어느 하나에 해당하는 경우, 발전소·변전소·개폐소 또는 이에 준하는 곳에 시설하는 경우, 또한 특고압용 기계기구는 취급자 이외의 사람이 출입할 수 없도록 설비한 곳에 시설하는 전기집진 응용장치에 전기를 공급하기 위한 변압기·정류기 및 이에 부속하는 특고압의 전기설비 및 전기집진 응용장치, 제1종 엑스선 발생장치, 제2종 엑스선 발생장치에 의하여 시설하는 경우 이외에는 시설하여서는 아니 된다.
  (ㄱ) 기계기구의 주위에 울타리·담 등의 시설의 규정에 준하여 울타리·담 등을 시설하는 경우

㉡ 기계기구(이에 부속하는 전선에 고압은 케이블 또는 고압 인하용 절연전선, 특고압은 특고압 인하용 절연전선을 사용하는 경우에 한한다)를 고압용은 지표상 4.5 [m](시가지 외에는 4 [m]) 이상, 특고압용은 지표상 5 [m] 이상의 높이에 시설하는 경우
㉢ 옥내에 설치한 기계기구를 취급자 이외의 사람이 출입할 수 없도록 설치한 곳에 시설하는 경우
㉣ 충전부분이 노출하지 아니하는 기계기구를 사람이 쉽게 접촉할 우려가 없도록 시설하는 경우
② 고압 및 특고압용 기계기구는 노출된 충전부분에 취급자가 쉽게 접촉할 우려가 없도록 시설하여야 한다.

(5) 아크를 발생하는 기구의 시설
고압용 또는 특고압용의 개폐기·차단기·피뢰기 기타 이와 유사한 기구로서 동작시에 아크가 생기는 것은 목재의 벽 또는 천장 기타의 가연성 물체로부터 아래 표에서 정한 값 이상 이격하여 시설하여야 한다.

기구 등의 구분	이격거리
고압용의 것	1 [m] 이상 이격
특고압용의 것	2 [m](사용전압이 35 [kV] 이하의 특고압용의 기구 등으로서 동작할 때에 생기는 아크의 방향과 길이를 화재가 발생할 우려가 없도록 제한하는 경우에는 1 [m]) 이상

(6) 개폐기의 시설
① 전로 중에 개폐기를 시설하는 경우에는 그 곳의 각 극에 설치하여야 한다. 다만, 다음의 경우에는 그러하지 아니하다.
 ㉠ 인입구에서 저압 옥내간선을 거치지 아니하고 전기사용 기계기구에 이르는 저압 옥내전로의 규정에 의하여 개폐기를 시설하는 경우
 ㉡ 특고압 가공전선로로서 다중 접지를 한 중성선 이외의 각 극에 개폐기를 시설하는 경우
 ㉢ 제어회로 등에 조작용 개폐기를 시설하는 경우
② 고압용 또는 특고압용의 개폐기는 그 작동에 따라 그 개폐상태를 표시하는 장치가 되어 있는 것이어야 한다. 다만, 그 개폐상태를 쉽게 확인할 수 있는 것은 그러하지 아니하다.
③ 고압용 또는 특고압용의 개폐기로서 중력 등에 의하여 자연히 작동할 우려가 있는 것은 자물쇠 장치 기타 이를 방지하는 장치를 시설하여야 한다.
④ 고압용 또는 특고압용의 개폐기로서 부하전류를 차단하기 위한 것이 아닌 개폐기는 부하전류가 통하고 있을 경우에는 개로할 수 없도록 시설하여야 한다. 다만, 개폐기를 조작하는 곳의 보기 쉬운 위치에 부하전류의 유무를 표시한 장치 또는 전화기 기타의 지령 장치를 시설하거나 터블렛 등을 사용함으로서 부하전류가 통하고 있을 때에 개로조작을 방지하기 위한 조치를 하는 경우는 그러하지 아니하다.
⑤ 전로에 이상이 생겼을 때 자동적으로 전로를 개폐하는 장치를 시설하는 경우에는 그 개폐기의 자동 개폐 기능에 장해가 생기지 않도록 시설하여야 한다.

(7) 과전류차단기의 시설 및 시설 제한
① 과전류차단기로 시설하는 퓨즈 중 고압전로에 사용하는 포장 퓨즈(퓨즈 이외의 과전류 차단기와 조합하여 하나의 과전류차단기로 사용하는 것을 제외한다)는 정격전류의 1.3배의 전류에 견디고 또한 2배의 전류로 120분 안에 용단되는 것, 그리고 비포장 퓨즈는 정격전류의 1.25배의 전류에 견디고 또한 2배의 전류로 2분 안에 용단되는 것이어야 한다.
② 접지공사의 접지도체, 다선식 전로의 중성선, 고압 및 특고압과 저압의 혼촉에 의한 위험방지 시설의 규정에 의하여 전로의 일부에 접지공사를 한 저압 가공전선로의 접지측 전선에는 과전류차단기를 시설하여서는 안 된다.

(8) 지락차단장치 등의 시설
① 특고압전로 또는 고압전로에 변압기에 의하여 결합되는 사용전압 400 [V] 초과의 저압전로 또는 발전기에서 공급하는 사용전압 400 [V] 초과의 저압전로(발전소 및 변전소와 이에 준하는 곳에 있는 부분의 전로를 제외한다)에는 전로에 지락이 생겼을 때에 자동적으로 전로를 차단하는 장치를 시설하여야 한다.
② 고압 및 특고압 전로 중 다음에 열거하는 곳 또는 이에 근접한 곳에는 전로에 지락(전기철도용 급전선에 있어서는 과전류)이 생겼을 때에 자동적으로 전로를 차단하는 장치를 시설하여야 한다. 다만, 전기사업자로부터 공급을 받는 수전점에서 수전하는 전기를 모두 그 수전점에 속하는 수전장소에서 변성하거나 또는 사용하는 경우는 그러하지 아니하다.
  (ㄱ) 발전소·변전소 또는 이에 준하는 곳의 인출구
  (ㄴ) 다른 전기사업자로부터 공급받는 수전점
  (ㄷ) 배전용변압기(단권변압기를 제외한다)의 시설 장소

(9) 피뢰기의 시설
① 고압 및 특고압의 전로 중 다음에 열거하는 곳 또는 이에 근접한 곳에는 피뢰기를 시설하여야 한다.
  (ㄱ) 발전소·변전소 또는 이에 준하는 장소의 가공전선 인입구 및 인출구
  (ㄴ) 특고압 가공전선로에 접속하는 특고압 배전용 변압기의 고압측 및 특고압측
  (ㄷ) 고압 및 특고압 가공전선로로부터 공급을 받는 수용장소의 인입구
  (ㄹ) 가공전선로와 지중전선로가 접속되는 곳
② 다음의 어느 하나에 해당하는 경우에는 ①의 규정에 의하지 아니할 수 있다.
  (ㄱ) ①의 어느 하나에 해당되는 곳에 직접 접속하는 전선이 짧은 경우
  (ㄴ) ①의 어느 하나에 해당되는 경우 피보호기기가 보호범위 내에 위치하는 경우
③ 피뢰기의 접지
고압 및 특고압의 전로에 시설하는 피뢰기 접지저항 값은 10 [Ω] 이하로 하여야 한다. 다만, 고압 가공전선로에 시설하는 피뢰기를 접지공사를 한 변압기에 근접하여 시설하는 경우로서, 고압 가공전선로에 시설하는 피뢰기의 접지도체가 그 접지공사 전용의 것인 경우에 그 접지공사의 접지저항 값이 30 [Ω] 이하인 때에는 그 피뢰기의 접지저항값이 10 [Ω] 이하가 아니어도 된다.

7. 특수 시설
(1) 전기울타리
전기울타리는 목장·논밭 등 옥외에서 가축의 탈출 또는 야생짐승의 침입을 방지하기 위하여 시설하는 경우를 제외하고는 시설해서는 안 된다.
① 전기울타리용 전원장치에 전원을 공급하는 전로의 사용전압은 250 [V] 이하이어야 한다.
② 전기울타리는 사람이 쉽게 출입하지 아니하는 곳에 시설할 것.
③ 전선은 인장강도 1.38 [kN] 이상의 것 또는 지름 2 [mm] 이상의 경동선일 것.
④ 전선과 이를 지지하는 기둥 사이의 이격거리는 25 [mm] 이상일 것.
⑤ 전선과 다른 시설물(가공 전선을 제외한다) 또는 수목과의 이격거리는 0.3 [m] 이상일 것.
⑥ 전기울타리에 전기를 공급하는 전로에는 쉽게 개폐할 수 있는 곳에 전용 개폐기를 시설하여야 한다.
⑦ 전기울타리 전원장치의 외함 및 변압기의 철심은 접지공사를 하여야 한다.
⑧ 전기울타리의 접지전극과 다른 접지 계통의 접지전극의 거리는 2 [m] 이상이어야 한다.
⑨ 가공전선로의 아래를 통과하는 전기울타리의 금속부분은 교차지점의 양쪽으로부터 5 [m] 이상의 간격을 두고 접지하여야 한다.

(2) 전기욕기
① 전기욕기에 전기를 공급하기 위한 전기욕기용 전원장치는 내장되는 전원 변압기의 2차측 전로의 사용전압이 10 [V] 이하의 것에 한한다.
② 2차측 배선은 전기욕기용 전원장치로부터 욕기안의 전극까지의 배선은 공칭단면적 2.5 [mm^2] 이상의 연동선과 이와 동등 이상의 세기 및 굵기의 절연전선(옥외용 비닐절연전선을 제외한다)이나 케이블 또는 공칭단면적이 1.5 [mm^2] 이상의 캡타이어 케이블을 합성수지관배선, 금속관배선 또는 케이블배선에 의하여 시설하거나 또는 공칭단면적이 1.5 [mm^2] 이상의 캡타이어 코드를 합성수지관(두께가 2 [mm] 미만의 합성수지제 전선관 및 난연성이 없는 콤바인 덕트관을 제외한다)이나 금속관에 넣고 관을 조영재에 견고하게 고정하여야 한다. 다만, 전기욕기용 전원장치로부터 욕기에 이르는 배선을 건조하고 전개된 장소에 시설하는 경우에는 그러하지 아니하다.
③ 욕기내의 전극간의 거리는 1 [m] 이상일 것.
④ 욕기내의 전극은 사람이 쉽게 접촉될 우려가 없도록 시설할 것.
⑤ 전기욕기용 전원장치의 금속제 외함 및 전선을 넣는 금속관에는 접지공사를 하여야 한다.
⑥ 전기욕기용 전원장치로부터 욕기안의 전극까지의 전선 상호 간 및 전선과 대지 사이의 절연저항은 "전로의 절연저항"에 따른다.

(3) 전기온상 등 및 도로 등의 전열장치
① 전기온상 등은 식물의 재배 또는 양잠·부화·육추 등의 용도로 사용하는 전열장치를 말하며 다음에 따라 시설하여야 한다.
 (ㄱ) 전기온상에 전기를 공급하는 전로의 대지전압 300 [V] 이하일 것.
 (ㄴ) 발열선은 그 온도가 80 [℃]를 넘지 않도록 시설할 것.
 (ㄷ) 전기온상 등에 전기를 공급하는 전로에는 전용 개폐기 및 과전류차단기를 각 극(과전류차단기에서 다선식 전로의 중성극을 제외한다)에 시설하여야 한다.

② 발열선을 공중에 시설하는 전기온상 등은 ①의 규정 이외에 다음에 따라 시설하여야 한다.
  (ㄱ) 발열선은 노출장소에 시설할 것.
  (ㄴ) 발열선 상호간의 간격은 0.03 [m] (함 내에 시설하는 경우는 0.02 [m]) 이상일 것.
  (ㄷ) 발열선과 조영재 사이의 이격거리는 0.025 [m] 이상으로 할 것.
  (ㄹ) 발열선의 지지점간의 거리는 1 [m] 이하일 것.
③ 도로 등의 전열장치는 발열선을 도로(농로 기타 교통이 빈번하지 아니하는 도로 및 횡단보도교를 포함한다. 이하 같다), 주차장 또는 조영물의 조영재에 고정시켜 시설하는 경우를 말하며 다음에 따라 시설하여야 한다.
  (ㄱ) 발열선에 전기를 공급하는 전로의 대지전압은 300 [V] 이하일 것.
  (ㄴ) 발열선은 사람이 접촉할 우려가 없고 또한 손상을 받을 우려가 없도록 콘크리트 기타 견고한 내열성이 있는 것 안에 시설할 것.
  (ㄷ) 발열선은 그 온도가 80 [℃]를 넘지 아니하도록 시설할 것. 다만, 도로 또는 옥외 주차장에 금속피복을 한 발열선을 시설할 경우에는 발열선의 온도를 120 [℃] 이하로 할 수 있다.
  (ㄹ) 발열선은 다른 전기설비·약전류전선 등 또는 수관·가스관이나 이와 유사한 것에 전기적·자기적 또는 열적인 장해를 주지 아니하도록 시설할 것.

(4) 전격살충기
① 전격살충기의 전격격자(電擊格子)는 지표 또는 바닥에서 3.5 [m] 이상의 높은 곳에 시설할 것. 다만, 2차측 개방 전압이 7 [kV] 이하의 절연변압기를 사용하고 또한 보호격자의 내부에 사람의 손이 들어갔을 경우 또는 보호격자에 사람이 접촉될 경우 절연변압기의 1차측 전로를 자동적으로 차단하는 보호장치를 시설한 것은 지표 또는 바닥에서 1.8 [m] 까지 감할 수 있다.
② 전격살충기의 전격격자와 다른 시설물(가공전선은 제외한다) 또는 식물과의 이격거리는 0.3 [m] 이상일 것.
③ 전격살충기에 전기를 공급하는 전로는 전용의 개폐기를 전격살충기에 가까운 장소에서 쉽게 개폐할 수 있도록 시설하여야 한다.
④ 전격살충기를 시설한 장소는 위험표시를 하여야 한다.

(5) 유희용 전차
① 유희용 전차(유원지·유회장 등의 구내에서 유희용으로 시설하는 것을 말한다)에 전기를 공급하기 위하여 사용하는 변압기의 1차 전압은 400 [V] 이하이어야 한다.
② 유희용 전차에 전기를 공급하는 전원장치의 변압기는 절연변압기이고, 전원장치의 2차측 단자의 최대사용전압은 직류의 경우 60 [V] 이하, 교류의 경우 40 [V] 이하일 것.
③ 유희용 전차의 전원장치에 있어서 2차측 회로의 접촉전선은 제3레일 방식에 의하여 시설할 것.
④ 유희용 전차의 전차 내에서 승압하여 사용하는 경우는 다음에 의하여 시설하여야 한다.
  (ㄱ) 변압기는 절연변압기를 사용하고 2차 전압은 150 [V] 이하로 할 것.
  (ㄴ) 변압기는 견고한 함 내에 넣을 것.
  (ㄷ) 전차의 금속제 구조부는 레일과 전기적으로 완전하게 접촉되게 할 것.

(6) 아크 용접기

이동형의 용접 전극을 사용하는 아크 용접장치는 다음에 따라 시설하여야 한다.
① 용접변압기는 절연변압기이고, 1차측 전로의 대지전압은 300 [V] 이하일 것.
② 용접변압기의 1차측 전로에는 용접변압기에 가까운 곳에 쉽게 개폐할 수 있는 개폐기를 시설할 것.
③ 용접변압기의 2차측 전로 중 용접변압기로부터 용접전극에 이르는 부분 및 용접변압기로부터 피용접재에 이르는 부분은 다음에 의하여 시설할 것.
   (ㄱ) 전선은 용접용 케이블이고 용접변압기로부터 용접전극에 이르는 전로는 0.6/1 [kV] EP 고무 절연 클로로프렌 캡타이어 케이블일 것.
   (ㄴ) 전로는 용접시 흐르는 전류를 안전하게 통할 수 있는 것일 것.
   (ㄷ) 용접기 외함 및 피용접재 또는 이와 전기적으로 접속되는 받침대·정반 등의 금속체는 접지공사를 하여야 한다.

(7) 소세력 회로(小勢力回路)

전자 개폐기의 조작회로 또는 초인벨·경보벨 등에 접속하는 전로로서 최대사용전압이 60 [V] 이하인 것(최대사용전류가, 최대사용전압이 15 [V]이하인 것은 5 [A] 이하, 최대사용전압이 15 [V]를 초과하고 30 [V] 이하인 것은 3 [A] 이하, 최대사용전압이 30 [V]를 초과하는 것은 1.5 [A] 이하인 것에 한한다. 이하 "소세력 회로"라 한다)은 다음에 따라 시설하여야 한다.
① 소세력 회로에 전기를 공급하기 위한 절연변압기의 사용전압은 대지전압 300 [V] 이하로 하여야 한다.
② 소세력 회로에 전기를 공급하기 위한 변압기는 절연변압기이어야 하며 절연변압기의 2차 단락전류는 소세력 회로의 최대사용전압에 따라 아래 표에서 정한 값 이하의 것이어야 한다. 다만, 그 변압기의 2차측 전로에 아래표에서 정한 값 이하의 과전류차단기를 시설하는 경우에는 그러하지 아니한다.

소세력 회로의 최대사용전압의 구분	2차 단락전류	과전류차단기의 정격전류
15 [V] 이하	8 [A]	5 [A]
15 [V] 초과 30 [V] 이하	5 [A]	3 [A]
30 [V] 초과 60 [V] 이하	3 [A]	1.5 [A]

③ 소세력 회로의 전선을 조영재에 붙여 시설하는 경우에는 공칭단면적 1 [mm^2] 이상의 연동선 또는 이와 동등 이상의 세기 및 굵기의 것이어야 하며 전선이 금속망 또는 금속판을 사용한 목조 조영재에 붙여 시설하는 경우에는 절연성·난연성 및 내수성이 있는 애자로 지지하고 조영재 사이의 이격거리를 6 [mm] 이상으로 할 것.
④ 소세력 회로의 전선을 가공으로 시설하는 경우에는 전선은 인장강도 508 [N/mm^2] 이상의 것 또는 지름 1.2 [mm]의 경동선이어야 하며 전선의 지지점간의 거리는 15 [m] 이하로 하여야 한다. 또한 전선의 높이는 다음 표에 의하여야 한다.

구분	높이
도로를 횡단할 경우	지표면상 6 [m] 이상
철도를 횡단할 경우	레일면상 6.5 [m] 이상
기타	지표상 4 [m] 이상. 다만, 전선을 도로 이외의 곳에 시설하는 경우로서 위험의 우려가 없는 경우는 지표상 2.5 [m]까지 감할 수 있다.

(8) 전기부식방지 시설

전기부식방지 시설은 지중 또는 수중에 시설하는 금속체(이하 "피방식체"라 한다)의 부식을 방지하기 위해 지중 또는 수중에 시설하는 양극과 피방식체간에 방식 전류를 통하는 시설을 말하며 다음에 따라 시설하여야 한다.

① 전기부식방지용 전원장치에 전기를 공급하는 전로의 사용전압은 저압이어야 한다.
② 전기부식방지용 전원장치는 견고한 금속제의 외함에 넣어야 하며 변압기는 절연변압기이고, 또한 교류 1 [kV]의 시험전압을 하나의 권선과 다른 권선·철심 및 외함과의 사이에 연속적으로 1분간 가하여 절연내력을 시험하였을 때 이에 견디는 것일 것.
③ 전기부식방지 회로(전기부식방지용 전원장치로부터 양극 및 피방식체까지의 전로를 말한다. 이하 같다)의 사용전압은 직류 60 [V] 이하일 것.
④ 양극(陽極)은 지중에 매설하거나 수중에서 쉽게 접촉할 우려가 없는 곳에 시설하여야 하며 지중에 매설하는 양극의 매설깊이는 0.75 [m] 이상일 것.
⑤ 수중에 시설하는 양극과 그 주위 1 [m] 이내의 거리에 있는 임의 점과의 사이의 전위차는 10 [V]를 넘지 아니할 것.
⑥ 지표 또는 수중에서 1 [m] 간격의 임의의 2점간의 전위차가 5 [V]를 넘지 아니할 것.
⑦ 전기부식방지 회로의 전선을 가공으로 시설하는 경우 지름 2 [mm]의 경동선 또는 이와 동등 이상의 세기 및 굵기의 옥외용 비닐절연전선 이상의 절연효력이 있는 것일 것.
⑧ 전기부식방지 회로의 전선중 지중에 시설하는 부분은 다음에 의하여 시설할 것.
   (ㄱ) 전선은 공칭단면적 4.0 [mm^2]의 연동선 또는 이와 동등 이상의 세기 및 굵기의 것일 것. 다만, 양극에 부속하는 전선은 공칭단면적 2.5 [mm^2] 이상의 연동선 또는 이와 동등 이상의 세기 및 굵기의 것을 사용할 수 있다.
   (ㄴ) 전선을 직접 매설식에 의하여 시설하는 경우에는 전선을 피방식체의 아랫면에 밀착하여 시설하는 경우 이외에는 매설깊이를 차량 기타의 중량물의 압력을 받을 우려가 있는 곳에서는 1 [m] 이상, 기타의 곳에서는 0.3 [m] 이상으로 할 것.
   (ㄷ) 입상(立上)부분의 전선 중 깊이 0.6 [m] 미만인 부분은 사람이 접촉할 우려가 없고 또한 손상을 받을 우려가 없도록 적당한 방호장치를 할 것.

03 발전소, 변전소, 개폐소 등의 전기설비

1. 발전소 등의 울타리·담 등의 시설

(1) 고압 또는 특고압의 기계기구·모선 등을 옥외에 시설하는 발전소·변전소·개폐소 또는 이에 준하는 곳에는 다음에 따라 구내에 취급자 이외의 사람이 들어가지 아니하도록 시설하여야 한다. 다만, 토지의 상황에 의하여 사람이 들어갈 우려가 없는 곳은 그러하지 아니하다.
① 울타리·담 등을 시설할 것.
② 출입구에는 출입금지의 표시를 할 것.
③ 출입구에는 자물쇠장치 기타 적당한 장치를 할 것.

(2) 울타리·담 등은 다음에 따라 시설하여야 한다.
① 울타리·담 등의 높이는 2 [m] 이상으로 하고 지표면과 울타리·담 등의 하단 사이의 간격은 0.15 [m] 이하로 할 것.
② 울타리·담 등과 고압 및 특고압의 충전부분이 접근하는 경우에는 울타리·담 등의 높이와 울타리·담 등으로부터 충전부분까지 거리의 합계는 아래 표에서 정한 값 이상으로 할 것.

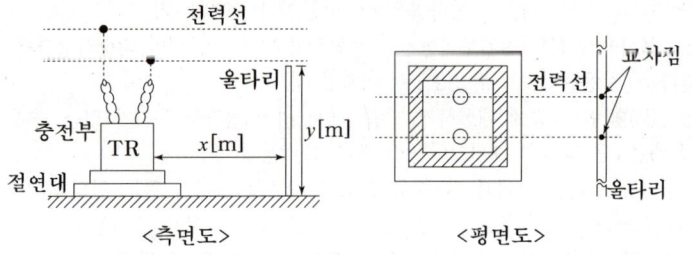

〈측면도〉　　　　　〈평면도〉

사용전압	울타리·담 등의 높이와 울타리·담 등으로부터 충전부분까지 거리의 합계
35 [kV] 이하	5 [m]
35 [kV] 초과 160 [kV] 이하	6 [m]
160 [kV] 초과	10 [kV] 초과마다 12 [cm] 가산하여 $x+y=6+(사용전압[kV]/10-16)\times 0.12$ 소수점 절상

③ 고압 또는 특고압 가공전선(전선에 케이블을 사용하는 경우는 제외함)과 금속제의 울타리·담 등이 교차하는 경우에 금속제의 울타리·담 등에는 교차점 좌, 우로 45 [m] 이내의 개소에 접지공사를 하여야 한다. 또한 울타리·담 등에 문 등이 있는 경우에는 접지공사를 하거나 울타리·담 등과 전기적으로 접속하여야 한다. 다만, 토지의 상황에 의하여 접지저항 값을 얻기 어려울 경우에는 100 [Ω] 이하

로 하고 또한 고압 가공전선로는 고압 보안공사, 특고압 가공전선로는 제2종 특고압 보안공사에 의하여 시설할 수 있다.

2. 특고압 전로의 상 및 접속상태의 표시
(1) 발전소·변전소 또는 이에 준하는 곳의 특고압 전로에는 그의 보기 쉬운 곳에 상별(相別)표시를 하여야 한다.
(2) 발전소·변전소 또는 이에 준하는 곳의 특고압 전로에 대하여는 그 접속상태를 모의모선(模擬母線)의 사용 기타의 방법에 의하여 표시하여야 한다. 다만, 이러한 전로에 접속하는 특고압 전선로의 회선수가 2 이하이고 또한 특고압의 모선이 단일모선인 경우에는 그러하지 아니하다.

3. 발전기 등의 보호장치
(1) 발전기에는 다음의 경우에 자동적으로 이를 전로로부터 차단하는 장치를 시설하여야 한다.
① 발전기에 과전류나 과전압이 생긴 경우
② 용량이 500 [kVA] 이상의 발전기를 구동하는 수차의 압유 장치의 유압 또는 전동식 가이드밴 제어장치, 전동식 니이들 제어장치 또는 전동식 디플렉터 제어장치의 전원전압이 현저히 저하한 경우
③ 용량이 100 [kVA] 이상의 발전기를 구동하는 풍차(風車)의 압유장치의 유압, 압축 공기장치의 공기압 또는 전동식 브레이드 제어장치의 전원전압이 현저히 저하한 경우
④ 용량이 2,000 [kVA] 이상인 수차 발전기의 스러스트 베어링의 온도가 현저히 상승한 경우
⑤ 용량이 10,000 [kVA] 이상인 발전기의 내부에 고장이 생긴 경우
⑥ 정격출력이 10,000 [kW] 초과하는 증기터빈은 그 스러스트 베어링이 현저하게 마모되거나 그의 온도가 현저히 상승한 경우

(2) 연료전지는 다음의 경우에 자동적으로 이를 전로에서 차단하고 연료전지에 연료가스 공급을 자동적으로 차단하며 연료전지내의 연료가스를 자동적으로 배제하는 장치를 시설하여야 한다.
① 연료전지에 과전류가 생긴 경우
② 발전요소(發電要素)의 발전전압에 이상이 생겼을 경우 또는 연료가스 출구에서의 산소농도 또는 공기 출구에서의 연료가스 농도가 현저히 상승한 경우
③ 연료전지의 온도가 현저하게 상승한 경우

(3) 상용전원으로 쓰이는 축전지에는 이에 과전류가 생겼을 경우에 자동적으로 이를 전로로부터 차단하는 장치를 시설하여야 한다.

4. 특고압용 변압기의 보호장치
특고압용의 변압기에는 그 내부에 고장이 생겼을 경우에 보호하는 장치를 아래 표와 같이 시설하여야 한다. 다만, 변압기의 내부에 고장이 생겼을 경우에 그 변압기의 전원인 발전기를 자동적으로 정지하도록 시설한 경우에는 그 발전기의 전로로부터 차단하는 장치를 하지 아니하여도 된다.

뱅크용량의 구분	동작조건	장치의 종류
5,000 [kVA] 이상 10,000 [kVA] 미만	변압기 내부고장	자동차단장치 또는 경보장치
10,000 [kVA] 이상	변압기 내부고장	자동차단장치
타냉식변압기(변압기의 권선 및 철심을 직접 냉각시키기 위하여 봉입한 냉매를 강제 순환시키는 냉각방식을 말한다)	냉각장치에 고장이 생긴 경우 또는 변압기의 온도가 현저히 상승한 경우	경보장치

5. 조상설비의 보호장치
조상설비에는 그 내부에 고장이 생긴 경우에 보호하는 장치를 아래 표와 같이 시설하여야 한다.

설비종별	뱅크용량의 구분	자동적으로 전로로부터 차단하는 장치
전력용 커패시터 및 분로리액터	500 [kVA] 초과 15,000 [kVA] 미만	내부에 고장이 생긴 경우에 동작하는 장치 또는 과전류가 생긴 경우에 동작하는 장치
	15,000 [kVA] 이상	내부에 고장이 생긴 경우에 동작하는 장치 및 과전류가 생긴 경우에 동작하는 장치 또는 과전압이 생긴 경우에 동작하는 장치
조상기(調相機)	15,000 [kVA] 이상	내부에 고장이 생긴 경우에 동작하는 장치

6. 계측장치
(1) 발전소에서는 다음의 사항을 계측하는 장치를 시설하여야 한다. 다만, 태양전지 발전소는 연계하는 전력계통에 그 발전소 이외의 전원이 없는 것에 대하여는 그러하지 아니하다.
 ① 발전기·연료전지 또는 태양전지 모듈(복수의 태양전지 모듈을 설치하는 경우에는 그 집합체)의 전압 및 전류 또는 전력
 ② 발전기의 베어링(수중 메탈을 제외한다) 및 고정자(固定子)의 온도
 ③ 정격출력이 10,000 [kW]를 초과하는 증기터빈에 접속하는 발전기의 진동의 진폭(정격출력이 400,000 [kW] 이상의 증기터빈에 접속하는 발전기는 이를 자동적으로 기록하는 것에 한한다)
 ④ 주요 변압기의 전압 및 전류 또는 전력
 ⑤ 특고압용 변압기의 온도
(2) 정격출력이 10 [kW] 미만의 내연력 발전소는 연계하는 전력계통에 그 발전소 이외의 전원이 없는 것에 대해서는 (1)의 "①" 및 "④"의 사항 중 전류 및 전력을 측정하는 장치를 시설하지 아니할 수 있다.

(3) 동기발전기(同期發電機)를 시설하는 경우에는 동기검정장치를 시설하여야 한다. 다만, 동기발전기를 연계하는 전력계통에는 그 동기발전기 이외의 전원이 없는 경우 또는 동기발전기의 용량이 그 발전기를 연계하는 전력계통의 용량과 비교하여 현저히 적은 경우에는 그러하지 아니하다.

(4) 변전소 또는 이에 준하는 곳에는 다음의 사항을 계측하는 장치를 시설하여야 한다. 다만, 전기철도용 변전소는 주요 변압기의 전압을 계측하는 장치를 시설하지 아니할 수 있다.
① 주요 변압기의 전압 및 전류 또는 전력
② 특고압용 변압기의 온도

(5) 동기조상기를 시설하는 경우에는 다음의 사항을 계측하는 장치 및 동기검정장치를 시설하여야 한다. 다만, 동기조상기의 용량이 전력계통의 용량과 비교하여 현저히 적은 경우에는 동기검정장치를 시설하지 아니할 수 있다.
① 동기조상기의 전압 및 전류 또는 전력
② 동기조상기의 베어링 및 고정자의 온도

7. 수소냉각식 발전기 등의 시설
수소냉각식의 발전기·조상기 또는 이에 부속하는 수소 냉각 장치는 다음 각 호에 따라 시설하여야 한다.
① 발전기 또는 조상기는 기밀구조(氣密構造)의 것이고 또한 수소가 대기압에서 폭발하는 경우에 생기는 압력에 견디는 강도를 가지는 것일 것.
② 발전기축의 밀봉부에는 질소 가스를 봉입할 수 있는 장치 또는 발전기 축의 밀봉부로부터 누설된 수소 가스를 안전하게 외부에 방출할 수 있는 장치를 시설할 것.
③ 발전기 내부 또는 조상기 내부의 수소의 순도가 85 [%] 이하로 저하한 경우에 이를 경보하는 장치를 시설할 것.
④ 발전기 내부 또는 조상기 내부의 수소의 압력을 계측하는 장치 및 그 압력이 현저히 변동한 경우에 이를 경보하는 장치를 시설할 것.
⑤ 발전기 내부 또는 조상기 내부의 수소의 온도를 계측하는 장치를 시설할 것.
⑥ 발전기 내부 또는 조상기 내부로 수소를 안전하게 도입할 수 있는 장치 및 발전기안 또는 조상기 안의 수소를 안전하게 외부로 방출할 수 있는 장치를 시설할 것.
⑦ 수소를 통하는 관은 동관 또는 이음매 없는 강관이어야 하며 또한 수소가 대기압에서 폭발하는 경우에 생기는 압력에 견디는 강도의 것일 것.
⑧ 수소를 통하는 관·밸브 등은 수소가 새지 아니하는 구조로 되어 있을 것.
⑨ 발전기 또는 조상기에 붙인 유리제의 점검 창 등은 쉽게 파손되지 아니하는 구조로 되어 있을 것.

04 전선로

1. 가공전선의 지지물

(1) 가공전선로 지지물의 철탑오름 및 전주오름 방지
가공전선로의 지지물에 취급자가 오르고 내리는데 사용하는 발판 볼트 등을 지표상 1.8 [m] 미만에 시설하여서는 아니 된다. 다만, 다음의 어느 하나에 해당되는 경우에는 그러하지 아니하다.

(2) 가공전선로에 시설하는 지지물의 종류
가공전선로의 지지물에는 목주·철주·철근 콘크리트주 또는 철탑을 사용할 것

2. 풍압하중의 종별

(1) 갑종풍압하중
각 구성재의 수직투영면적 1 [m²]에 대한 풍압을 기초로 하여 계산

풍압을 받는 구분				구성재의 수직투영면적 1[m²]에 대한 풍압[Pa]
지지물	목주			588
	철주	원형의 것		588
		삼각형 또는 미름모형의 것		1,412
		강관에 의하여 구성되는 4각형의 것		1,117
		기타의 것		복재(腹材)가 전·후면에 겹치는 경우에는 1,627, 기타의 경우에는 1,784
	철근콘크리트주	원형의 것		588
		기타의 것		882
	철탑	단주 (완철류는 제외)	원형의 것	588
			기타의 것	1,117
		강관으로 구성되는 것 (단주는 제외)		1,255
		기타의 것		2,157
전선 기타 가섭선	다도체(구성하는 전선이 2가닥마다 수평으로 배열되고 또한 그 전선 상호 간의 거리가 전선의 바깥지름의 20배 이하인 것)를 구성하는 전선			666
	기타의 것			745
애자장치(특별고압 전선로용의 것)				1,039
목주·철주(원형의 것) 및 철근 콘크리트주의 완금류(특고압 전선로용의 것)				단일재로서 사용하는 경우에는 1,196, 기타의 경우에는 1,627

(2) 을종풍압하중

전선 기타의 가섭선(架涉線) 주위에 두께 6 [mm], 비중 0.9의 빙설이 부착된 상태에서 수직 투영면적 372 [Pa](다도체를 구성하는 전선은 333 [Pa]), 그 이외의 것은 갑종풍압하중의 2분의 1을 기초로 하여 계산한 것.

(3) 병종풍압하중

갑종풍압하중의 2분의 1을 기초로 하여 계산한 것.

(4) 풍압하중의 적용
① 빙설이 많은 지방 이외의 지방에서는 고온계절에는 갑종풍압하중, 저온계절에는 병종풍압하중
② 빙설이 많은 지방(③의 지방은 제외한다)에서는 고온계절에는 갑종풍압하중, 저온계절에는 을종풍압하중
③ 빙설이 많은 지방 중 해안지방 기타 저온계절에 최대풍압이 생기는 지방에서는 고온계절에는 갑종풍압하중, 저온계절에는 갑종풍압하중과 을종풍압하중 중 큰 것.
④ 인가가 많이 연접되어 있는 장소에 시설하는 가공전선로의 구성재 중 다음의 풍압하중에 대하여는 병종풍압하중을 적용할 수 있다.
  (ㄱ) 저압 또는 고압 가공전선로의 지지물 또는 가섭선
  (ㄴ) 사용전압이 35 [kV] 이하의 전선에 특고압 절연전선 또는 케이블을 사용하는 특고압 가공전선로의 지지물, 가섭선 및 특고압 가공전선을 지지하는 애자장치 및 완금류

3. 가공전선로 지지물의 기초 안전율

가공전선로의 지지물에 하중이 가하여지는 경우에 그 하중을 받는 지지물의 기초의 안전율은 2(이상시 상정하중이 가하여지는 경우의 그 이상시 상정하중에 대한 철탑의 기초에 대하여는 1.33) 이상이어야 한다. 다만, 아래 표에서 정한 지지물의 매설깊이에 따라 시설하는 경우에는 적용하지 않는다.

설계하중 전장	6.8 [kN] 이하	6.8 [kN] 초과 9.8 [kN] 이하	9.8 [kN] 초과 14.72 [kN] 이하		지지물
15 [m] 이하	① 전장× $\frac{1}{6}$ 이상	–	–		목주, 철주, 철근 콘크리트주
15 [m] 초과 16 [m] 이하	② 2.5 [m] 이상	–	–		
16 [m] 초과 20 [m] 이하	2.8 [m] 이상	–	–		
14 [m] 초과 20 [m] 이하	–	①, ②항 +30 [cm]	15 [m] 이하	①항+ 50 [cm]	철근 콘크리트주
			15 [m] 초과 18 [m] 이하	3 [m] 이상	
			18 [m] 초과	3.2 [m] 이상	

①항, ②항의 경우 논이나 그 밖의 지반이 연약한 곳에서는 견고한 근가(根架)를 시설할 것.

4. 지선의 시설

(1) 가공전선로의 지지물로 사용하는 철탑은 지선을 사용하여 그 강도를 분담시켜서는 안 된다.

(2) 가공전선로의 지지물에 시설하는 지선은 다음에 따라야 한다.
   ① 지선의 안전율은 2.5 이상일 것. 이 경우에 허용인장하중의 최저는 4.31 [kN]으로 한다.
   ② 지선에 연선을 사용할 경우에는 다음에 의할 것.
      (ㄱ) 소선(素線) 3가닥 이상의 연선일 것.
      (ㄴ) 소선의 지름이 2.6 [mm] 이상의 금속선을 사용한 것일 것.
      (ㄷ) 지중부분 및 지표상 30 [cm]까지의 부분에는 내식성이 있는 것 또는 아연도금을 한 철봉을 사용하고 쉽게 부식하지 아니하는 근가에 견고하게 붙일 것.
      (ㄹ) 지선근가는 지선의 인장하중에 충분히 견디도록 시설할 것.

(3) 지선의 높이
   ① 도로를 횡단하여 시설하는 경우에는 지표상 5 [m] 이상으로 하여야 한다. 다만, 기술상 부득이한 경우로서 교통에 지장을 초래할 우려가 없는 경우에는 지표상 4.5 [m] 이상으로 할 수 있다.
   ② 보도의 경우에는 2.5 [m] 이상으로 할 수 있다.

5. 가공인입선

(1) 저압 가공인입선의 시설
   ① 전선은 절연전선 또는 케이블일 것.
   ② 전선이 케이블인 경우 이외에는 인장강도 2.30 [kN] 이상의 것 또는 지름 2.6 [mm] 이상의 인입용 비닐절연전선일 것. 다만, 경간이 15 [m] 이하인 경우는 인장강도 1.25 [kN] 이상의 것 또는 지름 2 [mm] 이상의 인입용 비닐절연전선일 것.
   ③ 전선이 옥외용 비닐절연전선인 경우에는 사람이 접촉할 우려가 없도록 시설하고, 옥외용 비닐절연전선 이외의 절연 전선인 경우에는 사람이 쉽게 접촉할 우려가 없도록 시설할 것.
   ④ 전선의 높이
      (ㄱ) 도로(차도와 보도의 구별이 있는 도로인 경우에는 차도)를 횡단하는 경우에는 노면상 5 [m] (기술상 부득이한 경우에 교통에 지장이 없을 때에는 3 [m]) 이상
      (ㄴ) 철도 또는 궤도를 횡단하는 경우에는 레일면상 6.5 [m] 이상
      (ㄷ) 횡단보도교의 위에 시설하는 경우에는 노면상 3 [m] 이상
      (ㄹ) (ㄱ)에서 (ㄷ)까지 이외의 경우에는 지표상 4 [m] (기술상 부득이한 경우에 교통에 지장이 없을 때에는 2.5 [m]) 이상

(2) 고압 가공인입선의 시설
   ① 전선에는 인장강도 8.01 [kN] 이상의 고압 절연전선, 특고압 절연전선 또는 지름 5 [mm] 이상의 경동선의 고압 절연전선, 특고압 절연전선일 것
   ② 전선의 높이
      (ㄱ) 도로[농로 기타 교통이 번잡하지 않은 도로 및 횡단보도교(도로·철도·궤도 등의 위를 횡단하여 시설하는 다리모양의 시설물로서 보행용으로만 사용되는 것을 말한다. 이하 같다.)를 제외

한다. 이하 같다.]를 횡단하는 경우에는 지표상 6 [m] 이상. 단, 고압 가공인입선이 케이블 이외의 것인 때에는 그 전선의 아래쪽에 위험 표시를 한 경우에는 지표상 3.5 [m]까지로 감할 수 있다.
  ㉡ 철도 또는 궤도를 횡단하는 경우에는 레일면상 6.5 [m] 이상
  ㉢ 횡단보도교의 위에 시설하는 경우에는 노면상 3.5 [m] 이상
  ㉣ ㉠에서 ㉢까지 이외의 경우에는 지표상 5 [m] 이상

(3) 특고압 가공인입선의 시설
  ① 변전소 또는 개폐소에 준하는 곳에 인입하는 특고압 가공인입선은 인장강도 8.71 [kN] 이상의 또는 단면적이 22 [mm^2] 이상의 경동연선 또는 동등 이상의 인장강도를 갖는 알루미늄 전선이나 절연전선이어야 한다.
  ② 전선의 높이

사용전압의 구분	지표상의 높이
35 [kV] 이하	5 [m] (철도 또는 궤도를 횡단하는 경우에는 6.5 [m], 도로를 횡단하는 경우에는 6 [m], 횡단보도교의 위에 시설하는 경우로서 전선이 특고압 절연전선 또는 케이블인 경우에는 4 [m])
35 [kV] 초과 160 [kV] 이하	6 [m] (철도 또는 궤도를 횡단하는 경우에는 6.5 [m], 산지(山地) 등에 사람이 쉽게 들어갈 수 없는 장소에 시설하는 경우에는 5 [m], 횡단보도교의 위에 시설하는 경우 전선이 케이블인 때는 5 [m])

6. 연접인입선
(1) 저압 연접인입선
  ① 인입선에서 분기하는 점으로부터 100 [m]를 초과하는 지역에 미치지 아니할 것.
  ② 폭 5 [m]를 초과하는 도로를 횡단하지 아니할 것.
  ③ 옥내를 통과하지 아니할 것.
(2) 고압 연접인입선과 특고압 연접인입선은 시설하여서는 안된다.

7. 구내 전선로와 농사용 전선로
(1) 구내에 시설하는 저압 가공전선로
  1구내에만 시설하는 사용전압이 400 [V] 이하인 저압 가공전선로의 전선이 건조물의 위에 시설되는 경우, 도로(폭이 5 [m]를 초과하는 것에 한한다)·횡단보도교·철도·궤도·삭도, 가공약전류전선 등, 안테나, 다른 가공전선 또는 전차선과 교차하여 시설되는 경우 및 이들과 수평거리로 그 저압 가공전선로의 지지물의 지표상 높이에 상당하는 거리 이내에 접근하여 시설되는 경우 이외에 한하여 시설할 때에는 다음에 의할 것.

① 전선은 지름 2 [mm] 이상의 경동선의 절연전선 또는 이와 동등 이상의 세기 및 굵기의 절연전선일 것. 다만, 경간이 10 [m] 이하인 경우에 한하여 공칭단면적 4 [mm^2] 이상의 연동 절연전선을 사용할 수 있다.
② 전선로의 경간은 30 [m] 이하일 것.
③ 도로를 횡단하는 경우에는 4 [m] 이상이고 교통에 지장이 없는 높이일 것.
④ 도로를 횡단하지 않는 경우에는 3 [m] 이상의 높이일 것.

(2) 농사용 저압 가공전선로
① 사용전압은 저압일 것.
② 전선은 인장강도 1.38 [kN] 이상의 것 또는 지름 2 [mm] 이상의 경동선일 것.
③ 저압 가공전선의 지표상의 높이는 3.5 [m] 이상일 것. 다만, 저압 가공전선을 사람이 쉽게 출입하지 못하는 곳에 시설하는 경우에는 3 [m]까지로 감할 수 있다.
④ 목주의 굵기는 말구 지름이 0.09 [m] 이상일 것.
⑤ 전선로의 지지점간 거리는 30 [m] 이하일 것.
⑥ 다른 전선로에 접속하는 곳 가까이에 그 저압 가공전선로 전용의 개폐기 및 과전류 차단기를 각 극(과전류 차단기는 중성극을 제외한다)에 시설할 것.

8. 옥측전선로

(1) 저압 옥측전선로
① 저압 옥측전선로의 공사방법은 다음과 같다.
　(ㄱ) 애자공사(전개된 장소에 한한다)
　(ㄴ) 합성수지관공사
　(ㄷ) 금속관공사(목조 이외의 조영물에 시설하는 경우에 한한다.)
　(ㄹ) 버스덕트공사[목조 이외의 조영물(점검할 수 없는 은폐된 장소는 제외한다.)에 시설하는 경우에 한한다.]
　(ㅁ) 케이블공사(연피 케이블·알루미늄피 케이블 또는 미네럴 인슐레이션 케이블을 사용하는 경우에는 목조 이외의 조영물에 시설하는 경우에 한한다)
② 애자공사에 의한 저압 옥측전선로는 다음에 의하고 또한 사람이 쉽게 접촉될 우려가 없도록 시설할 것.
　(ㄱ) 전선은 공칭단면적 4 [mm^2] 이상의 연동 절연전선(옥외용 비닐절연전선 및 인입용 절연전선은 제외한다)일 것.
　(ㄴ) 전선 상호 간의 간격 및 전선과 그 저압 옥측전선로를 시설하는 조영재 사이의 이격거리는 아래 표와 같다.

시설장소	전선 상호간		전선과 조영재간	
	400 [V] 이하	400 [V] 초과	400 [V] 이하	400 [V] 초과
비나 이슬에 젖지 않는 장소	0.06 [m]	0.06 [m]	0.025 [m]	0.025 [m]
비나 이슬에 젖는 장소	0.06 [m]	0.12 [m]	0.025 [m]	0.045 [m]

ㄷ. 전선의 지지점간의 거리는 2 [m] 이하일 것.
　　ㄹ. 전선과 식물 사이의 이격거리는 0.2 [m] 이상이어야 한다.

(2) 고압 옥측전선로(전개된 장소에 시설하는 경우)
　① 전선은 케이블일 것.
　② 케이블은 견고한 관 또는 트라프에 넣거나 사람이 접촉할 우려가 없도록 시설할 것
　③ 케이블을 조영재의 옆면 또는 아랫면에 따라 붙일 경우에는 케이블의 지지점간의 거리를 2 [m] (수직으로 붙일 경우에는 6 [m]) 이하로 하고 또한 피복을 손상하지 아니하도록 붙일 것.

(3) 특고압 옥측전선로
　특고압 옥측전선로는 시설하여서는 아니 된다. 다만, 사용전압이 100 [kV] 이하인 경우에는 그러하지 아니하다.

9. 옥상전선로

(1) 저압 옥상전선로
　① 저압 옥상전선로는 전개된 장소에 다음에 따르고 또한 위험의 우려가 없도록 시설하여야 한다.
　　ㄱ. 전선은 인장강도 2.30 [kN] 이상의 것 또는 지름 2.6 [mm] 이상의 경동선을 사용할 것.
　　ㄴ. 전선은 절연전선(OW전선을 포함한다.) 또는 이와 동등 이상의 절연효력이 있는 것을 사용할 것.
　　ㄷ. 전선은 조영재에 견고하게 붙인 지지주 또는 지지대에 절연성·난연성 및 내수성이 있는 애자를 사용하여 지지하고 또한 그 지지점 간의 거리는 15 [m] 이하일 것.
　　ㄹ. 전선과 그 저압 옥상 전선로를 시설하는 조영재와의 이격거리는 2 [m] (전선이 고압절연전선, 특고압 절연전선 또는 케이블인 경우에는 1 [m]) 이상일 것.
　② 저압 옥상전선로의 전선은 상시 부는 바람 등에 의하여 식물에 접촉하지 아니하도록 시설하여야 한다.

(2) 고압 옥상전선로
　① 고압 옥상전선로는 케이블을 사용하여 전개된 장소에서 조영재에 견고하게 붙인 지지주 또는 지지대에 의하여 지지하고 또한 조영재 사이의 이격거리를 1.2 [m] 이상으로 하여 시설하여야 한다.
　② 고압 옥상전선로의 전선이 다른 시설물(가공전선을 제외한다)과 접근하거나 교차하는 경우에는 고압 옥상전선로의 전선과 이들 사이의 이격거리는 0.6 [m] 이상이어야 한다.
　③ 고압 옥상전선로의 전선은 상시 부는 바람 등에 의하여 식물에 접촉하지 아니하도록 시설하여야 한다.

(3) 특고압 옥상전선로
　특고압 옥상전선로는 시설하여서는 아니 된다.

10. 가공전선의 굵기 및 종류
(1) 가공전선의 굵기

구분		인장강도 및 굵기	보안공사로 한 경우
저압 400 [V] 이하		3.43 [kN] 이상의 것 또는 3.2 [mm] 이상의 경동선	5.26 [kN] 이상의 것 4 [mm] 이상의 경동선
		절연전선인 경우 2.3 [kN] 이상의 것 또는 2.6 [mm] 이상 경동선	
저압 400 [V] 초과 및 고압	시가지 외	5.26 [kN] 이상의 것 또는 4 [mm] 이상의 경동선	5 [mm] 이상의 것 8.01 [kN] 이상의 경동선
	시가지	8.01 [kN] 이상의 것 또는 5 [mm] 이상의 경동선	
특고압	시가지 외	8.71 [kN] 이상의 연선 또는 22 [mm^2] 이상의 경동연선 또는 동등 이상의 인장강도를 갖는 알루미늄 전선이나 절연전선	
	시가지	100 [kV] 미만	21.67 [kN] 이상의 연선 또는 55 [mm^2] 이상의 경동연선
		100 [kV] 이상 170 [kV] 이하	58.84 [kN] 이상의 연선 또는 150 [mm^2] 이상의 경동연선
		170 [kV] 초과	240 [mm^2] 이상의 강심알루미늄선 또는 이와 동등 이상의 인장강도 및 내(耐)아크 성능을 가지는 연선

(2) 가공전선의 종류
 ① 저압 가공전선 : 나전선(중성선 또는 다중접지된 접지측 전선으로 사용하는 전선에 한한다), 절연전선, 다심형 전선 또는 케이블
 ② 고압 가공전선 : 경동선의 고압 절연전선, 특고압 절연전선 및 케이블
 ③ 특고압 가공전선 : 연선 또는 경동연선, 알루미늄 전선이나 절연전선

11. 가공전선의 높이

구분	시설장소			전선의 높이
저·고압	도로 횡단시			지표상 6 [m] 이상
	철도 또는 궤도 횡단시			레일면상 6.5 [m] 이상
	횡단보도교	저압	노면상 3.5 [m] 이상	절연전선, 다심형 전선, 케이블 사용시 3 [m] 이상
		고압		노면상 3.5 [m] 이상
	위의 장소 이외의 곳		지표상 5 [m] 이상	저압가공전선을 절연전선, 케이블 사용하여 교통에 지장 없이 옥외조명등에 공급시 4 [m] 까지 감할 수 있다.
특별고압	시가지	35 [kV] 이하		① 지표상 10 [m] ② 특별고압 절연전선 사용시 8 [m]
		35 [kV] 초과 170 [kV] 이하		10 [kV]마다 12 [cm] 가산하여 ①, ②항 +(사용전압[kV]/10-3.5)×0.12 소수점 절상
	시가지 외	35 [kV] 이하	도로횡단시	지표상 6 [m] 이상
			철도 또는 궤도 횡단시	레일면상 6.5 [m] 이상
			횡단보도교	특고압 절연전선 또는 케이블인 경우 4 [m] 이상
			기타	지표상 5 [m] 이상
		35 [kV] 초과 160 [kV] 이하	① 산지	지표상 5 [m] 이상
			② 평지	지표상 6 [m] 이상
			철도 또는 궤도 횡단시	레일면상 6.5 [m] 이상
			횡단보도교	케이블인 경우 5 [m] 이상
		160 [kV] 초과		10 [kV]마다 12 [cm] 가산하여 ①, ②항 +(사용전압[kV]/10-16)×0.12 소수점 절상

12. 가공전선로의 경간

지지물 종류 \ 구분	표준경간	저·고압 보안공사	25 [kV] 이하 다중접지	170 [kV] 이하 특고압 시가지	1종 특고압 보안공사	2, 3종 특고압 보안공사
A종주, 목주	150 [m]	100 [m]	100 [m]	75 [m] 목주사용불가	사용불가	100 [m]
B종주	250 [m]	150 [m]	150 [m]	150 [m]	150 [m]	200 [m]
철탑	600 [m] ① 400 [m]	400 [m]	400 [m]	400 [m] ② 250 [m]	400 [m] ① 300 [m]	400 [m] ① 300 [m]

지지물 종류 \ 구분	③ 표준경간	④ 저·고압 보안공사	⑤ 25 [kV] 이하 다중접지	⑥ 1종 특고압 보안공사	⑦ 2종 특고압 보안공사	⑧ 3종 특고압 보안공사
A종주, 목주	300 [m]	150 [m] 고압은 예외	100 [m]	사용불가	100 [m]	150 [m]
B종주	500 [m]	250 [m]	250 [m]	250 [m]	250 [m]	250 [m]
철탑	–	600 [m]	600 [m]	600 [m] ① 400 [m]	600 [m]	600 [m] ① 400 [m]

여기서, A종주는 A종 철주 또는 A종 철근콘크리트주, B종주는 B종 철주 또는 B종 철근콘크리트주를 의미한다.

【표에 기재된 ① ~ ⑧에 대한 적용】
① 특고압 가공전선로의 경간으로 철탑이 단주인 경우에 적용한다.
② 전선이 수평으로 2 이상 있는 경우에 전선 상호 간의 간격이 4 [m] 미만인 때에 적용한다.
③ 고압 가공전선로의 전선에 인장강도 8.71 [kN] 이상의 것 또는 단면적 22 [mm^2] 이상의 경동연선의 것을 사용하는 경우, 특고압 가공전선로의 전선에 인장강도 21.67 [kN] 이상의 것 또는 단면적 50 [mm^2] 이상의 경동연선의 것을 사용하는 경우에 적용한다.
④ 저압 가공전선로의 전선에 인장강도 8.71 [kN] 이상의 것 또는 단면적 22 [mm^2] 이상의 경동연선의 것을 사용하는 경우, 고압 가공전선로의 전선에 인장강도 14.51 [kN] 이상의 것 또는 단면적 38 [mm^2] 이상의 경동연선의 것을 사용하는 경우에 적용한다.
⑤ 특고압 가공전선이 인장강도 14.51 [kN] 이상의 케이블이나 특고압 절연전선 또는 단면적 38 [mm^2] 이상의 경동연선의 것을 사용하는 경우에 적용한다.
⑥ 특고압 가공전선이 인장강도 58.84 [kN] 이상의 연선 또는 단면적 150 [mm^2] 이상의 경동연선의 것을 사용하는 경우에 적용한다.
⑦ 특고압 가공전선이 인장강도 38.05 [kN] 이상의 연선 또는 단면적 95 [mm^2] 이상의 경동연선의 것을 사용하는 경우에 적용한다.

⑧ 특고압 가공전선이 인장강도 14.51 [kN] 이상의 연선 또는 단면적 38 [mm²] 이상의 경동연선의 것을 사용하는 경우의 목주 및 A종주는 150 [m], 인장강도 21.67 [kN] 이상의 연선 또는 단면적 55 [mm²] 이상의 경동연선의 것을 사용하는 경우의 B종주는 250 [m], 인장강도 21.67 [kN] 이상의 연선 또는 단면적 55 [mm²] 이상의 경동연선의 것을 사용하는 경우의 철탑은 600 [m]이다.

13. 보안공사

(1) 저압 보안공사
① 저압 가공전선의 전선이 인장강도 8.01 [kN] 이상의 것 또는 지름 5 [mm](사용전압이 400 [V] 이하인 경우에는 인장강도 5.26 [kN] 이상의 것 또는 지름 4 [mm]) 이상의 경동선인 것.
② 목주인 경우에는 풍압하중에 대한 안전율이 1.5 이상이고 목주의 굵기는 말구(末口)의 지름 0.12 [m] 이상인 것.

(2) 고압 보안공사
① 고압 가공전선의 전선이 인장강도 8.01 [kN] 이상의 것 또는 지름 5 [mm] 이상의 경동선인 것.
② 목주의 풍압하중에 대한 안전율이 1.5 이상인 것.

(3) 제1종 특고압 보안공사
① 전선의 단면적

사용전압	인장강도 및 굵기
100 [kV] 미만	21.67 [kN] 이상의 연선 또는 단면적 55 [mm²] 이상의 경동연선 또는 동등 이상의 인장강도를 갖는 알루미늄 전선이나 절연전선
100 [kV] 이상 300 [kV] 미만	58.84 [kN] 이상의 연선 또는 단면적 150 [mm²] 이상의 경동연선 또는 동등 이상의 인장강도를 갖는 알루미늄 전선이나 절연전선
300 [kV] 이상	77.47 [kN] 이상의 연선 또는 단면적 200 [mm²] 이상의 경동연선 또는 동등 이상의 인장강도를 갖는 알루미늄 전선이나 절연전선

② 전선로의 지지물에는 B종 철주·B종 철근 콘크리트주 또는 철탑을 사용할 것.
③ 특고압 가공전선에 지락 또는 단락이 생겼을 경우에 3초(사용전압이 100 [kV] 이상인 경우에는 2초) 이내에 자동적으로 이것을 전로로부터 차단하는 장치를 시설할 것.
④ 전선은 바람 또는 눈에 의한 요동으로 단락될 우려가 없도록 시설할 것.

(4) 제2종 특고압 보안공사
① 특고압 가공전선은 연선일 것.
② 목주의 풍압하중에 대한 안전율이 2 이상인 것.
③ 전선은 바람 또는 눈에 의한 요동으로 단락될 우려가 없도록 시설할 것.

(5) 제3종 특고압 보안공사
① 특고압 가공전선은 연선일 것.
② 전선은 바람 또는 눈에 의한 요동으로 단락될 우려가 없도록 시설할 것.

14. 유도장해

(1) 저·고압 가공전선로
  ① 저압 가공전선로 또는 고압 가공전선로와 기설 가공약전류전선로가 병행하는 경우에는 유도작용에 의하여 통신상의 장해가 생기지 않도록 전선과 기설 약전류전선간의 이격거리는 2 [m] 이상이어야 한다.
  ② ①에 따라 시설하더라도 기설 가공약전류전선로에 장해를 줄 우려가 있는 경우에는 다음 중 한 가지 또는 두 가지 이상을 기준으로 하여 시설하여야 한다.
   (ㄱ) 가공전선과 가공약전류전선간의 이격거리를 증가시킬 것.
   (ㄴ) 교류식 가공전선로의 경우에는 가공전선을 적당한 거리에서 연가할 것.
   (ㄷ) 가공전선과 가공약전류전선 사이에 인장강도 5.26 [kN] 이상의 것 또는 지름 4 [mm] 이상인 경동선의 금속선 2가닥 이상을 시설하고 접지공사를 할 것.

(2) 특고압 가공전선로
  ① 특고압 가공 전선로는 다음 (ㄱ), (ㄴ)에 따르고 또한 기설 가공 전화선로에 대하여 상시 정전유도작용(常時 靜電誘導作用)에 의한 통신상의 장해가 없도록 시설하여야 한다.
   (ㄱ) 사용전압이 60 [kV] 이하인 경우에는 전화선로의 길이 12 [km] 마다 유도전류가 2 [μA]를 넘지 아니하도록 할 것.
   (ㄴ) 사용전압이 60 [kV]를 초과하는 경우에는 전화선로의 길이 40 [km] 마다 유도전류가 3 [μA]을 넘지 아니하도록 할 것.
  ② 특고압 가공전선로는 기설 통신선로에 대하여 상시 정전유도작용에 의하여 통신상의 장해를 주지 아니하도록 시설하여야 한다.
  ③ 특고압 가공 전선로는 기설 약전류 전선로에 대하여 통신상의 장해를 줄 우려가 없도록 시설하여야 한다.

15. 가공케이블의 시설

저·고압 가공전선 및 특고압 가공전선에 케이블을 사용하는 경우에는 다음에 따라 시설하여야 한다.
  ① 케이블은 조가용선에 행거로 시설할 것. 이 경우에 사용전압이 고압인 경우 행거의 간격은 0.5 [m] 이하로 하는 것이 좋으며, 특고압인 경우에는 행거 간격을 0.5 [m] 이하로 하여 시설하여야 한다.
  ② 조가용선을 저·고압 가공전선에 시설하는 경우에는 인장강도 5.93 [kN] 이상의 것 또는 단면적 22 [mm^2] 이상인 아연도강연선을 사용하고, 특고압 가공전선에 시설하는 경우에는 인장강도 13.93 [kN] 이상의 연선 또는 단면적 22 [mm^2] 이상인 아연도강연선을 사용하여야 한다.
  ③ 조가용선에 접촉시키고 그 위에 쉽게 부식되지 아니하는 금속테이프 등을 0.2 [m] 이하의 간격을 유지시켜 나선형으로 감아 붙일 것.
  ④ 조가용선 및 케이블의 피복에 사용하는 금속체에는 접지시스템의 규정에 준하여 접지공사를 하여야 한다. 다만, 저압 가공전선에 케이블을 사용하고 조가용선에 절연전선 또는 이와 동등 이상의 절연내력이 있는 것을 사용할 때에는 접지공사를 하지 아니할 수 있다.

16. 가공전선과 건조물의 조영재 사이의 이격거리

① 저·고압 가공전선과 건조물이 접근상태로 시설되는 경우 고압 가공전선은 고압 보안공사에 의하며, 35 [kV] 이하의 특고압 가공전선이 건조물과 1차 접근상태로 시설되는 경우에는 제3종 특고압 보안공사에 의하여야 한다. 가공전선과 건조물의 조영재 사이의 이격거리는 아래 표의 값 이상으로 시설하여야 한다.

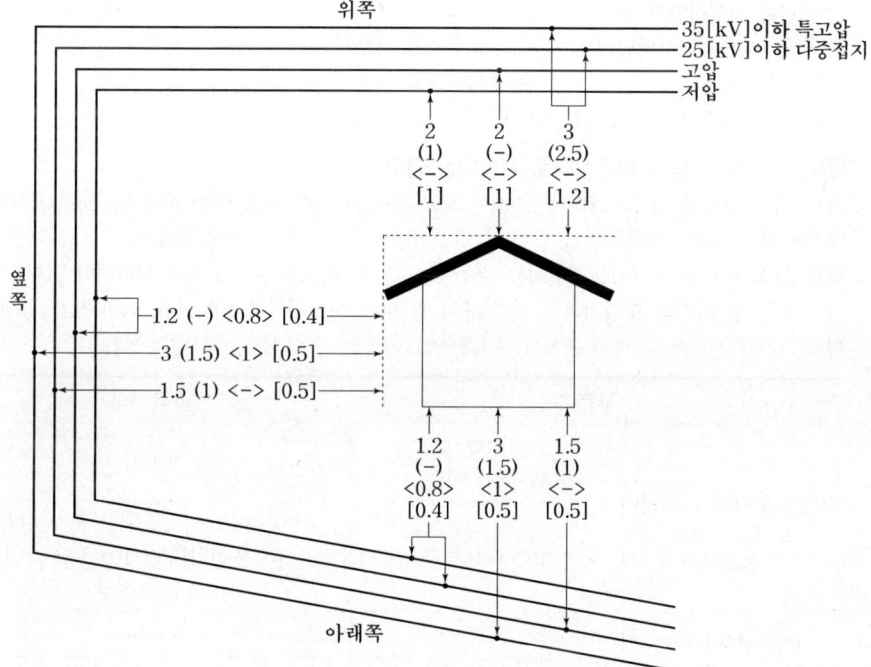

<기호 설명>
( ) : 저압선에 DV전선 또는 450/750 [V] 일반용 단심 비닐절연전선을 사용하고, 고압선에 고압 절연전선을 사용하거나 특고압선에 특고압 절연전선을 사용하는 경우
[ ] : 저압선에 고압 절연전선, 특고압 절연전선 또는 케이블을 사용하거나 고압과 특고압선에 케이블을 사용하는 경우
< > : 사람이 쉽게 접촉할 우려가 없도록 시설하는 경우

② 사용전압이 35 [kV]를 초과하는 특고압 가공전선과 건조물 사이의 이격거리는 10 [kV]마다 15 [cm]를 가산하여 이격하여야 한다.
계산방법 ; 3+(사용전압[kV]/10-3.5)×0.15 [m] 이상
　　　　　　소수점 절상

③ 사용전압이 35 [kV] 이하인 특고압 가공전선이 건조물과 제2차 접근상태로 시설되는 경우에는 제2종 특고압 보안공사에 의하여야 하며 이격거리는 ①항과 같다.

④ 사용전압이 35 [kV] 초과 400 [kV] 미만인 특고압 가공전선이 건조물(제2차 접근상태로 있는 부분의 상부조영재가 불연성 또는 자소성이 있는 난연성의 건축 재료로 건조된 것에 한한다)과 제2차 접근상태에 있는 경우에는 제1종 특고압 보안공사에 의하여야 하며 이격거리는 ①항, ②항과 같다.

⑤ 사용전압이 400 [kV] 이상의 특고압 가공전선이 건조물과 제2차 접근상태로 있는 경우에는 다음에 따라 시설하여야 한다.
  (ㄱ) 전선높이가 최저상태일 때 가공전선과 건조물 상부[지붕·챙(차양 : 遮陽)·옷 말리는 곳 기타 사람이 올라갈 우려가 있는 개소를 말한다]와의 수직거리가 28 [m] 이상일 것.
  (ㄴ) 건조물 최상부에서 전계(3.5 [kV/m]) 및 자계(83.3 [μT])를 초과하지 아니할 것.

17. 가공전선과 도로 등과 접근상태로 시설되는 경우

① 저·고압 가공전선 및 특고압 가공전선이 도로·황단보도교·철도 또는 궤도 등("도로 등"이라 한다.)과 접근상태로 시설되는 경우 고압 가공전선은 고압 보안공사에 의하며, 특고압 가공전선이 도로 등과 1차 접근상태로 시설되는 경우에는 제3종 특고압 보안공사에 의하여야 한다. 가공전선과 도로 등 사이의 이격거리는 아래 표의 값 이상으로 시설하여야 한다. 다만 도로 등과 수평거리가 저압 1 [m], 고압과 특고압은 1.2 [m] 이상인 경우에는 그러하지 아니하다.

구분		이격거리
도로·횡단보도교·철도 또는 궤도	저·고압 및 35 [kV] 이하	3 [m]
	35 [kV] 초과	10 [kV]마다 15 [cm] 가산하여 3+(사용전압[kV]/10−3.5)×0.15 소수점 절상
저압 전차선로의 지지물	저압	0.3 [m]
	고압	0.6 [m](케이블인 경우 0.3 [m])

② 특고압 가공전선이 도로 등과 제2차 접근상태로 시설되는 경우
  (ㄱ) 특고압 가공전선로는 제2종 특고압 보안공사에 의하여야 한다.
  (ㄴ) 특고압 가공전선 중 도로 등에서 수평거리 3 [m] 미만으로 시설되는 부분의 길이가 연속하여 100 [m] 이하이고 또한 1경간 안에서의 그 부분의 길이의 합계가 100 [m] 이하일 것.

18. 가공전선과 다른 가공전선·약전류전선·안테나·삭도 등과의 이격거리

저·고압 가공전선 및 특고압 가공전선이 다른 가공전선이나 약전류전선·안테나·삭도 등과 접근 또는 교차되는 경우 고압 가공전선은 고압 보안공사에 의하며, 특고압 가공전선이 1차 접근상태로 시설되는 경우에는 제3종 특고압 보안공사에 의하여야 한다. 저·고압 가공전선 및 특고압 가공전선과 가공전선과 다른 가공전선이나 약전류전선·안테나·삭도 등과의 이격거리는 아래 표의 값 이상으로 시설하여야 한다.

구분		이격거리
가공전선· 약전류전선· 안테나·삭도 등	저압 가공전선	저압 가공전선 상호간 0.6 [m] (어느 한쪽이 고압 절연전선, 특고압 절연전선, 케이블인 경우 0.3 [m])
	고압 가공전선	저압 또는 고압 가공전선과 0.8 [m] (고압 가공전선이 케이블인 경우 0.4 [m])
	25 [kV] 이하 다중접지	나전선 2 [m], 특고압 절연전선 1.5[m], 케이블 0.5 [m](삭도와 접근 또는 교차하는 경우 나전선 2 [m], 특고압 절연전선 1[m], 케이블 0.5 [m])
	특고압 가공전선	60 [kV] 이하	2 [m]
		60 [kV] 초과	10 [kV]마다 12 [cm] 가산하여 2+(사용전압[kV]/10-6)×0.12 소수점 절상

19. 가공전선과 식물의 이격거리

구분		이격거리
저·고압 가공전선		상시 부는 바람 등에 의하여 식물에 접촉하지 않도록 시설하여야 한다.
특고압 가공전선	25 [kV] 이하 다중접지	1.5 [m] 이상 (특고압 절연전선이나 케이블인 경우 식물에 접촉하지 않도록 시설할 것)
	35 [kV] 이하	고압 절연전선을 사용할 경우 0.5 [m] 이상 (특고압 절연전선 또는 케이블을 사용하는 경우 식물에 접촉하지 않도록 시설하고, 특고압 수밀형 케이블을 사용하는 경우에는 접촉에 관계 없다.)
	60 [kV] 이하	2 [m]
	60 [kV] 초과	10 [kV]마다 12 [cm] 가산하여 2+(사용전압[kV]/10-6)×0.12 소수점 절상

20. 병가 종합 정리

전력선과 전력선을 동일 지지물에 시설하는 경우로서 높은 전압선을 상부로, 낮은 전압선을 하부로 시설하여야 한다. 또한 각각의 전력선은 별도의 완금으로 시설하여야 한다.

(1) 35 [kV] 이하에서 적용

전력선의 종류	고압과 저압	35 [kV] 이하인 특별고압과 저·고압	25 [kV] 이하 다중접지 방식인 특고압과 저·고압
이격거리	0.5 [m], 케이블 사용시 0.3 [m]	1.2 [m], 케이블 사용시 0.5 [m]	1 [m], 케이블 사용시 0.5 [m]

(2) 35 [kV] 초과 100 [kV] 미만에서 적용

전력선의 종류	35 [kV] 초과 100 [kV] 미만인 특별고압과 저·고압	제한사항
이격거리	2 [m], 케이블 사용시 1 [m]	· 목주는 사용하지 말 것 · 50 [mm^2] 이상, 21.67 [kN] 이상 · 제2종 특별고압 보안공사일 것

21. 공가 종합 정리

전력선과 가공약전류전선을 동일 지지물에 시설하는 경우로서 전력선을 상부로, 가공약전류전선을 하부로 시설하여야 한다. 또한 전력선과 가공약전류전선은 별도의 완금으로 시설하여야 한다.

(1) 35 [kV] 이하에서만 적용

전력선의 종류	저압과 가공약전류전선	고압과 가공약전류전선	특고압과 가공약전류전선
이격거리	0.75 [m], 관리자 승인시 0.6 [m] 케이블 사용시 0.3 [m]	1.5 [m], 관리자 승인시 1 [m] 케이블 사용시 0.5 [m]	2 [m], 케이블 사용시 0.5 [m]

(2) 35 [kV] 초과시 공가하여서는 아니 된다.

22. 25 [kV] 이하인 특고압 가공전선로의 시설

사용전압이 15 [kV] 이하인 특고압 가공전선로 및 사용전압이 25 [kV] 이하인 특고압 가공전선로는 중성선 다중접지식의 것으로서 전로에 지락이 생겼을 때 2초 이내에 자동적으로 이를 전로로부터 차단하는 장치가 되어 있는 것에 한한다.

(1) 접지도체

접지도체는 공칭단면적 6 [mm^2] 이상의 연동선 또는 이와 동등 이상의 세기 및 굵기의 쉽게 부식하지 않는 금속선으로서 고장시에 흐르는 전류를 안전하게 통할 수 있는 것일 것.

(2) 접지한 곳 상호간의 거리

사용전압이 15 [kV] 이하인 경우 300 [m] 이하, 사용전압이 25 [kV] 이하인 경우 150 [m] 이하로 시설하여야 한다.

(3) 전기저항 값

각 접지도체를 중성선으로부터 분리하였을 경우의 각 접지점의 대지 전기저항 값과 1 [km] 마다의 중성선과 대지사이의 합성 전기저항 값은 아래 표에서 정한 값 이하일 것.

사용전압	각 접지점의 대지 전기저항치	1 [km]마다의 합성전기저항치
15 [kV] 이하	300 [Ω]	30 [Ω]
25 [kV] 이하	300 [Ω]	15 [Ω]

23. 특고압 가공전선로의 지지물

(1) 특고압 가공전선로의 B종 철주·B종 철근 콘크리트주 또는 철탑의 종류
① 직선형 : 전선로의 직선부분(3도 이하인 수평각도를 이루는 곳을 포함한다)에 사용하는 것.
② 각도형 : 전선로중 3도를 초과하는 수평각도를 이루는 곳에 사용하는 것.
③ 인류형 : 전가섭선을 인류하는 곳에 사용하는 것.
④ 내장형 : 전선로의 지지물 양쪽의 경간의 차가 큰 곳에 사용하는 것.
⑤ 보강형 : 전선로의 직선부분에 그 보강을 위하여 사용하는 것.

(2) 철탑의 강도계산에 사용하는 이상시 상정하중

철탑의 강도계산에 사용하는 이상 시 상정하중은 풍압이 전선로에 직각방향으로 가하여지는 경우의 하중과 전선로의 방향으로 가하여지는 경우의 하중을 각각 다음에 따라 계산하여 각 부재에 대한 이들의 하중 중 그 부재에 큰 응력이 생기는 쪽의 하중을 채택한다.
① 수직 하중 : 가섭선·애자장치·지지물 부재 등의 중량에 의한 하중
② 수평 횡하중 : 풍압하중, 전선로에 수평각도가 있는 경우의 가섭선의 상정 최대장력에 의하여 생기는 수평 횡분력에 의한 하중 및 가섭선의 절단에 의하여 생기는 비틀림 힘에 의한 하중
③ 수평 종하중 : 가섭선의 절단에 의하여 생기는 불평균 장력의 수평 종분력(水平從分力)에 의한 하중 및 비틀림 힘에 의한 하중

(3) 특고압 가공전선로의 내장형 등의 지지물 시설
① 특고압 가공전선로 중 지지물로서 B종 철주 또는 B종 철근 콘크리트주를 연속하여 10기 이상 사용하는 부분에는 10기 이하마다 장력에 견디는 형태의 철주 또는 철근 콘크리트주 1기를 시설하거나 5기 이하마다 보강형의 철주 또는 철근 콘크리트주 1기를 시설하여야 한다.
② 특고압 가공전선로 중 지지물로서 직선형의 철탑을 연속하여 10기 이상 사용하는 부분에는 10기 이하마다 장력에 견디는 애자장치가 되어 있는 철탑 또는 이와 동등 이상의 강도를 가지는 철탑 1기를 시설하여야 한다.

24. 가공전선로의 지지물에 시설하는 가공지선

사용전압	가공지선의 규격
고압	인장강도 5.26 [kN] 이상의 것 또는 지름 4 [mm] 이상의 나경동선
특고압	인장강도 8.01 [kN] 이상의 것 또는 지름 5 [mm] 이상의 나경동선, 22 [mm^2] 이상의 나경동연선이나 아연도강연선, OPGW(광섬유 복합 가공지선) 전선

25. 각종 안전율에 대한 종합 정리

구분		안전율
지지물		기초 안전율 2 (이상시 상정하중에 대한 철탑의 기초에 대하여는 1.33)
목주	저압	1.2(저압 보안공사로 한 경우 1.5)
	고압	1.3(고압 보안공사로 한 경우 1.5)
	특고압	1.5(제2종 특고압 보안공사로 한 경우 2)
	저·고압 가공전선의 공가	1.5
	저·고압 가공전선이 교류전차선 위로 교차	2
전선		2.5(경동선 또는 내열 동합금선은 2.2)
지선		2.5
특고압 가공전선을 지지하는 애자장치		2.5
무선용 안테나를 지지하는 지지물, 케이블 트레이		1.5

26. 지중전선로

(1) 지중전선로의 시설
   ① 지중전선로는 전선에 케이블을 사용하고 또한 관로식·암거식(暗渠式) 또는 직접매설식에 의하여 시설하여야 한다.
   ② 지중전선로를 관로식 또는 암거식에 의하여 시설하는 경우에는 다음에 따라야 한다.
      (ㄱ) 관로식에 의하여 시설하는 경우에는 매설 깊이를 1.0 [m] 이상으로 하되, 매설깊이가 충분하지 못한 장소에는 견고하고 차량 기타 중량물의 압력에 견디는 것을 사용할 것. 다만 중량물의 압력을 받을 우려가 없는 곳은 0.6 [m] 이상으로 한다.
      (ㄴ) 암거식에 의하여 시설하는 경우에는 견고하고 차량 기타 중량물의 압력에 견디는 것을 사용할 것.

③ 지중전선로를 직접매설식에 의하여 시설하는 경우에는 매설 깊이를 차량 기타 중량물의 압력을 받을 우려가 있는 장소에는 1.0 [m] 이상, 기타 장소에는 0.6 [m] 이상으로 하고 또한 지중전선을 견고한 트라프 기타 방호물에 넣어 시설하여야 한다. 다만, 저압 또는 고압의 지중전선에 콤바인덕트 케이블을 사용하여 시설하는 경우에는 지중전선을 견고한 트라프 기타 방호물에 넣지 아니아너도 퇸다.

(2) 지중함의 시설
지중전선로에 사용하는 지중함은 다음에 따라 시설하여야 한다.
① 지중함은 견고하고 차량 기타 중량물의 압력에 견디는 구조일 것.
② 지중함은 그 안에 고인 물을 제거할 수 있는 구조로 되어 있을 것.
③ 폭발성 또는 연소성의 가스가 침입할 우려가 있는 것에 시설하는 지중함으로서 그 크기가 1 [m^3] 이상인 것에는 통풍장치 기타 가스를 방산시키기 위한 적당한 장치를 시설할 것.
④ 지중함의 뚜껑은 시설자 이외의 자가 쉽게 열 수 없도록 시설할 것.

(3) 지중약전류전선의 유도장해 방지(誘導障害防止)
지중전선로는 기설 지중약전류전선로에 대하여 누설전류 또는 유도작용에 의하여 통신상의 장해를 주지 않도록 기설 지중약전류전선로로부터 충분히 이격시키거나 기타 적당한 방법으로 시설하여야 한다.

(4) 지중전선과 지중약전류전선 등 또는 관과의 접근 또는 교차
① 지중전선이 지중약전류전선 등과 접근하거나 교차하는 경우에 상호간의 이격거리가 저압 또는 고압의 지중전선은 0.3 [m] 이하, 특고압 지중전선은 0.6 [m] 이하인 때에는 지중전선과 지중약전류전선 등 사이에 견고한 내화성의 격벽(隔壁)을 설치하는 경우 이외에는 지중전선을 견고한 불연성(不燃性) 또는 난연성(難燃性)의 관에 넣어 그 관이 지중약전류전선 등과 직접 접촉하지 아니하도록 하여야 한다.
② 특고압 지중전선이 가연성이나 유독성의 유체(流體)를 내포하는 관과 접근하거나 교차하는 경우에 상호간의 이격거리가 1 [m] 이하(단, 사용전압이 25 [kV] 이하인 다중접지방식 지중전선로인 경우에는 0.5 [m] 이하)인 때에는 지중전선과 관 사이에 견고한 내화성의 격벽을 시설하는 경우 이외에는 지중전선을 견고한 불연성 또는 난연성의 관에 넣어 그 관이 가연성이나 유독성의 유체를 내포하는 관과 직접 접촉하지 아니하도록 시설하여야 한다.

(5) 지중전선 상호간의 접근 또는 교차
지중전선이 다른 지중전선과 접근하거나 교차하는 경우에 지중함 내 이외의 곳에서 상호간의 거리가 저압 지중전선과 고압 지중전선에 있어서는 0.15 [m] 이하, 저압이나 고압의 지중전선과 특고압 지중전선에 있어서는 0.3 [m] 이하인 때에는 다음의 어느 하나에 해당하는 경우에 한하여 시설할 수 있다.
① 난연성의 피복이 있는 것을 사용하는 경우 또는 견고한 난연성의 관에 넣어 시설하는 경우
② 어느 한쪽의 지중전선에 불연성의 피복으로 되어 있는 것을 사용하는 경우
③ 어느 한쪽의 지중전선을 견고한 불연성의 관에 넣어 시설하는 경우
④ 지중전선 상호간에 견고한 내화성의 격벽을 설치할 경우
⑤ 사용전압이 25 [kV] 이하인 다중접지방식 지중전선로를 관에 넣어 0.1 [m] 이상 이격하여 시설하는 경우

27. 터널 안 전선로의 시설

(1) 철도·궤도 또는 자동차도 전용터널 안의 전선로
  ① 저압 전선은 다음 중 1에 의하여 시설할 것.
    (ㄱ) 애자공사에 의하여 인장강도 2.3 [kN] 이상의 절연전선 또는 지름 2.6 [mm] 이상의 경동선의 절연전선을 사용하고 또한 이를 레일면상 또는 노면상 2.5 [m] 이상의 높이로 유지할 것.
    (ㄴ) 케이블공사, 금속관공사, 합성수지관공사, 가요전선관공사, 애자공사에 의할 것.
  ② 고압 전선은 다음 중 1에 의하여 시설할 것.
    (ㄱ) 전선은 케이블공사에 의할 것. 다만 인장강도 5.26 [kN] 이상의 것 또는 지름 4 [mm] 이상의 경동선의 고압 절연전선 또는 특고압 절연전선을 사용하여 애자공사에 의하여 시설하고 또한 이를 레일면상 또는 노면상 3 [m] 이상의 높이로 유지하여 시설하는 경우에는 그러하지 아니하다.
    (ㄴ) 케이블을 조영재의 옆면 또는 아랫면에 따라 붙일 경우에는 케이블의 지지점간의 거리를 2 [m] (수직으로 붙일 경우에는 6 [m]) 이하로 하고 또한 피복을 손상하지 아니하도록 붙일 것.
  ③ 특고압 전선은 케이블배선에 의할 것.

(2) 사람이 상시 통행하는 터널 안의 전선로
  ① 저압 전선은 다음 중 1에 의하여 시설할 것.
    (ㅣ) 애사공사에 의하여 인상상도 2.3 [kN] 이상의 절연전선 또는 지름 2.6 [mm] 이상의 경동선의 절연전선을 사용하고 또한 이를 레일면상 또는 노면상 2.5 [m] 이상의 높이로 유지할 것.
    (ㄴ) 케이블공사, 금속관공사, 합성수지관공사, 가요전선관공사, 애자공사에 의할 것.
  ② 고압 전선은 케이블공사에 의할 것.
  ③ 특고압 전선은 시설하여서는 아니 된다.

28. 전력보안통신설비

(1) 전력보안통신설비의 시설장소
  ① 원격감시제어가 되지 아니하는 발전소·변전소(이에 준하는 곳으로서 특고압의 전기를 변성하기 위한 곳을 포함한다)·개폐소, 전선로 및 이를 운용하는 급전소 및 급전분소 간
  ② 2 이상의 급전소(분소) 상호 간과 이들을 총합 운용하는 급전소(분소) 간
  ③ 수력설비 중 필요한 곳, 수력설비의 안전상 필요한 양수소(量水所) 및 강수량 관측소와 수력발전소 간
  ④ 동일 수계에 속하고 안전상 긴급 연락의 필요가 있는 수력발전소 상호 간
  ⑤ 동일 전력계통에 속하고 또한 안전상 긴급연락의 필요가 있는 발전소·변전소(이에 준하는 곳으로서 특고압의 전기를 변성하기 위한 곳을 포함한다) 및 개폐소 상호 간
  ⑥ 발전소·변전소 및 개폐소와 기술원 주재소 간. 다만, 다음 어느 항목에 적합하고 또한 휴대용이거나 이동형 전력보안통신설비에 의하여 연락이 확보된 경우에는 그러하지 아니하다.
    (ㄱ) 발전소로서 전기의 공급에 지장을 미치지 않는 곳.
    (ㄴ) 상주감시를 하지 않는 변전소(사용전압이 35 [kV] 이하의 것에 한한다)로서 그 변전소에 접속되는 전선로가 동일 기술원 주재소에 의하여 운용되는 곳.

⑦ 발전소·변전소(이에 준하는 곳으로서 특고압의 전기를 변성하기 위한 곳을 포함한다)·개폐소·급전소 및 기술원 주재소와 전기설비의 안전상 긴급 연락의 필요가 있는 기상대·측후소·소방서 및 방사선 감시계측 시설물 등의 사이

(2) 전력보안 가공통신선의 높이는 다음과 같다.
① 도로(차도와 인도의 구별이 있는 도로는 차도) 위에 시설하는 경우에는 지표상 5 [m] 이상. 다만, 교통에 지장을 줄 우려가 없는 경우에는 지표상 4.5 [m] 까지로 감할 수 있다.
② 철도 또는 궤도를 횡단하는 경우에는 레일면상 6.5 [m] 이상.
③ 횡단보도교 위에 시설하는 경우에는 그 노면상 3 [m] 이상.
④ ①부터 ③까지 이외의 경우에는 지표상 3.5 [m] 이상.

(3) 가공전선로의 지지물에 시설하는 통신선(첨가 통신선) 또는 이에 직접 접속하는 가공통신선의 높이는 다음에 따라야 한다.
① 도로를 횡단하는 경우에는 지표상 6 [m] 이상. 다만, 저압이나 고압의 가공전선로의 지지물에 시설하는 통신선 또는 이에 직접 접속하는 가공통신선을 시설하는 경우에 교통에 지장을 줄 우려가 없을 때에는 지표상 5 [m] 까지로 감할 수 있다.
② 철도 또는 궤도를 횡단하는 경우에는 레일면상 6.5 [m] 이상.
③ 횡단보도교 위에 시설하는 경우에는 그 노면상 5 [m] 이상. 다만, 다음 중 어느 하나에 해당하는 경우에는 그러하지 아니하다.
　(ㄱ) 저압 또는 고압의 가공전선로의 지지물에 시설하는 통신선 또는 이에 직접 접속하는 가공통신선을 노면상 3.5 [m] (통신선이 절연전선과 동등 이상의 절연성능이 있는 것인 경우에는 3 [m]) 이상으로 하는 경우
　(ㄴ) 특고압 전선로의 지지물에 시설하는 통신선 또는 이에 직접 접속하는 가공통신선으로서 광섬유 케이블을 사용하는 것을 그 노면상 4 [m] 이상으로 하는 경우
④ ①에서 ③까지 이외의 경우에는 지표상 5 [m] 이상. 다만, 저압이나 고압의 가공전선로의 지지물에 시설하는 통신선 또는 이에 직접 접속하는 가공통신선이 다음 중 어느 하나에 해당하는 경우에는 그러하지 아니하다.
　(ㄱ) 횡단보도교의 하부 기타 이와 유사한 곳(차도를 제외한다)에 시설하는 경우에 통신선에 절연전선과 동등 이상의 절연성능이 있는 것을 사용하고 또한 지표상 4 [m] 이상으로 할 때
　(ㄴ) 도로 이외의 곳에 시설하는 경우에 지표상 4 [m] 이상으로 할 때나 광섬유케이블인 경우에는 3.5 [m] 이상으로 할 때

(4) 가공전선과 첨가 통신선과의 이격거리
① 가공전선로의 지지물에 시설하는 통신선은 다음에 따른다.
　(ㄱ) 통신선은 가공전선의 아래에 시설할 것. 다만, 가공전선에 케이블을 사용하는 경우 또는 광섬유 케이블이 내장된 가공지선을 사용하는 경우 또는 수직 배선으로 가공전선과 접촉할 우려가 없도록 지지물 또는 완금류에 견고하게 시설하는 경우에는 그러하지 아니하다.
　(ㄴ) 통신선과 저압 가공전선 또는 전로에 지락이 생겼을 때에 2초 이내에 자동적으로 이를 전로로부터 차단하는 장치가 되어 있는 25 [kV] 이하인 특고압 가공전선로(중성선 다중접지 방식)

에 규정하는 특고압 가공전선로의 다중접지를 한 중성선 사이의 이격거리는 0.6 [m] 이상일 것. 다만, 저압 가공전선이 절연전선 또는 케이블인 경우에 통신선이 절연전선과 동등 이상의 절연성능이 있는 것인 경우에는 0.3 [m] (저압 가공전선이 인입선이고 또한 통신선이 첨가 통신용 제2종 케이블 또는 광섬유 케이블일 경우에는 0.15 [m]) 이상으로 할 수 있다.

(ㄷ) 통신선과 고압 가공전선 사이의 이격거리는 0.6 [m] 이상일 것. 다만, 고압 가공전선이 케이블인 경우에 통신선이 절연전선과 동등 이상의 절연성능이 있는 것인 경우에는 0.3 [m] 이상으로 할 수 있다.

(5) 특고압 가공전선로의 지지물에 시설하는 통신선

특고압 가공전선로의 지지물에 시설하는 통신선 또는 이에 직접 접속하는 통신선이 도로·횡단보도교·철도의 레일·삭도·가공전선·다른 가공약전류 전선 등 또는 교류전차선 등과 교차하는 경우에는 다음에 따라 시설하여야 한다.

① 통신선이 도로·횡단보도교·철도의 레일 또는 삭도와 교차하는 경우에는 통신선은 연선의 경우 단면적 16 [mm^2](단선의 경우 지름 4 [mm])의 절연전선과 동등 이상의 절연 효력이 있는 것, 인장강도 8.01 [kN] 이상의 것 또는 연선의 경우 단면적 25 [mm^2](단선의 경우 지름 5 [mm])의 경동선일 것.

② 통신선과 삭도 또는 다른 가공약전류전선 등 사이의 이격거리는 0.8 [m](통신선이 케이블 또는 광심유케이블일 때는 0.4 [m]) 이상으로 할 것.

③ 통신선이 저압 가공전선 또는 다른 가공약전류 전선 등과 교차하는 경우에는 그 위에 시설하고 또한 통신선은 ①에 규정하는 것을 사용할 것. 다만, 저압 가공전선 또는 다른 가공약전류 전선 등이 절연전선과 동등 이상의 절연 효력이 있는 것, 인장강도 8.01 [kN] 이상의 것 또는 연선의 경우 단면적 25 [mm^2](단선의 경우 지름 5 [mm])의 경동선인 경우에는 통신선을 그 아래에 시설할 수 있다.

④ 통신선이 다른 특고압 가공전선과 교차하는 경우에는 그 아래에 시설하고 통신선은 인장강도 8.01 [kN] 이상의 것 또는 연선의 경우 단면적 25 [mm^2](단선의 경우 지름 5 [mm])의 경동선일 것.

⑤ 통신선이 교류 전차선 등과 교차하는 경우에는 고압가공전선의 규정에 준하여 시설할 것.

(6) 전력유도의 방지

전력보안통신설비는 가공전선로로부터의 정전유도작용 또는 전자유도작용에 의하여 사람에게 위험을 줄 우려가 없도록 시설하여야 한다. 다음의 제한값을 초과하거나 초과할 우려가 있는 경우에는 이에 대한 방지조치를 하여야 한다.

(7) 특고압 가공전선로 첨가설치 통신선의 시가지 인입 제한

시가지에 시설하는 통신선은 특고압 가공전선로의 지지물에 시설하여서는 아니 된다. 다만, 통신선이 절연전선과 동등 이상의 절연효력이 있고 인장강도 5.26 [kN] 이상의 것 또는 연선의 경우 단면적 16 [mm^2](단선의 경우 지름 4 [mm]) 이상의 절연전선 또는 광섬유케이블인 경우에는 그러하지 아니하다.

⑻ 25 [kV] 이하인 특고압 가공전선로 첨가 통신선의 시설에 관한 특례

특고압 가공전선로의 지지물에 시설하는 통신선 또는 이에 직접 접속하는 통신선은 광섬유케이블일 것. 다만, 통신선은 광섬유케이블 이외의 경우에 이를 특고압 제2종 보안장치 또는 이에 준하는 보안장치를 시설할 때에는 그러하지 아니하다.

⑼ 전력선 반송 통신용 결합장치의 보안장치

전력선 반송 통신용 결합 커패시터에 접속하는 회로에는 아래 그림의 보안장치 또는 이에 준하는 보안장치를 시설하여야 한다.

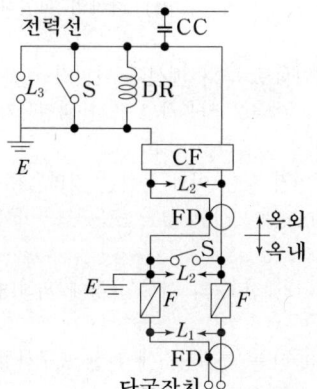

FD : 동축케이블
F : 정격전류 10 [A] 이하의 포장 퓨즈
DR : 전류 용량 2 [A] 이상의 배류 선륜
L1 : 교류 300 [V] 이하에서 동작하는 피뢰기
L2 : 동작 전압이 교류 1.3 [kV]를 초과하고 1.6 [kV] 이하로 조정된 방전갭
L3 : 동작 전압이 교류 2 [kV]를 초과하고 3 [kV] 이하로 조정된 구상 방전갭
S : 접지용 개폐기
CF : 결합 필타
CC : 결합 커패스터(결합 안테나를 포함한다)
E : 접지

05 옥내배선 및 조명설비

1. 저압 옥내배선의 사용전선

(1) 저압 옥내배선의 전선은 단면적 2.5 [mm^2] 이상의 연동선 또는 이와 동등 이상의 강도 및 굵기의 것.

(2) 옥내배선의 사용 전압이 400 [V] 이하인 경우로 다음 중 어느 하나에 해당하는 경우에는 (1)항을 적용하지 않는다.
  ① 전광표시장치 기타 이와 유사한 장치 또는 제어회로 등에 사용하는 배선에 단면적 1.5 [mm^2] 이상의 연동선을 사용하고 이를 합성수지관공사·금속관공사·금속몰드공사·금속덕트공사·플로어덕트공사 또는 셀룰러덕트공사에 의하여 시설하는 경우
  ② 전광표시장치 기타 이와 유사한 장치 또는 제어회로 등의 배선에 단면적 0.75 [mm^2] 이상인 다심케이블 또는 다심 캡타이어 케이블을 사용하고 또한 과전류가 생겼을 때에 자동적으로 전로에서 차단하는 장치를 시설하는 경우
  ③ 진열장 또는 이와 유사한 것의 내부 배선 및 진열장 또는 이와 유사한 것의 내부 관등회로 배선의 규정에 의하여 단면적 0.75 [mm^2] 이상인 코드 또는 캡타이어 케이블을 사용하는 경우
  ④ 엘리베이터·덤웨이터 등의 승강로 안의 저압 옥내배선 등의 시설 규정에 의하여 리프트 케이블을 사용하는 경우
  ⑤ 특별저압 조명용 특수 용도에 대해서는 「특수설비 또는 특수장소에 관한 요구사항－특별 저전압 조명설비」를 참조한다.

2. 나전선의 사용 제한

옥내에 시설하는 저압전선에는 나전선을 사용하여서는 아니 된다. 다만, 다음 중 어느 하나에 해당하는 경우에는 그러하지 아니하다.
  ① 애자공사에 의하여 전개된 곳에 다음의 전선을 시설하는 경우
    (ㄱ) 전기로용 전선
    (ㄴ) 전선의 피복 절연물이 부식하는 장소에 시설하는 전선
    (ㄷ) 취급자 이외의 자가 출입할 수 없도록 설비한 장소에 시설하는 전선
  ② 버스덕트공사에 의하여 시설하는 경우
  ③ 라이팅덕트공사에 의하여 시설하는 경우
  ④ 옥내에 시설하는 저압 접촉전선을 시설하는 경우
  ⑤ 유희용 전차의 전원장치에 있어서 2차측 회로의 배선을 제3레일 방식에 의한 접촉전선을 시설하는 경우

3. 옥내전로의 대지전압의 제한

(1) 백열전등(전기스텐드 및 「전기용품 및 생활용품 안전관리법」의 적용을 받는 장식용의 전등기구를 제외한다) 또는 방전등(방전관·방전등용 안정기 및 방전관의 점등에 필요한 부속품과 관등회로의 배선을 말하며 전기스텐드 기타 이와 유사한 방전등 기구를 제외한다)에 전기를 공급하는 옥내(전기사용 장소의 옥내의 장소를 말한다)의 전로(주택의 옥내전로를 제외한다)의 대지전압은 300 [V] 이하여야 하며 다음에 따라 시설하여야 한다. 다만, 대지전압 150 [V] 이하의 전로인 경우에는 다음에 따르지 않을 수 있다.
   ① 백열전등 또는 방전등 및 이에 부속하는 전선은 사람이 접촉할 우려가 없도록 시설하여야 한다.
   ② 백열전등(기계장치에 부속하는 것을 제외한다) 또는 방전등용 안정기는 저압의 옥내배선과 직접 접속하여 시설하여야 한다.
   ③ 백열전등의 전구소켓은 키나 그 밖의 점멸기구가 없는 것이어야 한다.

(2) 주택의 옥내전로(전기기계기구내의 전로를 제외한다)의 대지전압은 300 [V] 이하이여야 하며 다음 각 호에 따라 시설하여야 한다. 다만, 대지전압 150 [V] 이하인 전로에는 다음에 따르지 않을 수 있다.
   ① 사용전압은 400 [V] 이하이여야 한다.
   ② 주택의 전로 인입구에는 「전기용품 및 생활용품 안전관리법」에 적용을 받는 감전보호용 누전차단기를 시설하여야 한다. 다만, 전로의 전원측에 정격용량이 3 [kVA] 이하인 절연변압기(1차 전압이 저압이고, 2차 전압이 300 [V] 이하인 것에 한한다)를 사람이 쉽게 접촉할 우려가 없도록 시설하고 또한 그 절연변압기의 부하측 전로를 접지하지 않는 경우에는 예외로 한다.
   ③ ②항의 누전차단기를 자연재해대책법에 의한 자연재해위험개선지구의 지정 등에서 지정되어진 지구 안의 지하주택에 시설하는 경우에는 침수시 위험의 우려가 없도록 지상에 시설하여야 한다.
   ④ 전기기계기구 및 옥내의 전선은 사람이 쉽게 접촉할 우려가 없도록 시설하여야 한다. 다만, 전기기계기구로서 사람이 쉽게 접촉할 우려가 있는 부분이 절연성이 있는 재료로 견고하게 제작되어 있는 것 또는 건조한 곳에서 취급하도록 시설된 것 및 물기 있는 장소 이외의 장소에 시설하는 저압용의 개별 기계기구에 전기를 공급하는 전로에 「전기용품 및 생활용품 안전관리법」의 적용을 받는 인체감점보호용 누전차단기(정격감도전류가 30 [mA] 이하, 동작시간 0.03초 이하의 전류동작형에 한한다)가 시설된 것은 예외로 한다.
   ⑤ 백열전등의 전구소켓은 키나 그 밖의 점멸기구가 없는 것이어야 한다.
   ⑥ 정격 소비전력 3 [kW] 이상의 전기기계기구에 전기를 공급하기 위한 전로에는 전용의 개폐기 및 과전류 차단기를 시설하고 그 전로의 옥내배선과 직접 접속하거나 적정 용량의 전용콘센트를 시설하여야 한다.
   ⑦ 주택의 옥내를 통과하여 그 주택 이외의 장소에 전기를 공급하기 위한 옥내배선은 사람이 접촉할 우려가 없는 은폐된 장소에 합성수지관공사, 금속관공사 또는 케이블공사에 의하여 시설하여야 한다.
   ⑧ 주택의 옥내를 통과하여 옥내에 시설하는 전선로는 사람이 접촉할 우려가 없는 은폐된 장소에 합성수지관공사, 금속관공사나 케이블공사에 의하여 시설하여야 한다.

4. 애자공사

(1) 사용 전선

① 저압 전선은 다음의 경우 이외에는 절연전선(옥외용 비닐절연전선 및 인입용 비닐절연전선을 제외한다)일 것.
　(ㄱ) 전기로용 전선
　(ㄴ) 전선의 피복 절연물이 부식하는 장소에 시설하는 전선
　(ㄷ) 취급자 이외의 자가 출입할 수 없도록 설비한 장소에 시설하는 전선
② 고압 전선은 6 [mm^2] 이상의 연동선 또는 동등 이상의 세기 및 굵기의 고압 절연전선이나 특고압 절연전선 또는 6/10 [kV] 인하용 고압 절연전선

(2) 고·저압 옥내배선의 시설

애자공사에 의한 고·저압 옥내배선은 사람이 접촉할 우려가 없도록 시설하여야 하고 사용전압이 400 [V] 이하인 경우에 사람이 쉽게 접촉할 우려가 없도록 시설하는 때에는 그러하지 아니하다.

(3) 전선의 종류, 전선간 이격거리, 전선과 조영재 이격거리, 전선 지지점 간격

전압종별 구분	저압	고압
굵기	저압 옥내배선의 전선 규격에 따른다.	6 [mm^2] 이상의 연농선 또는 농능 이상의 세기 및 굵기의 고압 절연전선이나 특고압 절연전선 또는 6/10 [kV] 인하용 고압 절연전선
전선 상호간의 간격	6 [cm] 이상	8 [cm] 이상
전선과 조영재 이격거리	사용전압 400 [V] 이하 : 2.5 [cm] 이상 사용전압 400 [V] 초과 : 4.5 [cm] 이상 단, 건조한 장소 : 2.5[cm] 이상	5 [cm] 이상
전선의 지지점간의 거리	400 [V] 초과인 것은 6 [m] 이하 단, 전선을 조영재의 윗면 또는 옆면에 따라 붙일 경우에는 2 [m] 이하	6 [m] 이하 단, 전선을 조영재의 면을 따라 붙이는 경우에는 2 [m] 이하

(4) 애자의 선정

애자는 절연성·난연성 및 내수성의 것이어야 한다.

(5) 전선이 조영재를 관통

전선이 조영재를 관통하는 경우에는 그 관통하는 부분의 전선을 전선마다 각각 별개의 난연성 및 내수성이 있는 견고한 절연관에 넣을 것. 다만, 저압으로서 사용전압이 150 [V] 이하인 저압 전선을 건조한 장소에 시설하는 경우로서 관통하는 부분의 전선에 내구성이 있는 절연 테이프를 감을 때에는 그러하지 아니하다.

5. 합성수지관공사

① 전선은 절연전선(옥외용 비닐 절연전선을 제외한다)일 것.
② 전선은 연선일 것. 다만, 짧고 가는 합성수지관에 넣은 것과 단면적 10 [mm²](알루미늄선은 단면적 16 [mm²]) 이하의 것은 적용하지 않는다.
③ 전선은 합성수지관 안에서 접속점이 없도록 할 것.
④ 중량물의 압력 또는 현저한 기계적 충격을 받을 우려가 없도록 시설할 것.
⑤ 관의 끝부분 및 안쪽 면은 전선의 피복을 손상하지 아니하도록 매끈한 것일 것.
⑥ 관[합성수지제 휨(가요) 전선관을 제외한다]의 두께는 2 [mm] 이상일 것. 다만, 전개된 장소 또는 점검할 수 있는 은폐된 장소로서 건조한 장소에 사람이 접촉할 우려가 없도록 시설한 경우(옥내배선의 사용전압이 400 [V] 이하인 경우에 한한다)에는 그러하지 아니하다.
⑦ 관 상호 간 및 박스와는 관을 삽입하는 깊이를 관의 바깥지름의 1.2배(접착제를 사용하는 경우에는 0.8배) 이상으로 하고 또한 꽂음 접속에 의하여 견고하게 접속할 것.
⑧ 관의 지지점 간의 거리는 1.5 [m] 이하로 하고, 또한 그 지지점은 관의 끝·관과 박스의 접속점 및 관 상호 간의 접속점 등에 가까운 곳에 시설할 것.
⑨ 습기가 많은 장소 또는 물기가 있는 장소에 시설하는 경우에는 방습 장치를 할 것.
⑩ 합성수지제 휨(가요) 전선관 상호 간은 직접 접속하지 말 것.

6. 합성수지몰드공사

① 전선은 절연전선(옥외용 비닐 절연전선을 제외한다)일 것.
② 합성수지몰드 안에는 접속점이 없도록 할 것. 다만, 합성수지몰드 안의 전선을 합성 수지제의 조인트 박스를 사용하여 접속할 경우에는 그러하지 아니하다.
③ 합성수지몰드는 홈의 폭 및 깊이가 35 [mm] 이하, 두께는 2 [mm] 이상의 것일 것. 다만, 사람이 쉽게 접촉할 우려가 없도록 시설하는 경우에는 폭이 50 [mm] 이하, 두께 1 [mm] 이상의 것을 사용할 수 있다.
④ 합성수지몰드 상호 간 및 합성수지 몰드와 박스 기타의 부속품과는 전선이 노출되지 아니하도록 접속할 것.

7. 금속관공사

① 전선은 절연전선(옥외용 비닐 절연전선을 제외한다)일 것.
② 전선은 연선일 것. 다만, 짧고 가는 금속관에 넣은 것과 단면적 10 [mm²](알루미늄선은 단면적 16 [mm²]) 이하의 것은 적용하지 않는다.
③ 전선은 금속관 안에서 접속점이 없도록 할 것.
④ 전선관의 접속부분의 나사는 5턱 이상 완전히 나사결합이 될 수 있는 길이일 것.
⑤ 관의 두께는 콘크리트에 매설하는 것은 1.2 [mm] 이상, 이외의 것은 1 [mm] 이상일 것. 다만, 이음매가 없는 길이 4 [m] 이하인 것을 건조하고 전개된 곳에 시설하는 경우에는 0.5 [mm] 까지로 감할 수 있다.
⑥ 관 상호간 및 관과 박스 기타의 부속품과는 나사접속 기타 이와 동등 이상의 효력이 있는 방법에 의하여 견고하고 또한 전기적으로 완전하게 접속할 것.

⑦ 관의 끝 부분에는 전선의 피복을 손상하지 아니하도록 적당한 구조의 부싱을 사용할 것. 다만, 금속관공사로부터 애자공사로 옮기는 경우에는 그 부분의 관의 끝부분에는 절연부싱 또는 이와 유사한 것을 사용하여야 한다.
⑧ 습기가 많은 장소 또는 물기가 있는 장소에 시설하는 경우에는 방습장치를 할 것.
⑨ 관에는 접지시스템의 규정에 의한 접지공사를 할 것. 다만, 사용전압이 400 [V] 이하로서 다음 중 하나에 해당하는 경우에는 그러하지 아니하다.
 ㈀ 관의 길이가 4 [m] 이하인 것을 건조한 장소에 시설하는 경우
 ㈁ 옥내배선의 사용전압이 직류 300 [V] 또는 교류 대지전압 150 [V] 이하로서 그 전선을 넣는 관의 길이가 8 [m] 이하인 것을 사람이 쉽게 접촉할 우려가 없도록 시설하는 경우 또는 건조한 장소에 시설하는 경우

8. 금속몰드공사

① 전선은 절연전선(옥외용 비닐 절연전선을 제외한다)일 것.
② 금속몰드 안에는 전선에 접속점이 없도록 할 것. 다만, 「전기용품 및 생활용품 안전관리법」에 의한 금속제 조인트 박스를 사용할 경우에는 접속할 수 있다.
③ 금속몰드의 사용전압이 400 [V] 이하로 옥내의 건조한 장소로 전개된 장소 또는 점검할 수 있는 은폐장소에 한하여 시설할 수 있다.
④ 「전기용품 및 생활용품 안전관리법」에서 정하는 표준에 적합한 금속제의 몰드 및 박스 기타 부속품 또는 황동이나 동으로 견고하게 제작한 것으로서 안쪽면이 매끈한 것일 것.
⑤ 황동제 또는 동제의 몰드는 폭이 50 [mm] 이하, 두께 0.5 [mm] 이상인 것일 것.
⑥ 몰드에는 접지시스템의 규정에 의한 접지공사를 할 것. 다만, 다음 중 하나에 해당하는 경우에는 그러하지 아니하다.
 ㈀ 몰드의 길이가 4 [m] 이하인 것을 사용하는 경우
 ㈁ 옥내배선의 사용전압이 직류 300 [V] 또는 교류 대지전압 150 [V] 이하로서 그 전선을 넣는 몰드의 길이가 8 [m] 이하인 것을 사람이 쉽게 접촉할 우려가 없도록 시설하는 경우 또는 건조한 장소에 시설하는 경우

9. 금속제 가요전선관공사

① 전선은 절연전선(옥외용 비닐 절연전선을 제외한다)일 것.
② 전선은 연선일 것. 다만, 단면적 10 [mm^2](알루미늄선은 단면적 16 [mm^2]) 이하의 것은 적용하지 않는다.
③ 가요전선관 안에는 전선에 접속점이 없도록 할 것.
④ 가요전선관은 2종 금속제 가요전선관일 것. 다만, 전개된 장소 또는 점검할 수 있는 은폐된 장소(옥내배선의 사용전압이 400 [V] 초과인 경우에는 전동기에 접속하는 부분으로서 가요성을 필요로 하는 부분에 사용하는 것에 한한다)에는 1종 가요전선관(습기가 많은 장소 또는 물기가 있는 장소에는 비닐 피복 1종 가요전선관에 한한다)을 사용할 수 있다.
⑤ 2종 금속제 가요전선관을 사용하는 경우에 습기 많은 장소 또는 물기가 있는 장소에 시설하는 때에는 비닐 피복 2종 가요전선관일 것.

⑥ 1종 금속제 가요전선관에는 단면적 2.5 [mm²] 이상의 나연동선을 전체 길이에 걸쳐 삽입 또는 첨가하여 그 나연동선과 1종 금속제가요전선관을 양쪽 끝에서 전기적으로 완전하게 접속할 것. 다만, 관의 길이가 4 [m] 이하인 것을 시설하는 경우에는 그러하지 아니하다.
⑦ 가요전선관공사는 접지시스템의 규정에 의한 접지공사를 할 것.

10 금속덕트공사
① 전선은 절연전선(옥외용 비닐 절연전선을 제외한다)일 것.
② 금속덕트에 넣은 전선의 단면적(절연피복의 단면적을 포함한다)의 합계는 덕트의 내부 단면적의 20 [%](전광표시장치 기타 이와 유사한 장치 또는 제어회로 등의 배선만을 넣는 경우에는 50 [%]) 이하일 것.
③ 금속덕트 안에는 전선에 접속점이 없도록 할 것. 다만, 전선을 분기하는 경우에는 그 접속점을 쉽게 점검할 수 있는 때에는 그러하지 아니하다.
④ 폭이 40 [mm] 이상, 두께가 1.2 [mm] 이상인 철판 또는 동등 이상의 기계적 강도를 가지는 금속제의 것으로 견고하게 제작한 것일 것.
⑤ 안쪽 면은 전선의 피복을 손상시키는 돌기(突起)가 없는 것이어야 하며 안쪽 면 및 바깥 면에는 산화 방지를 위하여 아연도금 또는 이와 동등 이상의 효과를 가지는 도장을 한 것일 것.
⑥ 덕트를 조영재에 붙이는 경우에는 덕트의 지지점 간의 거리를 3 [m](취급자 이외의 자가 출입할 수 없도록 설비한 곳에서 수직으로 붙이는 경우에는 6 [m]) 이하로 하고 또한 견고하게 붙일 것.
⑦ 덕트의 본체와 구분하여 뚜껑을 설치하는 경우에는 쉽게 열리지 아니하도록 시설할 것.
⑧ 덕트의 끝부분은 막을 것. 또한, 덕트 안에 먼지가 침입하지 아니하도록 할 것.
⑨ 덕트 상호간의 견고하고 또한 전기적으로 완전하게 접속할 것.
⑩ 덕트는 접지시스템의 규정에 의한 접지공사를 할 것.

11. 버스덕트공사
① 덕트 상호 간 및 전선 상호 간은 견고하고 또한 전기적으로 완전하게 접속할 것.
② 덕트를 조영재에 붙이는 경우에는 덕트의 지지점 간의 거리를 3 [m](취급자 이외의 자가 출입할 수 없도록 설비한 곳에서 수직으로 붙이는 경우에는 6 [m]) 이하로 하고 또한 견고하게 붙일 것.
③ 덕트(환기형의 것을 제외한다)의 끝부분은 막을 것.
④ 덕트(환기형의 것을 제외한다)의 내부에 먼지가 침입하지 아니하도록 할 것.
⑤ 덕트는 접지시스템의 규정에 의한 접지공사를 할 것.
⑥ 습기가 많은 장소 또는 물기가 있는 장소에 시설하는 경우에는 옥외용 버스덕트를 사용하고 버스덕트 내부에 물이 침입하여 고이지 아니하도록 할 것.
⑦ 도체는 단면적 20 [mm²] 이상의 띠 모양, 지름 5 [mm] 이상의 관모양이나 둥글고 긴 막대 모양의 동 또는 단면적 30 [mm²] 이상의 띠 모양의 알루미늄을 사용한 것일 것.
⑧ 도체 지지물은 절연성·난연성 및 내수성이 있는 견고한 것일 것.

12. 라이팅덕트공사

① 덕트 상호 간 및 전선 상호 간은 견고하고 또한 전기적으로 완전하게 접속할 것.
② 덕트는 조영재에 견고하게 붙일 것.
③ 덕트의 지지점 간의 거리는 2 [m] 이하로 할 것.
④ 덕트의 끝부분은 막을 것.
⑤ 덕트의 개구부(開口部)는 아래로 향하여 시설할 것. 다만, 사람이 쉽게 접촉할 우려가 없는 장소에서 덕트의 내부에 먼지가 들어가지 아니하도록 시설하는 경우에 한하여 옆으로 향하여 시설할 수 있다.
⑥ 덕트는 조영재를 관통하여 시설하지 아니할 것.
⑦ 덕트에는 합성수지 기타의 절연물로 금속재 부분을 피복한 덕트를 사용한 경우 이외에는 접지시스템의 규정에 의한 접지공사를 할 것. 다만, 대지전압이 150 [V] 이하이고 또한 덕트의 길이가 4 [m] 이하인 때는 그러하지 아니하다.
⑧ 덕트를 사람이 용이하게 접촉할 우려가 있는 장소에 시설하는 경우에는 전로에 지락이 생겼을 때에 자동적으로 전로를 차단하는 장치를 시설할 것.

13. 플로어덕트공사

① 전선은 절연전선(옥외용 비닐 절연전선을 제외한다)일 것.
② 전선은 연선일 것. 다만, 단면적 10 [mm^2](알루미늄선은 단면적 16 [mm^2]) 이하의 것은 적용하지 않는다.
③ 플로어덕트 안에는 전선에 접속점이 없도록 할 것. 다만, 전선을 분기하는 경우에는 접속점을 쉽게 점검할 수 있을 때에는 그러하지 아니하다.
④ 덕트 및 박스 기타의 부속품은 물이 고이는 부분이 없도록 시설하여야 한다.
⑤ 박스 및 인출구는 마루 위로 돌출하지 아니하도록 시설하고 또한 물이 스며들지 아니하도록 밀봉할 것.
⑥ 덕트의 끝부분은 막을 것.
⑦ 덕트는 접지시스템의 규정에 의한 접지공사를 할 것.

14. 셀룰러덕트공사

① 전선은 절연전선(옥외용 비닐 절연전선을 제외한다)일 것.
② 전선은 연선일 것. 다만, 단면적 10 [mm^2](알루미늄선은 단면적 16 [mm^2]) 이하의 것은 적용하지 않는다.
③ 셀룰러덕트 안에는 전선에 접속점이 없도록 할 것. 다만, 전선을 분기하는 경우에는 접속점을 쉽게 점검할 수 있을 때에는 그러하지 아니하다.
④ 덕트 및 부속품은 물이 고이는 부분이 없도록 시설하여야 한다.
⑤ 인출구는 바닥 위로 돌출하지 아니하도록 시설하고 또한 물이 스며들지 아니하도록 밀봉할 것.
⑥ 덕트의 끝부분은 막을 것.
⑦ 덕트는 접지시스템의 규정에 의한 접지공사를 할 것.

15. 케이블공사
① 전선은 케이블 및 캡타이어케이블일 것.
② 중량물의 압력 또는 현저한 기계적 충격을 받을 우려가 있는 곳에 시설하는 케이블에는 적당한 방호 장치를 할 것.
③ 전선을 조영재의 아랫면 또는 옆면에 따라 붙이는 경우에는 전선의 지지점 간의 거리를 케이블은 2 [m](사람이 접촉할 우려가 없는 곳에서 수직으로 붙이는 경우에는 6 [m]) 이하, 캡타이어 케이블은 1 [m] 이하로 하고 또한 그 피복을 손상하지 아니하도록 붙일 것.
④ 관 기타의 전선을 넣는 방호장치의 금속제 부분·금속제의 전선 접속함 및 전선의 피복에 사용하는 금속체에는 접지시스템의 규정에 의한 접지공사를 할 것.
⑤ 콘크리트 직매용 포설
  (ㄱ) 전선은 콘크리트 직매용 케이블 또는 개장을 한 케이블일 것.
  (ㄴ) 박스는 합성 수지제의 것 또는 황동이나 동으로 견고하게 제작한 것일 것.
  (ㄷ) 전선을 박스 또는 풀박스 안에 인입하는 경우는 물이 침입하지 아니하도록 적당한 구조의 부싱 또는 이와 유사한 것을 사용할 것.
  (ㄹ) 콘크리트 안에는 전선에 접속점을 만들지 아니할 것.

16. 케이블트레이공사
케이블트레이공사는 케이블을 지지하기 위하여 사용하는 금속재 또는 불연성 재료로 제작된 유닛 또는 유닛의 집합체 및 그에 부속하는 부속재 등으로 구성된 견고한 구조물을 말하며 사다리형, 펀칭형, 메시형, 바닥밀폐형 기타 이와 유사한 구조물을 포함하여 적용한다.
① 전선은 연피케이블, 알루미늄피 케이블 등 난연성 케이블 또는 기타 케이블(적당한 간격으로 연소(延燒)방지 조치를 하여야 한다) 또는 금속관 혹은 합성수지관 등에 넣은 절연전선을 사용하여야 한다.
② 케이블트레이 안에서 전선을 접속하는 경우에는 전선 접속부분에 사람이 접근할 수 있고 또한 그 부분이 측면 레일 위로 나오지 않도록 하고 그 부분을 절연처리 하여야 한다.
③ 저압 케이블과 고압 또는 특고압 케이블은 동일 케이블 트레이 안에 시설하여서는 아니 된다. 다만, 견고한 불연성의 격벽을 시설하는 경우 또는 금속 외장 케이블인 경우에는 그러하지 아니하다.
④ 수용된 모든 전선을 지지할 수 있는 적합한 강도의 것이어야 한다. 이 경우 케이블트레이의 안전율은 1.5 이상으로 하여야 한다.
⑤ 지지대는 트레이 자체 하중과 포설된 케이블 하중을 충분히 견딜 수 있는 강도를 가져야 한다.
⑥ 전선의 피복 등을 손상시킬 돌기 등이 없이 매끈하여야 한다.
⑦ 비금속제 케이블 트레이는 난연성 재료의 것이어야 한다.
⑧ 금속제 케이블 트레이 계통은 기계적 및 전기적으로 완전하게 접속하여야 하며 금속제 트레이는 접지시스템의 규정에 의한 접지공사를 하여야 한다.
⑨ 케이블이 케이블 트레이 계통에서 금속관, 합성수지관 등 또는 함으로 옮겨가는 개소에는 케이블에 압력이 가하여지지 않도록 지지하여야 한다.
⑩ 케이블트레이가 방화구획의 벽, 마루, 천장 등을 관통하는 경우에 관통부는 불연성의 물질로 충전(充塡)하여야 한다.

17. 고압 및 특고압 옥내배선

(1) 고압 옥내배선
고압 옥내배선은 다음 중 하나에 의하여 시설할 것.
① 애자공사(건조한 장소로서 전개된 장소에 한한다)
② 케이블공사
③ 케이블트레이공사

(2) 특고압 옥내배선
특고압 옥내배선은 다음에 따르고 또한 위험의 우려가 없도록 시설하여야 한다.
① 사용전압은 100 [kV] 이하일 것. 다만, 케이블트레이배선에 의하여 시설하는 경우에는 35 [kV] 이하일 것.
② 전선은 케이블일 것.
③ 케이블은 철재 또는 철근 콘크리트제의 관·덕트 기타의 견고한 방호장치에 넣어 시설할 것.
④ 관 그 밖에 케이블을 넣는 방호장치의 금속제 부분·금속제의 전선 접속함 및 케이블의 피복에 사용하는 금속체에는 접지시스템의 규정에 의한 접지공사를 하여야 한다.

18. 옥내배선과 타시설물(약전류 전선·수관·가스관·전력선 등)과 접근 또는 교차

(1) 저압 옥내배선이 약전류 전선 등 또는 수관·가스관이나 이와 유사한 것과 접근하거나 교차하는 경우에 저압 옥내배선을 애자공사에 의하여 시설하는 때에는 저압 옥내배선과 약전류 전선 등 또는 수관·가스관이나 이와 유사한 것과의 이격거리는 0.1 [m] (전선이 나전선인 경우에 0.3 [m]) 이상이어야 한다. 다만, 저압 옥내배선의 사용전압이 400 [V] 이하인 경우에 저압 옥내배선과 약전류 전선 등 또는 수관·가스관이나 이와 유사한 것과의 사이에 절연성의 격벽을 견고하게 시설하거나 저압 옥내배선을 충분한 길이의 난연성 및 내수성이 있는 견고한 절연관에 넣어 시설하는 때에는 그러하지 아니하다.

(2) 고압 옥내배선이 다른 고압 옥내배선·저압 옥내전선·관등회로의 배선·약전류 전선 등 또는 수관·가스관이나 이와 유사한 것과 접근하거나 교차하는 경우에는 고압 옥내배선과 다른 고압 옥내배선·저압 옥내전선·관등회로의 배선·약전류 전선 등 또는 수관·가스관이나 이와 유사한 것 사이의 이격거리는 0.15 [m] (애자사용배선에 의하여 시설하는 저압 옥내전선이 나전선인 경우에는 0.3 [m], 가스계량기 및 가스의 이음부와 전력량계 및 개폐기와는 0.6 [m]) 이상이어야 한다. 다만, 고압 옥내배선을 케이블배선에 의하여 시설하는 경우에 케이블과 이들 사이에 내화성이 있는 견고한 격벽을 시설할 때, 케이블을 내화성이 있는 견고한 관에 넣어 시설할 때 또는 다른 고압 옥내배선의 전선이 케이블일 때에는 그러하지 아니하다.

(3) 특고압 옥내배선이 저압 옥내전선·관등회로의 배선·고압 옥내전선·약전류 전선 등 또는 수관·가스관이나 이와 유사한 것과 접근하거나 교차하는 경우에는 다음에 따라야 한다.
① 특고압 옥내배선과 저압 옥내전선·관등회로의 배선 또는 고압 옥내전선 사이의 이격거리는 0.6 [m] 이상일 것. 다만, 상호 간에 견고한 내화성의 격벽을 시설할 경우에는 그러하지 아니하다.
② 특고압 옥내배선과 약전류 전선 등 또는 수관·가스관이나 이와 유사한 것과 접촉하지 아니하도록 시설할 것.

19. 옥내에 시설하는 접촉전선 공사

(1) 저압 접촉전선 공사
① 이동기중기·자동청소기 그 밖에 이동하며 사용하는 저압의 전기기계기구에 전기를 공급하기 위하여 사용하는 접촉전선(전차선을 제외한다)을 옥내에 시설하는 경우에는 전개된 장소 또는 점검할 수 있는 은폐된 장소에 애자공사 또는 버스덕트공사 또는 절연트롤리공사에 의하여야 한다.
② 저압 접촉전선을 애자공사에 의하여 옥내의 전개된 장소에 시설하는 경우에는 다음에 따라야 한다.
  (ㄱ) 전선의 바닥에서의 높이는 3.5 [m] 이상으로 하고 또한 사람이 접촉할 우려가 없도록 시설할 것.
  (ㄴ) 전선과 건조물 또는 주행 크레인에 설치한 보도·계단·사다리·점검대이거나 이와 유사한 것 사이의 이격거리는 위쪽 2.3 [m] 이상, 1.2 [m] 이상으로 할 것.
  (ㄷ) 전선은 인장강도 11.2 [kN] 이상의 것 또는 지름 6 [mm]의 경동선으로 단면적이 28 [mm^2] 이상인 것일 것. 다만, 사용전압이 400 [V] 이하인 경우에는 인장강도 3.44 [kN] 이상의 것 또는 지름 3.2 [mm] 이상의 경동선으로 단면적이 8 [mm^2] 이상인 것을 사용할 수 있다.
  (ㄹ) 전선의 지지점간의 거리는 6 [m] 이하일 것.
  (ㅁ) 전선 상호간의 간격은 전선을 수평으로 배열하는 경우에는 0.14 [m] 이상, 기타의 경우에는 0.2 [m] 이상일 것.
  (ㅂ) 전선과 조영재 사이의 이격거리 및 그 전선에 접촉하는 집전장치의 충전부분과 조영재 사이의 이격거리는 습기가 많은 곳 또는 물기가 있는 곳에 시설하는 것은 45 [mm] 이상, 기타의 곳에 시설하는 것은 25 [mm] 이상일 것.
③ 저압 접촉전선을 절연트롤리공사에 의하여 시설하는 경우에는 다음에 따라 시설하여야 한다.
  (ㄱ) 절연트롤리선은 사람이 쉽게 접할 우려가 없도록 시설할 것.
  (ㄴ) 절연트롤리선의 도체는 지름 6 [mm]의 경동선 또는 이와 동등 이상의 세기의 것으로서 단면적이 28 [mm^2] 이상의 것일 것.
  (ㄷ) 절연트롤리선의 개구부는 아래 또는 옆으로 향하여 시설할 것.
  (ㄹ) 절연트롤리선의 끝 부분은 충전부분이 노출되지 아니하는 구조의 것일 것.
  (ㅁ) 절연트롤리선은 각 지지점에서 견고하게 시설하는 것 이외에 그 양쪽 끝을 내장 인류장치에 의하여 견고하게 인류할 것.
  (ㅂ) 절연트롤리선 지지점 간의 거리는 아래 표에서 정한 값 이상일 것. 다만, 절연트롤리선을 "(ㅁ)"의 규정에 의하여 시설하는 경우에는 6 [m]를 넘지 아니하는 범위내의 값으로 할 수 있다.

도체 단면적의 구분	지지점 간격
500 [mm^2] 미만	2 [m] (굴곡 반지름이 3 [m] 이하의 곡선 부분에서는 1 [m])
500 [mm^2] 이상	3 [m] (굴곡 반지름이 3 [m] 이하의 곡선 부분에서는 1 [m])

  (ㅅ) 절연트롤리선 및 그 절연트롤리선에 접촉하는 집전장치는 조영재와 접촉되지 아니하도록 시설할 것.

(ㅇ) 절연트롤리선을 습기가 많은 장소 또는 물기가 있는 장소에 시설하는 경우에는 옥외용 행거 또는 옥외용 내장 인류장치를 사용할 것.

(2) 고압 접촉전선 공사

이동 기중기 기타 이동하여 사용하는 고압의 전기기계기구에 전기를 공급하기 위하여 사용하는 접촉전선(전차선을 제외한다)을 옥내에 시설하는 경우에는 전개된 장소 또는 점검할 수 있는 은폐된 장소에 애자공사에 의하고 또한 다음에 따라 시설하여야 한다.
① 전선은 사람이 접촉할 우려가 없도록 시설할 것.
② 전선은 인장강도 2.78 [kN] 이상의 것 또는 지름 10 [mm]의 경동선으로 단면적이 70 [mm^2] 이상인 구부리기 어려운 것일 것.
③ 전선 지지점 간의 거리는 6 [m] 이하일 것.
④ 전선 상호간의 간격 및 집전장치의 충전부분 상호간 및 집전장치의 충전부분과 극성이 다른 전선 사이의 이격거리는 0.3 [m] 이상일 것.
⑤ 전선과 조영재와의 이격거리 및 그 전선에 접촉하는 집전장치의 충전부분과 조영재사이의 이격거리는 0.2 [m] 이상일 것.

(3) 특고압 접촉전선 배선

특고압의 접촉전선(전차선을 제외한다)은 옥내에 시설하여서는 아니 된다.

20. 옥내 고압용 및 특고압용 이동전선의 시설

(1) 옥내 고압용 이동전선의 시설
① 전선은 고압용의 캡타이어케이블일 것.
② 이동전선과 전기사용기계기구와는 볼트 조임 기타의 방법에 의하여 견고하게 접속할 것.
③ 이동전선에 전기를 공급하는 전로(유도전동기의 2차측 전로를 제외한다)에는 전용개폐기 및 과전류차단기를 각 극(과전류차단기는 다선식 전로의 중성극을 제외한다)에 시설하고, 또한 전로에 지락이 생겼을 때에 자동적으로 전로를 차단하는 장치를 시설할 것.

(2) 옥내 특고압용 이동전선의 시설

특고압의 이동전선은 옥내에 시설하여서는 아니 된다. 다만, 충전부분에 사람이 접촉할 경우 사람에게 위험을 줄 우려가 없는 전기집진 응용장치에 부속하는 이동전선은 예외이다.

21. 등기구의 시설

(1) 등기구의 집합

하나의 공통 중성선만으로 3상 회로의 3개 선도체 사이에 나뉘어진 등기구의 집합은 모든 선도체가 하나의 장치로 동시에 차단되어야 한다.

(2) 보상 커패시터

총 정전용량이 0.5 [μF]를 초과하는 보상 커패시터는 형광 램프 및 방전 램프용 커패시터의 요구사항에 적합한 방전 저항기와 결합한 경우에 한해 사용할 수 있다.

22. 코드 및 이동전선
① 코드는 조명용 전원코드 및 이동전선으로만 사용할 수 있으며, 고정배선으로 사용하여서는 안 된다. 다만, 건조한 곳에 시설하고 또한 내부를 건조한 상태로 사용하는 진열장 등의 내부에 배선할 경우에는 고정배선으로 사용할 수 있다.
② 코드는 사용전압 400 [V] 이하의 전로에 사용한다.
③ 조명용 전원코드 또는 이동전선은 단면적 0.75 [mm^2] 이상의 코드 또는 캡타이어케이블을 용도에 따라서 신장하여야 한다.
④ 옥내에서 조명용 전원코드 또는 이동전선을 습기가 많은 장소 또는 수분이 있는 장소에 시설할 경우에는 고무코드(사용전압이 400 [V] 이하인 경우에 한함) 또는 0.6/1 [kV] EP 고무 절연 클로로프렌캡타이어케이블로서 단면적이 0.75 [mm^2] 이상인 것이어야 한다.

23. 콘센트의 시설
① 노출형 콘센트는 기둥과 같은 내구성이 있는 조영재에 견고하게 부착할 것.
② 콘센트를 조영재에 매입할 경우는 매입형의 것을 견고한 금속제 또는 난연성 절연물로 된 박스 속에 시설할 것.
③ 콘센트를 바닥에 시설하는 경우는 방수구조의 플로어박스에 설치하거나 또는 이들 박스의 표면 플레이트에 틀어서 부착할 수 있도록 된 콘센트를 사용할 것.
④ 욕조나 샤워시설이 있는 욕실 또는 화장실 등 인체가 물에 젖어있는 상태에서 전기를 사용하는 장소에 콘센트를 시설하는 경우에는 다음에 따라 시설하여야 한다.
  (ㄱ) 「전기용품 및 생활용품 안전관리법」의 적용을 받는 인체감전보호용 누전차단기(정격감도전류 15 [mA] 이하, 동작시간 0.03초 이하의 전류동작형의 것에 한한다) 또는 절연변압기(정격용량 3 [kVA] 이하인 것에 한한다)로 보호된 전로에 접속하거나, 인체감전보호용 누전차단기가 부착된 콘센트를 시설하여야 한다.
  (ㄴ) 콘센트는 접지극이 있는 방적형 콘센트를 사용하여 접지하여야 한다.
⑤ 습기가 많은 장소 또는 수분이 있는 장소에 시설하는 콘센트 및 기계기구용 콘센트는 접지용 단자가 있는 것을 사용하여 접지하고 방습 장치를 하여야 한다.
⑥ 주택의 옥내전로에는 접지극이 있는 콘센트를 사용하여 접지하여야 한다.

24. 점멸기의 시설
① 점멸기는 전로의 비접지측에 시설하고 분기개폐기에 배선용차단기를 사용하는 경우는 이것을 점멸기로 대용할 수 있다
② 노출형의 점멸기는 기둥 등의 내구성이 있는 조영재에 견고하게 설치할 것.
③ 욕실 내는 점멸기를 시설하지 말 것.
④ 가정용 전등은 매 등기구마다 점멸이 가능하도록 할 것. 다만, 장식용 등기구(샹들리에, 스포트라이트, 간접조명등, 보조등기구 등) 및 발코니 등기구는 예외로 할 수 있다.
⑤ 공장·사무실·학교·상점 및 기타 이와 유사한 장소의 옥내에 시설하는 전체 조명용 전등은 부분 조명이 가능하도록 전등군으로 구분하여 전등군마다 점멸이 가능하도록 하되, 태양광선이 들어오는 창과 가장 가까운 전등은 따로 점멸이 가능하도록 할 것.

⑥ 광 천장 조명 또는 간접조명을 위하여 전등을 격등 회로로 시설하는 경우는 전등군으로 구분하여 점멸하거나 등기구마다 점멸되도록 시설하지 아니할 수 있다.
⑦ 국부 조명설비는 그 조명대상에 따라 점멸할 수 있도록 시설할 것.
⑧ 자동조명제어장치의 제어반은 쉽게 조작 및 점검이 가능한 장소에 시설하고, 자동조명제어장치에 내장된 전자회로는 다른 전기설비 기능에 전기적 또는 자기적 장애를 주지 않도록 시설하여야 한다.
⑨ 다음의 경우에는 센서등(타임스위치를 포함한다)을 시설하여야 한다.
  (ㄱ) 「관광 진흥법」과 「공중위생관리법」에 의한 관광숙박업 또는 숙박업(여인숙업을 제외한다)에 이용되는 객실의 입구등은 1분 이내에 소등되는 것.
  (ㄴ) 일반주택 및 아파트 각 호실의 현관등은 3분 이내에 소등되는 것.
⑩ 가로등, 보안등 또는 옥외에 시설하는 공중전화기를 위한 조명등용 분기회로에는 주광센서를 설치하여 주광에 의하여 자동점멸 하도록 시설할 것. 다만, 타이머를 설치하거나 집중제어방식을 이용하여 점멸하는 경우에는 적용하지 않는다.

25. 옥외등
① 옥외등에 전기를 공급하는 전로의 사용전압은 대지전압을 300 [V] 이하로 하여야 한다.
② 옥외등과 옥내등을 병용하는 분기회로는 20 [A] 과전류차단기 분기회로로 할 것.
③ 옥내등 분기회로에서 옥외등 배선을 인출할 경우는 인출점 부근에 개폐기 및 과전류차단기를 시설할 것.
④ 옥외등 또는 그의 점멸기에 이르는 인하선은 사람의 접촉과 전선피복의 손상을 방지하기 위하여 다음 공사방법으로 시설하여야 한다.
  (ㄱ) 애자공사(지표상 2 [m] 이상의 높이에서 노출된 장소에 시설할 경우에 한한다)
  (ㄴ) 금속관공사
  (ㄷ) 합성수지관공사
  (ㄹ) 케이블공사(알루미늄피 등 금속제 외피가 있는 것은 목조 이외의 조영물에 시설하는 경우에 한한다)
⑤ 옥외등 공사에 사용하는 개폐기, 과전류차단기, 기타 이와 유사한 기구는 옥내에 시설할 것.

26. 네온방전등
① 네온방전등에 공급하는 전로의 대지전압은 300 [V] 이하로 하여야 하며, 다음에 의하여 시설하여야 한다. 다만, 네온방전등에 공급하는 전로의 대지전압이 150 [V] 이하인 경우는 적용하지 않는다.
  (ㄱ) 네온관은 사람이 접촉될 우려가 없도록 시설할 것.
  (ㄴ) 네온변압기는 옥내배선과 직접 접속하여 시설할 것.
② 관등회로의 배선은 애자공사로 다음에 따라서 시설하여야 한다.
  (ㄱ) 전선은 네온전선을 사용할 것.
  (ㄴ) 배선은 외상을 받을 우려가 없고 사람이 접촉될 우려가 없는 노출장소에 시설할 것.

㈐ 전선은 자기 또는 유리제 등의 애자로 견고하게 지지하여 조영재의 아랫면 또는 옆면에 부착하고 또한 다음 표와 같이 시설할 것.

구분		이격거리
전선 상호간		60 [mm]
전선과 조영재 사이	6 [kV] 이하	20 [mm]
	6 [kV] 초과 9 [kV] 이하	30 [mm]
	9 [kV] 초과	40 [mm]
전선 지지점간의 거리		1 [m] 이하

③ 네온변압기의 외함, 네온변압기를 넣는 금속함 및 관등을 지지하는 금속제프레임 등은 접지시스템의 규정에 의한 접지공사를 하여야 한다.

27. 수중조명등

① 수중조명등에 전기를 공급하기 위해서는 절연변압기를 사용하고, 그 사용전압은 절연변압기 1차측 전로 400 [V] 이하, 2차측 전로 150 [V] 이하로 하여야 한다. 또한 2차측 전로는 비접지로 하여야 한다.
② 수중조명등의 절연변압기 2차측 배선은 금속관배선에 의하여 시설하여야 하며, 이동전선은 접속점이 없는 단면적 2.5 [mm^2] 이상의 0.6/1 [kV] EP 고무절연 클로프렌 캡타이어케이블 일 것.
③ 수중조명등은 용기에 넣고 또한 이것을 손상 받을 우려가 있는 곳에 시설하는 경우는 방호장치를 시설하여야 한다.
④ 수중조명등의 절연변압기의 2차측 전로에는 개폐기 및 과전류차단기를 각 극에 시설 하여야 한다.
⑤ 수중조명등의 절연변압기는 그 2차측 전로의 사용전압이 30 [V] 이하인 경우는 1차 권선과 2차 권선 사이에 금속제의 혼촉방지판을 설치하고 접지공사를 하여야 한다.
⑥ 수중조명등의 절연변압기의 2차측 전로의 사용전압이 30 [V]를 초과하는 경우에는 그 전로에 지락이 생겼을 때에 자동적으로 전로를 차단하는 정격감도전류 30 [mA] 이하의 누전차단기를 시설하여야 한다.
⑦ 사람 출입의 우려가 없는 수중조명등의 시설
  ㈎ 조명등에 전기를 공급하는 전로의 대지전압은 150 [V] 이하일 것.
  ㈏ 전선에는 접속점이 없을 것.
  ㈐ 조명등 용기의 금속제 부분에는 접지공사를 할 것.

28. 교통신호등

① 교통신호등 제어장치의 2차측 배선의 최대사용전압은 300 [V] 이하이어야 한다.
② 교통신호등의 2차측 배선(인하선을 제외한다)은 전선에 케이블인 경우 이외에는 공칭단면적 2.5 [mm^2] 연동선과 동등 이상의 세기 및 굵기의 450/750 [V] 일반용 단심 비닐절연전선 또는 450/750 [V] 내열성 에틸렌아세테이트 고무절연전선일 것.

③ 제어장치의 2차측 배선 중 전선(케이블은 제외한다)을 조가용선으로 조가하여 시설하는 경우 조가용선은 인장강도 3.7 [kN]의 금속선 또는 지름 4 [mm] 이상의 아연도철선을 2가닥 이상 꼰 금속선을 사용할 것.
④ 교통신호등 회로의 사용전선의 지표상 높이는 저압 가공전선의 기준에 따를 것.
⑤ 교통신호등의 전구에 접속하는 인하선은 전선의 지표상의 높이를 2.5 [m] 이상으로 할 것.
⑥ 교통신호등의 제어장치 전원측에는 전용개폐기 및 과전류차단기를 각 극에 시설하여야 한다.
⑦ 교통신호등 회로의 사용전압이 150 [V]를 넘는 경우는 전로에 지락이 생겼을 경우 자동적으로 전로를 차단하는 누전차단기를 시설할 것.

29. 특수 장소

(1) 폭연성 분진 위험장소

폭연성 분진(마그네슘·알루미늄·티탄·지르코늄 등의 먼지가 쌓여있는 상태에서 불이 붙었을 때에 폭발할 우려가 있는 것을 말한다. 이하 같다) 또는 화약류의 분말이 전기설비가 발화원이 되어 폭발할 우려가 있는 곳에 시설하는 저압 옥내 전기설비(사용전압이 400 [V] 초과인 방전등을 제외한다)는 다음에 따르고 또한 위험의 우려가 없도록 시설하여야 한다.

① 저압 옥내배선, 저압 관등회로 배선, 소세력 회로의 전선(이하 "저압 옥내배선 등"이라 한다)은 금속관공사 또는 케이블공사(캡타이어케이블을 사용하는 것을 제외한다)에 의할 것.
② 금속관공사에 의하는 때에는 박강 전선관(薄鋼電線管) 또는 이와 동등 이상의 강도를 가지는 것이어야 하며, 박스 기타의 부속품 및 풀박스는 쉽게 마모·부식 기타의 손상을 일으킬 우려가 없는 패킹을 사용하여 먼지가 내부에 침입하지 아니하도록 시설할 것. 또한 관 상호 간 및 관과 박스 기타의 부속품·풀박스 또는 전기기계기구와는 5턱 이상 나사조임으로 접속하는 방법 기타 이와 동등 이상의 효력이 있는 방법에 의하여 견고하게 접속하고 또한 내부에 먼지가 침입하지 아니하도록 접속할 것.
③ 케이블배선에 의하는 때에는 개장된 케이블 또는 미네럴인슈레이션 케이블을 사용하는 경우 이외에는 관 기타의 방호 장치에 넣어 사용할 것.

(2) 가연성 분진 위험장소

가연성 분진(소맥분·전분·유황 기타 가연성의 먼지로 공중에 떠다니는 상태에서 착화 하였을 때에 폭발할 우려가 있는 것을 말하며 폭연성 분진을 제외한다. 이하 같다)에 전기설비가 발화원이 되어 폭발할 우려가 있는 곳에 시설하는 저압 옥내 전기설비는 다음에 따르고 또한 위험의 우려가 없도록 시설하여야 한다.

① 저압 옥내배선 등은 합성수지관공사(두께 2 [mm] 미만의 합성수지전선관 및 난연성이 없는 콤바인덕트관을 사용하는 것을 제외한다)·금속관공사 또는 케이블공사에 의할 것.
② 합성수지관공사에 의하는 때에는 관과 전기기계기구는 관 상호간 및 박스와는 관을 삽입하는 깊이를 관의 바깥지름의 1.2배(접착제를 사용하는 경우에는 0.8배) 이상으로 하고 또한 꽂음 접속에 의하여 견고하게 접속할 것.

③ 금속관공사에 의하는 때에는 관 상호 간 및 관과 박스 기타 부속품·풀 박스 또는 전기기계기구와는 5턱 이상 나사 조임으로 접속하는 방법 기타 또는 이와 동등 이상의 효력이 있는 방법에 의하여 견고하게 접속할 것.
④ 케이블공사에 의하는 때에는 개장된 케이블 또는 미네럴인슈레이션케이블을 사용하는 경우 이외에는 관 기타의 방호장치에 넣어 사용할 것.

(3) 위험물 등이 존재하는 장소
셀룰로이드·성냥·석유류 기타 타기 쉬운 위험한 물질(이하 "위험물"이라 한다)을 제조하거나 저장하는 곳에 시설하는 저압 옥내전기선비는 금속관공사, 케이블공사, 합성수지관공사(두께 2 [mm] 미만의 합성수지 전선관 및 난연성이 없는 콤바인 덕트관을 사용하는 것을 제외한다)의 규정에 준하여 시설하고 또한 위험의 우려가 없도록 시설하여야 한다.

(4) 화약류 저장소 등의 위험장소
① 화약류 저장소 안에는 전기설비를 시설해서는 안 되며 옥내배선은 금속관공사 또는 케이블공사에 의하여 시설하여야 한다. 다만, 백열전등이나 형광등 또는 이들에 전기를 공급하기 위한 전기설비(개폐기 및 과전류차단기를 제외한다)는 다음에 따라 시설하는 경우에는 그러하지 아니하다.
 (ㄱ) 전로에 대지전압은 300 [V] 이하일 것.
 (ㄴ) 전기기계기구는 전폐형의 것일 것.
 (ㄷ) 케이블을 전기기계기구에 인입할 때에는 인입구에서 케이블이 손상될 우려가 없도록 시설할 것.
 (ㄹ) 전용개폐기 또는 과전류차단기에서 화약류저장소의 인입구까지의 저압 배선은 케이블을 사용하여 지중선로로 시설할 것.
② 화약류 저장소 안의 전기설비에 전기를 공급하는 전로에는 화약류 저장소 이외의 곳에 전용개폐기 및 과전류차단기를 각 극(과전류 차단기는 다선식 전로의 중성극을 제외한다)에 취급자 이외의 자가 쉽게 조작할 수 없도록 시설하고 또한 전로에 지락이 생겼을 때에 자동적으로 전로를 차단하거나 경보하는 장치를 시설하여야 한다.

(5) 가연성 가스 등의 위험장소
가연성 가스 또는 인화성 물질의 증기가 누출되거나 체류하여 전기설비가 발화원이 되어 폭발할 우려가 있는 곳(프로판 가스 등의 가연성 액화 가스를 다른 용기에 옮기거나 나누는 등의 작업을 하는 곳, 에탄올·메탄올 등의 인화성 액체를 옮기는 곳 등)에 있는 저압 옥내전기설비는 다음에 따르고 또한 위험의 우려가 없도록 시설하여야 한다.
① 금속관공사에 의하는 때에는 다음에 의할 것.
 (ㄱ) 관 상호간 및 관과 박스 기타의 부속품·풀박스 또는 전기기계기구와는 5턱 이상 나사 조임으로 접속하는 방법 또는 기타 이와 동등 이상의 효력이 있는 방법에 의하여 견고하게 접속할 것.
 (ㄴ) 전동기에 접속하는 부분으로 가요성을 필요로 하는 부분의 배선에는 내압의 방폭형 또는 안전증가 방폭형의 유연성 부속을 사용할 것.
② 케이블공사에 의하는 때에는 전선을 전기기계기구에 인입할 경우에는 인입구에서 전선이 손상될 우려가 없도록 할 것.

③ 이동전선은 접속점이 없는 0.6/1 [kV] EP 고무절연 클로로프렌캡타이어케이블을 사용하는 이외에 전선을 전기기계기구에 인입할 경우에는 인입구에서 먼지가 내부로 침입하지 아니하도록 하고 또한 인입구에서 전선이 손상될 우려가 없도록 시설할 것.

④ 전기기계기구의 방폭구조는 내압방폭구조, 압력방폭구조나 유입방폭구조 또는 이들의 구조와 다른 구조로서 이와 동등 이상의 방폭 성능을 가지는 구조로 되어 있을 것. 다만, 통상의 상태에서 불꽃 또는 아크를 일으키거나 가스 등에 착화할 수 있는 온도에 달할 우려가 없는 부분은 안전증방폭구조라도 할 수 있다.

30. 전시회, 쇼 및 공연장의 전기설비

(1) 사용전압

무대·무대마루 밑·오케스트라 박스·영사실 기타 사람이나 무대 도구가 접촉할 우려가 있는 곳에 시설하는 저압 옥내배선, 전구선 또는 이동전선은 사용전압이 400 [V] 이하이어야 한다.

(2) 배선설비

① 배선용 케이블은 구리 도체로 최소 단면적이 1.5 [mm^2]이다.
② 무대마루 밑에 시설하는 전구선은 300/300 [V] 편조 고무코드 또는 0.6/1 [kV] EP 고무절연 클로로프렌 캡타이어케이블이어야 한다.
③ 기계적 손상의 위험이 있는 경우에는 외장케이블 또는 적당한 방호 조치를 한 케이블을 시설하여야 한다.
④ 회로 내에 접속이 필요한 경우를 제외하고 케이블의 접속 개소는 없어야 한다. 다만, 불가피하게 접속을 하는 경우에는 해당 접속기를 사용 또는 보호등급을 갖춘 폐쇄함 내에서 접속을 실시하여야 한다.

(3) 기타 전기기기

① 조명기구가 바닥으로부터 높이 2.5 [m] 이하에 시설되거나 과실에 의해 접촉이 발생할 우려가 있는 경우에는 적절한 방법으로 견고하게 고정시키고 사람의 상해 또는 물질의 발화위험을 방지할 수 있는 위치에 설치하거나 방호하여야 한다.
② 전동기에 전기를 공급하는 전로에는 각 극에 단로장치를 전동기에 근접하여 시설하여야 한다.
③ 특별저압(ELV) 변압기 및 전자식 컨버터는 다음과 같이 시설하여야 한다.
　(ㄱ) 다중 접속한 특별저압 변압기는 안전등급을 갖춘 것이어야 한다.
　(ㄴ) 각 변압기 또는 전자식 컨버터의 2차 회로는 수동으로 리셋하는 보호장치로 보호하여야 한다.
　(ㄷ) 취급자 이외의 사람이 쉽게 접근할 수 없는 곳에 설치하고 충분한 환기장치를 시설하여야 한다.

(4) 개폐기 및 과전류차단기

① 무대·무대마루 밑·오케스트라 박스 및 영사실의 전로에는 전용개폐기 및 과전류차단기를 시설하여야 한다.
② 무대용의 콘센트 박스·플라이덕트 및 보더라이트의 금속제 외함에는 접지공사를 하여야 한다.
③ 비상 조명을 제외한 조명용 분기회로 및 정격 32 [A] 이하의 콘센트용 분기회로는 정격감도전류 30 [mA] 이하의 누전차단기로 보호하여야 한다.

31. 진열장 또는 이와 유사한 것의 내부 배선
   ① 건조한 장소에 시설하고 또한 내부를 건조한 상태로 사용하는 진열장 또는 이와 유사한 것의 내부에 사용전압이 400 [V] 이하의 배선을 외부에서 잘 보이는 장소에 한하여 코드 또는 캡타이어케이블로 직접 조영재에 밀착하여 배선할 수 있다.
   ② 배선은 단면적 0.75 [mm^2] 이상의 코드 또는 캡타이어케이블일 것.
   ③ 배선 또는 이것에 접속하는 이동전선과 다른 사용전압이 400 [V] 이하인 배선과의 접속은 꽂음플러그 접속기 기타 이와 유사한 기구를 사용하여 시공하여야 한다.

32. 터널, 갱도 기타 이와 유사한 장소
  (1) 사람이 상시 통행하는 터널 안의 배선의 시설
      사람이 상시 통행하는 터널 안의 배선(전기기계기구 안의 배선, 관등회로의 배선, 소세력 회로의 전선을 제외한다)은 그 사용전압이 저압의 것에 한하고 또한 다음에 따라 시설하여야 한다.
      ① 케이블공사, 금속관공사, 합성수지관공사, 가요전선관공사, 애자공사에 의할 것.
      ② 공칭단면적 2.5 [mm^2]의 연동선과 동등 이상의 세기 및 굵기의 절연전선(옥외용 비닐 절연전선 및 인입용 비닐 절연전선을 제외한다)을 사용하여 애자공사에 의하여 시설하고 또한 이를 노면상 2.5 [m] 이상의 높이로 할 것.
      ③ 전로에는 터널의 입구에 가까운 곳에 전용 개폐기를 시설할 것.

  (2) 광산 기타 갱도 안의 시설
      ① 광산 기타 갱도 안의 배선은 사용전압이 저압 또는 고압의 것에 한하고 또한 다음에 따라 시설하여야 한다.
        (ㄱ) 저압 배선은 케이블공사에 의하여 시설할 것. 다만, 사용전압이 400 [V] 이하인 저압 배선에 공칭단면적 2.5 [mm^2] 연동선과 동등 이상의 세기 및 굵기의 절연전선(옥외용 비닐절연전선 및 인입용 비닐절연전선을 제외한다)을 사용하고 전선 상호간의 사이를 적당히 떨어지게 하고 또한 암석 또는 목재와 접촉하지 않도록 절연성·난연성 및 내수성의 애자로 이를 지지할 경우에는 그러하지 아니하다.
        (ㄴ) 고압 배선은 케이블을 사용하고 또한 관 기타의 케이블을 넣는 방호장치의 금속제 부분·금속제의 전선 접속함 및 케이블의 피복에 사용하는 금속체에는 접지시스템의 규정에 의한 접지공사를 하여야 한다.
        (ㄷ) 전로에는 갱도 입구에 가까운 곳에 전용 개폐기를 시설할 것.

  (3) 터널 등의 전구선 또는 이동전선 등의 시설
      ① 터널 등에 시설하는 사용전압이 400 [V] 이하인 저압의 전구선 또는 이동전선은 다음과 같이 시설하여야 한다.
        (ㄱ) 전구선은 단면적 0.75 [mm^2] 이상의 300/300 [V] 편조 고무코드 또는 0.6/1 [kV] EP 고무 절연 클로로프렌 캡타이어케이블일 것.

(ㄴ) 이동전선은 용접용케이블을 사용하는 경우 이외에는 300/300 [V] 편조 고무코드, 비닐코드 또는 캡타이어케이블일 것. 다만, 비닐코드 및 비닐 캡타이어케이블은 단면적 0.75 [mm^2] 이상의 이동전선에 한하여 사용할 수 있다.
(ㄷ) 전구선 또는 이동전선을 현저히 손상시킬 우려가 있는 곳에 설치하는 경우에는 이를 가요성 전선관에 넣거나 이에 준하는 보호장치를 할 것.
② 터널 등에 시설하는 사용전압이 400 [V] 초과인 저압의 이동전선은 0.6/1 [kV] EP 고무절연 클로로프렌 캡타이어케이블로서 단면적이 0.75 [mm^2] 이상인 것일 것. 다만, 전기를 열로 이용하지 아니하는 전기기계기구에 부속된 이동전선은 단면적이 0.75 [mm^2] 이상인 0.6/1 [kV] 비닐절연 비닐 캡타이어케이블을 사용하는 경우에는 그러하지 아니하다.

memo

06 기타 전기철도설비 및 분산형 전원설비

1. 전기철도의 전기방식
① 수전선로의 전력수급조건은 부하의 크기 및 특성, 지리적 조건, 환경적 조건, 전력조류, 전압강하, 수전 안정도, 회로의 공진 및 운용의 합리성, 장래의 수송수요, 전기사업자 협의 등을 고려하여 아래 표의 공칭전압(수전전압)으로 선정하여야 한다.

공칭전압(수전전압) [kV]	교류 3상 22.9, 154, 345

② 수전선로는 지형적 여건 등 시설조건에 따라 가공 또는 지중 방식으로 시설하며, 비상시를 대비하여 예비선로를 확보하여야 한다.

2. 전기철도의 변전방식

(1) 변전소의 등의 구성
① 전기철도설비는 고장시 고장의 범위를 한정하고 고장전류를 차단할 수 있어야 하며, 단전이 필요할 경우 단전 범위를 한정할 수 있도록 계통별 및 구간별로 분리할 수 있어야 한다.
② 차량 운행에 직접적인 영향을 미치는 설비 고장이 발생한 경우 고장 부분이 정상 부분으로 파급되지 않게 전기적으로 자동 분리할 수 있어야 하며, 예비설비를 사용하여 정상 운용할 수 있어야 한다.

(2) 변전소 등의 계획
① 전기철도 노선, 전기철도차량의 특성, 차량운행계획 및 철도망건설계획 등 부하특성과 연장급전 등을 고려하여 변전소 등의 용량을 결정하고, 급전계통을 구성하여야 한다.
② 변전소의 위치는 가급적 수전선로의 길이가 최소화되도록 하며, 전력수급이 용이하고, 변전소 앞 절연구간에서 전기철도차량의 타행운행이 가능한 곳을 선정하여야 한다. 또한 기기와 시설자재의 운반이 용이하고, 공해, 염해, 각종 재해의 영향이 적거나 없는 곳을 선정하여야 한다.
③ 변전설비는 설비운영과 안전성 확보를 위하여 원격 감시 및 제어방법과 유지보수 등을 고려하여야 한다.

(3) 변전소의 용량
① 변전소의 용량은 급전구간별 정상적인 열차부하조건에서 1시간 최대출력 또는 순시 최대출력을 기준으로 결정하고, 연장급전 등 부하의 증가를 고려하여야 한다.
② 변전소의 용량 산정 시 현재의 부하와 장래의 수송수요 및 고장 등을 고려하여 변압기 뱅크를 구성하여야 한다.

(4) 변전소의 설비
① 변전소 등의 계통을 구성하는 각종 기기는 운용 및 유지보수성, 시공성, 내구성, 효율성, 친환경성, 안전성 및 경제성 등을 종합적으로 고려하여 선정하여야 한다.
② 급전용변압기는 직류 전기철도의 경우 3상 정류기용 변압기, 교류 전기철도의 경우 3상 스코트결선 변압기의 적용을 원칙으로 하고, 급전계통에 적합하게 선정하여야 한다.
③ 차단기는 계통의 장래계획을 감안하여 용량을 결정하고, 회로의 특성에 따라 기종과 동작책무 및 차단시간을 선정하여야 한다.
④ 개폐기는 선로 중 중요한 분기점, 고장발견이 필요한 장소, 빈번한 개폐를 필요로 하는 곳에 설치하며, 개폐상태의 표시, 쇄정장치 등을 설치하여야 한다.
⑤ 제어용 교류전원은 상용과 예비의 2계통으로 구성하여야 한다.
⑥ 제어반의 경우 디지털계전기방식을 원칙으로 하여야 한다.

3. 전차선 가선방식
전차선의 가선방식은 열차의 속도 및 노반의 형태, 부하전류 특성에 따라 적합한 방식을 채택하여야 하며, 가공방식, 강체방식, 제3레일방식을 표준으로 한다.

4. 전차선의 편위
① 전차선의 편위는 오버랩이나 분기구간 등 특수구간을 제외하고 레일 면에 수직인 궤도 중심선으로부터 좌우로 각각 200 [mm]를 표준으로 하며, 팬터그래프 집전판의 고른 마모를 위하여 지그재그 편위를 준다.
② 전차선의 편위는 선로의 곡선반경, 궤도조건, 열차속도, 차량의 편위량 등을 고려하여 최악의 운행환경에서도 전차선이 팬터그래프 집전판의 집전 범위를 벗어나지 않아야 한다.
③ 제3레일방식에서 전차선의 편위는 차량의 집전장치의 집전범위를 벗어나지 않아야 한다.

5. 전차선로 설비의 안전율
하중을 지탱하는 전차선로 설비의 강도는 작용이 예상되는 하중의 최악 조건 조합에 대하여 다음의 최소 안전율이 곱해진 값을 견디어야 한다.
① 조가선 및 조가선 장력을 지탱하는 부품에 대하여 2.5 이상
② 복합체 자재(고분자 애자 포함)에 대하여 2.5 이상
③ 가동브래킷의 애자는 최대 만곡하중에 대하여 2.5 이상
④ 지선은 선형일 경우 2.5 이상, 강봉형은 소재 허용응력에 대하여 1.0 이상
⑤ 경동선의 경우 2.2 이상
⑥ 지지물 기초에 대하여 2.0 이상
⑦ 장력조정장치 2.0 이상
⑧ 합금전차선의 경우 2.0 이상
⑨ 철주는 소재 허용응력에 대하여 1.0 이상
⑩ 빔 및 브래킷은 소재 허용응력에 대하여 1.0 이상

6. 전기철도의 원격감시제어설비

(1) 원격감시제어시스템(SCADA)
   ① 원격감시제어시스템은 열차의 안전운행과 현장 전철 전력설비의 유지보수를 위하여 제어, 감시대상, 수준, 범위 및 확인, 운용방법 등을 고려하여 구성하여야 한다.
   ② 중앙감시제어반의 구성, 방식, 운용방식 등을 계획하여야 한다.
   ③ 전철변전소, 배전소의 운용을 위한 소규모 제어설비에 대한 위치, 방식 등을 고려하여 구성하여야 한다.

(2) 중앙감시제어장치
   ① 전철변전소 등의 제어 및 감시는 전기사령실에서 이루어지도록 한다.
   ② 원격감시제어시스템(SCADA)은 열차집중제어장치(CTC), 통신집중제어장치와 호환되도록 하여야 한다.
   ③ 전기사령실과 전철변전소, 급전구분소 또는 그 밖의 관제 업무에 필요한 장소에는 상호 연락할 수 있는 통신 설비를 시설하여야 한다.
   ④ 소규모 감시제어장치는 유사시 현지에서 중앙감시제어장치를 대체할 수 있도록 하고, 전원설비 운용에 용이하도록 구성한다.

7. 전기철도차량의 역률

비지속성 최저전압에서 비지속성 최고전압까지의 전압범위에서 유도성 역률 및 전력소비에 대해서만 적용되며, 회생제동 중에는 전압을 제한 범위내로 유지시키기 위하여 유도성 역률을 낮출 수 있다. 다만, 전기철도차량이 전차선로와 접촉한 상태에서 견인력을 끄고 보조전력을 가동한 상태로 정지해 있는 경우, 가공 전차선로의 유효전력이 200 [kW] 이상일 경우 총 역률은 0.8보다는 작아서는 안 된다.

팬터그래프에서의 전기철도차량 순간전력 [MW]	전기철도차량의 유도성 역률 λ
P > 6	$\lambda \geq 0.95$
2 ≤ P ≤ 6	$\lambda \geq 0.93$

8. 전기철도의 설비를 위한 보호

(1) 보호협조
   ① 사고 또는 고장의 파급을 방지하기 위하여 계통 내에서 발생한 사고전류를 검출하고 차단장치에 의해서 신속하고 순차적으로 차단할 수 있는 보호시스템을 구성하며 설비계통 전반의 보호협조가 되도록 하여야 한다.
   ② 보호계전방식은 신뢰성, 선택성, 협조성, 적절한 동작, 양호한 감도, 취급 및 보수 점검이 용이하도록 구성하여야 한다.
   ③ 급전선로는 안정도 향상, 자동복구, 정전시간 감소를 위하여 보호계전방식에 자동 재폐로 기능을 구비하여야 한다.

④ 전차선로용 애자를 섬락사고로부터 보호하고 접지전위 상승을 억제하기 위하여 적정한 보호설비를 구비하여야 한다.
⑤ 가공 선로측에서 발생한 지락 및 사고전류의 파급을 방지하기 위하여 피뢰기를 설치하여야 한다.

(2) 피뢰기 설치장소
① 다음의 장소에 피뢰기를 설치하여야 한다.
  (ㄱ) 변전소 인입측 및 급전선 인출측
  (ㄴ) 가공전선과 직접 접속하는, 지중케이블에서 낙뢰에 의해 절연파괴의 우려가 있는 케이블 단말
② 피뢰기는 가능한 한 보호하는 기기와 가깝게 시설하되 누설전류 측정이 용이하도록 지지대와 절연하여 설치한다.

(3) 피뢰기의 선정
피뢰기는 다음의 조건을 고려하여 선정한다.
① 피뢰기는 밀봉형을 사용하고 유효 보호거리를 증가시키기 위하여 방전개시전압 및 제한전압이 낮은 것을 사용한다.
② 유도뢰 서지에 대하여 2선 또는 3선의 피뢰기 동시 동작이 우려되는 변전소 근처의 단락 전류가 큰 장소에는 속류차단능력이 크고 또한 차단성능이 회로조건의 영향을 받을 우려가 적은 것을 사용한다.

9. 전식방지대책
① 주행레일을 귀선으로 이용하는 경우에는 누설전류에 의하여 케이블, 금속제 지중관로 및 선로 구조물 등에 영향을 미치는 것을 방지하기 위한 적절한 시설을 하여야 한다.
② 전기철도측의 전식방식 또는 전식예방을 위해서는 다음 방법을 고려하여야 한다.
  (ㄱ) 변전소 간 간격 축소
  (ㄴ) 레일본드의 양호한 시공
  (ㄷ) 장대레일채택
  (ㄹ) 절연도상 및 레일과 침목사이에 절연층의 설치
  (ㅁ) 기타
③ 매설 금속체측의 누설전류에 의한 전식의 피해가 예상되는 곳은 다음 방법을 고려하여야 한다.
  (ㄱ) 배류장치 설치
  (ㄴ) 절연코팅
  (ㄷ) 매설 금속체 접속부 절연
  (ㄹ) 저준위 금속체를 접속
  (ㅁ) 궤도와의 이격 거리 증대
  (ㅂ) 금속판 등의 도체로 차폐

10. 누설전류 간섭에 대한 방지

① 직류 전기철도 시스템의 누설전류를 최소화하기 위해 귀선전류를 금속귀선로 내부로만 흐르도록 하여야 한다.
② 귀선시스템의 종방향 전기저항을 낮추기 위해서는 레일 사이에 저저항 레일본드를 접합 또는 접속하여 전체 종방향 저항이 5 [%] 이상 증가하지 않도록 하여야 한다.
③ 직류 전기철도 시스템이 매설 배관 또는 케이블과 인접할 경우 누설전류를 피하기 위해 최대한 이격시켜야 하며 주행레일과 최소 1 [m] 이상의 거리를 유지하여야 한다.

11. 분산형 전원 계통 연계설비의 전기 공급방식 등

분산형 전원설비의 전기 공급방식, 측정 장치 등은 다음과 같은 기준에 따른다.
① 분산형 전원설비의 전기 공급방식은 전력계통과 연계되는 전기 공급방식과 동일할 것.
② 분산형 전원설비 사업자의 한 사업장의 설비용량 합계가 250 [kVA] 이상일 경우에는 송·배전계통과 연계지점의 연결 상태를 감시 또는 유효전력, 무효전력 및 전압을 측정할 수 있는 장치를 시설할 것.

12. 분산형 전원 계통 연계용 보호장치의 시설

① 계통 연계하는 분산형 전원설비를 설치하는 경우 다음에 해당하는 이상 또는 고장 발생 시 자동적으로 분산형 전원설비를 전력계통으로부터 분리하기 위한 장치 시설하여야 한다.
 (ㄱ) 분산형 전원설비의 이상 또는 고장
 (ㄴ) 연계한 전력계통의 이상 또는 고장
 (ㄷ) 단독운전 상태
② ①의 "(ㄴ)"에 따라 연계한 전력계통의 이상 또는 고장 발생시 분산형 전원의 분리 시점은 해당 계통의 재폐로 시점 이전이어야 하며, 이상 발생 후 해당 계통의 전압 및 주파수가 정상 범위 내에 들어올 때까지 계통과의 분리 상태를 유지하는 등 연계한 계통의 재폐로 방식과 협조를 이루어야 한다.
③ 단순 병렬운전 분산형 전원설비의 경우에는 역전력계전기를 설치한다. 단, 신·재생에너지를 이용하여 동일 전기사용장소에서 전기를 생산하는 합계 용량이 50 [kW] 이하의 소규모 분산형 전원(단, 해당 구내계통 내의 전기사용 부하의 수전 계약전력이 분산형 전원 용량을 초과하는 경우에 한한다)으로서 ①의 "(ㄷ)"에 의한 단독운전 방지기능을 가진 것을 단순 병렬로 연계하는 경우에는 역전력계전기 설치를 생략할 수 있다.

13. 전기저장장치(2차 전지 이용)

(1) 시설장소의 요구사항
① 전기저장장치의 2차전지, 제어반, 배전반의 시설은 기기 등을 조작 또는 보수·점검할 수 있는 충분한 공간을 확보하고 조명설비를 설치하여야 한다.
② 전기저장장치를 시설하는 장소는 폭발성 가스의 축적을 방지하기 위한 환기시설을 갖추고 제조사가 권장하는 온도·습도·수분·분진 등 적정 운영환경을 상시 유지하여야 한다.
③ 침수의 우려가 없도록 시설하여야 한다.

(2) 설비의 안전 요구사항
① 충전부분은 노출되지 않도록 시설하여야 한다.
② 고장이나 외부 환경요인으로 인하여 비상상황 발생 또는 출력에 문제가 있을 경우 전기저장장치의 비상정지 스위치 등 안전하게 작동하기 위한 안전시스템이 있어야 한다.
③ 모든 부품은 충분한 내열성을 확보하여야 한다.

(3) 옥내전로의 대지전압 제한
주택의 전기저장장치의 축전지에 접속하는 부하측 옥내배선을 다음에 따라 시설하는 경우에 주택의 옥내전로의 대지전압은 직류 600 [V] 이하이어야 한다.
① 전로에 지락이 생겼을 때 자동적으로 전로를 차단하는 장치를 시설할 것
② 사람이 접촉할 우려가 없는 은폐된 장소에 합성수지관배선, 금속관배선 및 케이블배선에 의하여 시설하거나, 사람이 접촉할 우려가 없도록 케이블배선에 의하여 시설하고 전선에 적당한 방호장치를 시설할 것

(4) 전기저장장치의 전기배선
① 전선은 공칭단면적 2.5 [mm^2] 이상의 연동선 또는 이와 동등 이상의 세기 및 굵기의 것일 것.
② 배선설비 공사는 옥내 및 옥측 또는 옥외에 시설할 경우에는 합성수지관공사, 금속관공사, 금속제 가요전선관공사, 케이블공사의 규정에 준하여 시설하여야 한다.

(5) 계측장치
전기저장장치를 시설하는 곳에는 다음의 사항을 계측하는 장치를 시설하여야 한다.
① 축전지 출력 단자의 전압, 전류, 전력 및 충방전 상태
② 주요변압기의 전압, 전류 및 전력

14. 태양광 발전설비
(1) 설치장소의 요구사항
① 인버터, 제어반, 배전반 등의 시설은 기기 등을 조작 또는 보수 점검할 수 있는 충분한 공간을 확보하고 필요한 조명설비를 시설하여야 한다.
② 인버터 등을 수납하는 공간에는 실내온도의 과열 상승을 방지하기 위한 환기시설을 갖추어야하며 적정한 온도와 습도를 유지하도록 시설하여야 한다.
③ 배전반, 인버터, 접속장치 등을 옥외에 시설하는 경우 침수의 우려가 없도록 시설하여야 한다.
④ 태양전지 모듈을 지붕에 시설하는 경우 취급자에게 추락의 위험이 없도록 점검통로를 안전하게 시설하여야 한다.
⑤ 태양전지 모듈의 직렬군 최대개방전압이 직류 750 [V] 초과 1,500 [V] 이하인 시설장소는 다음에 따라 울타리 등의 안전조치를 하여야 한다.
  (ㄱ) 태양전지 모듈을 지상에 설치하는 경우는 울타리·담 등을 시설하여야 한다.
  (ㄴ) 태양전지 모듈을 일반인이 쉽게 출입할 수 있는 옥상 등에 시설하는 경우는 식별이 가능하도록 위험 표시를 하여야 한다.

(ㄷ) 태양전지 모듈을 일반인이 쉽게 출입할 수 없는 옥상·지붕에 설치하는 경우는 모듈 프레임 등 쉽게 식별할 수 있는 위치에 위험 표시를 하여야 한다.
(ㄹ) 태양전지 모듈을 주차장 상부에 시설하는 경우는 "(ㄴ)"과 같이 시설하고 차량의 출입 등에 의한 구조물, 모듈 등의 손상이 없도록 하여야 한다.
(ㅁ) 태양전지 모듈을 수상에 설치하는 경우는 "(ㄷ)"과 같이 시설하여야 한다.

(2) 설비의 안전 요구사항
① 태양전지 모듈, 전선, 개폐기 및 기타 기구는 충전부분이 노출되지 않도록 시설하여야 한다.
② 모든 접속함에는 내부의 충전부가 인버터로부터 분리된 후에도 여전히 충전상태일 수 있음을 나타내는 경고가 붙어 있어야 한다.
③ 태양광 설비의 고장이나 외부 환경요인으로 인하여 계통연계에 문제가 있을 경우 회로분리를 위한 안전시스템이 있어야 한다.

(3) 옥내전로의 대지전압 제한
주택의 태양전지모듈에 접속하는 부하측 옥내배선(복수의 태양전지모듈을 시설하는 경우에는 그 집합체에 접속하는 부하측의 배선)을 다음에 따라 시설하는 경우에 옥내배선의 대지전압은 직류 600 [V] 이하이어야 한다.
① 전로에 지락이 생겼을 때 자동적으로 전로를 차단하는 장치를 시설할 것.
② 사람이 접촉할 우려가 없는 은폐된 장소에 합성수지관공사, 금속관공사 및 케이블공사에 의하여 시설하거나, 사람이 접촉할 우려가 없도록 케이블공사에 의하여 시설하고 전선에 적당한 방호장치를 시설할 것.

(4) 태양광 설비의 간선 전기배선
① 전선은 공칭단면적 2.5 [mm^2] 이상의 연동선 또는 이와 동등 이상의 세기 및 굵기의 것일 것.
② 배선설비 공사는 옥내 및 옥측 또는 옥외에 시설할 경우에는 합성수지관공사, 금속관공사, 금속제 가요전선관공사, 케이블공사의 규정에 준하여 시설하여야 한다.

(5) 태양광 설비의 시설기준
① 태양광 설비에 시설하는 태양전지 모듈(이하 "모듈"이라 한다)은 다음에 따라 시설하여야 한다.
(ㄱ) 모듈은 자중, 적설, 풍압, 지진 및 기타의 진동과 충격에 대하여 탈락하지 아니하도록 지지물에 의하여 견고하게 설치할 것.
(ㄴ) 모듈의 각 직렬군은 동일한 단락전류를 가진 모듈로 구성하여야 하며 1대의 인버터에 연결된 모듈 직렬군이 2병렬 이상일 경우에는 각 직렬군의 출력전압 및 출력전류가 동일하게 형성되도록 배열할 것.
② 인버터, 절연변압기 및 계통 연계 보호장치 등 전력변환장치의 시설은 다음에 따라 시설하여야 한다.
(ㄱ) 인버터는 실내·실외용을 구분할 것.
(ㄴ) 각 직렬군의 태양전지 개방전압은 인버터 입력전압 범위 이내일 것.

15. 연료전지설비
(1) 연료전지설비의 구조
① 내압시험은 연료전지 설비의 내압 부분 중 최고사용압력이 0.1 [MPa] 이상의 부분은 최고사용압력의 1.5배의 수압(수압으로 시험을 실시하는 것이 곤란한 경우는 최고사용압력의 1.25배의 기압)까지 가압하여 압력이 안정된 후 최소 10분간 유지하는 시험을 실시하였을 때 이것에 견디고 누설이 없어야 한다.
② 기밀시험은 연료전지 설비의 내압 부분 중 최고사용압력이 0.1 [MPa] 이상의 부분(액체 연료 또는 연료가스 혹은 이것을 포함한 기스를 통하는 부분에 한정한다)의 기밀시험은 최고사용압력의 1.1배의 기압으로 시험을 실시하였을 때 누설이 없어야 한다.

(2) 연료전지설비의 보호장치
연료전지는 다음의 경우에 자동적으로 이를 전로에서 차단하고 연료전지에 연료가스 공급을 자동적으로 차단하며 연료전지내의 연료가스를 자동적으로 배제하는 장치를 시설하여야 한다.
① 연료전지에 과전류가 생긴 경우
② 발전요소(發電要素)의 발전전압에 이상이 생겼을 경우 또는 연료가스 출구에서의 산소농도 또는 공기 출구에서의 연료가스 농도가 현저히 상승한 경우
③ 연료전지의 온도가 현저하게 상승한 경우

(3) 연료전지설비의 계측장치
연료전지설비에는 전압, 전류 및 전력을 계측하는 장치를 시설하여야 한다.

(4) 연료전지설비의 비상정지장치
"운전 중에 일어나는 이상"이란 다음에 열거하는 경우를 말한다.
① 연료 계통 설비내의 연료가스의 압력 또는 온도가 현저하게 상승하는 경우
② 증기계통 설비내의 증기의 압력 또는 온도가 현저하게 상승하는 경우
③ 실내에 설치되는 것에서는 연료가스가 누설하는 경우

(5) 접지설비
접지도체는 공칭단면적 16 [mm^2] 이상의 연동선 또는 이와 동등 이상의 세기 및 굵기의 쉽게 부식하지 아니하는 금속선(저압 전로의 중성점에 시설하는 것은 공칭단면적 6 [mm^2] 이상의 연동선 또는 이와 동등 이상의 세기 및 굵기의 쉽게 부식하지 않는 금속선)으로서 고장시 흐르는 전류가 안전하게 통할 수 있는 것을 사용하고 또한 손상을 받을 우려가 없도록 시설할 것.

별책부록 핵심포켓북
전기산업기사 5주완성

저 자　전기산업기사수험연구회
발행인　이　　종　　권

2018年　1月　 9日　초 판 발 행
2018年　10月　 4日　2차개정발행
2019年　11月　12日　3차개정발행
2021年　 1月　12日　4차개정발행
2022年　 1月　10日　5차개정발행
2023年　 1月　17日　6차개정발행
2023年　 9月　26日　7차개정발행
2025年　 1月　10日　8차개정발행
2026年　 1月　 6日　9차개정발행

發行處　(주) 한솔아카데미

(우)06775 서울시 서초구 마방로10길 25 트윈타워 A동 2002호
TEL : (02)575-6144/5　FAX : (02)529-1130
〈1998. 2. 19 登錄 第16-1608號〉

※ 본 교재의 내용 중에서 오타, 오류 등은 발견되는 대로 한솔아카데미 인터넷 홈페이지를 통해 공지하여 드리며 보다 완벽한 교재를 위해 끊임없이 최선의 노력을 다하겠습니다.
※ 파본은 구입하신 서점에서 교환해 드립니다.
www.inup.co.kr / www.bestbook.co.kr

ISBN 979-11-6654-736-2 (세트)